Astronomen, Akten und Affären

ACTA HISTORICA ASTRONOMIAE
VOL. 71

Begründet 1998 von Wolfgang R. Dick und Jürgen Hamel

Im Auftrag des
Arbeitskreises Astronomiegeschichte in der
Astronomischen Gesellschaft

herausgegeben von
Wolfgang R. Dick

Günther Rüdiger

Astronomen, Akten und Affären

Vom Anfang zum Ende des Astrophysikalischen Observatoriums zu Potsdam

Berichte und Erinnerungen

AVA

AKADEMISCHE VERLAGSANSTALT

2024

Bibliografische Information der Deutschen Nationalbibliothek
Die Deutsche Nationalbibliothek verzeichnet diese Publikation in der Deutschen Nationalbibliografie; detaillierte bibliografische Daten sind im Internet über http://dnb.d-nb.de abrufbar.

Die Einsendung von Manuskripten und Korrespondenz für die „Acta Historica Astronomiae" wird an den Herausgeber erbeten:

- Dr. Wolfgang R. Dick
  Vogelsang 35 a, 14478 Potsdam
  E-Mail: wdick@astrohist.org

Umschlagabbildung:
Wieland Förster: Große Neeberger Figur, vor dem AOP-Hauptgebäude während der Wieland-Förster-Ausstellung von 1974 auf dem Telegraphenberg; heute Neue Nationalgalerie Berlin.

Umschlaggestaltung: Annett Jana Berndt, Radebeul
Druck: docupoint GmbH, Barleben
ISBN 978-3-944913-63-6
ISSN 1422-8521

Inhalt

Für Anna, Luisa und Moritz

Vorwort

In der Sprache der Sammler ist die Geschichte des Astrophysikalischen Observatoriums zu Potsdam zur abgeschlossenen Domain geworden. Gegründet vor jetzt ziemlich genau 150 Jahren als Kompromiss zweier gegensätzlicher Konzepte, erhob sich ein nie ganz verklingender Zwist, nachdem einer der beiden ursprünglich gleichberechtigten Observatoren Anfang 1882 zum alleinigen Direktor ernannt worden war. Trotzdem revolutionierten die wenigen Astronomen, kaum eine Handvoll, mit unerschütterlichem Fleiß die aktuelle Sonnen- und Sternphysik, entdeckten auf Anhieb die heute Maunder-Minimum genannte jahrzehntelange Pause der Sonnenaktivität, aber auch die Existenz unvorstellbar enger Doppelsterne. Ihren dramatischen Höhepunkt erreichten die, auch öffentlichen, Auseinandersetzungen jedoch Anfang der 1930er Jahre, als der „Abteilungsvorsteher" des Einsteinturms – in Übereinstimmung mit der preußischen Wissenschaftsadministration – auf der Selbständigkeit seiner Einrichtung bestand, wogegen der Direktor des Observatoriums solange erfolglos anrannte, bis sich im Laufe des Jahres 1933 die Zeiten in seinem Sinne änderten.

Dass die vielgestaltigen Erscheinungen auf der Sonnenoberfläche hauptsächlich von Magnetfeldern geformt werden, wird am AOP erst spät zur Kenntnis genommen. Harald v. Klüber hatte nach der Ära Ludendorff – 35 Jahre nach der Entdeckung des magnetischen Charakters der Sonnenflecken – eine Polarisationsoptik in das Turmteleskop eingebracht und damit die Erforschung der kosmischen Magnetfelder als die DNA des späten Astrophysikalischen Observatoriums initiiert. Seine „Short Autobiography" wird hier als Anhang erstmals öffentlich zugänglich gemacht.

Nach Gründung der DDR ist ein ehrgeiziger, unsichtbarer Akteur mit geheimen Interessen im Institutsleben aufgetaucht. Zum Auftakt hat er sich eine junge Rechenassistentin geholt, aber auch vor großen Namen – einschließlich eines wissenschaftsbesessenen Generalsekretärs und hellsichtigen Institutsdirektors – schreckt er nicht zurück, bis zum Schluss das Ministerium für Staatssicherheit (nicht nur) das Astrophysikalische Institut ganz durchdrungen hatte, dirigiert aus einem der Vorzimmer des Direktors.

„Die für die Astrophysik besonders wichtige Magneto-Hydrodynamik turbulenter Strömungen ist uns freilich im Ganzen noch ein Buch mit sieben Siegeln“, hatte Albrecht Unsöld noch im Jahre 1957 geklagt. Nur drei Jahre später hat Max Steenbeck in seinem nagelneuen Institut für Magnetohydrodynamik in Jena gerade diese Herausforderung genüsslich angenommen. Seine Mitstreiter Fritz Krause, Karl-Heinz Rädler und der Verfasser (als Diplomand an der Sternwarte der Friedrich-Schiller-Universität) sind schließlich auf dem Telegraphenberg in Potsdam angelangt, um nicht zuletzt mit neuartigen Arbeitsergebnissen das Astrophysikalische Observatorium international wieder sichtbar zu machen. Wie es sich zugetragen hat, dass dieses durchweg anerkannte Institut schrittweise aus der Wissenschaftslandschaft verschwinden und während einer juristischen Sekunde zum Jahreswechsel 1991/92 gänzlich erlöschen konnte, wird im letzten Kapitel geschildert. Dieser Text möge auch dazu dienen, den verbliebenen historischen Gebäuden und Anlagen auf dem Telegraphenberg den mentalen Teil ihrer Vergangenheit wiederzugeben – nachdem es bisher nicht gelungen ist, der Phalanx der Entdecker Vogel, Spörer, Hartmann, Schwarzschild, Hertzsprung, Freundlich, v. Klüber, Grotrian und Krause andere als schriftliche Würdigungen einzurichten.

Während der erste Teil des Buchs dokumentarisch – mit gelegentlichen literarischen Einsprengseln – angelegt ist, beinhaltet der zweite Teil auch eigene Erinnerungen. Diese betreffen ein Land, das es nicht mehr gibt. Seine Regierung hatte schon die einfachsten Forderungen der Bevölkerung nach Einschränkung ihrer Allmacht – Rede- und Reisefreiheit für alle – nicht überlebt und ist zu einer Fußnote deutscher Geschichte geworden. Die jungen Astronomen in Potsdam hatten ihrerseits nur versucht, der angeblich entwickelten sozialistischen Gesellschaft gemeinsam mit einigen befreundeten Künstlern auf Augenhöhe zu begegnen. Geschildert wird, wie den Verlauf dieser Versuche auch die vielen nicht aufhalten konnten, die das Primat der Politik über die Wissenschaft mit allen Mitteln durchsetzen wollten und sich wegen dieser Haltung nie auch nur der kleinsten Beschuldigung, geschweige denn Anklage, ausgesetzt gesehen haben. Dass die Auseinandersetzungen im Zeitverlauf immer öffentlicher und politscher geworden sind, liegt in der Natur der Sache und sollte dem heutigen Erzähler nicht angelastet werden. Ob solche oder verwandte Dissonanzen auch in Zukunft ähnlich gut ausgehen werden, scheint, von heute aus gesehen, noch gar nicht ganz ausgemacht.

Günther Rüdiger
Potsdam, am 17. Juni 2023

I Wie die Sonnenforschung nach Preußen kam

1 Vorspiel im Ausland: „Was ist das, die Sonne?“

Der Doppelsternentdecker William Herschel in Slough war ein ebenso begeisterter wie fleißiger Sonnenbeobachter. Im Jahre 1801, zwanzig Jahre nach seiner Auffindung des Planeten Uranus, legte er in einer ausführlichen Studie sorgfältigste Beobachtungen der Sonnenoberfläche vor, weil „it becomes almost a duty for us to study ... the solar surface“.[1] Mit genauen Zeichnungen der „openings“ dokumentierte er sein besonderes Interesse für das Auftreten von Sonnenflecken, auch über längere Zeiten, überzeugt von deren Einfluss auf das heimische Wetter. Wegen fehlender Klimadaten benutzte er die von Adam Smith zusammengestellten Getreidepreise und fand, wie vermutet, hohe Preise bei fleckenfreier Sonne – und fleckenfrei war die Sonne häufiger, jedenfalls im Rückblick: „Das historische Material enthält 5 unregelmäßig angeordnete und ungleich lange Perioden ohne Sonnenflecke. Die erste dauerte von 1650 bis 1670. Die nächste ... dauert bis 1684 … Ein Fleck im Jahre 1710, keiner 1711 und 1712 und wieder einer 1713 … Bemerkenswerterweise gab es nach dieser Zeit niemals wieder keine Flecke.“ Herschel würde, wenn sich die Sonne während seiner Inspektionen nicht zufälligerweise im jüngsten der grand minima ihrer magnetischen Aktivität befunden hätte, den 11-jährigen Sonnenfleckenzyklus gefunden haben. Die Flecken waren für ihn willkürlich auftauchende Öffnungen in der Sonnenatmosphäre – die den Blick auf den darunterliegenden dunklen Sonnenkörper freilegen – und eine periodische Variation ihres Auftretens wäre ihm unsinnig erschienen. Immerhin hatte er 40 Jahre lang, ebenso ausdauernd wie später Samuel Heinrich Schwabe, die Sonnenoberfläche beobachtet.[2]

Rudolf Wolf, in einem „Vortrag vor gemischtem Publikum“, fand das Löcher-Modell Herschels ansprechend, zumal ja wirklich der dunkle Kern des Flecks, die Umbra, unterhalb der Sonnenoberfläche zu liegen schien, zerstörte aber mit sorgfältiger Statistik dessen Idee von einer Korrelation von Fleckenhäufigkeit und Wetter. Um 1861 umfasste seine unermüdlich zusammengetragene Sonnenfleckensammlung Beobachtungen von insgesamt 22.493 Tagen, „für 2143 Tage aus

[1] Herschel (1801).

[2] Details zu Datenerhebung und -auswertung der hier und im Folgenden erwähnten Sonnenbeobachter siehe Arlt & Vaquero (2020).

dem 17. Jahrhundert, 5490 Tage aus dem 18. Jahrhundert und für 14.860 aus dem laufenden Jahrhundert".

Bild 1. Friedrich Wilhelm Herschel (1738–1822); 10-füßiges Teleskop von Herschel (22-cm-Metallspiegel, rechts); mit solch einem Instrument wurden die 1801 veröffentlichten Sonnenfleckenbeobachtungen unternommen. Insgesamt beobachtete Herschel fast 40 Jahre die „openings" in der Sonnenoberfläche.[3] Photo: Universitäts-Sternwarte Göttingen.

Wolf muss sehr fair und die Post muss schnell und zuverlässig gewesen sein. Nur wenige Monate nach ihrer Veröffentlichung verbreitete er die neuesten spektakulären Ergebnisse des Privatastronomen Richard Carrington in Redhill bei London. Carrington hatte seit 1853 tausende Positionen und Eigenbewegungen der Flecken in Länge und Breite mit seinem Teleskop von nur 12 cm Öffnung bestimmt und berechnet, dazu musste er ja zuerst die Lage der Rotationsachse der Sonne feststellen. Und: „Wir sehen, dass die tägliche Rotationsbewegung deutlich von der solaren Breite abhängt. Über die meridionale Strömung kann man gar nichts sagen." Auch, dass nie Sonnenflecke am Äquator und an den Polen zu sehen sind, war ihm nicht entgangen. Sie tauchten nur in Gürteln zwischen 6° und 35° nördlicher und südlicher Breite auf, die selbst langsam äquatorwärts wanderten und dort schließlich verschwanden. „Die nach mir kommenden Beobachter müssen prüfen

[3] Herschel ging von einer im Inneren bewohnbaren Sonne aus.

ob diese Eigenschaft von Bedeutung für den Zyklus ist." Erst später, wenn diese Frage beantwortet ist, wird man wissen: „What is a Sun?"[4]

Redhill Observatory from the South-East.

Bild 2. Privatobservatorium Redhill des Richard Christopher Carrington (1826–1875), von dem es weder ein Photo noch ein Porträt zu geben scheint.[5] Sogar das obligatorische Gemälde aus der Sammlung der Royal Society sei irgendwann unauffindbar verschollen, heißt es.

Carrington hatte die abwechslungsreiche Sonnenoberfläche sehr gemocht: „Die nächtlichen Beobachtungen der Sterne ließen nur wenig Raum für Spekulationen, die mittäglichen Sonnenbeobachtungen waren vielgestaltiger und interessanter."[6] Gleich zwei grundlegende Entdeckungen der frühen Sonnenphysik waren ihm in nur sieben Arbeitsjahren gelungen: die ungleichförmige („differentielle") Rotation der Sonnenoberfläche und die Breitenwanderung der Fleckenzonen. Dass die Sonne nicht wie ein starrer Körper rotiert, sondern der Äquator die polaren Gebiete regelmäßig überholt, soll damals das Bild von der Sonne drastischer verändert haben als die Entdeckung der Fraunhoferlinien.[7] Ein Riesenpensum, als wäre es zu viel gewesen: Vier Jahre später erkrankt er und stirbt mit nur 49 Jahren, nur wenige

---

[4] Carrington (1863).

[5] Cliver (2005).

[6] Siehe „Richard Christopher Carrington (obituary)", Monthly Notices of the Roy. Astron. Soc. 36, 137 (1876).

[7] Clerke (1887).

Tage nach seiner Frau, im gleichen Jahr wie der greise Schwabe,[8] dem Carrington 1857 die Medaille nach Dessau gebracht hatte, die die Royal Society diesem, auf dessen Vorschlag, verliehen hatte. Trotz seiner unübersehbaren Erfolge ist ihm – wahrscheinlich aus persönlichen Gründen – nie ein Platz als Berufsastronom gegönnt worden, obwohl 1859 in Oxford oder 1861 in Cambridge freigewordene Stellen zu besetzen gewesen waren.[9]

Bild 3. Samuel Heinrich Schwabe (1789–1875).

[8] Schwabe starb 1875 mit 86 Jahren.
[9] Cliver & Keer (2012).

Bild 4. Dachastronomie mit ungeahnten Folgen (Dessau, Johannisstraße 18).

Das fast biedermeierliche Meisterstück war schon in den 1840er Jahren dem Dessauer Arztsohn und unglücklichen Apotheker Samuel Heinrich Schwabe gelungen, der in seiner Schulzeit „den Vater bei Operationen zu assistiren und für den Großvater Düten zu kleben“ hatte.[10] Im Nachhinein wundert sich Wolf über seine verblichenen Kollegen: „Während Schwabe’s Vorgänger ... *entweder* versäumten (wie es sogar Scheiner vorzuwerfen ist) sich Tag für Tag ein vollständiges Bild von der Sonne zu entwerfen, und *meistens* von der vorgefassten Meinung ausgingen, es sei *nur* merkwürdig, wenn die Sonne *viele* Flecke zeige, – *oder*, wenn sie vollständiger notirten …, nach kurzer Zeit ermüdeten, – so liess dagegen *er* schon seit 35 Jahren[11] keinen schönen Tag vorbeigehen, ohne sich zu versichern, ob die Sonne Flecken zeige oder nicht …“[12] Schwabes angeborene Ausdauer und seine Vorliebe für Jahresabrechnungen hatten dem Himmel ein gut verstecktes Gesetz entrissen – eigentlich hätten es viele finden können.

---

[10] Wolf (1877), S. 655. Schwabes Vater Johann Gottlob war Arzt, vom Großvater Joachim Heinrich Häseler übernahm Schwabe 1812 die Apotheke.
[11] Erste Beobachtung am 5. 11. 1825.
[12] Wolf (1861), S. 15.

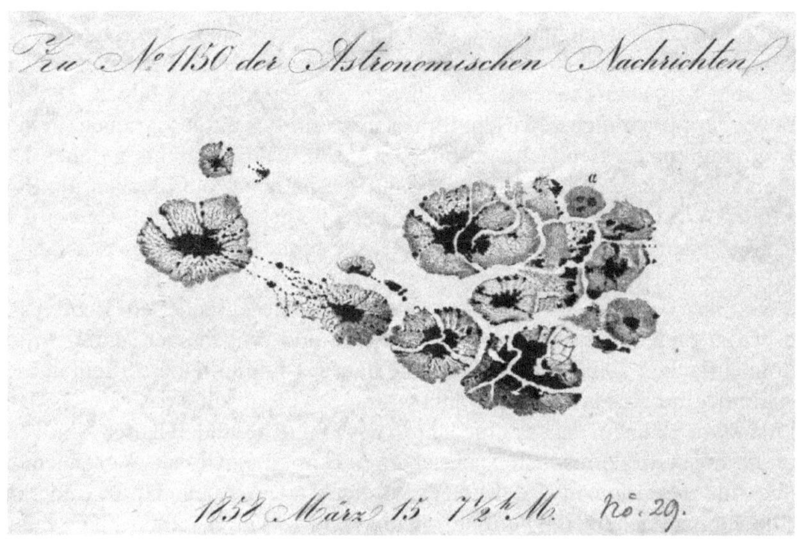

Bild 5. Handzeichnung Schwabes 1858 (Astron. Nachr. 48, 345).

Bild 6. Das größere von Schwabes beiden Instrumente, 64fache Vergrößerung, von Lohrmann, Dresden (rechts). Schwabe benutzte Filter von Fraunhofer, keine Projektion (Auskunft R. Arlt). Bild etwa von 1925.

Zu Beginn seiner Aufzeichnungen, 1828, hatte Schwabe an jedem Beobachtungstag Sonnenflecken gesehen, danach immer seltener, fünf Jahre später nur noch jeden zweiten Tag, aber 1837 wieder täglich. Nach weiteren fünf Jahren, 1843, waren es wieder nur wenige gewesen. Immer hatte er alles aufgeschrieben, in jährlichen umfangreichen Beobachtungsbüchern, auch wenn er nichts gesehen hatte. Das zahlte sich aus: Sollten alle zehn Jahre besonders viele Flecken die Sonne bedecken? Wirklich gesehen hatte er nur ein einziges Maximum, das von 1837, dieses aber überdeutlich. Vom Maximum 1826 fehlte der Anstieg, Schwabe war vorsichtig, er durfte sich nicht irren, was sollte man sonst bei Hofe, von dem er lebte, von ihm denken. Andererseits wäre es eine Riesensache, ein richtiges Naturgesetz zu finden, es war doch zu verlockend und probehalber schrieb er, dass die Sonnenflecken „eine Periode von ungefähr 10 Jahren haben.“ Seine Talente waren immer nur Ausdauer und Ordnungssinn gewesen; sollte das gereicht haben, wird man ihm glauben, dass er eine Uhr in der Sonne gefunden hatte? Nur wenige Zeilen für die Astronomischen Nachrichten in Hamburg-Altona: „Vergleicht man nun die Zahl der Gruppen und der fleckenfreien Tage miteinander, so findet man, dass die Sonnenflecken eine Periode von ungefähr 10 Jahren hatten ... Die Zukunft muss lehren, ob diese Periode einige Beständigkeit zeigt.“[13] Vorsichtig an Humboldt: „Ich habe keine Gelegenheit gehabt ältere Beobachtungen in einer fortlaufenden Reihe kennen zu lernen, stimme aber gern der Meinung bei, daß diese Periode selbst wieder veränderlich sein könnte.“[14] Während die Originalmitteilung in den Astronomischen Nachrichten kaum zur Kenntnis genommen wurde,[15] brachte Humboldts Beistand – er präsentierte 1850 Schwabes Zahlen in seinem „Kosmos“ – die ersehnte Anerkennung. Erst Ende 1868,[16] als er sein Dachobservatorium nicht mehr ersteigen konnte, musste er die Beobachtungen einstellen, nach mehr als 40 Jahren „Keplerian faith in the laws and order of Nature“.[17]

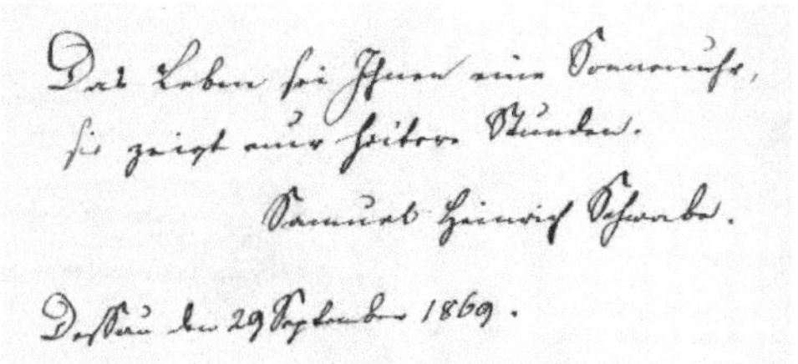

Bild 7. Handschrift aus Schwabes 80. Jahr nach dem Ende der Sonnenbeobachtungen: „*Das Leben sei Ihnen eine Sonnenuhr, sie zeigt nur heitere Stunden*. Samuel Heinrich Schwabe. Dessau den 29 September 1869.“ Quelle: Stadtarchiv Dessau-Roßlau.

[13] Schwabe (1844). Die Zykluslänge schwankt zwischen 9 und 14 Jahren, Mittelwert 11 Jahre.
[14] Humboldt (2004), Band III, S. 543.
[15] Das erste Zitat im Astrophysics Data System (ADS) stammt von 1948.
[16] Genauer: am 15. 12. 1868 (Auskunft Rainer Arlt).
[17] Clerke (1887).

2 Maunders Minimum ist von Spörer und Spörers Gesetz von Carrington

Flucht ohne Rückkehrabsicht

Im September 1864, noch während des deutsch-dänischen Krieges, erhielt ein 16-Jähriger ein vorzeitiges Abgangszeugnis vom Reformgymnasium Anklam, weil seine verwitwete Mutter das Schulgeld nicht mehr zahlen konnte. Das Zeugnis war mittelmäßig: „aus der Mathematik hat er die Geometrie bis zur Lehre von der Ähnlichkeit, die Arithmetik bis zu den einfachen Gleichungen gehabt", aber „für das Zeichnen hat er stets viel Teilnahme und Geschick bewiesen." Später wird die Schule stolz sein, den Namen dieses Schülers tragen zu dürfen, ein Personalmuseum in Anklam wird glanzvolle Zeugnisse seines Genies ausstellen. Der Schüler, Otto Lilienthal, fuhr nach Potsdam zur wesentlich billigeren, eher handwerklich ausgerichteten Provinzial-Gewerbeschule,[18] die er nach zwei Jahren mit dem Abitur abschloss, um danach mit seinem Bruder, wieder daheim, Flugexperimente zu beginnen, die ihn später, in seinem 48. Jahr, das Leben kosten werden.

Die Hansestadt Anklam war erst im Vorjahr durch die Stralsunder Eisenbahn mit Berlin und Potsdam verbunden worden. Zur Einweihung des neuen Bahnhofes im März 1863 war der König gekommen, die ganze Stadt war auf den Beinen, die jüngeren Schüler sangen und die Gymnasiasten warfen ihre Mützen in die Luft, in der Werft wurde das bisher größte in Anklam gebaute Schiff, die „Lina", vom Stapel gelassen.[19] Lilienthals Mathematiklehrer Dr. Spörer,[20] ein Berliner, der das Idiom seiner Schüler nicht immer verstand, hatte im gleichen Jahr den Professorentitel erhalten, fünfzehn Jahre nachdem er Ostern 1849 Vertretungslehrer am Gymnasium geworden war, das bald danach in ein neues prachtvolles Gebäude in der Wollweberstraße umzog. Erst im Vorjahr hatte die Schule, die mit fünf besonders ambitionierten Lehrern[21] und 300 Schülern den Unterrichtsbetrieb begonnen hatte, als „angestaunte Anstalt" die vollen Rechte für Schulen mit 9 Jahrgängen erhalten.

Seine Festanstellung am Gymnasium hatte Spörer im November 1853 schon als Witwer erlebt. Mit dreißig hatte er Louise Auguste Reiche, Tochter eines Sanitätsrats aus Magdeburg, geheiratet, die nach der Geburt ihrer Tochter Marina Luise im Kindbett verstarb; seine erste Ehe hatte nur die neun Monate der Schwangerschaft gedauert.

---

[18] Heute Humboldt-Gymnasium Potsdam.

[19] Ab dieser Zeit wurden die großen Schiffe aus Eisen gebaut, worunter die Anklamer Werften litten.

[20] In zahlreichen, auch privaten Schriftstücken aus dem 19. Jahrhundert lautet die Schreibweise „Spoerer" statt des heute gebräuchlichen „Spörer".

[21] Gottschick (Rektor), Adler, Dr. Wagner, Schütz, Dr. Spörer.

Bild 8. Gustav Spörer als Lehrer; Gymnasium in Anklam Wollweberstraße, errichtet 1850/1851 (rechts). Archiv W. Hornburg.

Neben den 13 Wochenstunden für Mathematik und den 6 Stunden für Physik fand der Mathematikus Spörer immer noch Zeit, eine Abhandlung von 17 engbedruckten Seiten über sein Lehrkonzept zu schreiben, um es der Schulleitung im Januar 1855 zu übergeben.[22] „So wie auf dem Gymnasium die alten Sprachen nicht deshalb gelernt werden, damit man in den Stand gesetzt werde, die herrlichen Muster der Alten zu verstehen ... ebenso wird die Mathematik nicht deshalb gelernt, damit man Gleichungen auflösen [könne], ... welche sich auf praktische Verhältnisse beziehen." Hätte der Unterricht in der Mathematik keinen anderen Zweck, so hätten diejenigen recht, welche „die Mathematik nur in Rücksicht auf ihre praktische Anwendung hochstellen", und Unwissenheit in der Mathematik bei denen entschuldigen, die im späteren „Berufe die Mathematik nicht nötig haben." Aber: „indem der Knabe in die Mathematik eingeführt wird, wird er angeleitet, sich in Abstraktionen zu bewegen." Es folgte sein persönlicher Lehrplan von der Quarta bis zur Prima in detaillierter Darstellung. „An einigen Gymnasien wird auch Differential-Rechnung in der Oberprima vorgetragen: ich bezweifle ob zum Nutzen der Schüler", schrieb er. „Ich habe einmal in der Prima [damit] angefangen, ... aber schon nach sechs Stunden hatte ich die volle Überzeugung gewonnen, daß eine zu große Anzahl gar nicht imstande sei, zu folgen." Die sehr diplomatisch formulierte Schrift scheint in Anklam und Berlin zustimmend aufgenommen worden zu sein. In Spörers vierunddreißigstem Lebensjahr wird Schülern, Eltern und den Honoratioren der Stadt bekanntgegeben, dass am 31. Mai 1855 „der Mathematikus Dr. Spörer in Anerkennung ‚der erfreulichen Erfolge seiner Leistungen' durch des Herrn Minister von Raumer Excellenz den Oberlehrertitel" erhielt.[23]

---

[22] Spörer (1855).
[23] Sommerbrodt (1856), S. 23.

„Arbeiten, welche ich zu Hause corrigire, werden erst von der Sekunda an geliefert," wird in seiner gedruckten Anleitung für Mathematiklehrer verkündet. Fast ohne zu korrigierende Klassenarbeiten und mit nur 19 Wochenstunden an 6 Schultagen wird der Herr Oberlehrer nicht ausgelastet gewesen sein. Ohne Differential- und Integralrechnung blieben nur noch Geometrie, einfachste Algebra und Trigonometrie, all das hatte der Student bei Professor Encke einst auf der Sternwarte in Berlin als das nötigste Handwerkszeug des Astronomen vollständig verinnerlicht und später für Lehrer und Schüler übersichtlich in einem Büchlein[24] zusammengestellt; kaum vorstellbar, dass er sich auf den Unterricht noch hat vorbereiten müssen. Nach drei Jahren Studium hatte er 1843 mit nur 21 Jahren mit einer vorwiegend numerischen Dissertation über eine Kometenbahn promoviert. „Bis zum Herbst 1845 wurde Spörer an der Berliner Sternwarte beschäftigt, da aber keine Aussicht vorhanden war, dort oder an einer anderen Sternwarte angestellt zu werden, so machte er das Examen pro facultate docendi", die Lehrerlaubnis.[25] Die Enttäuschung, seinen erlernten Beruf nicht ausüben zu können, wird den außergewöhnlich begabten Absolventen existenziell erschüttert haben, er wollte jetzt weg von Universitäten und Akademien, jedenfalls weit weg von Berlin. Er wandte sich, um eine Anstellung als Gymnasiallehrer zu finden, nordwärts, Mathematiklehrer wurden immer gesucht, ließ sich ab 1846 in Bromberg und Prenzlau nieder, fand aber 1849 noch weiter nördlich eine, zunächst vorläufige, Anstellung in Anklam – eine entschlossene Flucht, die ihn erst Jahrzehnte später mit seiner Großfamilie im Triumphzug in die preußische Hauptstadt zurückbringen wird.

Noch während Spörers erstem Studienjahr wurde der in Jena promovierte Karl Heinrich Schellbach Mathematikprofessor an seinem ehemaligen Berliner Friedrich-Wilhelm-Gymnasium, einem der führenden humanistischen Oberschulen Preußens. Schellbach gründete 1855 – als hätte er Spörers Unterrichts-Traktat gelesen – ein (kurzlebiges) pädagogisches Seminar zur Ertüchtigung junger Mathematiker zum Schulunterricht, um in den oberen Gymnasialklassen die mathematisch-naturwissenschaftliche Ausbildung auf das Niveau des Sprachunterrichts zu heben. Intensivere Ambitionen in Richtung ganzheitlicher Erziehung wie die der Reformbewegung Fröbels in Thüringen waren in Preußen noch lange nicht angesagt. Später führte Schellbach den preußischen Kronprinzen Friedrich[26] privat – oft im Beisein der interessierten Mutter[27] – in die Naturwissenschaften ein. Auch das Neueste der Himmelskunde gehörte zum Pensum: „... seit der Entdeckung der Spektralanalyse durch Kirchhoff und Bunsen, im Jahre 1861, ... eröffnete das Studium der Sonnenoberfläche Wunder auf Wunder. Der Professor Spörer in Anklam beschäftigte sich hauptsächlich mit der Untersuchung der Sonnenflecke und der Protuberanzen. Aber seine optischen Apparate waren nicht kräftig genug, um die

[24] Spörer (1870).
[25] Lohse (1895).
[26] Oft auch Friedrich Wilhelm genannt, späterer Kaiser Friedrich III.
[27] Königin Augusta von Sachsen-Weimar-Eisenach, in Weimar erzogen.

Arbeit rasch und erfolgreich fördern zu können. Infolgedessen fand sich unser Kronprinz bewogen, dem Professor Spörer ein größeres Fernrohr zu schenken, das mit dem lebhaftesten Danke empfangen wurde."[28] Schon 1863 hatte es Bestrebungen gegeben, Spörer ein *„7-füssiges Fraunhofersches Teleskop auf einem Gestell aus Mahagoni"* aus der *„physikalischen Sammlung der hiesigen königlichen Universität anzuvertrauen."* Die Verwaltung hatte gegen diesen Plan einen Strauß ihrer schönsten, zeitlosen Bedenken gebunden: hat denn ein Lehrer genügend Zeit, das Teleskop regelmäßig zu benutzen, gibt es in Anklam ein mindestens im Durchmesser 12-füßiges passendes Gebäude, wer bezahlt das metallene Stativ, das nicht unter 100 [Thaler?] zu haben sein wird, schon Encke hätte den Gebrauch dieses Fernrohres ausgeschlagen? Die noch heute gern benutzte Argumentation, *„daß ein Lehrer, der so viel wissenschaftlichen Eifer besitzt, daß er sich erfolgreich mit astronomischen Untersuchungen beschäftigt, schwerlich lange in Anclam bleiben wird, da es sein Streben sein muß, in eine größere ... Stadt zu gelangen"*,[29] wurde womöglich bei dieser Gelegenheit erfunden.

Der Turm

Das Gymnasium hatte – wohl auf Betreiben Spörers – schon für 1860 von der Anklamer Stadtverwaltung einen Zuschuss für ein hochwertiges Schulfernrohr von Steinheil beantragt und überraschend die Gesamtsumme erhalten, sodass noch ein kräftiges Stativ extra finanziert werden konnte.[30] Es war ein 3½-füßiger Refraktor[31] mit einem Kreismikrometer, gerade geeignet, den exakten Ort von Sonnenflecken festzustellen. Spörer, zugleich Lehrer, Rechenmeister und Astronom, hatte nur nachmittags Zeit, und er hatte vom Schwabe-Zyklus und von den Existenzproblemen Carringtons gehört, der seine Arbeit einstellen und die Sternwarte verkaufen musste. Sonnenbeobachtungen waren Spörers einzig realistische Möglichkeit, im Beruf bleiben zu können; es war auch naheliegend, die Bestimmung möglichst genauer Sonnenfleckenkoordinaten zu perfektionieren, um „einen Beitrag zur Bestimmung der Rotation der Sonne zu liefern", Carringtons Entdeckung[32] der Wanderung der beiden Fleckenzonen zum Äquator zu überprüfen und die noch unbekannten Eigenbewegungen der Sonnenflecken statistisch festzustellen. Das wollte er nach dem Unterricht erledigen, wenn sich die Mehrzahl seiner

---

[28] Schellbach (1890), S. 19. Die Schenkung bestand in der Übernahme der Kosten.

[29] Geheimes Staatsarchiv Preußischer Kulturbesitz (GStAPK), Akte I. HA Rep. 76, Va Sekt. 2 Tit. VII Nr. 14 Bd. 2. Texte aus Archivalien sind durchgängig kursiv gesetzt.

[30] Gymnasium zu Anclam 1861, „Einladung zur öffentlichen Prüfung aller Klassen", Anklam: W. Dietze, 1861.

[31] Genauer: 42″ = 106 cm Brennweite, knapp 3″ = 7,6 cm Öffnung (33 Linien). In einem Brief wird berichtet, dass er auch einen 2½-füßigen Refraktor privat besitzt.

[32] Carrington (1859a).

Lehrerkollegen zur Mittagsruhe begeben hatte. Dazu musste er nur den allerdings hektargroßen leeren Marktplatz[33] zum alten Anklamer Pulver- oder Hungerturm überqueren, der ein neues Treppenhaus erhalten hatte und auf den ein verglaster Rundbau mit leicht zu öffnender Südwestseite um ein zentnerschweres Stativ aufgemauert worden war, seine Beobachtungsstation für eineinhalb Jahrzehnte, die manchem Orkan standzuhalten hatte. Nur bei starken Südwinden begann das Fernrohr zu zittern, während die Turmmauern dick genug waren, Erschütterungen durch den nachmittäglichen Straßenverkehr gut genug zu dämpfen. Den schon halbverfallenen Turm hatte die Stadt, „*geleitet vom Interesse für die Wissenschaft*“, aufwendig „*zu unbeschränkter Nutzung*“ auf ihre Kosten wieder herrichten lassen. Der mit der nagelneuen Deckenkonstruktion fest verbundene Beobachtungspavillon war zu ebener Erde als Einhausung des Schulfernrohres konstruiert worden.

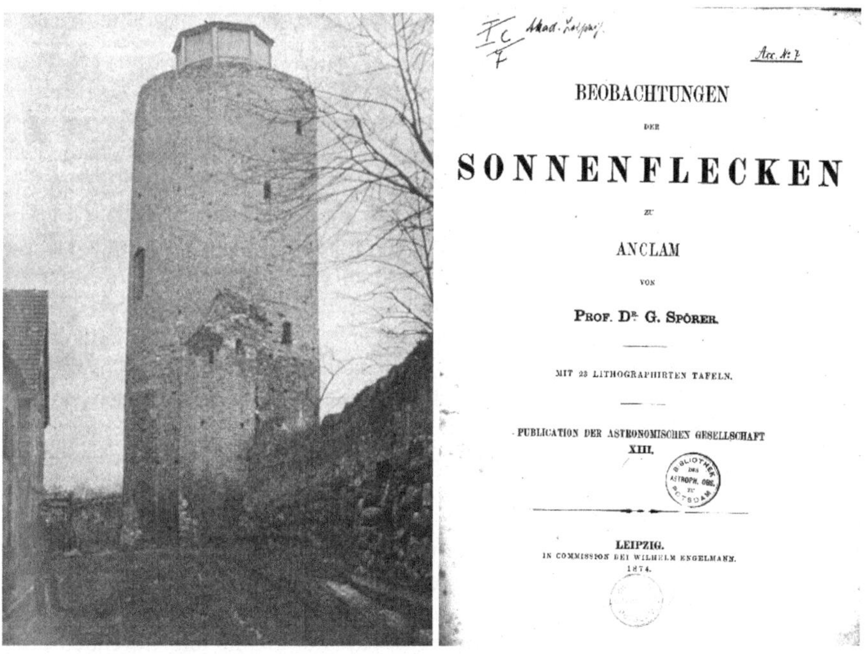

BEOBACHTUNGEN

DER

SONNENFLECKEN

ZU

ANCLAM

VON

PROF. DR. G. SPÖRER.

MIT 23 LITHOGRAPHIRTEN TAFELN.

PUBLICATION DER ASTRONOMISCHEN GESELLSCHAFT
XIII.

LEIPZIG.
IN COMMISSION BEI WILHELM ENGELMANN.
1874.

Bild 9. Pulverturm in Anklam mit selbstgebauter Sonnenwarte; Publikation Nr. 13 der Astronomischen Gesellschaft mit Spörers Anklamer Ergebnissen (rechts).

[33] Das prächtige gotische Rathaus war auf Beschluss revolutionärer junger Ratsherren samt Randbebauung 1842 abgerissen worden, ohne an einen Nachfolgebau zu denken.

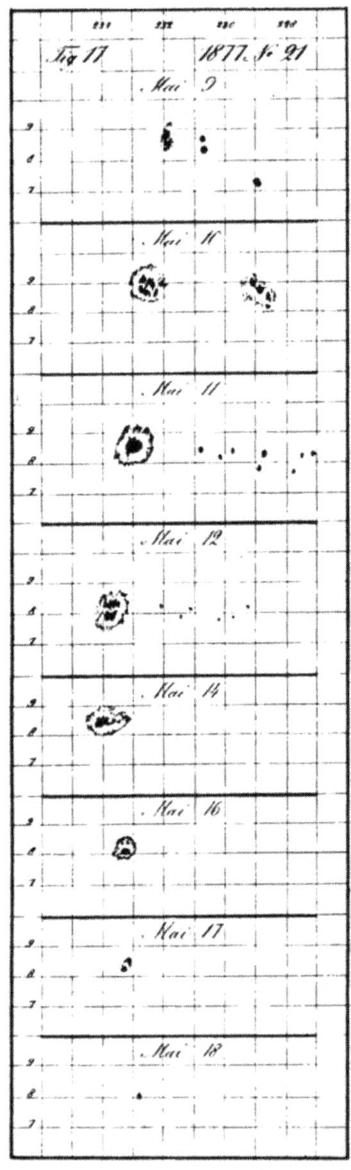

Bild 10. Zerfall von Sonnenflecken (hier zwischen 10. und 18. Mai 1877), den Spörer und seine Nachfolger kaum beachteten. Quelle: Publicationen des Astrophysikalischen Observatoriums zu Potsdam Nr. 5, Bd. II, Tafel 22 (1880).

Spörer hatte Glück, dass der Anfang seiner Beobachtungen im Dezember 1860 auf ein Fleckenmaximum fiel, so dass die reiche Ausbeute der Beobachtungskampagne die Unterstützung der Schulleitung und die Hilfe mancher Schüler erleichtert haben wird, jedenfalls hat er in der ersten Zeit in den jährlichen Programmheften seines Gymnasiums – gewiss nicht gegen den Willen des Rektors – fast unübersehbare Mengen erstaunlich detaillierter Beobachtungsergebnisse publiziert.[34] Am Anfang waren viele Flecken zu sehen, die fast alle etwa 16° nördlich oder südlich des Äquators auftauchten. Fünf Jahre später hatte es nur noch wenige Flecken gegeben, und diese erschienen durchweg sehr nahe dem Äquator. Carringtons Fleckenwanderungsgesetz wurde für die südliche und die nördliche Sonnenhemisphäre auch für den neuen Sonnenzyklus bestätigt.[35] Beide Beobachter hatten fast gleichzeitig bemerkt, dass die äquatornahen Flecke schneller rotieren als die äquatorferneren, dass sich also die Sonnenoberfläche nicht starr bewegt wie ein fester Körper. Schon sechs Monate nach Beginn seiner Beobachtungen schrieb Spörer am 13. Juni 1861: „Von den oben aufgeführten Flecken ergeben also die einer Äquatorialzone angehörenden eine kleinere Rotationszeit als die übrigen“[36] und so steht es auch in seiner allerersten

[34] Spörer (1862).
[35] Wurde oft „Spoerer's law“ genannt, heute eher „butterfly diagram“.
[36] Spörer (1861).

astronomischen Abhandlung für das Programm des Gymnasiums von 1862.[37] Ein furioser Auftakt, schon nach einem knappen halben Jahr findet der neue Teilzeit-Astronom im vierzigsten Lebensjahr die grundlegende Eigenschaft von Sternoberflächen, anders als ein starrer Körper zu rotieren. Natürlich probierte Spörer die einfachsten trigonometrischen Ausdrücke für das neuentdeckte Rotationsgesetz, konnte sich aber nicht zwischen $\cos(b)$ oder $\cos(2b)$ für die Winkelgeschwindigkeit der Rotation entscheiden, wo b die heliographische Breite ist.[38] Er schrieb von äquatorialen Weststürmen und von Oststürmen in höheren Breiten, die die wolkigen Flecken antreiben mögen, auch deren individuelle Breiten- und Längenbewegungen unterschiedlichsten Vorzeichens sind ihm nicht verborgen geblieben. Wahrscheinlich wegen dieser zufälligen Eigenbewegungen hatte Spörer trotz eines gewaltigen Datenarchivs das Rotationsgesetz der Sonne in der später gültigen Form nicht ausdrücklich aufschreiben können.[39]

Schellbach hatte auch weiterhin den Kronprinzen über Spörers Entdeckungen auf dem Laufenden gehalten. Ob die Informationen von Anklam nach Potsdam auf direktem Wege oder über die Berliner Sternwarte, über Wilhelm Förster[40] gelaufen sind, ist unbekannt geblieben. In einem erhaltenen Entwurf eines Briefes vom 15. Dezember 1863 an ein *„Hohes Ministerium“* beklagt Spörer, dass ein *„Fernrohr, wie mir jetzt zu Gebote steht, nämlich ein 3½-füßiges dem Gymnasium gehöriges für den lichtschwachen Sonnenrand bei weitem nicht aus*[reicht].“ Über die Sonnenflecken sei zu *„bemerken, daß Betrachtung und Beschreibung derselben vielfach unternommen, dagegen immer zu wenig gemessen“* worden seien. Sorgfältigste Messungen wären erforderlich, um über die Beschaffenheit der Sonne wirklich urteilen zu können. Die kluge Werbung ist schließlich erfolgreich: gleich im zweiten Absatz der Zusammenfassung der Anklamer Ergebnisse[41] wird erzählt, dass „ich im Jahre 1865 ein siebenfüssiges Fernrohr[42] erhalten hatte“, mit welchem „nunmehr die Örter aller bedeutenderen Flecke ... schnell und mit

---

[37] Spörer (1862).

[38] Der Unterschied ist den Daten von 1860 bis 1866 wegen der Äquatornähe der Flecken tatsächlich kaum zu entnehmen. Später gibt Spörer an, dass er als maximale Breite eines Fleckes 40° im Jahre 1869 gesehen hätte. Die von Carrington und Spörer aus den Fleckenbewegungen abgeleiteten Rotationsgesetze sind beinahe identisch, obwohl in unterschiedlichen Dekaden abgeleitet (Kempf, 1916).

[39] R. Carrington (Monthly Notices of the Roy. Astron. Soc. 22, 300) hat 1862 in einer sehr kurzen Mitteilung den Ausdruck $\cos^{7/4}b$ für die Variation der Sonnenrotation mit der Breite angegeben, nahe der heutigen Formulierung mit $\cos^2 b$ und $\cos^4 b$. In einer früheren Äußerung schreibt er nur, „there is an equatorial current causing spots to move in the direction of solar rotation“, ohne von breitenabhängiger Rotation zu reden (Carrington, 1859b).

[40] Herrmann (1975).

[41] Spörer (1874). Die Publikation enthält allein 140 Seiten Zahlen in mehreren Spalten, typisch für Spörer und seine zukünftigen Kollegen vom Astrophysikalischen Observatorium zu Potsdam.

[42] Brennweite 213 cm, man findet für die Schenkung häufig die falsche Jahreszahl 1868. Im folgenden Jahr (1866) wird Kronprinz Friedrich als Befehlshaber der 2. Preußischen Armee bei Königgrätz militärisch erfolgreich sein.

ausreichender Genauigkeit gemessen werden konnten."[43] Der Kronprinz hatte sich nicht lumpen lassen und ein Instrument aus der renommierten Schwabinger Werkstatt von Steinheil & Söhne bezahlt. Es wird Spörer zur Sonnenfinsternis im Sommer 1868 nach Indien begleiten und später mit nach Potsdam gehen, wo es noch jahrzehntelang Dienst tun wird.[44] Wegen der Sonnenfinsternis hatte es auf Staatskosten noch ein neues, „vorzüglich gearbeitetes und mit Uhrwerk versehenes Stativ" erhalten. „Nach meiner Rückkehr wurde das Stativ für unsere geographische Breite umgearbeitet."[45]

Bild 11. Wohnhaus von Minna und Gustav Spörer, Anklam, Neuer Markt 557,[46] heute Pasewalker Straße 3. Alle 8 Kinder Spörers sind in Anklam geboren und in St. Nikolai getauft. Quelle: W. Hornburg.

---

[43] Öffnung 13 cm, Brennweite 210 cm.

[44] In der Ostkuppel des Hauptgebäudes des Astrophysikalischen Observatoriums, gemeinsam mit einem großen Spektroskop für Protuberanzen-Beobachtungen. Ab 1908 stand dort das sog. Zeiss-Triplet (15-cm-Refraktor) für photographisch-photometrische Aufgaben.

[45] Spörer (1863).

[46] „Wohnungs-Anzeiger nebst Adreß- und Geschäftshandbuch für die Stadt Anklam und deren Umge-

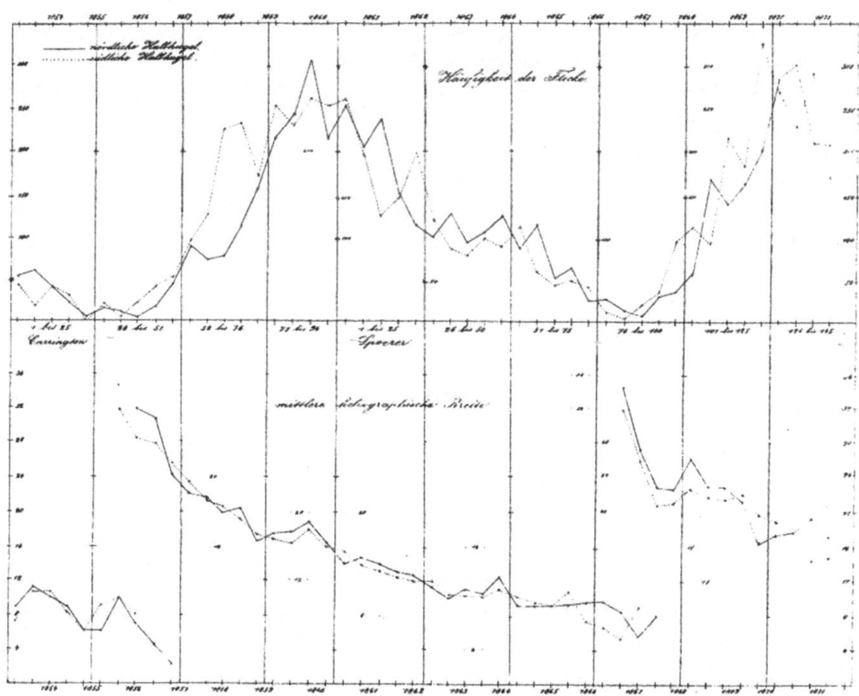

Bild 12. Anklamer Sonnenfleckenstatistik mit Häufigkeit (oben) und gemittelter heliographischer Breite (unten) der Sonnenflecken für 1854 – 1871. Nord- und Südhemisphäre der Sonne jeweils getrennt. Quelle: Spörer (1874).

Regen im Herz der Finsternis

Gleich nach Erhalt des neuen Teleskops schrieb Spörer einen Brief an den Berliner Sternwarten-Direktor Wilhelm Julius Förster, Nachfolger seines Doktorvaters Encke. Förster war damals Schriftführer der 1863 in Heidelberg auf seine Initiative und der seines ehemaligen Schülers Carl Bruhns, jetzt Direktor der Sternwarte in Leipzig, nach Sächsischem Vereinsrecht[47] gegründeten Astronomischen Gesellschaft (AG). Zur Gründung hatten sich 26 Astronomen in Heidelberg versammelt, noch im gleichen Jahr wuchs die Mitgliedschaft auf 149 Herren,[48] darunter auch

bungen und Anklamer Peendamm“, Anklam: W. Dietze, 1868. Auskunft W. Hornburg.

[47] Sitz in Leipzig.

[48] Sog. konstituierende Mitglieder, siehe Schielicke (2013).

Spörer, der wegen Lehrverpflichtungen aber nur selten auswärtige Termine wahrnehmen konnte. Zur ersten Versammlung in Leipzig Ende August 1865 macht Vorstandsmitglied Förster Mitteilung von einem an ihn gerichteten „Schreiben des Mitglieds Prof. Spoerer in Anklam".[49] Der Brief beträfe einen Vorschlag dieses eifrigen Beobachters der Sonnenoberfläche zur Einrichtung eines besonderen Institutes für Untersuchungen über die Beschaffenheit des Sonnenkörpers. Prof. Spörer fordere die Gesellschaft, sich für die Notwendigkeit einer solchen „Sonnen-Warthe", auf welcher neben Messungen und Aufzeichnungen der Flecken photometrische und Spektralbeobachtungen systematisch angestellt werden sollen, öffentlich zu erklären.[50] Die Versammlung stimmte „einmüthig zu, indem sie den Wunsch ausspricht, dass Prof. Spoerer bald in den Stand gesetzt werden möge, seine Arbeiten unter noch günstigeren Verhältnissen und in einem günstigen Klima fortzusetzen." Kein sehr vielversprechendes Ergebnis, außer dass sein Name von jetzt an allen deutschen Astronomen, auch Entscheidungsträgern, bekannt geworden ist.

Trotzdem, ein Engel hatte Spörers Schreibfeder geführt. Auf die Petition eines Mitgliedes der Astronomischen Gesellschaft an den Reichstag des eben gegründeten, kurzlebigen und preußisch dominierten Norddeutschen Bundes mit Sitz in Berlin hatte dieser im Mai 1868 fast einstimmig beschlossen, eine norddeutsche Astronomen-Expedition in weit entfernte Gebiete zur totalen Sonnenfinsternis am 18. August gleichen (!) Jahres mit Bundesmitteln zu finanzieren. Professor Spörer aus Anklam sollte an der Spitze der acht vom Vorstand nominierten Teilnehmer stehen, die wegen des Wetterrisikos zur Hälfte nach Aden im Jemen sowie nach Mulvad in Vorderindien reisen sollten. Es waren mehrheitlich Berliner Mannschaften, komplettiert durch je einen Teilnehmer aus Anklam, Leipzig und Bonn. Der Reichstag hatte Professor Förster beauftragt, im Vorfeld ein Konzept und eine Kostenaufstellung einzureichen. Es wird „die Aufstellung der feinsten Messungsmittel der Spectralanalyse, sowie die Anwendung der Photographie" erforderlich sein und diese Geräte müssten neu angeschafft werden. Die Kosten „für den gesamten photographischen Apparat, für die Spectral-Apparate und für die neue Montirung" der von den Instituten zur Verfügung gestellten Fernrohre beliefen sich auf 5200 Thlr., 9700 Thlr. betrügen die Reisekosten und 1000 Thlr. benötige man für die Vorbereitungen, Gesamtkosten 15900 Thlr. Schon am 9. Juli antwortet der Kanzler des Norddeutschen Bundes: „Es freut mich, den Vorstand der Astronomischen Gesellschaft ... benachrichtigen zu können, dass die Regierungen des Norddeutschen Bundes beschlossen haben, die nachgesuchte Beihilfe ... mit dem Betrage von zusammen 16000 Thlrn. zu gewähren."[51]

---

[49] Dieser Brief konnte im Original nicht aufgefunden werden.

[50] Vierteljahrsschrift d. Astron. Ges. 1, 4 (1866).

[51] Vierteljahrsschrift d. Astron. Ges. 3, 186 (1868); eine der ersten Förderungen eines wissenschaftlichen Projektes in Preußen. Ganz ähnliche Formulierungen werden noch heute in Bewilligungsschreiben verwendet. Erster und einziger Kanzler des Norddeutschen Bundes war Otto von Bismarck.

Es blieben allerdings kaum noch 4 Wochen bis zur Abreise, einige Vorstandsmitglieder lehnten es ab, sich diesem Abenteuer auszusetzen. Tatsächlich waren schließlich die Spektralapparate zu spät angekommen, so dass das notwendige Justieren der Geräte und das Trainieren der Beobachter kaum noch möglich waren. Die zu erwartenden Verdunklungszeiten an den Zielorten der Expeditionen betrugen nur 3 bzw. 5 Minuten[52] abzüglich der sich erfahrungsgemäß immer einstellenden Aufregung aller Teilnehmer.

Spörers Urlaub vom Lehramt „wegen Leitung einer wissenschaftlichen Expedition“ reichte vom 4. Juli bis 12. Oktober 1868. Schon am 8. Juli abends begann in Berlin die Reise per Bahn bis Triest, von Triest mit dem Schiff über das Mittelmeer nach Alexandria, mit der Bahn mit Zwischenstopp in Kairo bis Suez – der Suezkanal ist erst im folgenden Jahr eröffnet worden – und mit Dampfschiff nach Mumbai, Ankunft 30. Juli. Das Expeditionsziel wurde mit Bahn, Kamelen und Ochsenwagen am 9. August erreicht, mehr als 4 Wochen nach Reisebeginn.[53] Die beschwerliche Dschungeltour mit schwerem Gepäck war eine organisatorische Herausforderung, die nur mit zahlreichen Ortskräften zu bewältigen war. Bis zum Vortag der erwarteten Sonnenfinsternis regnete es unaufhörlich, trotzdem mussten die Pfeiler gemauert, die Beobachtungshütten für die Instrumente errichtet und die Zelte für die Menschen aufgestellt werden. Der Morgen des Finsternis-Tages war zuerst wolkenfrei, aber 10 Minuten vor dem ersten Kontakt zog sich der Himmel wieder zu, um 7.50 Uhr begann unbemerkt die Verdunklung der Sonne. Aber in „einer Wolkenlücke stand plötzlich die Corona am Himmel, als matt leuchtender strahliger Kranz die Mondscheibe umgebend. ... In kürzester Zeit hatte ich mir das Bild der Corona fest eingeprägt.“ Durch sein Okular sieht Spörer gerade noch eine große östliche Protuberanz und kann, als sein persönliches Hauptergebnis, ihre Höhe messen, sein Kollege Tietjen sieht Protuberanzen sowohl am östlichen und am westlichen Sonnenrand; Spektralaufnahmen waren in der Eile ganz unterblieben. Trotz der minimalen Ergebnisse, so Spörer, war man ab jetzt sicher, dass die Protuberanzen zur Sonne gehören und keine Erscheinungen der Erdatmosphäre darstellen. Es existiert keine einzige Photographie von dieser Expedition, alle (!) Expeditionsphotographen waren gemeinsam zur Parallelveranstaltung nach Aden geschickt worden.

Andere Beobachter hatten mehr Erfolg. Tausend Kilometer östlich vom deutschen Basislager, an der indischen Ostküste, hatte die französische Expedition für die Sensation der 1868er Finsternis-Kampagne gesorgt. Ihr Spektralapparat zeigte für die Protuberanz am Sonnenrand eine gelbe Linie nahe der Wellenlänge des Natriums, die umso ausgedehnter ausfiel, je radialer der Spalt gerichtet war. Dagegen war die Linie nur sehr kurz, wenn der Spalt tangential zum Sonnenrand gerichtet war, die Protuberanz hatte offenbar die Form langer strahlenförmiger

---

[52] Mit maximal 6 Minuten eine besonders lange Bedeckungszeit, weil der Mond nahe der Erde stand.
[53] Spörer (1869).

Finger unbekannter Temperatur. Jules Janssen wiederholte die Beobachtung am nächsten Tag und hatte die Protuberanz sogar ohne Sonnenfinsternis im Lichte der gelben Spektrallinie wiedergesehen. Die Linie, wie sich später herausstellte, gehörte zu einem auf der Erde noch unbekannten Element und wurde anspielungsreich „Helium" genannt.[54] „So hat denn die totale Sonnenfinsternis vom 18. August 1868 weitaus wichtigere Ergebnisse geliefert, als je eine dieser Erscheinungen vorher."[55] Die deutsche Astronomische Gesellschaft resümierte, dass man „den Gesammterfolg der norddeutschen Expeditionen nicht als befriedigend betrachten kann." Dennoch „waren die mitgebrachten Spectralapparate der Art, dass unter günstigeren Wetterverhältnissen die wichtige Entdeckung des typischen Charakters der Protuberanz-Spectra auch unsern Beobachtern nicht hätte entgehen können."[56] Nach seiner glücklichen Rückkehr in Anklam „am 12. October begrüßten Kollegen und Schüler den im ungetrübten Wohlsein Heimkehrenden mit herzlicher Freude"; im Vorjahr hatte der Rektor bei seiner Schulrede nur der bei Königgrätz gefallenen vier ehemaligen Schülern – zwei Söhne von Adel und zwei von Rittergutsbesitzern – zu gedenken gehabt und ansonsten der Opfer von Masern und Cholera.[57] Auch ein Orden für den weitgereisten Kollegen hatte nicht lange auf sich warten lassen, am Ende des Schuljahres 1868/69 wurde Professor Spörer auf die freiwerdende Stelle als Prorektor – also Erster Lehrer seiner Schule – gewählt und sogleich bestätigt. Von da an musste er jährlich die Schüler der oberen Klassen bei ihren Wanderfahrten auf die Inseln Usedom und Rügen begleiten, wahrscheinlich heimlich auf Regen hoffend, damit ihm keine kostbare Beobachtungszeit verlorengehe.

Wie geht Astrophysik?

Nachdem die Reichsgründung Anfang 1871 fast 2 Milliarden Mark in die Kassen des ehemaligen Norddeutschen Bundes gespült hatte, begann Preußens Gründerzeit und Thronfolger Friedrich erhielt Spielräume zur Verwirklichung seiner kulturellen und wissenschaftlichen Pläne. Man erinnerte sich auf Schloss Babelsberg – womöglich wieder auf Anregung Försters – des unermüdlichen Sonnenbeobachters in Anklam, seiner glücklosen indischen Expedition, aber mehr noch seiner Idee von der Gründung einer neuen Sonnenwarte bei Berlin. Wilhelm Förster hatte sich ein neu zu gründendes Observatorium „in der Nähe von Potsdam" zunächst als Ausgründung seiner eigenen Sternwarte vorgestellt, weil in Berlin „Trübungen

---

[54] Norman Lockyer fand die unbekannte Linie auch ohne Sonnenfinsternis ebenfalls 1868 und hatte die Bezeichnung Helium vorgeschlagen.

[55] Klein (1869).

[56] Siehe Anm. 51.

[57] Gymnasium zu Anclam, „Einladung zur öffentlichen Prüfung aller Klassen", Anklam: W. Dietze, 1867.

durch Rauch und Staub", Erschütterungen wegen der schlechten Pflasterung und aufsteigende Luftströme „die Bedingungen, unter welchen die Berliner Sternwarte mitten in der Stadt zu arbeiten hat, immer ungünstiger geworden sind."[58] Der Kronprinz hatte über Schellbach bei Förster eine ausführliche Darstellung des Sachverhalts „auch über die geeignete Verwirklichung der wünschenswerten Einrichtungen" bestellt, die schon am 27. September 1871 eingereicht wurde. Im Oktober 1871 hatte Friedrich in deutlichen Worten an den zuständigen Minister geschrieben, dass er die „*baldige Realisierung*" des Planes persönlich betreiben würde.

Förster hatte eine Einrichtung[59] zur direkten, spektroskopischen und photographischen Überwachung der Sonne vorgeschwebt, die „gleichzeitig als magnetische und meteorologische Hauptstation fungiren sollte".[60] Dahinter stand seine Vorstellung, dass das zentrale – und noch lange Zeit einzige – Objekt der sich neu entwickelnden Astrophysik die Sonne sei. Andererseits unterstrich er früh und hellsichtig die Bedeutung der solar-terrestrischen Beziehungen, wenn er schrieb, „dass durch die Veränderungen des Sonnenkörpers selbst vermittelst einer gewissen elektrischen Fernewirkung der Erscheinungen des Erdmagnetismus, der Luftelektrizität und der Erdströme ... in erheblicher Weise modifiziert werden, während zwar der Einfluss der veränderlichen Sonnenzustände auf die Temperaturen sich bisher noch als gering herausgestellt hat, aber doch auch für die fernere Zukunft ein wichtiges Objekt der Forschung bieten dürfte."[61] Förster schreibt Spörer, dem in Wahrheit Wetterbeobachtungen gänzlich fremd sind, die Direktorenrolle – ohne Namensnennung – auf den Leib, er selbst sah sich als Mitglied in einem aufsichtsausübenden Kuratorium.[62] Abschließend wird hintersinnig gewarnt, „daß England in den für Sonnenbeobachtungen und für magnetische Beobachtungen in Kew bei London getroffenen Einrichtungen bereits etwas Ähnliches besitzt." „Dies war", schreibt Förster später nachsichtig über die Ablehnung seines Konzeptes, „allerdings ein Umfang von Beobachtungsaufgaben, welcher weit über die Astronomie hinausgriff, indem er die Sonnenwarte zugleich zu einem meteorologischen und magnetisch-elektrischen Zentralobservatorium stempelte ..."[63] Kein Wunder, dass die Akademie „zu dem ganzen Projekte den Kopf schüttelte, zumal da es eine Spezialität der älteren Meteorologen war, daß sie von dem Eingreifen der Flecken- und Fackelwirtschaft auf der Sonne in die irdischen Wetterzustände gar nichts wissen wollten ..." Er hat auch zugegeben, dass die gesuchten Effekte klein und gut versteckt sein könnten – so gut versteckt, dass solche Ideen erst im

[58] Förster (1875).
[59] In Försters Denkschrift wird nur von „Nähe zur Hauptstadt" und „einer etwas isolierten Anhöhe" gesprochen, gemeint soll eine Anhöhe südlich von Berlin am Spreeufer gewesen sein.
[60] Scheiner (1890).
[61] Herrmann (1975) gibt den Wortlaut der gesamten Denkschrift.
[62] Die Berliner Sternwarte war damals hauptsächlich mit Bahnbestimmungen von kleinen Planeten und Kometen beschäftigt.
[63] Foerster (1911), S. 138.

nächsten Jahrhundert wieder aufgegriffen werden: in der militärisch motivierten Ionosphärenforschung in den Weltkriegsjahren,[64] der Gründung eines Institutes für solar-terrestrische Physik der Akademie der Wissenschaften zu Berlin und noch später in den extensiven Studien zum Einfluss der zyklusabhängigen Sonneneinstrahlung auf das irdische Klima.[65] Beinahe exzessive meteorologische Messungen sind in der Gründungszeit des Potsdamer Observatoriums im Sinne der Denkschrift dreimal täglich auf einem Messfeld sowie in 8 unterschiedlichen Brunnentiefen durchgeführt worden, sie wurden erst (nach 17 Jahren) eingestellt, als das neu errichtete Meteorologische Observatorium seine eigenen Daten zu produzieren begonnen hatte. Unvorstellbar, dass ohne Rechenhilfsmittel aus den von Paul Kempf händisch gewonnenen Datengebirgen feinste Effekte wie der Einfluss der Sonnenfleckenhäufigkeit auf die Bodentemperatur in bis zu 40 m Tiefe auf dem Telegraphenberg hätten abgeleitet werden können. Das Protokoll der abschließenden 6-jährigen Messkampagne enthält mehr als 100.000 dreistellige Zahlen zu Wind, Bewölkung, Feuchtigkeit und zu über- oder unterirdischen Temperaturmessungen.[66]

Die Kommission der Kgl. Akademie der Wissenschaften, die Försters Vorschläge zu kommentieren hatte, argumentierte nicht weniger weitsichtig, aber in anderer Richtung. Für sie war die Sonnenforschung nur der Anfang der neuen Astrophysik. Sie hatte in ihrem Schreiben vom 29. April 1872 den sonnenphysikalischen Teil des Foersterschen Konzeptes unterstützt, ihn aber nur als Beginn, als Teil der stellaren Astrophysik gesehen, die sich seit Kurzem zu entwickeln begonnen hatte. Ein zweites, unabhängiges Institut solle der „tellurischen Physik" gelten, „um dem im Gebiet der Astronomie und der kosmischen Physik vorliegenden Bedürfnissen abzuhelfen, ... das eine für Astrophysik und das andere für Meteorologie und Erdmagnetismus."

Da beide Konzepte beim Magnetismus weit auseinanderlagen, aber nicht bei der Sonnenforschung, fand der einfallsreiche Förster bald Gelegenheit, die für ihn aussichtslose Auseinandersetzung am 27. Mai 1873 durch Nennung von Namen zu beenden, nämlich Spörer für die Sonnenforschung, und „in dem von der Akademie hervorgehobenen Sinne der ausgezeichnetste deutsche Beobachter auf dem Felde der Spektralanalyse, Herr Dr. Vogel, Astronom auf der Privatsternwarte" Bothkamp bei Kiel. Daraufhin war alles sehr schnell gegangen. Das Kultusministerium berief eine Gründungskommission[67] unter Vorsitz des Akademiepräsidenten, der bald den Oberbauinspektor Spieker als gelernten Architekten für öffent-

[64] Seiler (2007).

[65] Solanki & Fligge (1998).

[66] Kempf (1895). Zur Archivierung der enormen Datennmengen gab es eigene „Publikationen des Astrophysikalischen Observatoriums zu Potsdam". Die Temperaturmessungen im Tiefbrunnen wurden bereits 1888 wegen „thermischer Störungen" abgebrochen, daher liegen genaue Zahlen nur über einen einzelnen Sonnenzyklus vor.

[67] Bois-Reymond (Vorsitzender), Auwers, Förster, Helmholtz, Neumayer, Schellbach, später noch Kirchhoff, Siemens und Spieker. (Spieker, 1879), S. III.

liches Bauen[68] mit ins Boot holte. Schon im Juni 1873 war das Konzept für ein „Astrophysikalisches Observatorium“ auf dem Telegraphenberg in Potsdam vorlagereif, von dem „die Sonnenphysik nur einen Teil bildet“. Nachdem der Landtag noch im Winter des gleichen Jahres dem Finanzierungsplan[69] zugestimmt hatte, wurden zum 1. Juli 1874 die Observatoren Vogel und Spörer sowie etwas später Vogels früherer Mitarbeiter Lohse als Erster Assistent angestellt und zunächst die Zuwegung zum Observatorium von Potsdam aus angelegt. „Spörer übersiedelte im selben Jahre mit seiner ganzen Familie nach Potsdam[70] und setzte bis zur Fertigstellung des Observatoriums die Sonnenfleckenbeobachtungen mit seinem auf dem Thurm des Militärwaisenhauses aufgestellten Instrument fort.“[71] Förster beschreibt das turbulente Gründungsjahr 1874 voller Aktivitäten in seiner Berliner Sternwarte und auf dem Telegraphenberg: „Die Herren Dr. Vogel und Dr. Lohse sind einstweilen auf dieser Sternwarte, wo ihnen auch vorläufig Experimentir-Räume zur Verfügung gestellt werden konnten, mit Vorarbeiten an dem bereits fertig gestellten grossen Spectroskop von H. Schröder beschäftigt und widmen sich zugleich in Verbindung mit Herrn Professor Spörer der Fürsorge für die Einrichtungen des neuen Observatoriums.“[72]

Gustav Kirchhoff in Heidelberg hatte mit der Erklärung, er wolle lieber die „mathematische Physik“ entwickeln, das Direktorat in Potsdam abgelehnt. Er hatte mit Bunsen 1861 die Spektralanalyse begründet und war die erste Wahl der Gründungskommission. Wohl wegen Kirchhoffs Verzicht sind die beiden Observatoren bis 1881 unter Aufsicht einer fachlichen und administrativen Direktion[73] gestellt worden, entweder war man sich uneins oder hatte zunächst doch Zweifel an der Zuverlässigkeit des neu berufenen Personals. Tatsächlich ist das zum Observatorium gehörende imposante Direktorwohnhaus erst später, nach der formalen Berufung Vogels zum 1. April 1882 als Direktor – an einem anderen Platz als dem vorgesehenen – gebaut worden.[74] Dort, nahe am Hauptgebäude, lebte Vogel

---

[68] Eggers (1995). Zur Architektur siehe Pedde (2023).

[69] Kosten ohne Instrumente 860.000 M, entspricht den Kosten für die gesamte Technische Hochschule Charlottenburg (Bollé, 1993).

[70] 3 Söhne, 5 Töchter. Nach Wilfried Hornburg (Anklam) haben alle Söhne Spörers (Paul *1855, Richard *1860 und Max *1865) nur bis 1874 das Gymnasium in Anklam besucht, sodass die Familie Spörer Anfang Juli 1874 gleichzeitig nach Potsdam übergesiedelt sein sollte. Die erstgeborene Halbwaise Marina Luise Spörer hat 1880 den „Wissenschaftlichen Hilfsarbeiter“ und späteren AOP-Direktor Gustav Müller geheiratet, die Schicksale der anderen Töchter (Clara Charlotte, Anna Marie, Emma Margaretha, Gertrud Adele) sind unbekannt. Spörers Sonnenbeobachtungen in Anklam enden Juni 1874. Schulchronik: „Am 1. Juli schied, einem Rufe des in Potsdam zu errichtenden astrophysikalischen Observatoriums folgend, der Prorektor der Anstalt ...“

[71] Vogel (1895).

[72] Förster (1875).

[73] Auwers (geschäftsführend), Förster, Kirchhoff (ab 1875 als Professor für theoretische Physik in Berlin).

[74] Spieker (1894), Bauzeichnungen von 1887 unter https://architekturmuseum.ub.tu-berlin.de/index.php?p=79&POS=15.

ab etwa 1885 mit zwei Hausangestellten und drei Hunden, die ihm vielleicht die fehlende Familie zu ersetzen hatten. Das Haus war nach den Vorgaben für einen Preußischen Rat erster Klasse errichtet worden, besaß also ein Repräsentationszimmer von 48 qm Grundfläche, 4,20 m Deckenhöhe und einer gewaltigen Flügeltür,[75] in dem womöglich nur ein einziger offizieller Empfang, der des Kaisers zur Einweihung des Großen Refraktors, je stattgefunden hat, denn Vogel war eher ungesellig und später wird es kaum feierliche Anlässe gegeben haben.

Bild 13. Hauptgebäude (Südseite) des Astrophysikalischen Observatoriums. Die Backsteine stammen aus regionalen Ziegeleien, Grundmauern und Treppen aus Sandstein von Wefensleben und die Verkleidung aus Siegersdorf bei Bunzlau. Mittelkuppel 10 m. Oben: Originalzustand mit eingebautem Heliograph; unten: mit nachträglich geschaffenem Südausgang sowie verglasten Wandelgängen. Photos: Architekturmuseum Berlin, R. Arlt.

---

[75] Auskunft B. Eggers.

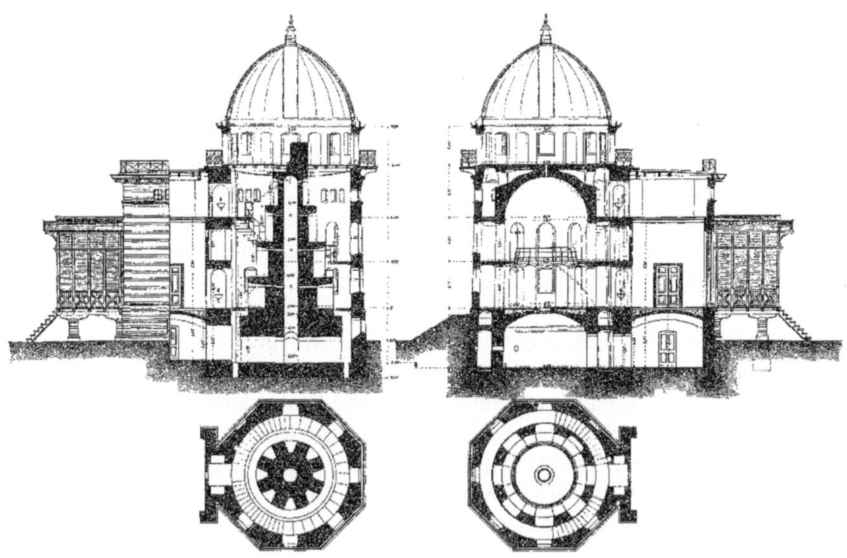

Bild 14. Westkuppel (Teleskop auf eigenem Fundament) und Ostkuppel (rechts, Teleskop ohne eigenes Fundament), beide 7-m-Kuppeln dienten anfangs der Sonnenbeobachtung. Im untersten Rundgewölbe unter der Ostkuppel betrieb A. Michelson (wegen der besonderen Steifigkeit des starken Mauerwerks) nach Absprache von Helmholtz mit Vogel 1881 sein Experiment, das die Existenz eines stationären Äthers ausschloss.[76] Michelson war zu dieser Zeit an der Berliner Universität eingeschrieben, das Interferometer wurde von Schmidt & Haensch in Berlin gebaut.[77] Quelle: Scheiner (1890).

Die Gebäude des zur Schinkelschule unverwüstlichen Bauens gehörenden Regierungsbaumeisters Paul Spieker ähneln sich sehr. Fast immer sind es gelbe Backsteinkörper mit roter Streifengliederung und Rundbogenfenstern, gelegentlich Säulen. In staatlichem Auftrag hatte er das Strafgefängnis Plötzensee, ein Gebäude auf dem Gelände der Berliner Sternwarte, die Universitätsbibliothek und zwei Institutsgebäude errichtet, letztere fast parallel mit der Anlage auf dem Telegraphenberg. Auch die von ihm 1879 aufgestellte Siegessäule auf dem Hakenberg bei Fehrbellin erinnert noch stark an die Bebauung auf dem Telegraphenberg. Sein Lageplan für das Potsdamer Observatoriums-Gelände war ebenso simpel wie genial. Natürlich sollten die Drehkuppeln für die Instrumente auf den höchsten Stellen des Berges stehen und die nötige Tiefbrunnenanlage[78] – ein fast unsichtbares

[76] Shankland (1982).

[77] Bleyer et al. (1979), Auth (1982).

[78] Vom 48 m tiefen Brunnenschacht mit seiner umlaufenden Wendeltreppe gehen mehrere verschließbare Kupferröhren zur Aufnahme von Thermometern ab, in 24 m Tiefe gelangt man vom Schacht in eine 8 m lange Versuchskammer. Das über Tage gelegene Brunnenhäuschen erlaubte Pendel- und

Meisterwerk – samt Gasanstalt an der niedrigsten. Das Observatorium hatte einen eigenen Stromgenerator und eigenes Wasser. Auf halber Höhe wurden die Wohnhäuser für den Direktor, die Observatoren und Assistenten angesiedelt, erschlossen von getrennt liegender Zu- und Abfahrt. Auch ein Zaun mit dichter Heckenbepflanzung in möglichst großer Entfernung von allen Gebäuden zur Abwehr möglicher Störungen gehörte zum Konzept. Die drei in exakter Ost-West-Richtung stehenden großen Beobachtungskuppeln sollten in einiger Entfernung voneinander stehen, aber doch in mehreren Etagen untereinander erreichbar sein, in der unteren Etage durch Wandelgänge mit offenen Rundbögen. Sie bilden den Südflügel des Hauptgebäudes, zu dessen Errichtung zunächst ein mächtiger Erdwall einer vergessenen Verteidigungslinie von 1813 abzutragen war, für die die Bergkuppe damals abgeholzt worden war. Der Nordflügel ist mittig entlang des Meridians angesetzt und enthält im Unterbau einfache Wohn- und im Hauptgeschoss ausgedehnte Arbeitsräume, angeschlossen an eine moderne Warmluftheizung. Der ebenerdige Eingang im Norden wird von einem imposanten, weithin sichtbaren Wasserturm mit innerer eiserner Wendeltreppe gekrönt, der von einem ähnlich gestalteten, etwas kleineren Südturm des Direktorhauses begleitet wird.

Heimkehr der Observatoren

Die komplette Wasserversorgung sowie die Wohnhäuser für die beiden Observatoren, den Assistenten, Institutsdiener und Maschinisten waren Ende 1878 fertiggestellt und zuerst von Spörer, dann von Vogel, Lohse, dem Institutsdiener Doll und dem fest eingestellten Maschinisten Meier bezogen worden. Der Bau des Hauptgebäudes war etwas in Verzug geraten, aber „einzelne Teile des Gebäude-Complexes bereits seit October d. J. in Benutzung“,[79] das gesamte Haus konnte erst im Frühjahr 1879 fertiggestellt und übergeben werden. Die drei etatisierten Wissenschaftler hatten Vogel zu ihrem Vorsteher und Spörer als Verantwortlichen für Inventar und Bücher bestimmt, gewiss eine Vorentscheidung zur zukünftigen Struktur. Spörer „ertrug alle Wechselfälle des Lebens mit einem unverwüstliche Gleichmuth, und ging immer bald wieder zur Tagesordnung, d.h. zu seinem ihm liebgewordenen Studium der Sonne über“,[80] beschreibt Lohse behutsam die Stimmung auf dem Telegraphenberg. Ab Sommer 1877 hatte Vogel noch Gustav Müller[81] als persönlichen „außeretatmäßigen Hülfsarbeiter“ für definitiv einstellen

Fallversuche.

[79] Spieker (1879).

[80] Lohse (1895).

[81] Aus Schweidnitz, Direktor des Observatoriums 1917–1921, verheiratet mit Marina Luise geb. Spörer (1853–1885); die gemeinsame Tochter Gertrud wird die Ehefrau von Gustav Eberhard, seine Nichte Käthe Müller heiratet 1907 den Observator Hans Ludendorff.

können, mit dem er schon früher in der Berliner Sternwarte zusammengearbeitet hatte, und nach einem weiteren Jahr Paul Kempf aus Berlin.

Bild 15. Die ersten Bewohner[82] des Telegraphenbergs bei Potsdam; v.l.: G. Spörer (1822–1895); H. C. Vogel (1841–1907); O. Lohse (1845–1915).

„Für die Arbeiten des Professors Spörer ist ein Assistent im abgelaufenen Jahre noch nicht herangezogen worden", schreibt das Direktorium im Jahresbericht 1877 an den Kgl. Minister der Geistlichen, Unterrichts- und Medizinal-Angelegenheiten. Er tat auch im halb fertiggestellten Institut das, was er in Teilzeit schon in Anklam getan hatte, noch immer mit seinen eigenen Instrumenten.[83] Er hatte im November 1870 sogar einen Spektralapparat erhalten, um die solaren Protuberanzen im Licht ihrer gelben Linie sehen zu können, hat aber „im Winter nur wenige Beobachtungen angestellt", obwohl sich die Sonne im Fleckenmaximum befand. Erstmalig tauchen eigene Protuberanz-Beobachtungen für Herbst 1871 auf: "Flammige Protuberanzen folgten Sept. 6 südöstlich dem Orte des kleinen Flecks ... und reichten bis an das Gebiet der folgenden Gruppe."[84] Er „hat die Sonne in diesem Jahre an 229 Tagen beobachtet, wobei dieselbe an 103 Tagen fleckenfrei" blieb, berichtet das Direktorium dem Ministerium für 1877. Für die in Projektion registrierten Flecken wurden die heliographischen Koordinaten berechnet und gemittelt. Immer war die Fleckenzone langsam im Laufe des 11-Jahres-Zyklus äquatorwärts gewandert. Für die Beobachtung von Protuberanzen war wohl das Jahr 1877 ungünstig. Über eine einzige „Merkwürdige Protuberanz, beobachtet 1877,

[82] Allgemeiner Wohnungsanzeiger für die kgl. Residenzstadt Potsdam und Umgebung auf das Jahr 1877: „Königliche Sonnenwarte (verlängerte Luckenwalder Str. am Telegraphenberge): Dr. u. Prof. Spörer, desgl. Vogel, desgl. Lohse, Astronomen; Meier, Maschinenmeister; Buschkowski, Heizer; Doll, Bureaudiener, sämmtlich An der Sonnenwarte wohnend." Auskunft Klaus Arlt.

[83] Nach einigen Zwischenstationen in der Ostkuppel aufgestellt.

[84] Spörer (1873).

Juni 17 bis Juni 20“ ist ausführlich berichtet worden,[85] später sind hunderte Protuberanzen jährlich in der Ostkuppel registriert, aber kaum analysiert worden.[86] Noch von Anklam aus hatte Spörer im Mai 1871 seine Rechenmethode zur Bestimmung der heliographischen Koordinaten veröffentlicht, „um die Beobachter von Protuberanzen in den Stand zu setzen, eine Vergleichung mit meinen Zusammenstellungen der Fleckenörter ... ausführen zu können.“[87] Zur Demonstration wurden die Positionen einiger Protuberanz-Beobachtungen von Tietjen und von Zöllner in Leipzig vorgerechnet. Spörer hat sich eigentlich nur für die Besonderheit der Protuberanzen interessiert, auch in wesentlich höheren heliographischen Breiten aufzutreten als seine Sonnenflecken; mit Sonnenflecken konnte das Rotationsgesetz nur für niedere heliographische Breiten bestimmt werden.

Bild 16. Der Heliograph (rechts oben), installiert im südlichen Vorbau des Hauptgebäudes. Der außen am Boden befestigte Heliostat spiegelt das Sonnenlicht von unten in das 4 m lange, parallel zur Erdachse festsitzende Rohr mit der angeflanschten Kamera in einer eigenständigen Dunkelkammer. Einzig auffindbare physische Darstellung.

---

[85] Astron. Nachr. 90, 63 (1877).

[86] „Jahresbericht Potsdam für 1881“, Vierteljahrsschrift d. Astron. Ges. 17, 225 (1882), letzter Jahresbericht vor der Berufung Vogels als alleiniger Direktor.

[87] Spörer (1871).

Bild 17. Heliostat des von Vogel und Lohse konstruierten Heliograph, dem Flaggschiff des Observatoriums. Optik von Steinheil (München), Mechanik von Repsold (Hamburg). Mit einem 1890 von den gleichen Herstellern angefertigten Gerät hat Schwarzschild 1913 auf dem Dach des Beamtenwohnhauses die gravitative Rotverschiebung der Stickstofflinie 3883 Å zu messen versucht. Quelle: Lohse (1889).

Der südliche Vorbau der Mittelkuppel umhüllte seit 1881 einen gewaltigen Heliographen, des größten seiner Zeit mit 16 cm Öffnung und 4 m Brennweite, um mit Belichtungszeiten von tausendstel (!) Sekunden die Sonnenscheibe abbilden zu können. „Die Überlegung, daß eine feste Aufstellung des Heliographen parallel der Erdaxe große Vortheile ... bieten würde, veranlasste Prof. Vogel und mich, im Jahre 1874 ein Project für einen Heliographen auszuarbeiten, welches später die Grundlage für die Ausführung des Potsdamer Instrumentes gebildet hat.“[88] Das Sonnenlicht wurde von unten in das optische System eingespiegelt und erreichte schließlich oben das Okular mit der fest angeflanschten, sehr schweren Kamera. Vogel war – wahrscheinlich im Gegensatz zu Spörer – davon überzeugt, dass die alte und bequeme Projektionsmethode nur für einfachere Fragen der Fleckenstatistik ausreichte, genauere Aussagen z. B. über die Eigenbewegungen der Sonnenflecken aber nur photographisch erreicht werden können und machte seine Meinung auch öffentlich.[89]

[88] Lohse (1889). Der Potsdamer Heliograph ähnelt auch in Details den Apparaten von W. de la Rue und J. N. Lockyer, die Vogel 1875 in England gesehen und im Reisebericht ausführlich beschrieben hatte. Womöglich ist die Jahreszahl 1874 in Lohses Bericht von 1889 nicht ganz korrekt.

[89] Vogel (1883). Für Sternspektroskopie favorisierte Vogel die Photoplatte erst später (Lohse, 1907).

Bild 18. Beamtenwohnhaus mit Heliostatenbahn (ab 1959 Bibliotheksgebäude), errichtet 1898/99 für den Beobachter und den Maschinisten des Großen Refraktors. Dachaufbau rechts: Uhrenraum (existiert nicht mehr), Dachaufbau links: Spektrographenraum mit extra stark gedämmtem Dach.[90] Der Heliostat stand an der südlichen Außenmauer des Uhrenraumes. Die gesamte Bahn konnte mit beweglichen Planen eingehüllt werden. Quelle: Saal (1901).

Auf seiner Bildungsreise[91] im Sommer 1875 nach England, Schottland und Irland hatte er in Greenwich einen „Photoheliographen" gesehen, dessen Existenz seine Auffassung bestärkt oder sogar erzeugt haben dürfte. Vogel war vom „photographischen Assistenten Mr. Maunder" durch die Sternwarte geführt worden und hatte gewiss bemerkt, dass dieser erst kürzlich angestellt worden war, um täglich die Sonne mit dem Heliographen zu überwachen. Die Sonnenbilder hatten einen Durchmesser von 10 cm, die Platten wurden nass entwickelt, aber ihre Qualität ließ zu wünschen übrig: „Das Detail, selbst in den mächtigen Fleckengruppen [von 1869 und 1870] war nur gering." Allerdings musste Vogel später auch für das neue Potsdamer Instrument feststellen, dass nach vielen anderweitigen vergeblichen Versuchen „dessen optische Leistungen weit unter den Erwartungen geblieben sind, der Beobachter sich entschlossen hatte, nur einen kleinen centralen Teil des Objectivs zu benutzen." Im Juli 1882 hatte Lohse mit regelmäßigen Sonnenphoto-

---

[90] Saal (1901).

[91] Gußmann & Dick (2000). Auf dieser Reise hat Vogel auch das Riesenfernrohr (Refraktor von 63 cm Öffnung und 9,14 m Brennweite) der Privatsternwarte von R. S. Newall bei Newcastle upon Tyne sowie den „Leviathan von Parsonstown" (Spiegel von 183 cm Durchmesser und 16 m Brennweite) in Birr bei Dublin besichtigt.

graphien begonnen. Er experimentierte zu dieser Zeit auch mit gelochten Photoplatten und speziellen Emulsionen, um Chromosphäre und Korona ohne das eigentliche, alles überstrahlende Sonnenlicht abbilden zu können. Zeitweise muss das Observatorium auf dem Telegraphenberg einer Forschungsstelle für Photographie mit mehreren, nach Vogels ausdrücklicher Forderung immer sauberen und aufgeräumten Dunkelkammern geglichen haben.

Auf dem Dach des zeitgleich mit dem Rundbau des Großen Refraktors errichteten Beamtenwohnhauses[92] ist 1898/99 eine exakt im Meridian liegende, 16 m lange Heliostatenbahn errichtet worden, die im südlichen Turmaufbau einen Spektrographen enthielt. Der eigentliche Heliostat vor der südlichen Außenwand des nördlich gelegenen Uhrenraumes spiegelte das Sonnenlicht von Norden in das optische System. Damit sollte – kein Wunder für ein Institut der Spektroskopie – die Sonne im monochromatischen Licht mit einem Gitterspektrographen zunächst visuell und später photographisch beobachtet werden können. Vogel hatte die Anlage ursprünglich ebenerdig, westlich des Hauptgebäudes, aufbauen lassen wollen und den Heliostatenspiegel schon 1890 bestellt, sie aber, als es tatsächlich zum Bau des Großen Refraktors und des dazugehörigen Beamtenwohnhauses[93] kam, sie kurzerhand auf dessen Dach platziert.[94] „Die Verbindung“ des Großen Refraktors „mit den Gebäuden des astrophysicalischen Observatoriums ist durch einen breiten Kiesweg hergestellt, der von einer Koniferenhecke und von Laubgehängen eingefasst ist und allmählich nach der Terrasse, die das Hauptgebäude umgiebt, aufsteigt.“[95] Der Südausgang des Hauptgebäudes, der aus der Umbauung des alten Heliographen hervorgegangen ist und der bequemen Verbindung zu den südlichen Institutsgebäuden dient, stammt nicht etwa schon aus dieser Zeit, er wurde erst im Jahre 1960 eingerichtet.[96]

Im Jahre 1908 hatte G. E. Hale vom kalifornischen Mount Wilson Observatory aus dem Vergleich der Spektrallinien von Sonnenflecken und deren Umgebung mit seinem Spektroheliographen geschlossen, dass die Sonnenflecken ein magnetisches Phänomen sind.[97] Diese Pioniertat hat auf dem Telegraphenberg keinerlei nachweisbare Reaktionen ausgelöst, vielleicht weil es ausgerechnet das Trauer- und Wartejahr zwischen der Vogel- und der kommenden Schwarzschildära war, nachdem im Vorjahr der alte Direktor und erfolgreiche Wissenschaftsmanager[98]

---

[92] Ab 1959 Bibliotheksgebäude.

[93] Architekten Paul Spieker (1826–1896) und Eduard Saal (1860–1918).

[94] Wegen des Dachbelages war die Heliostatenbahn trotz vielfältiger Maßnahmen durch Luftunruhe und Wärmeentwicklung beeinträchtigt (Vorteil für Turmteleskope).

[95] Saal (1901).

[96] 1961: Verglasung der Arkadengänge.

[97] Hale (1908).

[98] Die Geschichte des Großen Refraktors und seines Gebäudes beginnt 1890 mit Vogels Denkschrift: „Über große Fernrohre und ihre Bedeutung in der Wissenschaft“ und einer Reise nach England. Kostenvoranschlag 600.000 Mark für alles. Gesamtkosten des fertiggestellten Großen Refraktors: 706.250 Mark, davon 270.000 Mark für Instrumente (Vogel, 1907).

gestorben war. Der Heliograph im Hauptgebäude war routinemäßig im Weißlicht ohne sichtbare Auswertungen weiterbetrieben worden, das neue Dachinstrument wurde im gleichen Jahr „nach Abnahme des großen Gitterspektrographen" mit dem neuen Instrument von Kempf[99] ausgerüstet, das bis dahin in der Westkuppel ausprobiert worden war. Von Polarimetrie – die vom Magnetfeld aufgespaltenen Linien sind zirkular polarisiert – ist in den damaligen Berichten noch lange nicht die Rede, dieses Defizit wird mit 33-jähriger Verspätung erst Harald v. Klüber ab 1941 im Einsteinturm aufzuheben beginnen. Karl Schwarzschild hatte 1913 den Dachheliographen für seine Suche nach der Einsteinschen Gravitationsverschiebung der Lichtwellenlängen genutzt; frühere Publikationen mit Daten vom Dach sind nicht aufgetaucht, die späte Studie von Kempf über die Rotation des Kalziumnetzwerkes – mit Material einer 6-monatigen Beobachtungskampagne in 1906 vom Grubb-Refraktor in der Westkuppel – erscheint erst 1916.[100] Kempf sieht nach seinen Resultaten keinen Beweis, dass „Kalziumflokken, Fackeln und Flecke verschiedene Rotationsgesetze" liefern. „Leider konnte an eine Bearbeitung des reichen bisher erhaltenen Materials nicht gegangen werden, da es an einer geeigneten Hilfskraft fehlte", klagte Direktor Vogel regelmäßig in seinen Jahresberichten ab 1904 und später.[101]

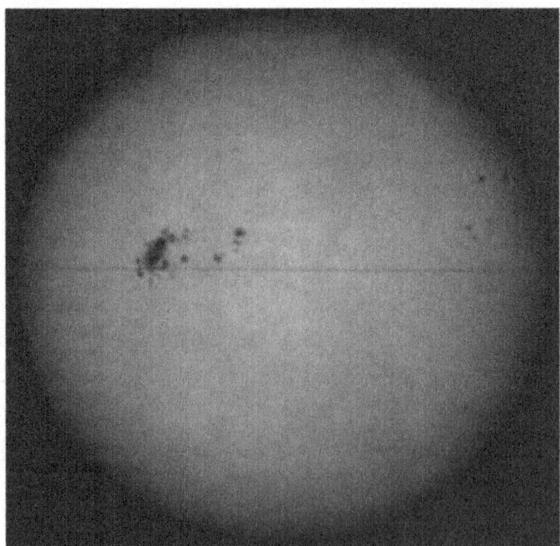

Bild 19. Heliographen-Aufnahme von O. Lohse am 13. Februar 1892 als Beispiel für die mittäglichen Registrierungen. Deutlich auch die Wiedergabe der breitenunabhängigen Randverdunkelung. Quelle: Scheiner (1897), Tafel III/1.

[99] Kempf (1905).

[100] Kempf (1916). Zum 10. 8. 1915 begann die tägliche Abbildung der solaren Chromosphäre im Lichte der Kalzium-K-Linie durch das Mt. Wilson Observatorium (Ende 7. 7. 1985).

[101] Vogel (1904).

Vogel hatte 1875 auf der Englandreise auch den Mechaniker Grubb in seiner Dubliner Werkstatt besucht, um über das für Potsdam bestellte Instrument zu sprechen. Er „fand hier Gelegenheit reiche Erfahrungen zu sammeln und Vieles von dem intelligenten jungen Manne zu lernen.“ Die erschütterungsfreie Westkuppel wird später den Grubb-Refraktor von 20 cm Öffnung[102] und 340 cm Brennweite für Sonnen- und Sternbeobachtungen aufnehmen, mit dem ab Herbst 1879 Spörer an jedem klaren Nachmittag mittels Projektion Fleckenzeichnungen von höchster Qualität produzierte. Wie schnell die Flecken nach ihrem Auftauchen regelmäßig wieder zerfallen, hatte ihn und viele seiner Nachfolger seltsamerweise nicht interessiert, obwohl Vogel mit eigenen Augen gesehen hatte, dass man in London „auch das Areal, welche die Sonnenflecke auf der Oberfläche der Sonne einnehmen aus den ... Photographien“ ableitete. Auch das Rotationsverhalten der hellen chromosphärischen Fackeln ist kaum beachtet worden. Die auf den Potsdamer Heliographenaufnahmen sichtbaren Fackel-Aufhellungen sind nur ausnahmsweise vermessen worden. Unerwartet erwies sich dabei das von J. Wilsing berechnete Rotationsgesetz der Fackeln als viel flacher als das der Sonnenflecken[103] – was allerdings nicht unwidersprochen blieb.[104] Sogar die polwärts gerichtete meridionale Strömung und die Korrelation der latitudinalen und longitudinalen Eigenbewegungen der größeren Fleckengruppen werden in Spörers Zahlen enthalten gewesen sein, sind aber erst knapp einhundert Jahre später gefunden worden.[105]

Das bis 1899 zu Recht „Großer Refraktor“ genannte Paradeinstrument von 30 cm Öffnung und 540 cm Brennweite[106] für die spektroskopischen Arbeiten Vogels gehörte zur Mittelkuppel und stand ebenfalls auf einem eigenen, von der Gebäudehülle getrennten Fundament. Vogel hatte schon vor seiner Potsdamer Zeit[107] gezeigt, dass mit spektroskopischen Mitteln die unterschiedliche Rotation der Sonnenränder nachweisbar ist, also der Doppler-Effekt auch für Licht gilt, ebenso durch Spektraluntersuchungen an Kometen und Planeten. Der Anwendung dieses Konzeptes auf Sterne hat er zunächst skeptisch gegenübergestanden, es gäbe schlicht keine Sterne, deren Linien allesamt messbar verbreitert wären. Wenn aber die häufig anzutreffende Verbreiterung der Wasserstofflinien als Doppler-Effekt interpretiert würde, müssten Wega und Atair mit mehr als hundertfacher Oberflächengeschwindigkeit der Sonne rotieren und falls diese Sterne uns gegenüber merklich geneigt seien, noch wesentlich schneller. Auch von der Anwendung photographischer Methoden sei keine wesentliche Hilfe zu erwarten, weil Okularbeobachtungen diesen weit überlegen wären.

---

102 Ab 1908 neues Objektiv mit 30 cm Öffnung von Steinheil.
103 Wilsing (1888).
104 Belopolsky (1893).
105 Ward (1965).
106 Objektiv: Schröder, Mechanik: Repsold, beide Hamburg.
107 Privatsternwarte Bothkamp (Schleswig), siehe Vogel (1872/73).

Bild 20. Spektroheliograph von Kempf am Grubb-Refraktor, gehörte ab 1908[108] zum Instrument auf dem Dach des Beamtenwohnhauses. Quelle: Kempf (1905).

Allerdings sind die Spektrallinien von Sternen bei visuellen Beobachtungen so schwach, dass für die winzigen Dopplerverschiebungen infolge „der Bewegung von Sternen im Visionsradius“ nur durch „mächtige Instrumente auf diesem Gebiete Beobachtungen von wissenschaftlichem Werthe erwartet werden könnten.“[109] Vogel hatte im April 1887 den ersten astrophotographischen Kongress in Paris besucht und wahrscheinlich dort seine Meinung über die Anwendung der Photographie auf spektroskopische Untersuchungen entscheidend geändert.[110] Schon im folgenden Jahre konnte er mit photographischen Methoden die absolute Genauigkeit seiner Resultate auf etwa 7 km/s steigern und die radialen Bewegungen von Sirius, Procyon, Rigel und Arktur graphisch demonstrieren.[111]

Nach einem weiteren Jahr hatte es eine folgenreiche Überraschung gegeben. Die Wasserstofflinien[112] der hellen Spica waren an unterschiedlichen Tagen unterschiedlich verschoben. Spica wurde, weil Vogel an die Zuverlässigkeit seiner Methode glaubte und auch weil das Wetter mitspielte, jetzt fast täglich spektro-

---

[108] Hassenstein (1941).
[109] Vogel (1892).
[110] Lohse (1907).
[111] Vogel (1888).
[112] Als Vergleichslichtmarken wurden Wasserstofflinien mit Geißlerröhren erzeugt.

skopiert. Die gemessenen Geschwindigkeiten zeigten eine Sinuskurve mit 4 Tagen Periode und mit maximalen Werten von 20 km/s. Vogel ging von zwei Sternen mit Sonnenmasse und nur einem (!) Sonnenradius Abstand aus und prophezeite, „daß es eine große Anzahl enger Doppelsternsysteme geben wird und daß die Welt der Umlaufzeiten von vielen Jahrhunderten bis zu wenigen Tagen herab und Abstände von kaum fassbarer Weite bis zur gegenseitigen Berührung der Atmosphären aufweist."[113] Spica war der erste bekannte Doppelstern, dessen Einzelsterne auch mit den damals größten Teleskopen nicht getrennt werden konnten. Im folgenden Winter gelangen Spektralaufnahmen von Algol, die zeigten, „dass Algol vor einem Minimum sich von der Sonne entfernt, nach dem Minimum derselben sich nähert, wie das der Fall sein muss, wenn ein dunkler Körper sich vor Algol schiebt."[114] Noch 1873 waren visuelle Beobachtungen dieses Sternpaares ergebnislos geblieben. Die Spektrographie hatte „einen ihrer höchsten Triumphe gefeiert,"[115] die Reise nach Paris war wohl die Reise seines Lebens. Vogel wollte jetzt mehr. In einer 1890 an das Ministerium gerichteten Denkschrift „Über große Fernrohre und ihrer Bedeutung für die Wissenschaft" heißt es, „daß es für die weitere Ausbildung der Astrophysik – die Hauptaufgabe des Astrophysikalischen Observatoriums zu Potsdam – dringend erforderlich sei, das Institut mit einem größeren Instrument zu versehen, wodurch allein auch die hochangesehene Stellung, die es sich im Laufe der 16 Jahre seines Bestehens namentlich auch im Auslande erworben habe, erhalten bleiben könne."[116]

Vogel war seit Anfang 1882 alleiniger Direktor des Observatoriums, Spörer wurde trostweise zum Ersten Observator ernannt und das Direktorium beendete seine Aufsichtstätigkeit. Jetzt entwickelte sich die bisherige „Sonnen-Warthe" rasch zum „Kgl. Astrophysikalischen Observatorium zu Potsdam",[117] die Jahresberichte widmeten sich zuvorderst den Ergebnissen der Spektralanalyse unterschiedlicher Himmelskörper, von der Sonne wurde erst im Abschnitt D oder noch weiter hinten berichtet. Im Dezember des ersten Jahres unter Vogel schrieb Spörer einen Brandbrief an H. v. Helmholtz in dessen Rolle als Präsident der Physikalischen Gesellschaft zu Berlin, er, Spörer, hätte „*letzten Dienstag*" zur regulären Sitzung der Gesellschaft nach Berlin kommen wollen, um seine Beobachtung des Venusdurchganges vorzustellen, aber Vogel hätte es ihm untersagt und seine Interpretation für „*physikalisch durchaus verfehlt*" erklärt. Jeder Vortrag und jede Veröffentlichung müssten jetzt genehmigt werden. Spörer schilderte Helmholtz sein Problem in aller Ausführlichkeit, weil er zu befürchten hätte, „*daß das Verbot sich auch auf meine Sonnenuntersuchungen erstrecken wird und daß mir verwehrt*

---

[113] Vogel (1890b), in der gleichen Publikation wird auch Rigel erwähnt.

[114] Vogel (1890a).

[115] G. Müller (1907).

[116] Vogel (1907).

[117] Allgemeiner Wohnungsanzeiger von 1882: Königl. Astrophysikalisches Observatorium auf dem Telegraphenberge (Verlängerte Luckenwalder Straße).

werden wird, etwas zu publiciren, was nicht mit den Anschauungen des Direktors völlig übereinstimmt.[118] Das kollegiale Verhältnis der beiden Observatoren hatte die Beförderung Vogels nur um wenige Monate überlebt, das Weisungsrecht gegenüber den wenigen Mitarbeitern war dem neuen Direktor (und neuernanntem Professor) doch zu verlockend. Immerhin, ab 1886 ist eine zweite Assistentenstelle etatisiert worden, die der bisherige wissenschaftliche Hilfsarbeiter Paul Kempf[119] erhielt, neben dem Direktor hat es jetzt vier reguläre Planstellen gegeben.[120]

Der alte Spörer findet das Maunder-Minimum

Zum Schluss wurde es, wie so oft, ungemütlich. In einem ausführlichen Statusbericht aller wissenschaftlichen Einrichtungen auf dem Telegraphenberg[121] von 1890 für die breite Öffentlichkeit hieß es über „Das königliche Astrophysikalische Observatorium bei Potsdam“, gezeichnet mit J. S.,[122] dass „die seit mehr als 100 Jahren fortgesetzten systematischen Beobachtungen der Sonnenflecke ... indessen in den letzten Jahrzehnten wesentlich neue Gesichtspunkte nicht eröffnet“ hätten und dass „das Interesse an der Sonnenfleckenstatistik naturgemäß immer mehr geschwunden“ sei, es sei ja die „Spectralanalyse das Hauptarbeitsgebiet des Observatoriums.“ War das nur eine Frechheit, ein fachliches Fehlurteil oder wurde kühl auf die baldige Pensionierung des 68-jährigen Spörer gezielt? Undenkbar, dass Vogel diese krasse Herabsetzung seines Ersten Observators nicht vor der Drucklegung gesehen hätte – womöglich hat er sie persönlich bestellt oder in Teilen vorformuliert. Vogel hatte sich oft als Erster Observator seines Instituts bezeichnet, obwohl er nach der Ernennung zum Direktor nur noch ausnahmsweise selbst am Fernrohr stand. Die restliche Institutsbeschreibung des J. S. ist kenntnisreich, detailliert und direktoral verfasst – gewiss nicht der Kenntnisstand eines Neuankömmlings am Observatorium. Der erst Anfang 1887 durch Vermittlung von Vogels Schwester[123] aus Bonn nach Potsdam gekommene Julius Scheiner war schnell zum Lieblingsschüler Vogels avanciert und hatte diesen oft – meist aus gesundheitlichen Gründen – bei Konferenzen und anderen offiziellen Anlässen vertreten müssen. Bei der feierlichen Einweihung des Großen Refraktors am 26. August

---

[118] Brief Spörers an Hermann von Helmholtz vom 21. 12. 1882. GStAPK.

[119] Seine Bestimmung der Jupitermasse als 1:1047,7 Sonnenmasse ist noch heute gültig.

[120] Stand 1890: Erster Observator: Spörer, Observatoren: Lohse, Müller; Assistent: Kempf, außeretatmäßige Assistenten: Wilsing, Scheiner. Kempf wurde ab 1894 Observator, Scheiner zur gleichen Zeit etatmäßiger Assistent und 1898 Hauptobservator, Wilsing erhielt erst 1895 eine volle Assistentenstelle, alle von unbändigem Fleiß.

[121] Scheiner (1890).

[122] Die beiden anderen Kapitel (Meteorologie und Geodäsie) wurden von den Direktoren v. Bezold und Helmert geschrieben.

[123] Elise Polko (1823–1899), Dichterin und Sängerin.

1899 wird er nach der Festrede des Direktors dem anwesenden Kaiser das imposante Instrument und den gewaltigen Kuppelbau erläutern dürfen, was mit dem Roten Adlerorden honoriert werden wird. Die Freundschaft Vogels und Scheiners ist bald danach an beider Verzweiflung über die schlechte optische Qualität des Doppelrefraktors und divergierender Meinungen zur Ursache des Desasters zerbrochen,[124] womöglich hat es den gegenseitige Verdacht gegeben, die Technologie gemeinsam überfordert zu haben. Die angekündigte Revolution der Sternphysik auf der Basis lichtstarker Objektive würde, jedenfalls in Potsdam, ausbleiben, die Anschaffung neuer Linsen war ausgeschlossen. Im Jahre 1903 lässt der Direktor eine „Erklärung" drucken, dass „der Hauptobservator am Astrophysikalischen Observatorium zu Potsdam Prof. Scheiner ein zweite Mitteilung … veröffentlicht [habe], die er vor der Einsendung an die Redaktion der Astronomischen Nachrichten mir vorzulegen unterlassen hat ..." Unterschrift: „H. C. Vogel, Direktor."[125] Scheiner hatte, vielleicht zu Unrecht, Hartmann und Eberhard vorgeworfen, aktuelle ausländische Beobachtungen von Bogenspektren nicht gekannt zu haben, aber die eigentliche „Erklärung" war, dass der Exfreund es „vorzulegen unterlassen" habe. Der der Missgunst unverdächtige spätere Direktor Gustav Müller berichtet, dass Vogel „einen engeren Zusammenhang mit dem wissenschaftlichen Personal des Observatoriums gern vermied. Gemeinschaftliche Besprechungen und Beratungen über wichtige Angelegenheiten des Instituts fanden nicht statt, und es kam nur in ganz seltenen Fällen vor, daß die Beamten vollzählig um ihn versammelt waren. Er verhandelte am liebsten mit jedem allein, mit manchem hat er lange Zeit ausschließlich schriftlich verkehrt."[126] Der alleinstehende Professor Vogel hatte die Errichtung des Riesenfernrohres „hauptsächlich für die Weiterführung spektralanalytischer Forschung und hier wieder besonders für die Ausführung von Geschwindigkeitsbestimmungen der Sterne im Visionsradius" als seine Lebensaufgabe angesehen, er hat ihre Erfüllung nur um wenige sorgenvolle Jahre überlebt. Auch nach Inbetriebnahme des Großen Refraktors hat er fast ausschließlich mit seinem jetzt eher kleinen Refraktor in der Mittelkuppel des Hauptgebäudes – dessen Lichtschwäche er in seiner Denkschrift noch beklagt hatte – weitergearbeitet. Wilsing und Scheiner hatten nach den optischen Retuschen moniert „daß das Objektiv ... jetzt erheblich minderwertiger ist, als es vor der Umarbeitung war, und daß es in seiner jetzigen Verfassung zu feineren Untersuchungen nicht tauglich ist." Der gedemütigte Vogel hält trotzig dagegen, dass dennoch „ein fast unerschöpfliches Arbeitsgebiet vorhanden [sei], auf welchem das 80-cm-Objektiv in seiner jetzigen Verfassung sich in den Händen geschickter und umsichtiger Beobachter bewähren wird."[127]

---

[124] Wilsing (1914).

[125] Astron. Nachr. 162, 159 (1903).

[126] G. Müller (1907).

[127] Vogel (1907). Die Bemerkung zielt auf zukünftige Untersuchungen visueller Doppelsterne. In dieser Publikation beschreibt der Autor ausführlich auch die Entstehung der später berühmt gewordenen

Bild 21. Großer Doppelrefraktor von 1899, Kuppel 21 m, Astrograph 80 cm, visuelles Leitrohr 50 cm, Brennweiten etwas mehr als 12 m, Mechanik von Repsold, Elektrik (gasgetriebene Dynamomaschine) von Siemens & Halske, abweichend von anderen Konstruktionen ist der Fußboden starr, dafür ist der Beobachtungsstuhl fest mit der Kuppel verbunden. „Das optische 50-cm-Objektiv ergab sich bei der Untersuchung mit Ausschluss einer schmalen Randzone als ganz vorzüglich."[128] Anders beim Astrographen: Steinheil hatte das 300 kg schwere Objektiv gleich im Mai 1900 in Potsdam und im Januar 1904 in München ohne nachhaltigen Erfolg zu retten versucht.[129]

Lochblendentechnik Hartmanns zur Prüfung großer Objektive (Hartmann, 1908).

[128] Vogel (1901).

[129] „Wie die Erfahrung gelehrt hat, kann bei allen größeren Objektiven wegen Inhomogenitäten der Gläser überhaupt nur auf dem Wege der Retusche eine gute Vereinigung der Strahlen hervorgebracht werden" (Vogel, 1904). Die Objektive zeigten sphärische Aberration, die kreisförmigen Zonen der

Ende der 1880er Jahre hatte der alte Spörer das heute wohlbekannte Maunder-Minimum der Sonnenaktivität gefunden, dessen Tragweite damals nicht nur seinem 36 Jahre jüngeren Kollegen J. S. unerschlossen geblieben war. Spörer hatte sich neben seiner eigenen umfangreichen Sonnenflecken-Sammlung alle dokumentierten Beobachtungen von Rudolf Wolf in Zürich kommen lassen, um seine Passion – jeder Sonnenzyklus beginnt mit Flecken, die in hohen heliographischen Breiten entstehen und endet mit neuen Flecken nah am Äquator – bis 1618, dem Anfang der benutzbaren Aufzeichnungen, zurückzuverfolgen. Zu seiner Überraschung ist das nur bis zum Minimum 1713 gutgegangen, denn vorher hat es auf der nördlichen Sonnenhemisphäre jahrzehntelang gar keine Flecken gegeben, und die wenigen südlichen Exemplare tauchten immer nur nahe am Äquator auf. Normalere Verhältnisse fanden sich erst wieder in den Aufzeichnungen des Christoph Scheiner, denen Spörer für 1621 Breitenwerte von 27°, für 1622 von 19° und für 1626/1627 Breiten von 10° entnahm – allerdings befanden sich nach Spörers Rechnung ausnahmslos alle Flecken auf der südlichen Hemisphäre der Sonne. Im August 1887 verkündete Spörer auf der Jahrestagung der Astronomischen Gesellschaft den unglaublichen Befund, „daß seit der Mitte des 17. Jahrhunderts in einem sehr langen Zeitraume wesentlich andere Verhältnisse auf der Sonne geherrscht haben als in der neueren Zeit und in den vorher angegeben Perioden. Wann der regelmäßige Gang der heliographischen Breiten wieder begonnen hat, bleibt noch zu ermitteln.“[130]

Edward Maunder vom Royal Greenwich Observatory hatte die drei Hauptsätze der Mitteilung Spörers von 1887, dass es „seit der Mitte des 17. Jahrhunderts“ bis 1713 keine äquatorfernen Sonnenflecken gab, dass nur eine Hemisphäre fleckig war und dass Flecke damals überhaupt sehr selten waren, höchstpersönlich im Jahre 1890 der Leserschaft der Monthly Notices of the Royal Astronomical Society vorgestellt.[131] Drei Jahre später platzierte Maunder selbst – in einem illustrierten Wissenschaftsmagazin – eine kurze und kurzweilige Erzählung über historische Fleckenberichte einer Vielzahl von Sonnenbeobachtern und kam, da er ja schon Bescheid wusste, sehr schnell zu der Aussage, dass es vor 1715 ein „prolonged sunspot minimum“[132] gegeben habe. Spörers Name kommt nur einmal, im Abspann, vor, jedenfalls nicht als der Entdecker des „langen Minimums“, welches knapp einhundert Jahre später, als es in den Mittelpunkt der Dynamotheorie der stellaren Magnetfelder geraten war, plötzlich das „Maunder-Minimum“ hieß.[133]

Linsen liefern getrennte Brennpunkte (beim 80-cm-Objektiv bis zu 6 mm Differenz). Größere Objektive erreichten wegen der wachsenden Glasmasse kaum noch Verbesserungen der Lichtstärke (Vogel, 1907).

[130] Spörer (1887) sowie Nova Acta der Ksl. Leop.-Carol. Deutschen Akademie der Naturforscher, Bd. LIII. Nr. 2, Halle (1889).

[131] Maunder (1890).

[132] Maunder (1894).

[133] Eddy (1976). Eddy hat Spörers Entdeckung „Maunder-Minimum“ genannt, angeblich hätte die schöne Alliteration bei der Namensgebung eine Rolle gespielt.

Den Rest seiner Jahre hat Spörer mit wachsendem Erstaunen den gut sichtbaren Aktivitätsunterschieden auf den beiden Hemisphären der Sonne gewidmet, da konnte, weil es viel zu rechnen gab, ihm niemand das Wasser reichen. „Zur Berechnung der heliographischen Oerter sind ausser den von Herrn Dr. Lohse angefertigten photographischen Aufnahmen auch meine Beobachtungen am Grubbschen Fernrohr benutzt worden ... Die Ausmessung der Platten ... hat Herr Dr. Wilsing bis zum Mai 1891 besorgt.“ Spörer ist auf sein rätselhaftes und nachhaltigstes Ergebnis erst ganz zum Schluss – womöglich wegen der Schelte des „J. S. und Co“ – noch einmal zurückgekommen: „Verschiedene Berichte stimmen darin überein, dass von 1645 bis 1670 nur wenige Flecke vorgekommen sind. Darauf stieg zwar die Fleckenmenge, aber ein erhebliches Maximum ist bis 1716 entschieden nicht vorgekommen. Dafür spricht auch, dass man es noch im Jahre 1715 als merkwürdig bezeichnete, dass gleichzeitig an verschiedenen Stellen der Sonnenscheibe Flecke sichtbar waren. ... So wäre zu folgern, dass in dem Zeitraum von 70 Jahren auf der nördlichen Halbkugel durchaus keine Periodicität der Flecken stattgefunden hätte,“[134] der Schwabe-Zyklus ausgesetzt habe. Auch Spörer konnte vorsichtig formulieren. In einem Nachruf auf Spörer werden seine Kollegen Lohse und Vogel dessen letzte Entdeckung ignorieren, womöglich haben sie, wie damals üblich, die Sache nicht allzu ernst genommen. Auch die Nachrufe auf Maunder enthalten keine Hinweise auf ein von diesem entdecktes „Maunder-Minimum“. So ist es denn gekommen, dass Carringtons Fleckenzonenwanderung nach Spörer und Spörers langes Minimum nach Maunder benannt wurden – eine immerhin ausgeglichene deutsch-englische Entdeckerstatistik.

Maunder hatte in seinem Bericht listigerweise beklagt, dass keine magnetischen Daten aus der Regierungszeit 1643 – 1715 des Sonnenkönigs Ludwig XIV. vorlägen. Die Antwort auf die dahinterliegende Frage, ob mit den Sonnenflecken auch die zyklische magnetische Beeinflussung der Erde verschwunden war, hätte Spekulationen über die womöglich magnetische Natur der Sonnenflecken erlaubt. Die nächste Frage, ob also die magnetische Uhr in der Sonne während des langen Minimums mit vermindertem Amplitude weitergelaufen sei oder zeitweilig zum Stillstand gekommen war, um irgendwann wieder einzusetzen,[135] hätte schon damals gestellt werden können, aber das Interesse an dieser Entdeckung war schnell erloschen – schon weil es bequemer gewesen war anzunehmen, dass es damals eben zu wenige fleißige Beobachter gegeben hätte, um alle Sonnenflecken zu registrieren.

„Herr Prof. Spörer“ habe „die lange Reihe seiner Arbeiten über die Sonnenflecken abgeschlossen“ und sei mit 72 Jahren am „1. October 1894 aus der Reihe meiner Mitarbeiter ausgeschieden“, berichtet schließlich Direktor Vogel.[136] Er hätte den Observator Kempf mit der Weiterführung der Sonnenfleckenstatistik

---

[134] Spörer (1894).
[135] Wittmann (1978).
[136] Vogel (1894).

betraut. Eine Erklärung für die Galerie, denn Beobachtungen im Stile Spörers haben nicht mehr stattgefunden,[137] dafür hat Scheiner am gleichen Tag eine Festanstellung und die Ernennung zum außerordentlichen Professor der Berliner Universität erhalten.[138] Im Jahresbericht für 1903 berichtet Vogel: „Die regelmäßigen Aufnahmen der Sonne zur Fleckenstatistik beliefen sich ... auf nur 38.“ Die einstige Sonnen-Warte hatte sich endgültig zum „Observatorium für Astrophysik“ gewandelt. Ob Spörer sein Arbeitszimmer noch einige Zeit benutzen konnte, wissen wir nicht. Aber den angekündigten „*wohlverdienten Ruhestand*“ hat es für ihn nicht gegeben; nach nur neun Monaten, auf einer sonntäglichen Reise nach Gießen, ist der im Dienst immer gesund gewesene „ächte Berliner“[25] an Herzstillstand gestorben. Nur 25 km von Gießen entfernt hatte sein damals 35-jähriger Sohn Richard eben die Leitung der zum hessischen Buderus-Unternehmen gehörigen Georgshütte Burgsolms übernommen,[139] wahrscheinlich hatte der Vater die feierliche Amtseinführung miterleben wollen.

Hierdurch die traurige Mittheilung, daß
unser inniggeliebter Gatte, Vater, Bruder,
Großvater, Schwiegervater, Schwager und
Onkel
Herr Professor Dr. Gustav Spoerer
heute Morgen 4 Uhr in Gießen in Folge
von Herzlähmung sanft entschlafen ist.

Die tiefbetrübten Hinterbliebenen.

Potsdam, den 7. Juli 1895.

Die Beerdigung findet Mittwoch den 10.
Juli Nachmittags 2 3/4 Uhr von der Kapelle des
alten Kirchhofs in Potsdam aus statt.

Bild 22. Todesanzeige für Gustav Spörer aus den Akten von F. Althoff (1839–1908), leitender Beamter des Kultusministeriums und „Bismarck des dt. Universitätswesens“. Das Schreiben ist vom Sterbetag und kündigt die Beerdigung zum 10. Juli 1895 in Potsdam an. „Hierdurch die traurige Mitteilung, daß unser inniggeliebter Gatte, Vater, Bruder, Großvater, Schwiegervater, Schwager und Onkel Herr Professor Dr. Gustav Spoerer heute Morgen vier Uhr in Gießen in Folge von Herzlähmung sanft entschlafen ist.“
Quelle: Geheimes Staatsarchiv Preußischer Kulturbesitz, Nachlass Althoff.

[137] Unter den zahlreichen jüngeren Publikationen von P. Kempf gibt es keine über Sonnenflecken, abgesehen von einem Bericht von 1910 über sich „drehende Sonnenflecke“, der aber auf Lohses Sonnenphotographien bis 1893 beruht. Es wurde keine Bevorzugung eines Drehsinns auf den beiden Hemisphären gefunden. „Solar vortices and magnetic fields“ bildeten auch ein Lieblingsthema von G. E. Hale.

[138] Besoldung 1897: Vogel 10500 RM, Observatoren: Lohse 6500 RM, Müller 6000 RM, Kempf 5100 RM; Assistenten: Wilsing 4260 RM, Scheiner 3260 RM. Auskunft K.-D. Herbst.

[139] Max Sander, „Album Gymnasii Tanglimensis 1847 – 1922“, Anklam 1922, S. 91.

Der Grabstein auf dem alten Potsdamer Friedhof am Telegraphenberg – nur wenige Schritte vom Observatorium entfernt – ist verschollen, im Verzeichnis der Erbbegräbnisse findet man die Eintragung „Gustav Spörer, Prof. (Astronom), gest. 1895" und später die seiner zweiten Ehefrau Minna Spörer geb. Cammerath (1835 – 1905). Der Erwerb der Grabstelle „Neue Linie 11/57" ist am 10. Juli 1895 eingetragen worden, drei Tage nach Spörers Ableben.

3 Einsteins Turm und Miethes Kuppel

Bernhard Schmidts Lattengestell

Der genialische Potsdamer Pionier der Farbphotographie und erfolgreiche Reiseschriftsteller Adolf Miethe ist zum 1. Oktober 1899 auf den Lehrstuhl für Photochemie und Spektralanalyse der Kgl. Technischen Hochschule Charlottenburg berufen worden. Zur Entwicklung der 3-Farben-Astrophotographie hatte er 1910 eine Photographische Sternwarte auf dem Dach des Institutsgebäudes an der damaligen Berliner Straße errichten lassen, „obwohl die Aufstellung ungewöhnliche Schwierigkeiten machte". Endlich „konnte ich zur alten Liebe meines Lebens, der Himmelskunde, zurückkehren. Schnelles Ergreifen der günstigen Gelegenheit verschaffte mir diese neue Möglichkeit."

Die „Gelegenheit" war ein „prächtiges Fernrohr von 30 cm Öffnung" von der Firma Gustav Heyde (später Feinmess), das im Vorjahr auf der Internationalen Photographischen Ausstellung in Dresden ausgezeichnet worden war und unter „wohlfeilen" Bedingungen zum Verkauf stand. Der Minister gab die Genehmigung, schrieb Miethe in seinen Erinnerungen,[140] „um an meinem Lehrstuhl die photographische Himmelsforschung zu fördern ... und nach kurzen Verhandlungen war die Überführung des Instruments mitsamt seiner [6-m-Dreh-]Kuppel nach Charlottenburg beschlossene Sache. Meine Freude war unbeschreiblich."

Zunächst hatte Miethe auf dem Telegraphenberg eigene astronomische Erfahrungen gemacht: „Der Astronomenkongress [1887] in Paris, auf dem zum ersten Mal die geradezu unermeßliche Bedeutung der Photographie für diese Wissenschaft ... hervortrat, und auf dem der Plan zur Schaffung einer großen photographischen Himmelskarte beschlossen wurde, zog auch für mich seine Kreise. Lohse hatte die Absicht, dort seine mit dem Potsdamer Refraktor aufgenommenen Sternhaufen vorzulegen. Längere Kränklichkeit aber verzögerte seine Arbeit und er bestimmte mich, nach Potsdam zu übersiedeln und als Hilfsassistent eine Reihe von Ausmessungen und Zeichnungen nach den Photogrammen auszuführen. Diese an sich geistlose Arbeit machte ich trotzdem mit größtem Eifer und zu seiner Zufriedenheit, während ich gleichzeitig die Mittel des Observatoriums zur Ausführung

[140] Miethe (2012), S. 236.

meiner Doktorarbeit benutzte. Auf seinen Rat wählte ich die Bearbeitung des sogenannten photochemischen Grundgesetzes, das ... wesentlich besagte, daß die photochemische Leistung einem Produkt aus Belichtungszeit und Lichtintensität proportional sei.“[141] Das Observatorium hatte ihm allerdings nicht sehr imponiert, und überhaupt: Spörer konnte keinen Mondkrater mit Namen benennen! Im Wintersemester 1887 ist er lieber „an die damals aufblühende Universität Göttingen“ gegangen, „wo ich hauptsächlich mich in der theoretischen Physik, speziell in der Optik, und in der Astronomie weiter zu vervollkommnen gedachte.“

Bild 23. Erste Farbaufnahme des Mondes, vollmechanischer Zweifarbendruck, 30-cm-Reflektor. A. Miethe 1911. Quelle: Miethe (1911, 2012).

[141] Miethe (2012), S. 121f.

Bild 24. Adolf Miethe (1862–1927). Quelle: Miethe (2012), S. 6.

Zum Jubiläum seiner eigenen Sternwarte gelangen – mit einem anderen Instrument – erste Farbaufnahmen des Mondes. Miethe war kurze Zeit nach Betrachtungen des Kometen Halley mit seinem neuen Refraktor einem Optiker Bernhard Schmidt[142] aus Mittweida begegnet. „Ich saß in meinem Sprechzimmer, als sich mir ein kleiner … einarmiger junger Mann vorstellte und mich bat, mir ein von ihm hergestelltes Spiegelteleskop vorführen zu dürfen. … Sein Spiegelfernrohr … hatte er in einem kleinen Kistchen bei sich, aus dem sich im Umsehen neben dem Spiegel von 30 cm Durchmesser ein unbeschreiblich einfacher Bau aus einigen Drähten und Holzsparren entwickelte, den er am Abend in unserer Kuppel aufstellte." Miethe neidlos: „Ein Blick durch das Lattengestell überzeugte mich, dass ich hier vor einem kleinen Wunderwerk der optischen Kunst stand, das mein großes kostbares Fernrohr an wirklicher Leistungsfähigkeit erheblich übertraf."[143]

Er hat Schmidts Spiegel sofort an seinem Fernrohr anbringen lassen. „Somit wurde bei der tatsächlich unvergleichlichen Leistungsfähigkeit des neuen Spiegels mein großes Instrument zum Leitfernrohr ..." Jetzt gelangen wundervoll farbige Mondaufnahmen.[144] „Unmittelbar vor dem Fokus befanden sich die absorbieren-

---

[142] Schorr (1936).
[143] Miethe (2012), S. 238f.
[144] Miethe & Seegert (1911); Miethe (2012), S. 320.

den Küvetten“, von denen die eine nur Licht von der Wellenlänge 360–330 nm, die andere nur Licht von der Wellenlänge 700–600 nm durchließ. Begeistert meldete Miethe handschriftlich im April 1911 seinem Ministerialdirektor: „Wir haben hier thatsächlich die Möglichkeit geologischer Feststellungen auf der Mondfläche aufgefunden.“

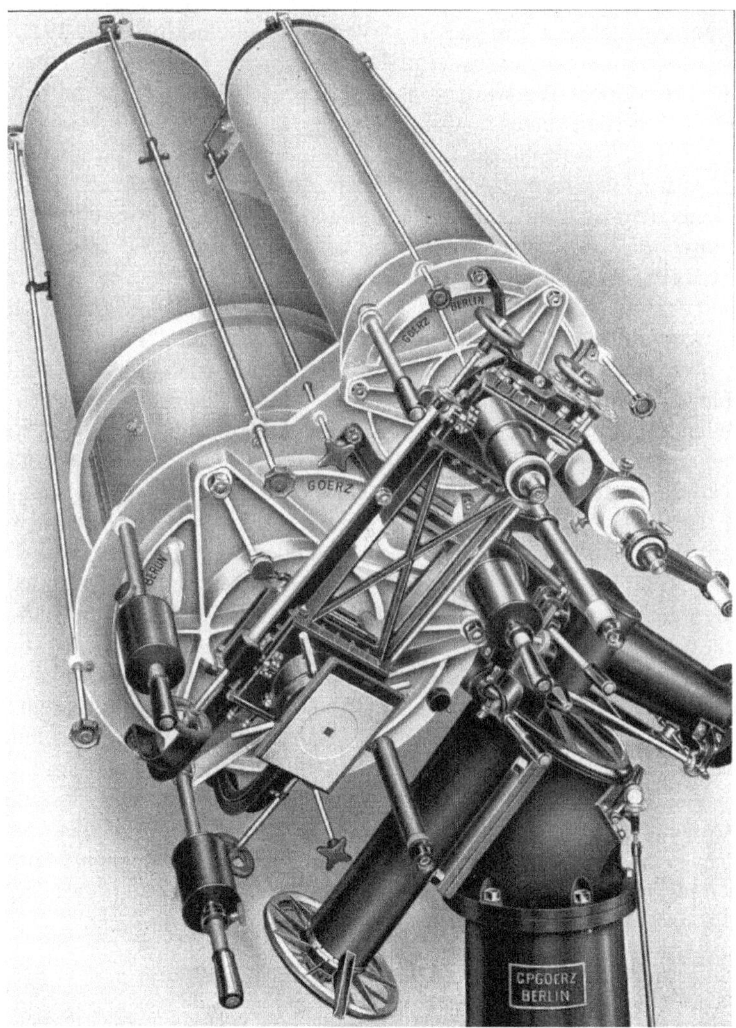

Bild 25. Goerz-Schmidt-Heyde-Doppelreflektor, bis 1945 Hauptinstrument in der Miethe-Kuppel auf dem Telegraphenberg (heute Haus A23). Nach 1945 verschollen. Quelle: G. Kühn.

Ein Miethe gab sich damit nicht zufrieden. „Um diese Ergebnisse zu vertiefen, wurde zur Beschaffung eines wesentlich größeren Spiegelfernrohres geschritten, dessen optische Teile von Bernhard Schmidt und dessen mechanische Teile von Goerz hergestellt wurden.“ Es „ist noch heute eines der vollendetsten Instrumente in seiner Art ...“[145] Es war das erste astronomische Instrument, das die Optische Anstalt Goerz AG (später Zeiss Ikon) in Berlin-Zehlendorf fertigte. Adolf Miethe gehörte zum Aufsichtsrat. Ein weiteres 40-cm-Spiegelteleskop wurde 1913 eigens für die gemeinsame Sonnenfinsternis-Expedition der Technischen Hochschule Berlin und der Goerz-Werke nach Nordnorwegen gebaut.[146] Miethe hatte eine erste Zusammenarbeit seines Instituts mit einem kommerziellen Unternehmen erreicht. Im Ergebnis verfügte die Expedition über eine in 58 Kisten verpackte fulminante Ausrüstung. Hauptsächlich sollten Korona-Bilder mittels des 30-cm-Spiegels aus dem Leitrohr des Goerz-Schmidt-Heyde-Reflektors entstehen, dessen Brennweite bei horizontaler Lagerung kunstvoll von 7 m auf 20 m vergrößert wurde, was ein Sonnenbild von 20 cm Durchmesser ermöglichte.[147] Das Schicksal dieser und der anderen Expeditionen – Miethe wollte als einziger nicht nach Russland[148] – wurde dieses Mal nicht vom Wetter, sondern vom Ausbruch des Weltkrieges bestimmt. Alle jüngeren deutschen Expeditionsteilnehmer sind nach Deutschland zurückbefohlen worden, so dass Miethe fast allein inmitten seines überquellenden Gepäcks die Sonnenfinsternis bei schönstem Wetter erlebte. Sein Instrumentarium ist bis auf drei mitgeführte Kisten erst nach Jahren wieder in Berlin angekommen. Die Aktivitäten der anderen Expeditionen, wie die des jungen Erwin Freundlich, der die relativistische Lichtablenkung messen wollte, wurden durch den Kriegsausbruch 1914 gänzlich verhindert. „Entgegen der erst angebotenen russischen Gastfreundschaft wurden die militärpflichtigen Mitglieder der Expedition gefangengesetzt und konnten, wie bekannt, erst nach langer Zeit ausgetauscht werden“, schrieb die Frankfurter Zeitung im Juni 1916.

Der Doppelreflektor (später Miethe-Reflektor) bestand aus zwei hochwertigen Schmidt-Spiegeln von 50 cm und 30 cm Öffnung mit 300 cm bzw. 180 cm Brennweite, Montierung und Uhrwerk von Heyde. Durch Hilfsspiegel konnten die Brennweiten auf bis zu 11 bzw. 21 m verlängert werden, das Okular des kleineren Spiegels und die Kassette des anderen wurden zusammenmontiert. Allerdings ist das Instrument nur selten benutzt worden, die letzte Mitteilung Miethes vom März 1920[149] erläutert, dass er am Vorabend mit seinem Hauptinstrument während der Vorbereitung von Mondaufnahmen das ungewöhnliche Aussehen eines Kraters im

[145] Miethe (2012), S. 324.
[146] Befindet sich heute in der Sternwarte des Deutschen Museums in München.
[147] Miethe et al. (1916).
[148] In Vorbereitung der Finsternisexpedition des Astrophysikalischen Observatoriums 1887 nach Südrussland hatte Miethe „unter unsinniger Mühe auf Wunsch der Potsdamer Herren in einem halben Jahr russisch“ gelernt. „Als mir dann eines Tages kalt lächelnd eröffnet wurde, daß man sich anders entschlossen habe, glaubte ich das Recht zu haben, mich furchtbar zu entrüsten.“ (Miethe, 2012, S. 80).
[149] Miethe (1920).

Mare Serenitatis bemerkt hätte: „Es scheint, als wenn die Senkung im Zentrum des Flecks Linné an Umfang und Tiefe sehr erheblich zugenommen hätte.“

Im Jahre 1921 dreht Miethe den Film „Im Flugzeug zum Mond“ und organisiert eine vielbeachtete Pressevorführung, gründet und leitet eine zentrale „Prüf- und Versuchsanstalt für Kinotechnik“. Er stirbt 1927 im Alter von 65 Jahren an den Folgen eines Eisenbahnunfalls,[150] seine Dachsternwarte verwaist, bis sie im Jahre 1932 durch den genialen Coup des Chefs des Einsteinturms nach Potsdam auf den Telegraphenberg gelangen wird.

Finlay-Freundlich and Friends

Am 28. Mai 1932 wird als „*verhandelt*“ festgestellt, dass auf „*Grund des Erlasses des Herrn Preuß. Ministers für Wissenschaft, Kunst und Volksbildung vom 16. Nov. 1931 – UI 28290 – das Spiegelteleskop, das beim photochemischen Laboratorium der Technischen Hochschule Berlin entbehrlich geworden war, an das Einstein-Institut des Observatoriums in Potsdam überführt*“ worden ist. „*Gleichzeitig fand heute eine eingehende Besichtigung und die Übernahme des Gebäudes statt. Mängel irgendwelcher Art waren nicht festzustellen.*“ Als vom Observatorium anwesend führt das Protokoll Prof. Dr. Freundlich und Dr. v. Klüber auf, nicht aber Direktor Hans Ludendorff.[151] Dessen Vorgänger Gustav Müller hatte noch kurz vor seiner Pensionierung – auf gehörigen Druck Einsteins – Erwin Freundlich als Observator auf den Telegraphenberg geholt und der neu gegründeten Stiftung einen guten Bauplatz für das geplante „Einstein-Institut zum experimentellen Ausbau der Relativitätstheorie“ zugewiesen. Einstein hatte schon im Sommer 1913 an den jungen Freundlich nach Babelsberg geschrieben, „in dieser Sache könnt Ihr Astronomen im nächsten [Sonnenfinsternis-]Jahr der theoretischen Physik einen geradezu unschätzbaren Dienst leisten“. Nachdem 1919 Einsteins Berechnung der Lichtablenkung an der Sonne von britischen Finsternis-Expeditionen offenbar bestätigt worden war, hing jetzt alles an der ausstehenden Messung der vorhergesagten Rotverschiebung – nur etwa 2 Millionstel der Wellenlänge – der solaren Spektrallinien oder, wie es Karl Schwarzschild formulierte, einem Dopplereffekt durch Verschiebung der Lichtquelle von nur 635 m/s.[152] „Wenn diese Verschiebung wie bisher nicht nachgewiesen werden kann, fällt die ganze Theorie zusammen“ warnte ein englischer Einstein-Kritiker. Schwarzschild hatte schon 1913, kurz nach seiner Ankunft als Direktor in Potsdam,[153] auf dem Dach des Beamtenwohn-

---

[150] Seegert (1927).

[151] Hans Ludendorff (1873–1941), Direktor des Astrophysikalischen Observatoriums 1921–1938 auf Vorschlag seines Vorgängers Müller. Einstein und Nernst hatten ohne Erfolg Max v. Laue favorisiert.

[152] Zum Vergleich: Vogel gibt um 1900 seine Radialgeschwindigkeitsmessungen von 1888 für Arktur mit 7600 ± 600 m/s an.

[153] November 1909, gegen den Widerstand von Auwers (Dick, 2000), jährliches Gehalt 11.500 M bei

hauses nahe dem späteren Einsteinturm den Spektroheliographen zur genauen Wellenlängenmessung der Stickstoff-Linie 3883 Å („durch den Krieg zunächst abgebrochen“) eingerichtet. Ein Heliostat spiegelte das Licht auf ein Objektiv von 20 cm Öffnung und 3 m Brennweite.[154]

Bild 26. Karl Schwarzschild (1873–1916) auf der Terrasse des Direktorhauses auf dem Telegraphenberg (Auskunft M.-L. Strohbusch).

---

freier Dienstwohnung. Mit Schwarzschild begann auch eine neue Runde der optischen Verbesserungen am Großen Refraktor. „During Schwarzschild's short directorship at Potsdam the most notable instrumental improvement was the regrinding of the two objectives of the great refractor“ (Hertzsprung, 1917). Schwarzschild hatte für den Herbst 1912 mit dem Schlachtruf „Objektive sind Kunstwerke“ gegen den Einspruch der Fa. Steinheil den autodidaktischen Optiker Bernhard Schmidt beauftragt, die 50-cm-Linse in dessen Werkstatt in Mittweida innerhalb von 3 Monaten zu korrigieren (Anhang 1). „Der Unterzeichnete hat die Überzeugung“, hatte Schwarzschild im Vorfeld an den Unterrichtsminister geschrieben, „dass Herr Schmidt der größere Künstler ist.“ Sein Urteil im Juli 1913: „Das Objektiv ist aus einem schlechten in ein gutes, nach Abblendung einer 5 cm breiten Randzone in ein vorzügliches verwandelt worden.“ Eine ebensolche Behandlung des 80-cm-Objektivs scheiterte am verzweifelten Widerstand nicht nur der Fa. Steinheil (Müürsepp, 1982). Das geheilte 50-cm-Objektiv ist in den Kriegsjahren 1914–1918 von E. Hertzsprung für die mühselige Suche nach Mehrfachsystemen zur photographischen Untersuchung von 126 visuellen Doppelsternen auf 408 Platten (16.680 Bilder!) eingesetzt worden. Durch trickreiche Benutzung eines Gitterspektrographen wurde die Genauigkeit der astrometrischen Ortsbestimmung der Doppelsterne zehnfach gegenüber der visuellen Beobachtung erhöht. „Dass ich neue Paare bisher nicht mit Sicherheit gefunden habe, ist bei der Kürze der Zeit … nicht entmutigend“ (Hertzsprung, 1920).

[154] Es ist ungeklärt, ob und in welchem Umfang Teile des alten Heliographen von Vogel und Lohse weiterverwendet wurden. Schwarzschild spricht von einem Kameraobjektiv von 16 cm Öffnung und 4 m Brennweite, also exakt den Daten dieses Heliographen.

Schwarzschild hatte zu geringe Rotverschiebungen von durchschnittlich etwa 200 m/s gefunden, niedrigere Werte für schwächere Linien und höhere Werte für stärkere Linien – die sich außerhalb des Sonnenmittelpunktes sogar noch verringerten. Seinen Göttinger Aufsatz von 1906 hatte er mit „Die Sonnenoberfläche zeigt uns in Granulation, Sonnenflecken und Protuberanzen wechselnde Zustände und stürmische Veränderungen“ eingeleitet.[155] Nach Abzug des Dopplereffektes für die „absteigenden Moleküle der Sonnengase“ von etwa 200 m/s schließt er: „Die Kleinheit dieser Reste würde beweisen, daß der Einstein-Effekt nicht existiert.“[156] Natürlich hat er auch den Unterschied zwischen Sonnenrand und -mitte in den Komponenten der radialen Bewegungen nicht übersehen, die zu unterschiedlich starken Dopplereffekten führen. Einstein hatte kein Problem damit, Schwarzschilds negatives Ergebnis am 5. November 1914 auf der Sitzung der Preußischen Akademie persönlich und ohne Groll zu präsentieren.

Das Stockholmer Nobelpreiskomitee hatte wegen fehlender empirischer Bestätigungen die Ehrung Einsteins für dessen Relativitätstheorie von Jahr zu Jahr verschoben, trotz prominentester Nominierungen.[157] Im Juli 1918 warnt Arnold Sommerfeld beunruhigt einen Freund: „Vor allem aber möchte ich Sie … auf die Rotverschiebung der Spektrallinien hinweisen. Bisher hat sich keine Andeutung davon gezeigt. Schwarzschild hat sie nicht gefunden, neue sorgsamste amerikanische Messungen auf dem Mt. Wilson ebenfalls nicht.“[158] Eilig schrieb Einstein an Kultusminister Haenisch Anfang Dezember 1919, dass „Herr Dr. E. Freundlich am Astrophysikalischen Institut in Potsdam der einzige deutsche Astronom (neben Schwarzschild) [war], der sich um das Gebiet verdient gemacht hat. Es würde der Sache ein großer Dienst geleistet werden, wenn dieser Astronom ... recht bald eine Observatorstelle am Potsdamer Institut erhielte mit dem Auftrage, an der Prüfung der Allgemeinen Relativitätstheorie zu arbeiten.“[159] Der lange Weg, den Einstein zur Erfüllung seiner Nobelpreispläne[160] gehen musste, hatte zuletzt dazu geführt, dass die Sonnenforschung samt spektakulären Neubaus trotz der negativen Resultate Schwarzschilds, die Einstein kannte und die eigentlich nicht für den Erfolg eines neuen Versuchs sprachen, auf den Telegraphenberg zurückkehrte.

---

[155] Schwarzschild (1906).

[156] Schwarzschild (1914).

[157] Pais (1986), S. 503–513.

[158] Hentschel (1992), S. 49.

[159] Randnotiz auf diesem Schreiben: „Die Anregung, Dr. Freundlich durch das Astrophys[ikalische] Obs[ervatorium] zu fördern, ist von mir ausgegangen, nachdem das ablehnende Verhalten von G[eheim] R[at] Struve sein Verbleiben an der Babelsberger Sternwarte unmöglich gemacht hatte. … Kr[üss]“, in Kirsten & Treder (1979), S. 176. Zeitweise hat Einstein Freundlich selbst finanziert.

[160] Einstein hatte das zu erwartende Preisgeld seiner ersten Ehefrau Mileva zugedacht. Entwurf der Scheidungs-Vereinbarung (1918, Scheidung Februar 1919): „Über die Zinsen dürftest Du frei verfügen. Das Kapital würde in der Schweiz hinterlegt und sicher für die Kinder aufbewahrt werden.“

Bild 27. Albert Einstein (1879–1955), frischgebackener Nobelpreisträger (November 1922), zur Bauzeit des Einsteinturmes. Archiv U. Hoffmann.

Den Aufruf zur „Albert-Einstein-Spende", mit der die Errichtung eines Potsdamer Turmspektrographen[161] zur Messung der relativistischen Linienverschiebung finanziert werden sollte, hatte im Dezember 1919 sehr wahrscheinlich der junge Freundlich selbst geschrieben: „Die Forschungen *Albert Einsteins* zur Allgemeinen Relativitätstheorie bedeuten einen Wendepunkt in der Entwicklung der Naturwissenschaften. ... Die experimentelle Prüfung ihrer beobachtbaren Folgerungen muß mit dem weiteren Ausbau der Theorie Hand in Hand gehen. Nur die Astronomie scheint vorläufig dazu berufen, die Arbeit in Angriff zu nehmen. ... Die Akademien Englands, Amerikas und Frankreichs haben unter Ausschluß Deutschlands vor kurzem eine Kommission eingesetzt zur energischen Durchführung der experimentellen Grundlegung der Allgemeinen Relativitätstheorie. ... Diese Mittel sollen dem Astrophysikalischen Observatorium in Potsdam ... diejenigen Beobachtungsmittel verschaffen, die es braucht, um erfolgreich an diesem Problem

[161] Die senkrechte Bauweise sollte die störende Luftunruhe, wie sie bei der horizontalen Konstruktion auf dem Dach des Beamtenhauses auftrat, reduzieren und eine erhöhe Brennweite ermöglichen (Finlay-Freundlich, 1969).

mitzuarbeiten. Erforderlich sind etwa 500 000 M."[162] Das Schreiben trägt handschriftlich den Vermerk, „bitte, über meine Unterschrift zu verfügen. Der Zeitpunkt ist für die Aktion gewiß günstig! Mit verbindlichen Empfehlungen, Ihr ergebenster W. Nernst."[163] Mit 1,19 Mio. Mark benennt Freundlich später das Ergebnis seiner „Aktion".

Schon seit dem Sommer 1920 war – ohne Baugenehmigung – gebaut worden, auch wegen drohender oder tatsächlicher Geldentwertung. Einstein hatte Freundlich am 24. April Generalvollmacht „für alle Angelegenheiten, die den Bau des auf dem Gelände des astrophysikalischen Instituts in Potsdam zu erbauenden Turmspektrographen"[164] betrafen, erteilt. Unter den zahlreichen Stiftern ist es besonders der Direktor der Badischen Anilin- und Sodafabrik und Vorstandsvorsitzender der eben gegründeten IG Farben und spätere Nobelpreisträger Carl Bosch, dessen Engagement für Potsdam und die Relativitätstheorie unerschöpflich gewesen zu sein scheint.

Im Juni 1932 wird das „*Spiegelteleskopgebäude auf dem Gelände des Observatoriums in Potsdam durch den Leiter des Einsteinturms*" offiziell übernommen. Die Kosten von 6000 RM für die Überführung von Berlin nach Potsdam hatte wieder Bosch übernommen. Die Verlegung vom Dach des Charlottenburger Institutsgebäudes auf den Telegraphenberg erfolgte mitten in einer verbissenen Auseinandersetzung zwischen Ludendorff und Freundlich über den zukünftigen Status des Einstein-Instituts als selbständiger oder eben unselbständiger Teil des Astrophysikalischen Observatoriums. Laut Statut hätte das Institut am 1. Januar 1932 in den Besitz des Preußischen Staates übergehen sollen. Aber kurz vorher erhielten die Kuratoriumsmitglieder der Einsteinstiftung[165] eine Nachricht aus dem Kultusministerium, dass „einer der Stifter den Wunsch ausgesprochen" hätte, „dem Institut in Würdigung seiner Entstehungsgeschichte die Selbständigkeit auch als staatliches Institut zu belassen und es nicht, wie das naheliegend wäre, in das Astrophysikalische Observatorium einzugliedern. Mit Rücksicht auf die weitere Entwicklung des Turmes ziehe ich in Erwägung, diesem Wunsche entgegenzukommen." So ist es – auch durch Intervention namhafter Unterstützer wie Albert Einstein und Max v. Laue – schließlich geschehen. Im April 1931 bedankt sich Freundlich bei Einstein, der „sich so intensiv für die Sicherung meines Instituts bemüht" habe, trotz des angespannten beiderseitigen Verhältnisses. Vorher hatte Einstein als Kuratoriumsvorsitzender auf Lebenszeit seinen Freund v. Laue zu einer Sitzung vielsagend mit „... es wird ‚hoch hergehen'. Ich freu mich auch

---

[162] Kirsten & Treder (1979), S. 177, Spendenliste auszugsweise bei Eggers (1995).
[163] Nobelpreisträger für Chemie 1920.
[164] Hentschel (1995), S. 45. Instrument entwickelt und errichtet von Carl Zeiss Jena zu vergünstigten Bedingungen (einschließlich einer Sachspende von 300.000 Mark). Während des Baugeschehens hielt sich auch der junge Kienle als Stipendiat der Bayerischen Akademie der Wissenschaften in Potsdam auf.
[165] Bosch, Einstein (Vors.), Franck, Freundlich, Ludendorff, Müller, Paschen.

darauf. Der Mensch kann nicht nur von der Logik leben. Er braucht etwas für sein schwarzes Herz",[166] nach Potsdam eingeladen. „Darum liegt mir so viel an einer befriedigenden Regelung der hiesigen Verhältnisse; es fiele mir doch nicht leicht, das zu verlassen, was ich hier aufgebaut habe", fährt Freundlich fort, „und was aller Voraussicht nach ‚in Trümmer gehen würde', wenn ich fortginge. Ich habe Oxford allerdings nicht abgesagt …"[167] Er spielt auf einen Ruf zur Sternwarte in Oxford an, der seine Position in Potsdam stärken soll. Es war zu dieser Zeit auch gar nicht mehr ausgemacht, ob Freundlich die Theorien Einsteins eigentlich bestätigen oder verwerfen wollte. Viel später wird Einstein dessen antirelativistische Kritteleien[168] mit „Der Freundlich aber rührt mich nicht ein bißchen. Wenn überhaupt keine Lichtablenkung, keine Perihelbewegung und keine Linien-Verschiebung bekannt wäre, wären die Gravitationsgleichungen doch überzeugend, weil sie das Inertialsystem vermeiden",[169] an sich abprallen lassen. Im selben Jahr, als Antwort auf eine entsprechende Anfrage: „Der Einfluß des entscheidenden Michelson-Morley-Experiments auf meine eigenen Ideen war ziemlich indirekt."[170] Albert Michelson und sein Interferometer zur Messung der Lichtgeschwindigkeit in einem Keller auf dem Telegraphenberg kommen in Einsteins Originalarbeiten nicht vor.

Im Juli 1928 hatte Freundlich einen verletzenden Kommentar zu seinem Antrag zur Errichtung eines „Erweiterungsbaues zum Einsteininstitut beim Astrophysikalischen Observatorium in Potsdam" – wieder von Erich Mendelsohn entworfen – zu ertragen. „*Die ganze Angelegenheit muss noch mit Herrn Professor Ludendorff besprochen werden, der bisher dem Vernehmen nach nicht gehört worden ist [....] Außerdem ist das Projekt von einem Privatarchitekten ohne jegliche Zuziehung des Hochbauamtes bearbeitet. Es ist derselbe Architekt, der auch den Einsteinturm entworfen und den Bau geleitet hat. Ob es nach den bei dem gen. Turm gemachten Erfahrungen überhaupt wünschenswert oder angängig ist, weitere Projektbearbeitungen und Bauausführungen von Staatsbauten demselben zu übertragen ...*",[171] giftet das Kultusministerium gegen den Regierungspräsidenten von Potsdam. Da war Mendelsohn schon ein gefragter Architekt. Im darauffolgenden Jahr kommt die endgültige Absage: „*Dem Antrag auf Einstellung der Mittel für einen Erweiterungsbau zum Einstein-Institut beim Astrophysikalischen Observatorium in Potsdam in den Entwurf zum nächstjährigen Staatshaushaltsplan hat*

[166] Hentschel (1992), S. 138; Hermann (1996), S 62.
[167] Hentschel (1992), S. 142. Freundlich übernimmt am 1. 11. 1933 eine Professur an der Universität Istanbul.
[168] Born an Einstein 4. 5. 1952: „Gestern war Freundlich hier […] Es sieht wirklich so aus, als ob Deine Formel nicht ganz stimmt" (Hentschel, 1992, S. 158).
[169] Einstein an Born 12. 5. 1952, Hentschel (1992), S. 158.
[170] Pais (1986), S. 112.
[171] Tatsächlich gibt es erschütternde Berichte über den Bauzustand des Turmes schon nach wenigen Jahren. Ein mit einer der späteren Sanierungen beauftragter Architekt schreckte – ohne Kamera – auch vor dem Urteil „eigentlich eine Bausünde" nicht zurück.

wiederum nicht stattgegeben werden können.“ Das Institut, solange es seinen selbständigen Status halten kann, ist auf Arbeitsräume für die stetig zunehmende Anzahl seiner Mitarbeiter angewiesen. Dieses Defizit des Einsteinturms – der selbst kaum Dienstzimmer enthält – wird erst 1933 durch die Errichtung der sog. Bosch-Baracke („*aus Holz mit Pappdach, ohne Doppelfenster*“) aus Stiftungsmitteln mit Genehmigung des Ministers für Wissenschaft, Kunst und Volksbildung geheilt. Freundlich, der gutvernetzte Freigeist und Kunstfreund, war im Gegensatz zu Direktor Ludendorff sehr erfolgreich im Einwerben finanzieller Mittel für Instrumente, Mitarbeiter und Assistenten; alle seine zahlreichen Gesuche um finanzielle Unterstützung an die Notgemeinschaft der Deutschen Wissenschaft sind bewilligt worden. „Der geistige Liberalismus, der damals in zahllosen Diskussionen im Einsteinturm in seinem Kreise herrschte und der von Freundlich bestimmt wurde und gleichermaßen die ganze wissenschaftliche wie auch die menschlich-persönliche Sphäre umfaßte, war eine der besten Schulen, die ein junger Wissenschaftler genießen durfte.“[172]

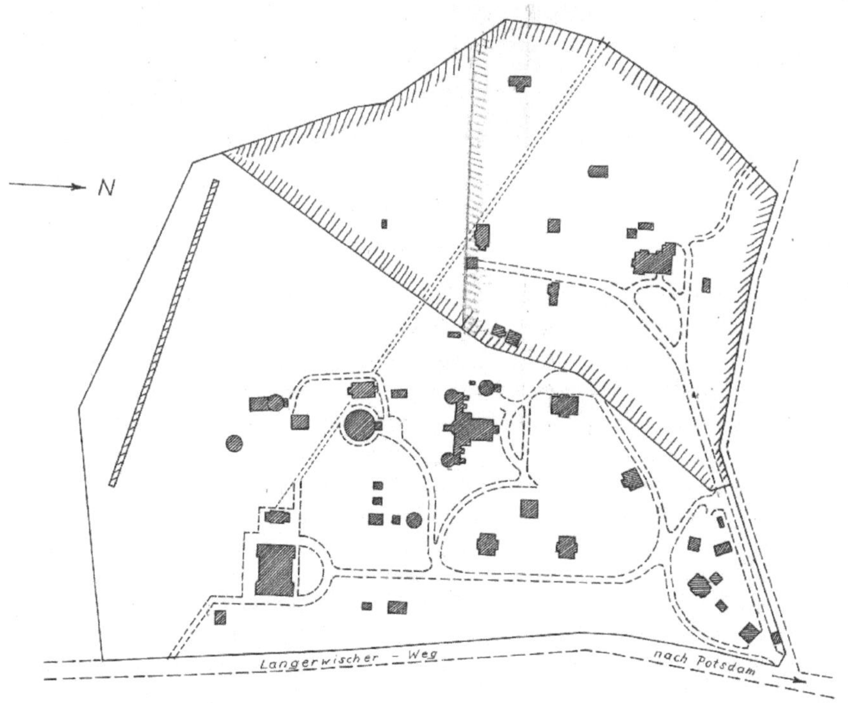

Bild 28. Lageplan mit Miethekuppel (östlich vom Einsteinturm). Quelle: ABBAW.

[172] Klüber (1965).

Bild 29. Einsteinturm mit Boschbaracke im Vordergrund und Schutzhütte für Expeditionsgüter. Quelle: ABBAW.

Freundlich litt nie Mangel an Ideen. Am 29. Juni 1931 beantragte er, pflichtgemäß über Ludendorff, beim preußischen Kultusminister Adolf Grimme die Beschaffung eines gebrauchten Teleskopes des photochemischen Instituts der Technischen Hochschule Berlin-Charlottenburg zum reduzierten Preis. „*Im Besitze des unter Leitung von Prof. Lehmann stehenden Phototechnischen Laboratoriums der T.H. Charlottenburg befindet sich ein Spiegelteleskop von 50 cm Öffnung, das der verstorbene Prof. Miethe, welcher sich für viele Fragen der Astrophotographie interessierte und zu der Firma Görz in enger Beziehung stand, angeschafft hatte. Dieses Teleskop könnte noch heute für viele Aufgaben der Astrophysik Verwendung finden, steht aber seit Jahren unbenutzt da, so dass Herr Prof. Lehmann selber schon vor langer Zeit dem Ministerium gegenüber den Wunsch geäussert hatte, für dieses Fernrohr eine andere Verwendung zu suchen und ihn von der Verpflichtung zu seiner Unterhaltung zu befreien.*“[173] Er stellt diesem ausreichend starken Argument noch angeblich geplante Untersuchungen eines neuen Versilberungsverfahrens für Spiegel zur Seite, „*das einer dieser Herren der IG Farben in Ludwigshafen gefunden hat, das bis ins Ultraviolette hinein Himmelsaufnahmen*

[173] Kuratorium: Einstein, v. Laue, v.d. Pahlen, Schrödinger. v. Klüber hatte mit diesem Instrument die Daten für seine Dissertation gewonnen. Siehe Anhang 4.

ermöglichen wird." Die großen Spiegel im Einsteinturm müssten zweimal jährlich neu versilbert werden. „*Auch sonst ist es wichtig, dass wir ... Gelegenheit haben, in die Methodik der Beobachtung am Spiegelteleskop einzudringen.*" Ein etwas seltsamer Plan für ein Sonneninstitut; Ludendorff, der nicht an die Relativitätstheorie glaubte, lehnt das Ansinnen prompt ab: „*Die von Prof. Freundlich geplanten Untersuchungen ... lassen sich mit viel geringeren Mitteln im Laboratorium anstellen und Erfahrungen über die Methodik der Beobachtung am Spiegelteleskop liegen auf deutschen Sternwarten in großem Umfange vor ... Speziell die Abteilung Einstein-Institut des Observatoriums besitzt in dem Turmteleskop ein modernes Instrument, mit dem aber bisher erst sehr wenige Ergebnisse erzielt worden sind.*"[174] Die letzte Bemerkung zielte auf eine „Mitteilung aus dem Einstein-Institut, Potsdam" von 1930, in der Freundlich und Mitarbeiter von einem „rätselhaften Randeffekt" berichten, nach dem die gesuchte Rotverschiebung der Fraunhoferlinien höchstens am Sonnenrand auftritt, niemals aber in der Sonnenmitte.[175] Zu der Zeit wohnten die beiden Kontrahenten Haus an Haus,[176] sie sind sich gewiss beinahe täglich auf dem wenig besiedelten Telegraphenberg begegnet.

Nr. 10208

Die Grundlagen der
Einsteinschen Gravitationstheorie

von

Erwin Freundlich

Mit einem Vorwort
von
Albert Einstein

Bild 30. Erwin Finley Freundlich (1885–1964) promovierte 1910 in Göttingen bei dem Mathematiker Felix Klein über „Analytische Funktionen mit beliebig vorgeschriebenem unendlich-blättrigem Existenzbereich" und verfasste bereits 1916 ein Lehrbuch zur neuen Gravitationstheorie.

---

[174] Archiv der Berlin-Brandenburgischen Akademie der Wissenschaften (ABBAW), AOP, Nr. 149; vgl. Hentschel (1992), S. 131.

[175] Freundlich et al. (1930).

[176] Ludendorff in einem der Observatorenhäuser, Freundlich in dem für ihn 1926 errichteten Backsteingebäude, heute A34, jetzt auch Freundlich-Haus. Die Familien Grotrian und Hassenstein bewohnten das Direktorhaus, auch Eberhard und von der Pahlen lebten auf dem Telegraphenberg (Brück, 2000).

Der dem „Bund Entschiedener Schulreformer“ entstammende Minister Adolf Grimme bewilligte das Gesuch trotz solcher Bedenken, weil es vernünftig ist, ein ungenutztes leistungsfähiges Teleskop in eine aktive Sternwarte zu überführen, vielleicht aber auch wegen dessen Vorgeschichte, die in die Anfänge der Weimarer Republik hineinreicht. Das Spiegelteleskop konnte zur Sonnenbeobachtung – der eigentlichen Aufgabe des Einstein-Instituts – allerdings nichts beitragen. Freundlich lässt das neue kleine Gebäude mit der Kuppel größer als die des Einsteinturms östlich vom Turm in größtmöglicher Entfernung zum Hauptgebäude des Observatoriums errichten, wie als Bei- und Rettungsboot des Einsteinturms, womöglich auch als sichtbares Zeichen seiner einsetzenden Distanz zur Sonnenphysik und/oder zu Einstein. Ludendorff hatte den Bauantrag für die Miethekuppel am 13. November 1931 selbst gestellt („*Die Gebührenrechnung ... z. Hd. Professor Freundlich, Einsteinturm*“), der Bauschein ist schon folgenden Tags ausgestellt worden.

… auch im Verkehr mit Juden

Ab 30. Januar 1933 wird die vielgestaltige und überaus erfolgreiche Wissenschaftslandschaft der Weimarer Republik unaufhaltsam zerstört,[177] Minister Grimme hatte seine Position schon im Juli 1932 durch den Amtsantritt des Reichskanzlers v. Papen verloren. Im April erhielt das Einstein-Institut mit Freundlichs Zustimmung den neuen Namen „Institut für Sonnenphysik“, wonach unmittelbar die formale Eingliederung in das Astrophysikalische Observatorium unter Ludendorff erfolgte.[178] Eine vom 18. 7. 1933 datierte und von Wilhelm Münch[179] unterzeichnete „Nachweisung der Beamten und Angestellten und der Beamten im einstweiligen Ruhestand“ enthält für Freundlich im Gegensatz zu allen anderen Namen nicht die Eintragung „*nicht zu veranlassen*“, dagegen ist der Name rot unterstrichen. Am selben Tag ist Freundlich durch die „NS-Beamtenabteilung, Fachschaft Observatorien, Kreisgruppe Potsdam, Gau Kurmark. Fachschaftsleiter Obst“ unter Aufführung einiger alter politischer Zitate aus der Sammlung Münch als „*antinational denkender Judenabkömmling*“ denunziert worden.[180]

---

[177] H. v. Klüber: „Dann kam das Jahr 1933, in welchem eine große Zahl der besten Wissenschaftler, die Deutschland hervorgebracht hatte, ihr Land für immer verließ, unter ihnen auch Einstein selber, während die Mehrzahl der Zurückgebliebenen sich beeilte, den neuen Herren ihre Ergebenheit zu versichern.“ (Klüber, 1965). Fast 6000 Professoren und Assistenten mussten 1933 die Universitäten verlassen, etwa 20 % des Lehrkörpers.

[178] Mitarbeiter AOP 1933: Ludendorff (Direktor), Münch, Freundlich, Westphal, Hassenstein, Grotrian (Hauptobservatoren), v. d. Pahlen, R. Müller (Observatoren), v. Klüber (wiss. Hilfsarbeiter), Wurm, Brück (wiss. Angestellte). Quelle: GStAPK, I. HA Rep. 76, Va Sekt. 1, Tit. V Nr. 4 Adh.

[179] Wilhelm Münch (1879–1969), Ruhestand ab 1944.

[180] Unterschrift: Fachschaftsleiter Obst. Ernst Obst war Verwaltungsleiter am Geodätischen Institut. Es handelt sich nicht um ein Schreiben der „Kollegen des Observatoriums Potsdam“, wie gelegentlich

Nicht genug für Ludendorff, jedenfalls nicht schnell genug, zumal sich Ende Juni die Physik-Elite der Preußischen Akademie der Wissenschaften – fast alles Nobelpreisträger – bei Minister Rust für die „*Belassung des Hauptobservators Freundlich in seiner Stellung am Astrophysikalischen Observatorium Potsdam*“[181] unmissverständlich eingesetzt hatte, aber (nicht nur) sie hatten Ludendorff unterschätzt. Nobelpreisträger („keine Astronomen“) beeindruckten ihn nicht. Schon im Oktober startete er einen schriftlichen Umlauf: „Wie mir gemeldet wird, ist im inneren Dienstbetrieb des Instituts für Sonnenphysik der deutsche Gruss noch nicht allgemein üblich. Ich mache es allen ... zur Pflicht, diesen Gruss, den bestehenden Vorschriften[182] entsprechend, auch dort grundsätzlich anzuwenden, und zwar auch im Verkehr mit Juden. Zuwiderhandlungen, von denen ich Kenntnis erhalte, werde ich unnachsichtlich zur Meldung bringen.“[183] Die „Meldung“ vom 5. Oktober 1933 stammte von Ernst Kohlschütter, Direktor des Preußischen Geodätischen Instituts, der die „dienstliche“ Aussage der Verwaltungsangestellten Degener weitergab oder weitergeben musste. Er setzte noch hinzu, dass „*Zwei Beamte des Geodätischen Institutes, die sich zunächst geweigert hatten, diesen Gruß anzuwenden, aus dem Dienst entlassen worden [wären], wenn sie sich nicht noch in letzter Minute verpflichtet hätten, den Gruß anzuwenden.*“ Freundlich würde sich niemals in letzter Minute verpflichten, wird er gedacht haben und gewusst, wie er seinen Widersacher schnell loswerden kann. Tatsächlich, anstelle seiner Unterschrift – von den anderen Wissenschaftlern kommentarlos geleistet[184] – bat Finlay-Freundlich[185] „um Mitteilung, von welcher Seite eine solche Meldung ergangen sein soll.“ Ludendorff reagierte kalt, er sei keinem Beamten des Observatoriums Rechenschaft über seine Maßnahmen als Direktor schuldig. „Der Beschwerdeweg steht Ihnen offen. Ich teile Ihnen ferner mit, dass von Seiten des Direktors des Geodätischen Instituts vorgestern eine Beschwerde über Sie wegen Nichterwiderung des deutschen Grusses gegenüber einer Person aus seinem Institut eingelaufen ist. Auf Ersuchen von Herrn Prof. Vahlen habe ich diesem gestern bei einem Besuch im Ministerium diese Beschwerde übergeben. Die Angelegenheit wird also vom Ministerium direkt weiter behandelt werden.“[186]

---

angegeben wird (Witt, 2013). Siehe Anhang 2.

[181] Siehe Anhang 3. Quelle: GStAPK, I. HA Rep. 76, Vc Sekt. 1, Tit. XI, Teil II Nr. 6b, Bd. 10.

[182] Ministerialerlass Nr. 1712 vom 22. 6. 1933.

[183] Handschriftlicher Vermerk: „Herrn Prof. Vahlen weitergegeben. H. Ludendorff“. ABBAW, AOP, Nr. 149, Hinweis von B. Eggers. Vgl. Hentschel (1992), S. 147–150, dort mit Faksimile.

[184] Es fehlten schließlich die Unterschriften von Brück und v. Klüber, aber das wird Ludendorff als zweitrangig erschienen sein. Beide erwähnen diese Affäre in ihren Lebensbeschreibungen nicht.

[185] Freundlich, mit jüdischer Großmutter väterlicherseits, hatte früh den Geburtsnamen „Finlay“ seiner Mutter angenommen, diesen in wissenschaftlichen Publikationen aber erstmalig 1927 (und später unregelmäßig) benutzt.

[186] Veröffentlicht durch Freundlich im Pariser Tageblatt, 25. 3. 1934, Faksimile in Hentschel (1992), S. 150.

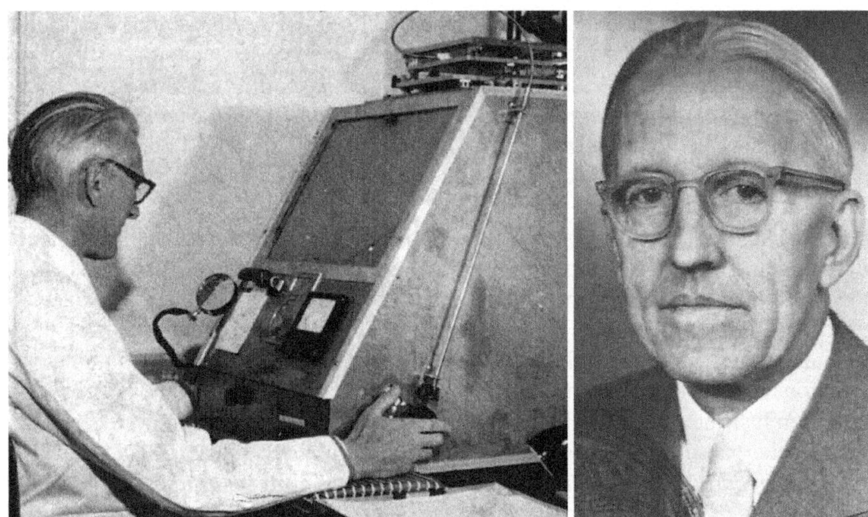

Bild 31. Wilhelm Becker (1907–1996), Verfasser von „Sterne und Sternsysteme“, und Harald von Klüber (1901–1978, rechts). Quellen: Orion 31 (1973) No. 134, S. 27; Sterne und Weltraum 18 (1979), S. 40.

Jetzt ging alles sehr schnell. Freundlich setzte sich Ende Oktober nach Istanbul ab, ohne die Antwort auf sein Urlaubsgesuch vom 4. Oktober und ohne das Ende des Kesseltreibens abzuwarten. Sofort, am 28. Oktober, meldet Ludendorff dem Ministerium, dass *„Hauptobservator Prof. Freundlich gestern seinen Dienst verlassen und sich in das Ausland begeben hat, ohne von mir Urlaub zu erbitten und ohne mir von seiner Abreise Mitteilung zu machen. Ich habe daraufhin die Kasse des Geodätischen Instituts angewiesen, die Gehaltszahlungen an Prof. Freundlich einstweilen einzustellen.“* Er hatte es geschafft, Freundlich ist ab November endgültig von der Gehaltsliste genommen worden, *„da er Ende Oktober nach der Türkei abgereist ist, ... ohne die Entscheidung über den dazu erbetenen Urlaub abzuwarten.“* Auch das versprochene Beamten-Ruhegeld wird nie nach Istanbul[187] überwiesen werden. *„Ein Bescheid ist ihm hierüber nicht zu erteilen. Sollte er Ansprüche dort geltend machen, so ist zunächst mir zu berichten“*,[188] befahl der neue preußische Ministerialdirigent Vahlen; Ludendorff wurde kurzerhand die Leitung des Einsteinturms übergeben, darüber hat Freundlich eine Kopie des entsprechenden Erlasses erhalten. Anstatt des von Kienle unterstützten Grotrian ist zum 1. März 1935 Paul ten Bruggencate aus Greifswald Leiter des Instituts für Sonnen-

[187] Freundlich war am 6. 7. 1933 auf den Lehrstuhl für Meteorologie und Astronomie der zum 1. 8. 1933 neugegründeten Istanbul Üniversitesi berufen worden. Sein dort geschriebenes Gesuch für eine zweijährige Beurlaubung als deutscher Beamter ist nie beantwortet worden (Hentschel, 1992, S. 152).
[188] Hentschel (1992), S. 152, Anm. 22.

physik geworden. Ludendorff hatte unbeirrt den tüchtigen, bisher von C. Bosch finanzierten Kernphysiker Hermann Schüler bevorzugt. Bruggencate war im November 1933 der SA beigetreten.

Der neu installierte Miethe-Doppelreflektor hatte alle Erwartungen übertroffen, nur das Kuppelgebäude machte Sorgen. Im Januar 1935 hatte ein Sturm die Kuppel insgesamt verschoben, schon im darauffolgenden Jahr musste das Dach gründlich instandgesetzt werden, einschließlich der Erneuerung des äußeren Anstriches. v. Klüber erledigte die Feinjustierungen zur Inbetriebnahme des Gerätes in kurzer Zeit, eine neue elektrische Feinbewegung stammte von den Askania-Werken in Friedenau und schon vom Herbst 1931 an wurde regelmäßig in der Miethe-Kuppel gearbeitet: „Die optische Qualität des 50-cm-Spiegels hat sich als ausgezeichnet erwiesen". Er erhielt später in Ludwigshafen bei den IG Farben eine neuartige robuste Aluminium-Verspiegelung, die aber penibel gegen Kondenswasser geschützt werden musste. Die photographischen Beobachtungen sind in den Jahresberichten des Observatoriums ab 1932 regelmäßig aufgeführt, danach waren v. Klüber, Becker und v. d. Pahlen ausdauernde Hauptbeobachter veränderlicher Sterne und offener Sternhaufen mit dem Doppelspiegel. Eine Publikation von W. Krug[189] präsentierte klassische Photometrie mit „Refraktor- und Spiegelaufnahmen in zwei Spektralbereichen" des galaktischen Sternhaufens M71, der heute als einer der interessantesten Kugelsternhaufen gilt. „Die notwendigen Aufnahmen wurden am 50-cm-Goerz-Reflektor des Potsdamer Observatoriums hergestellt." Die Astronomen ließen die Ergebnisse in ihre Lehrbücher[190] einfließen, während v. Klüber ab 1941 die Untersuchungen am Einsteinturm auf den Magnetismus der Sonnenoberfläche umzuorientieren begann, schon für 1942 werden Magnetfeldmessungen in Flecken und deren Umgebungen im Jahresbericht des Observatoriums aufgeführt. Nach Kriegsende gelangte der Miethe-Doppelreflektor zusammen mit anderen Instrumenten auf eine sowjetische Reparationsliste[191] vom 21. Juni 1945 und ist seitdem verschollen.

Am 30. Januar 1941 beantragte Kienle als Nachfolger Ludendorffs beim Regierungspräsidenten Potsdam „*... zunächst das Hauptgebäude so auszubauen, dass die vorhandenen Bodenräume ausgenützt werden. Der Herr Reichsminister für Wissenschaft, Erziehung und Volksbildung will versuchen noch in den Haushalt 1941 entsprechende Positionen aufzunehmen.*" Der Plan wurde vom Ministerium schon am 2. April 1941 in „*technischer Hinsicht grundsätzlich*" genehmigt, ist kriegsbedingt aber nicht mehr zur Ausführung gekommen.

---

[189] Krug (1937).

[190] Emanuel v. d. Pahlen: Lehrbuch der Stellarstatistik (1937); Wilhelm Becker: Sterne und Sternsysteme (1942).

[191] Zusammen mit dem photographischen Himmelskartenrefraktor (Kuppel errichtet 1889), dem Zeiss-Triplet der Ostkuppel und der Spektroheliographenanlage vom Dach des Beamtenwohnhauses nebst der wahrscheinlich einzigen elektrischen Rechenmaschine. Siehe G. Kühn, „Chronik des Mietheteleskopes", in: Miethe (2012). Nach den Jahresberichten wurde die „Heliostatenanlage auf dem Dach des südlichen Beamtenwohnhauses" bereits 1939 „abgebrochen".

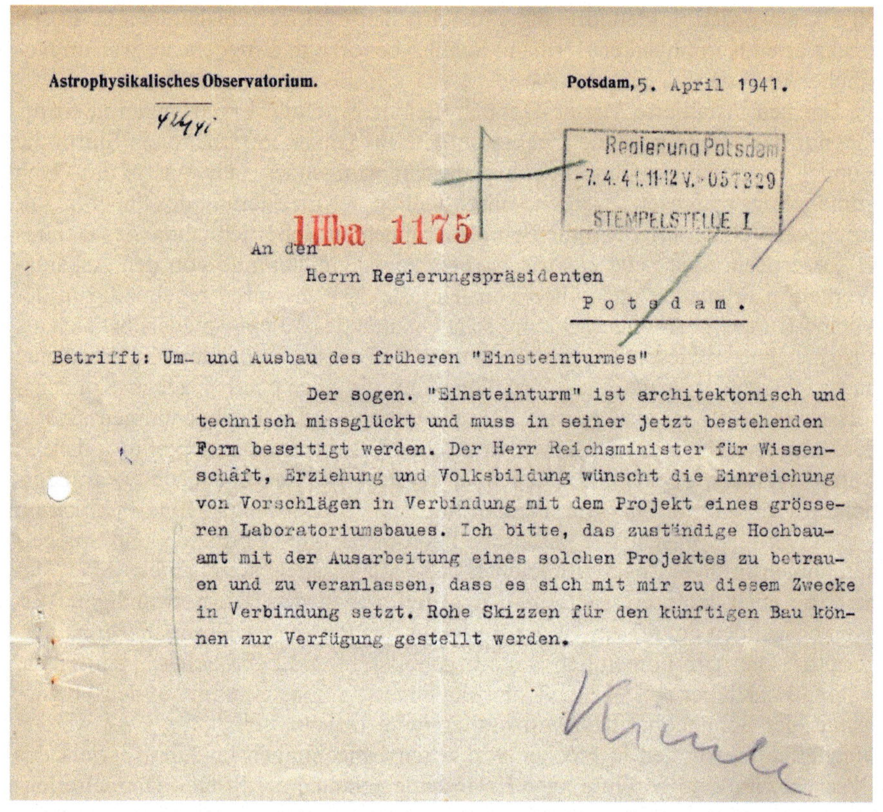

Astrophysikalisches Observatorium. Potsdam, 5. April 1941.

4/4/41

Regierung Potsdam
-7. 4. 41. 11-12 V. - 057329
STEMPELSTELLE I

I Hba 1175

An den
Herrn Regierungspräsidenten
P o t s d a m.

Betrifft: Um- und Ausbau des früheren "Einsteinturmes"

Der sogen. "Einsteinturm" ist architektonisch und technisch missglückt und muss in seiner jetzt bestehenden Form beseitigt werden. Der Herr Reichsminister für Wissenschaft, Erziehung und Volksbildung wünscht die Einreichung von Vorschlägen in Verbindung mit dem Projekt eines grösseren Laboratoriumsbaues. Ich bitte, das zuständige Hochbauamt mit der Ausarbeitung eines solchen Projektes zu betrauen und zu veranlassen, dass es sich mit mir zu diesem Zwecke in Verbindung setzt. Rohe Skizzen für den künftigen Bau können zur Verfügung gestellt werden.

Kienle

Bild 32. Antrag, den Einsteinturm durch einen „größeren Laboratoriumsbau" zu ersetzen. Quelle: Archiv Eggers.

Dieser schöne Erfolg hatte Kienle übermütig gemacht. Schon vom 5. April 1941 – v. Klüber hatte gerade begonnen, den Einsteinturm für Magnetfeldmessungen aufzurüsten – findet sich in den Akten eine Mitteilung „*Betrifft Um- und Ausbau des früheren Einsteinturmes*" an den Herrn Regierungspräsidenten in Potsdam, dass „*der sogen. ‚Einsteinturm' ... missglückt*" sei und „*in seiner jetzt bestehenden Form beseitigt werden*" müsse.[192] Schon früher hatte sich Kienle als Architektur-Versteher auf dem Telegraphenberg hervorgetan. Am 13. Oktober 1939 informierte er als „Komm. Direktor" den Regierungspräsidenten in Potsdam, dass er eine Garage für seinen „*beamteneigenen Wagen*" benötige und dafür – nachdem ein gewünschter südlicher Anbau an des Direktorhaus gestrichen worden war – käme doch am günstigsten ein „*durch die Verlegung der Küche im Sockelgeschoss*

[192] Brandenburgisches Landes- und Hauptarchiv, Potsdam-Golm.

frei werdender Raum" infrage. Der mehrfache Briefwechsel endete im März abschließend, weil *„die geplante Maßnahme leider nicht als ‚kriegswichtig' bezeichnet werden"* könne.

Kienle im Jahresbericht 1941: „Im September nahm der Unterzeichnete auf Einladung des Deutschen Wissenschaftlichen Instituts in Kopenhagen zusammen mit den Herren Prof. Heisenberg, Dr. v. Weizsäcker und Dr. Biermann an einer astronomisch-physikalischen Arbeitswoche teil, die willkommene Gelegenheit zu ergiebigen Aussprachen mit den dänischen Kollegen gab." Jene „Arbeitswoche" mit dem geheimnisvollen Gespräch von Bohr und seinem Schüler Heisenberg auf Gartenwegen und ohne Zeugen ist ins kollektive Bewußtsein der Physikergemeinde eingegangen.

Die magnetische Sonne

Der in Potsdam geborene einzige Nachkomme einer alten Diplomaten- und Offiziersfamilie, Harald von Klüber, hatte 1924 in Berlin mit Prädikat über ein Beobachtungsprojekt[193] promoviert, das er in der Miethe-Sternwarte in Charlottenburg absolviert hatte. Seit 1923 arbeitete er im Einstein-Institut und am Astrophysikalischen Observatorium, Amtsbezeichnung als Observator und Professor seit 1940, Hauptobservator ab 1946. Ab 1941 hatte v. Klüber das Instrumentarium des Einsteinturms zur Messung solarer Magnetfelder ertüchtigt, bis dahin das Alleinstellungsmerkmal des Mt. Wilson Observatory. Auf ihn allein geht die bis heute andauernde Orientierung der Potsdamer Astronomen auf die Untersuchung kosmischer Magnetfelder zurück. Zur Messung der Zeeman-Aufspaltung der Eisenlinie 6302 Å durch die Magnetfelder von Sonnenflecken mussten Wellenlängendifferenzen von tausendstel Å sicher aufgelöst werden.[194] „Die optischen Hilfsmittel des [Potsdamer] Turmteleskops (Einsteinturm) und seines Laboratoriums erlauben es, solche Untersuchungen ohne weiteres durchzuführen."[195] Mit einem Trick trennte er die beiden minimal verschobenen Linienanteile, indem er deren unterschiedliche Polarisierung ausnutzte, sodass „in den beiden übereinanderliegenden Spektren im oberen Spektrum die langwellige und im unteren Spektrum die kurzwellige Seitenkomponente des longitudinalen Zeeman-Dubletts ausgelöscht ist."[196] Die Methode war effektiv, eine Fleckenphotographie erforderte nur etwa 20 Sekunden Belichtungszeit. Schon während des Fleckenminimums 1944 war

---

[193] H. v. Klüber, „Effektive Wellenlängen und ein anderes Farbäquivalent für 25 nordpolnahe Sterne", Dissertation, Berlin (1924).

[194] Ähnlich der gravitativen Rotverschiebung, vergleichsweise: Vermessung des Urmeters auf tausendstel Millimeter genau.

[195] Bruggencate & Klüber (1947).

[196] Brunnckow & Grotrian (1949).

das sehr schwache großräumige Magnetfeld der Sonne in Potsdam erfolgreich beobachtet worden, allerdings noch mit zu hohen Werten.

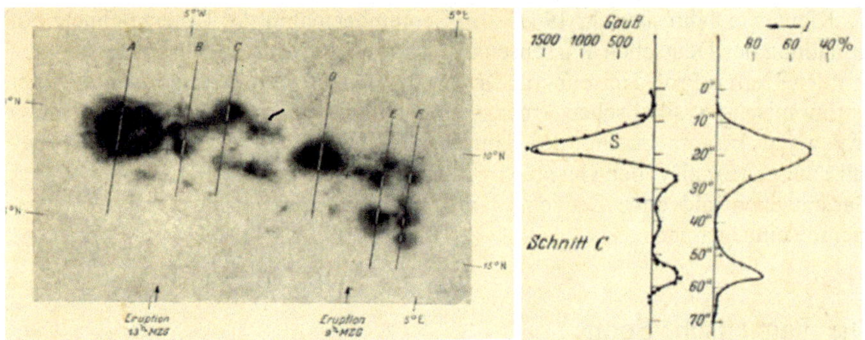

Bild 33. Vermessung einer Fleckengruppe: Lage des Spektrographenspaltes; Feldstärke und Helligkeit beim Schnitt C (rechts). Quelle: Bruggencate (1947).

Ein Berg von Magnetfeldmessungen wurde auf diese Weise bis in die 1950er Jahre hinein angehäuft, ohne letztlich der Erklärung des Sonnen-Zyklus näher zu kommen. Zuletzt betont v. Klüber die glückliche Zusammensetzung des Einsteinturm-Teams mit Freundlich, v. d. Pahlen, Grotrian und dem Feinmechaniker Erich Strohbusch. Er hätte in Deutschland in dieser Zeit sich schnell entwickelnder Forschung keinen besseren Platz finden können.[197] Er wäre auch in den Kriegsjahren nie wirklich zum Militär eingezogen gewesen, er hätte dafür wie viele Kollegen umfangreiche Rechnungen zu „astronomischen Navigationen" durchgeführt.[198] Er scheint Potsdam in dieser Zeit kaum verlassen zu haben, jedenfalls kommandierte Grotrian als militärischer Chef eines Funkwellenforschungskommandos den Soldaten Künzel zur Unterstützung v. Klübers bei Sonnenfleckenbeobachtungen nach Potsdam ab. Andererseits waren v. Klübers Kenntnisse der Ionosphärenphysik nach Kriegsende derart detailliert,[199] dass er in die militärisch-motivierten Aktivitäten Grotrians und Kiepenheuers beträchtlich eingebunden gewesen sein muss.

Harald v. Klüber war Zeit seines Lebens ein unverwüstlicher Teilnehmer, Organisator und Leiter von Sonnenfinsternis-Expeditionen. Die Finsternisse von 1923, 1926, 1929 und später 1952, 1954, 1955,[200] 1958 und 1959 dienten meist der Untersuchung spektraler Eigenschaften der Korona. Die aufwendige Potsdamer Expedition nach Takengon (Nordsumatra) am 9. Mai 1929 bildete eine spektakuläre Ausnahme, weil sie einer formell schon abgeschlossenen Aufgabe galt.

---

[197] H. v. Klüber, „Short autobiography" (o.J.), Anhang 4 im vorliegenden Buch.
[198] Die Instrumente des Observatoriums, die nicht der Sonnenbeobachtung dienten, waren durchweg kriegsbedingt stillgelegt.
[199] Klüber (1947).
[200] Zusammen mit Mattig und Strohbusch aus Potsdam in Ceylon, wetterbedingt erfolglos.

Zehn Jahre zuvor hatten zwei britische Expeditionen nach Brasilien und auf eine Insel vor Spanisch-Guinea die Lichtablenkung von Sternen nahe der Sonne gemessen und mit 1,98″ und 1,61″ ziemlich genau den von Einstein abgeleiteten Wert von 1,75″ bestätigt. Vor seiner Abreise hatte Eddington prophezeit: „Diese Finsternis-Expeditionen werden vielleicht das erste Mal das Gewicht von Licht nachweisen; oder sie werden Einsteins sonderbare Theorie des nicht-euklidischen Raumes beweisen; oder sie werden ein Resultat mit noch weiterreichenden Konsequenzen erbringen – keine Ablenkung –."[201] Das Expeditionsergebnis schien die „sonderbare Theorie" zu bestätigen, es begründete Einsteins Weltruhm über Nacht.

Bild 34. Erwin Freundlich, Sonnenfinsternisexpedition 1929 auf Nord-Sumatra. Parallaktisch montierter Astrograph von 3,4 m Brennweite. Quelle: MPI Wissenschaftsgeschichte.

Im Winter 1928/29 startete die Potsdamer Expedition mit 15 t Gepäck in 70 Kisten per Schiff von Antwerpen nach Sumatra. Mit ihrer fachlichen Zielstellung – Bestätigung oder Korrektur der von Eddington verkündeten Resultate – waren die Potsdamer keineswegs allein. Der Leiter der Meteorologischen Abteilung, R. Süring, schrieb im Berliner Lokalanzeiger, ein „wichtiger Programmpunkt der deutschen, amerikanischen und japanischen Expeditionen ist die Untersuchung der

[201] Pais (1986), S. 307.

Lichtablenkung von sonnennahen Sternen bei ihrem Durchgang durch die Sonnenatmosphäre zur Prüfung Einsteinscher Auffassungen." Unter Leitung von Chefmechaniker Strohbusch wurden zwei Großgeräte einschließlich vollständiger Elektroversorgung und Funkausrüstung zur Verbindung mit dem Langwellensender Nauen in den Urwald von Sumatra gebracht. Das klassische Finsternisinstrument war eine verbesserte Dublette des Astrographen von 3,4 m Brennweite, den Freundlich auf seiner missglückten Krim-Expedition 1914 in Russland verloren hatte. Dem durch vielfältiges Exerzieren der nötigen Handgriffe eingespielten Team Strohbusch/v. Klüber gelangen in den 5 min totaler Verfinsterung sechs Aufnahmen auf drei Platten, drei Aufnahmen der Sterne der Sonnenumgebung (bis zu 60 Sekunden Belichtungszeit) und jeweils drei Aufnahmen eines Vergleichsfeldes. Dreimal musste das lange Rohr bei Dunkelheit von der Sonne zum Vergleichsfeld bewegt werden. Kommentar Freundlich: „Bei der selbstverständlichen Erregung aller Mitwirkenden muß [besonders] dafür gesorgt werden, daß die Unsicherheit auf das mindeste herabgesetzt wird."

Der junge Freundlich war 1914 der weltweit Erste, der während einer Sonnenfinsternis die von Einstein vorhergesagte[202] gravitative Ablenkung des Sternlichtes beim streifenden Vorbeigang an der Sonne nachweisen wollte.[203] Der Krieg vereitelte seine Pläne, er wurde interniert und später ausgetauscht; die Finsternis von 1919, die den englischen Expeditionen den spektakulären Erfolg brachte, war ihm – tragischerweise – aus politischen Gründen unerreichbar. Andere hatten seine Ideen, die initiale physikalische Prägung des damals noch nicht 30-Jährigen verwirklicht, bis in die 1950er Jahre wird er keinen Frieden mit Einsteins Vorhersagen finden. Seine Versuche 1922 und 1926 sind ohne messbare Erfolge geblieben,[204] allerdings ist dabei schrittweise das Konzept der riesigen Potsdamer Doppel-Horizontalkamera entwickelt worden, dessen erstes Rohr direkt auf die verfinsterte Sonne zielt, während das zweite Rohr zum Vergleich auf ein entferntes Sternfeld gerichtet wird, das keine Lichtablenkung erfährt. Beide Kameras von 8.6 m (!) Brennweite erhielten ihr Licht von ein und demselben Zeiss-Spiegelsystem. Bei klarem Himmel gelangen 1929 vier Aufnahmen der Sonnenumgebung und drei des Vergleichsfeldes,[205] jeweils auf großen 45 x 45 cm Platten. Zum Vergleich benötigte man noch identische Nachtaufnahmen der Sternfelder am gleichen Beobachtungsort; v. Klüber erledigte diese Aufgabe exakt 6 Monate später, die er der Einfachheit halber auf Sumatra und mit ausgedehnten örtlichen Entdeckungsreisen verbrachte.

---

[202] Noch mit dem (falschen) Newtonischen Wert.

[203] Freundlichs Expedition von 1914 ist großenteils privat (Krupp-Stiftung, Akademie der Wissenschaften) finanziert worden, sie gehörte keiner offiziellen Institution an.

[204] Grotrian (1952).

[205] Eine vierte Kassette ist verlorengegangen.

Bild 35. Doppel-Horizontalkamera mit Heliostat und Umlenkungsspiegeln, Brennweite 8,6 m, Zusammenbau auf dem Telegraphenberg. Im Hintergrund das Beamtenwohnhaus mit Spektroheliograph. Quelle: Freundlich (1930).

Das Ehepaar Grotrian verfertigte während der kurzen Verfinsterung mit den drei Potsdamer Spektrographen sechs Spektren tangential zum Mond, deren Auswertung und Interpretation nach jahrelanger[206] Arbeit den bei weitem größten Erfolg der Potsdamer Expedition bringen wird.[207] Zufällig zeigten die Aufnahmen auch das Linienspektrum einer hellen Protuberanz am Sonnenrand, deren systematische Beobachtung sich Grotrian erst Jahrzehnte später als Direktor des Astrophysikalischen Observatoriums widmen konnte.

Die Wetterverhältnisse am Finsternis-Tag müssen nervenzerfetzend gewesen sein. Ab 8 Uhr morgens, fünf Stunden vor dem Ereignis, herrschte vollständige Bewölkung, auch der erste Kontakt des Mondes vor der Sonne blieb unsichtbar. „Zum Glück kam es dieses Mal schon vor Eintritt der Totalität zur vollen Aufklarung. Kurz vor der völligen Verfinsterung der Sonne durch den Mond sind die Beleuchtungsverhältnisse in der Atmosphäre so ungewöhnlich, daß einem jedes Urteil über den Zustand des Himmels abhandenkommt. Daß in der unmittelbaren Umgebung der Sonne klare Sicht herrschte, das zeigte der Anblick der Corona, deren strahlige Struktur ungewöhnlich deutlich hervortrat und keine Spuren von

---

[206] Am 1. 10. 1932 wurde Grotrian Hauptobservator am Astrophysikalischen Observatorium.

[207] Vgl. Mattig (1999).

Verschleierung des Himmels verriet. Viele helle Sterne wurden am Himmel sichtbar,“[208] schreibt Freundlich. v. Klüber in dessen Nachruf: „Die umfangreichen, am Einsteinturm [in den Jahren 1930–1933] durchgeführten Reduktionen ergaben den Betrag der Lichtablenkung mit dem kleinsten bisher erreichten mittleren Fehler, aber um etwa 30% zu groß. Fast alle früheren und auch spätere Bestimmungen scheinen ebenfalls einen etwas höheren Wert anzudeuten und der Aufklärung dieser Erscheinung ist Freundlich fortan sein Leben lang nachgegangen.“[209] Die Einsteinturm-Gruppe hatte sogar argumentiert, dass die weltweit gefeierten, gut zur Vorhersage Einsteins passenden kleineren Werte der britischen Expeditionen von 1919 auf fehlerhaften Reduktionen beruhten.[210] Einstein hatte also nicht wirklich Freude an seinen Freunden vom Einstein-Institut.[211] Vorsichtshalber betonte er vor allem die Schönheit seiner Theorie: „Die Hauptbedeutung der allgemeinen Relativitätstheorie sehe ich keineswegs darin, daß sie einige winzige beobachtbare Effekte vorausgesagt hat, vielmehr in der Einfachheit ihrer Grundlage und in ihrer Folgerichtigkeit.“[212] Das hatte vor seinem Nobelpreis, Anfang 1916, in einem Brief an Schwarzschild über die mögliche Messung der Lichtablenkung am Jupiter noch anders geklungen: „Was Jupiter anlangt, sehe ich ein, dass es eine schwierige Aufgabe ist, die da den Astronomen gestellt wird. Aber die Wichtigkeit des Gegenstandes rechtfertigt nach meiner Ansicht nur *einen* Standpunkt, und der heisst: Es *muss* gehen!“[213] In einer öffentlichen Epistel argumentiert Ludendorff, dass die Daten der Potsdamer Expedition bei einer etwas anderen Auswertung auf immerhin 1,90″ Lichtablenkung führen würden,[214] was die Herren vom Einsteinturm lauthals bestritten. Präziser konnte das Dauer-Zerwürfnis der Astronomen auf dem Telegraphenberg dem Publikum nicht vorgeführt werden. Plötzlich hatten sich auch die Positionen zu Einstein verschoben, denn Freundlich wird sein Resultat als kritisch zur Relativitätstheorie gesehen haben, was Ludendorff so nicht hat stehen lassen wollen. Noch 1952, auf dem 17. Deutschen Physikertag in Berlin, besteht Freundlich auf dem in Vergleich zu Einsteins Vorhersagen zu hohen Wert der Potsdamer Sonnenfinsternisexpedition von 1929 und meint, dass „damit gerechnet werden muß, daß die beobachteten Phänomene der Ausbreitung elektromagnetischer Energie (Photonen) im Schwerefeld der intensiv strahlenden Sonne nicht von den noch sehr formalen und abstrakten Lösungen vollständig beschrieben werden.“[215]

---

[208] Freundlich (1930).
[209] Klüber (1965).
[210] Freundlich, Klüber & Brunn (1931).
[211] Einsteins Rotverschiebung gilt heute als zu 5% durch solare Beobachtungen bestätigt, die Lichtablenkung nur zu 20% (W. Kundt in: Springer tracts in modern physics 47, 1968).
[212] Pais (1986), S. 274.
[213] Hentschel (1995), S. 40.
[214] Ludendorff (1932).
[215] Finlay-Freundlich (1953).

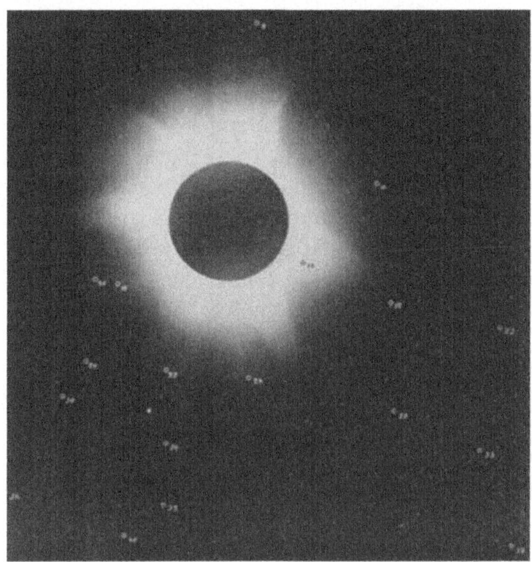

Bild 36. Sonnenfinsternis vom 9. Mai 1929. Eine der vier gelungenen Aufnahmen während der Verfinsterung. Die vermessbaren Umgebungssterne sind markiert. Quelle: Freundlich et al. (1931).

Ein Koronograph am Einsteinturm

Nach der Abreise v. Klübers, der mit 46 Jahren sein Lebenswerk auf dem Telegraphenberg und sein Haus im Finkenweg für immer verließ,[216] wurde der vormalige Potsdamer Hauptobservator Grotrian nach sechsjähriger kriegsbedingter Abwesenheit Leiter des Einsteinturms. Ab dem 1. Januar 1947 hatte auf Befehl der sowjetischen Militäradministration die Deutsche Akademie der Wissenschaften (AdW) zu Berlin neben den Sternwarten Babelsberg und Sonneberg auch die Institute auf dem Telegraphenberg übernommen und erstaunliche Investitionen getätigt.[217] Schon 1948 wird das Vorkriegsprojekt der Aufstockung des Dachgeschosses des Hauptgebäudes realisiert, wodurch endlich „sieben neue Arbeitsräume" entstehen und 1950, zum 250-jährigen Akademiejubiläum, erhielt auch der bombengeschädigte Einsteinturm eine Generalüberholung. In der Westkuppel

[216] Zielort Zürich, lt. Jahresbericht 1950 seit 1947 beurlaubt. Ab 1942/1943 hatte von der Pahlen auf Dauer ein Sanatorium in Davos aufgesucht, unter Beibehaltung seiner Wohnung auf dem Telegraphenberg, Pensionierung in Potsdam 1944. Wilhelm Becker übernahm 1953 dessen Professorenstelle in Basel. Johann („Hans") Kienle (1895–1975) war von 1939 bis zum 30. September 1950 Direktor des Astrophysikalischen Observatoriums, danach wirkte er in Heidelberg. Johann Wempe kam 1944 von Jena nach Potsdam, wo er sich habilitierte und seit 1947 für die Astronomischen Nachrichten arbeitete, er wurde am 1. Oktober 1949 Hauptobservator.

[217] Zur Wiedereröffnung der Akademie am 1. 8. 1946 hatte Kienle den Festvortrag „Die Maßstäbe des Kosmos" gehalten. „Ich habe daher von Anfang an die Eingliederung der verwaisten astronomischen Einrichtungen in die Akademie verfolgt und auch erreicht." (Kienle, 1949).

stand nach wie vor der Grubb-Refraktor (mit dem neuen Objektiv von Steinheil), während in der Ostkuppel in 1949 eine selbstgebaute Schmidt-Kamera auf die vorhandenen Zeiss-Säule montiert wurde.[218] Professor Grotrian, der immer parteilos geblieben war,[219] wurde am 1. Oktober 1950 geschäftsführender Direktor und ab 1. Januar 1951 Institutsdirektor. Kurz vor Kriegsausbruch war ihm der entscheidende Hinweis zur Aufklärung der Natur der Sonnenkorona gelungen, jetzt studierte er ganztags die solaren Magnetfelder. „Die Magnetfelder der Sonnenflecken sind das Phänomen, in dem am klarsten und augenfälligsten in Erscheinung tritt, dass im Spiel all der Kräfte, welche die Struktur eines Sterns … bestimmen, auch die elektrodynamischen Kräfte eine wesentliche Rolle spielen," schrieb er in einem ungeahnt letzten Resümee.[220] In einem frühen Organisationsplan der Astronomie in der SBZ für 1945/46 wird der *„Zustand der Sonne und der Zusammenhang solarer und terrestrischer Erscheinungen*" ganz im Sinne von Wilhelm Förster als sein neues Forschungsziel formuliert. Ende 1949 hieß es, dass *„Sonnenflecke, Korona, Protuberanzen im Mittelpunkt stehen und die Messung der zeitlichen Veränderung der Magnetfelder.*" Grotrian wollte das alte Rätsel des 11-jährigen Sonnenfleckenzyklus lösen und hatte sich besonders auf die Bestimmung der solaren Magnetflüsse konzentriert. Klüber hatte in den Kriegsjahren die instrumentellen Voraussetzungen im Alleingang geschaffen, um Polarität und Stärke der Felder messen zu können.

Grotrian wollte auch wissen, ob die Form der Sonne von Magnetfeldern beeinflusst wird. Dazu wurde ein Gerät zur Bestimmung des Sonnendurchmessers benötigt, drückender noch war das Fehlen eines eigenen Koronographen, mit dem der Sonnenrand definiert und die in die Atmosphäre schießenden Protuberanzen bis in hohe Breiten direkt verfolgt werden können.[221] H. v. Klüber beschreibt begeistert, wie er 1948 im Höhenobservatorium Arosa für fast ein Jahr mit dem dortigen Koronographen arbeiten durfte. Zu dieser Zeit ist andernorts der Zusammenhang der Protuberanzen mit dem Sonnenfleckenzyklus bereits ins Beobachtungsprogramm geraten.[222] Grotrian in Potsdam wollte dabei sein, wenn die rätselhafte magnetische Koronaheizung geklärt werden würde.

---

[218] In der Mittelkuppel stand seit 1941 ein Finsternis-Astrograph, siehe Jahresbericht AOP von 1950.

[219] Im ersten Weltkrieg war Grotrian Frontsoldat und Fliegerbeobachter (= Schütze), im zweiten Weltkrieg war er als Major der Wehrmacht der militärische Leiter einer Spezialeinheit für Ionosphärenforschung, für sechs Jahre vom Institut abkommandiert. Laut Kuiper (1946) war Nichtmitgliedschaft von Astronomen in der NSDAP während des Krieges eher eine Ausnahme (am AOP hat es prominente Gegenbeispiele gegeben, der Verf.).

[220] Grotrian (1952).

[221] Waldmeier (1941).

[222] Behr & Siedentopf (1952).

Bild 37. Miethe-Kuppel, heute A23. Die 5-m-Zeiss-Kuppel ist nach 1990 unter merkwürdigen Umständen entfernt worden. Photo: H. Strohbusch.

Ein anderes Motiv war die Funkwellenforschung. Dazu hatte v. Klüber noch 1946 erklärt: „Beobachtungen der Korona an dem sich auf uns zu drehenden Ostrand der Sonne zeigen also vermutlich schon eine Woche vorher jene Stellen auf der Sonne an, welche möglicherweise verstärkte Fotoionisation der Ionosphäre auf der Erde erzeugen könnten. Koronabeobachtungen … sind also für die Prognose der Kurzwellenausbreitung besonders wichtig.“[223] Sein Vorgänger Kienle hatte schon früher für den Einsteinturm einen Koronographen zur Beobachtung des Sonnenrandes anschaffen wollen.[224] Bei den um 1930 erfundenen Korona-Refraktoren wird wie bei einer Sonnenfinsternis die helle Sonnenscheibe im Hauptfokus durch eine Kegelblende abgedeckt, um nur das schwache Licht der inneren Korona zu empfangen.[225] Kienle war an politischen Schwierigkeiten gescheitert. Der damals mächtige Kiepenheuer hatte ihn im Herbst 1942 abgekanzelt, dass „alle Bestellungen für sonnenphysikalische Arbeiten im Deutschen Reich“ nur noch von ihm ausgehen dürfen. Wegen der geringen Helligkeit der Korona musste das instrumen-

---

[223] Klüber (1947).

[224] Kummer (1996), mit einer Schilderung über den weitsichtigen Umgang Kienles mit den von der Wehrmacht 1943/44 gestohlenen Utensilien des Krim-Observatoriums.

[225] Lyot (1939).

telle Streulicht durch sorgfältige Bearbeitung der Linsen unterdrückt werden. Die nötige personelle Unterstützung hatte Kiepenheuer den Potsdamern verwehrt.[226]

Für 1950 wird der Abriss des seit 1945 leerstehenden Gebäudes des ehemaligen Miethe-Spiegelteleskops gemeldet. Gleichzeitig wird der Rundbau des Großen Refraktors wiederhergestellt, der *„große Refraktor wurde im Herbst von der Firma Zeiss, Jena, abmontiert, um völlig überholt zu werden.*" Grotrian hatte in der institutseigenen Werkstatt bei Meister Strohbusch den Bau eines Koronographen von 13 cm Öffnung und 190 cm Brennweite für *„spektrohelioskopische Beobachtungen zeitlich veränderlicher Vorgänge auf der Sonne*" in Auftrag gegeben und geistesgegenwärtig ein akademieinternes Aufbauprogramm für das Berliner Umland in Anspruch genommen. Beim VEB Bau-Union Potsdam wurde der Neubau einer 5-m-Zeiss-Kuppel auf den Fundamenten der Miethe-Kuppel bestellt, auch dieses Gebäude sollte zur Sonnenphysik gehören, mit Dunkelkammer und kleinem Arbeitsraum. Am 29. November 1951 hatte der Auftragnehmer die Baukosten mit exakt 47.885 Mark angegeben. In einem Schreiben vom 13. November 1952 an das Akademie-Referat für Mathematik und Naturwissenschaften beschrieben Grotrian und Brunnckow – als die beiden verbliebenen Sonnenphysiker des Observatoriums – die zukünftigen Arbeiten: *„Untersuchung der Magnetfelder der Sonnenflecken. Auswertung des von 1946 – 1951 gewonnenen Beobachtungsmaterials in Bezug auf Polarität und maximale Feldstärke.*" Brunnckow „konnte infolge Passierscheinschwierigkeiten seine Tätigkeit in Potsdam einstweilen nicht weiterführen", wie es im Jahresbericht für 1953 lakonisch heißt.

Womöglich hatte Grotrian die eingeschränkte Bedeutung seiner Magnetfeldmessungen an Sonnenflecken für die Aufklärung des Fleckenzyklus erkannt. Er hatte Protuberanzen als den anderen Ausdruck der magnetischen Sonnenaktivität[227] untersuchen wollen. Koronographen hatten solche Beobachtungen zur Routine gemacht. Erst Anfang 1954 war der eigene Koronograph in der neuen Kuppel fertig montiert worden. Er wurde im folgenden Jahr samt Leitrohr und Aufnahmekamera mit 6 x 6 cm Rollfilm in Betrieb genommen, zu spät für Walter Grotrian. Von Beginn an hatte das Leitrohr des neuen Instruments auch der visuellen und photographischen Sonnenüberwachung gedient.

Ab Mai 1955 „wurde an geeigneten Tagen der ganze Sonnenrand zur Positionsbestimmung von Protuberanzen photographisch aufgenommen." Durch flinkes Arbeiten konnte sogar das explosive Aufsteigen der Protuberanzen verfolgt werden. Zum Internationalen Geophysikalischen Jahr 1957/58 wurde durch Sondermittel eine besonders intensive Sonnenüberwachung ermöglicht, der Koronograph lieferte an 76 Tagen photographische Aufnahmen des Sonnenrandes, die einer Datenbank des Fraunhofer-Instituts in Freiburg zugeführt wurden. Eine eigene

---

[226] Seiler (2007), S. 122.

[227] Carrington hatte am 1. September 1859 als Erster einen Ausbruch heller Flecken gemeldet, der weniger als fünf Minuten dauerte und in der folgenden Nacht auf der Erde einen gewaltigen Magnetsturm entfachte.

fachliche Auswertung hat nicht mehr stattgefunden, vielleicht weil die geografische Lage Potsdams mit der anderer Instrumente auf hohen Bergen nicht mithalten konnte, aber auch wegen der übergroßen Leerstelle, die Grotrians Tod im Jahre 1954 hinterlassen hatte.

Bild 38. Grotrian-Koronograph (Leitrohr), 13-cm-Refraktor mit 190 cm Brennweite, ursprünglich 1952 in der Miethe-Kuppel aufgestellt, jetzt in der Ostkuppel des Hauptgebäudes (heute Michelson-Haus des Potsdam Instituts für Klimafolgenforschung). Objektiv noch vorhanden (Auskunft J. Rendtel).

In seiner Diplomarbeit hatte Grotrians Assistent Egon Horst Schröter die fast kreisförmigen Isolinien des Magnetfeldes eines Sonnenfleckes – gemessen durch Drehung des Sonnenbildes über den feststehenden Spalt – erhalten und publiziert.[228] An der Humboldt-Universität Berlin promovierte er 1956 mit einer erfolgreichen Neuinterpretation alter Rotverschiebungsmessungen vom Einsteinturm nach Neubehandlung der bisher wegdiskutierten turbulenten Strömungsverhältnisse auf der Sonne.[229] Die oft beklagte Differenz der gemessenen zu den erwarteten Werten erwies sich als turbulenzbedingt. „Wenn auch unser geringes Wissen um die Konvektion und Turbulenz in der Sonnenatmosphäre einen noch recht großen Spielraum für … Annahmen läßt, so scheint doch die Hinzunahme bislang unbekannter physikalischer Prozesse nicht erforderlich zu sein“,[230] ließ der Dok-

---

[228] Schröter (1953). Weitblickend hatte Vogel für den Großen Refraktor von Anfang an verlangt, dass der Spalt des 50 kg schweren Spektrographen frei drehbar zu sein habe.
[229] Schröter (1957).
[230] Schröter (1955).

torand Schröter den Erbauer des Einsteinturms, Freundlich, schon im Januar 1955 in einem Vorabbericht wissen. Magnetfelder und Turbulenz – v. Klüber, Grotrian und Schröter hatten die Akkorde angeschlagen, denen die Arbeit des ge-samten Observatoriums bis zum Schluss folgen wird.

Später wird die Miethe-Kuppel vom umliegenden Baumbestand überwuchert. Das Instrument ist im April 1985 in die höher gelegene Ostkuppel des Hauptgebäudes verlegt und durch Anbringen eines Filters zu Messungen in der Chromosphäre genutzt worden. Dort ruht es seit langem, die Beobachtungen sind eingestellt.

4 Der Pappi vom Berge

Ein Sommerstück

Das ganze Jahr 1951 war der 61-jährige Walter Grotrian seiner neuen Leidenschaft gefolgt, mit aufwendigen Messungen den Sonnenzyklus zu erforschen. Dazu sollte der von allen dunklen Flecken auf der Sonnenoberfläche gemeinsam gebildete Magnetfluss über Tage, Monate und Jahre gemessen werden, um festzustellen, wohin sich das Magnetfeld im regelmäßig aller 11 Jahre auftretenden fleckenlosen Minimum begibt.[231] Noch blieb die dissipative Kraft der turbulenten Konvektion unberücksichtigt, obwohl sie dem Zerfall isolierter Sonnenflecken leicht abzulesen gewesen wäre. Grotrians Daten stammten aus Kalifornien und vom Potsdamer Einsteinturm, der nach dem nahen Einschlag einer verirrten Fliegerbombe schnell wieder arbeitsfähig gemacht worden war. Die auswärtigen Messergebnisse hat er zu Freunden in Westberlin schicken lassen, wo, unbehelligt von Kontrollen, sein Fahrer sie abholen konnte. Als ordentlicher Professor mit Lehrstuhl an der immer noch strahlenden Humboldt-Universität war Grotrian sehr bekannt, auch privilegiert, Ordentliches Akademiemitglied und einer der allerersten Nationalpreisträger, damals noch mit dem Anspruch, die Würde „eines gesamtdeutschen Preises“ zu tragen.

Schon 1921 ist der junge Grotrian auf einer Berliner Photographie unmittelbar neben Einstein zu sehen, aufgenommen in Dahlem anlässlich der Verabschiedung von James Franck als Ordinarius nach Göttingen. Dort hatte er sich unter dessen Anleitung als Experimentalphysiker habilitiert. Ende 1922 nahm er das Angebot an, in Potsdam als Assistent am eben errichteten Einstein-Institut für Sonnenforschung zu arbeiten. Das Institut bestand nur aus dem eigentlichen Turmteleskop und, seit 1933, einem hölzernen Leichtbau für die Arbeitsräume. Kurz vor Kriegsausbruch hatte Grotrian dort Astronomiegeschichte geschrieben, als er fand, dass die geheimnisvolle rote Koronalinie eine eigentlich verbotene Ausstrahlung des

[231] Grotrian & Künzel (1950).

hochionisierten Eisenatoms war, das die Hälfte seiner Elektronen verloren hat und die bisher unbekannt geblieben war, weil sie im Laboratorium nicht auftritt.[232] Zu ihrer Anregung bedarf es extremer Temperaturen von Millionen Grad, Grotrian hatte diese eigentlich unübersehbare Konsequenz seiner Entdeckung damals nicht aufgeschrieben, hatte gezögert, theoretische Erörterungen vermieden, sich schließlich nicht getraut, einen Zahlenwert anzugeben. Nur zwei Jahre später verkündete Hannes Alfvén aus Schweden schon auf der zweiten Seite einer seiner ersten Publikationen das Undenkbare, dass die Atmosphäre der Sonne „absurd" heiß wäre, viel heißer als ihre eigentliche Oberfläche, was den einfachsten Gesetzen der Physik widerspräche, weil die Wärme ja immer zur niedrigeren Temperatur fließt, niemals umgekehrt. Er hielt dagegen, dass die von ihm kürzlich entdeckten magnetischen Wellen imstande sein sollten, die solare äußere Atmosphäre so enorm aufzuheizen.[233]

Bild 39. Astrophysikalisches Observatorium (vor 1949); v.l.: Direktorwohnhaus (ehemals Wohnhaus von u.a. Vogel, Schwarzschild, Kienle, Grotrian, Jäger), Hauptgebäude, Großer Refraktor, Bibliotheksgebäude (ehemals Beamtenwohnhaus), Einsteinturm. Im Vordergrund Kuppel des Himmelskartenrefraktors. Archiv H. Sperlich, geb. Starke.

Grotrians aktuelle Magnetfeldrechnungen waren sehr datenintensiv, wegen der Sonnenrotation bewegen sich die Flecken von Tag zu Tag, auch zerfallen sie rasch, die beobachteten Flächen und Felder ändern sich ständig. Eine einzige mechani-

---

[232] Grotrian (1939).

[233] Alfvén (1941). Siehe jedoch A. J. B. Russell, „Commentary: Discovery of the Sun's million-degree hot corona", Front. Astron. Space Sci. 5, 9 (2018).

sche Rechenmaschine „Triumphator“ neuerer Produktion aus Leipzig half beim Addieren und Multiplizieren. Seit letztem Herbst waren die jungen Assistentinnen Helga Starke und ihre Freundin Ilse Schischkoff als Hilfsrechnerinnen angestellt worden. Helga wollte Astronomie studieren und hatte ihren verwitweten Vater überredet, nach dem Abitur in Naumburg zu Verwandten nach Werder bei Potsdam zu ziehen. Mit dem Observatorium hätte sie es nicht besser treffen können: überall Bücher, in jedem Arbeitszimmer unterhaltungsfreudige Kollegen, sogar die Erfüllung ihres größten Wunsches, später mit dem zu dieser Zeit noch stark lädierten Großen Refraktor Sterne zu beobachten, war in greifbare Nähe gerückt.

Es war ein Traum mit Familienanschluss. Ins imposante Direktorhaus, gleich neben dem Hauptgebäude des Observatoriums mit seinen Säulengängen und Bogenfenstern, in dessen neuem 1. Stock ihr Arbeitsplatz nach Westen heraus lag, lud „Tante Mädi“, Frau Grotrian, regelmäßig zum Mittagessen. Abends wurde musiziert oder Karten gespielt und wenn es spät geworden war, blieben manche über Nacht in einem der vielen Zimmer. Die Lebensmittel waren oft aus Westberlin, der Kraftfahrer wusste, wo man in Wannsee am günstigsten einkaufen konnte.

Bild 40. Walter Grotrian, der „Pappi vom Berge“ (1890–1954). Archiv Förderverein Großer Refraktor.

Morgens 6.30 Uhr, am Mittwoch, den 29. August 1951, wurde an der Haustür Chausseestraße 169 in Glindow an der Grenze zur Inselstadt Werder stürmisch geklingelt. Zwei Männer in Ledermänteln warteten in gespannter Aufmerksamkeit, ein dunkler Wagen mit laufendem Motor hielt vorm Haus. Alfred Starke, Rechtssachbearbeiter[234] beim VVB Kraftverkehr Land Brandenburg, der mit seinen Töchtern ein notdürftig ausgebautes Dachgeschoß bewohnte, öffnete die Haustür, sofort waren die Männer im Flur. „Kriminalpolizei. Ihre Tochter Helga muss mit nach Potsdam zum Gericht zur Klärung eines Sachverhaltes!“ Die junge Frau war noch ruhig, es könnte mit den Verhaftungen vor zwei Monaten in Werder zu tun haben, dachte sie, man hatte davon gehört, auch von Flugblättern, sie kannte sogar einige der jungen Leute von Tanzvergnügen und nächtlichen Festen – oder vielleicht ist im Observatorium etwas abhandengekommen. Sie zog eine leichte Windjacke über das Sommerkleid, falls es wieder spät wird am Abend.

Unterwegs fiel ihr ein, dass sie ihre Cousine besucht hatte, die sich von Werder nach Westberlin abgesetzt hatte. Ihr Begleiter hatte noch schnell in Steglitz den ehemaligen Leiter der Laienspielgruppe treffen wollen. In dessen Wohnung ist über die aktuellen Verhaftungen in Werder gesprochen worden und schließlich hatte sie eine antikommunistische Satirezeitschrift zum Weitergeben in Potsdam erhalten. Man hatte ihr später, im Laufe der Monate, noch eine Handvoll verschlossener Briefumschläge – die sie nie geöffnet hatte – zum Einwerfen in Potsdamer Postkästen zugespielt, angeblich um Porto zu sparen. Das alles würde sich aufklären, so etwas gehörte zum Alltag in der 4-Sektoren-Stadt, da wurden noch ganz andere Sachen außer Lebensmitteln und Zeitschriften über die fast offene Grenze geschmuggelt – das konnte es nicht sein, glaubte sie. Am Potsdamer Luisenplatz bog der Wagen nicht zum Amtsgericht ab, sondern zum Wilhelmplatz und zu den Resten des zerbombten Stadtschlosses. Das Auto fuhr in die Kaserne in der Bauhofstraße, das bewachte Tor schloss sich hinter dem Wagen und die 19-Jährige war in den Händen des Ministeriums für Staatssicherheit (MfS). Einzelhaft in winziger Dunkelzelle, im Sommerkleid und einer dünnen Jacke. Nach wenigen Tagen erhielt sie Gürtel und Schnürsenkel zurück, glaubte entlassen zu werden, aber der Transport stoppte schon nach wenigen Minuten in der nahegelegenen Lindenstraße 55, dem Gefängnis der sowjetischen Geheimpolizei. Die Potsdamer Generalstaatsanwaltschaft hatte zuvor den russischen Militärbehörden von den Verhaftungen berichtet und die vorgesehenen Freiheitsstrafen von einigen Jahren aufgelistet, wonach die russische Militär-Gerichtsbarkeit die Mehrzahl der Jugendlichen zur Aburteilung für sich beanspruchte, auch Helga Starke.

Am selben Tag veröffentlichte die Fachzeitschrift Physical Review einen Beitrag von Wissenschaftlern des U.S. Naval Research Laboratory, dem Technologielabor von Navy und Marine Corps in Washington D.C. Der Leiter der Elektronen-Optik-Abteilung, Herbert Friedman, hatte vor Jahren schon Geigerzähler für hartes UV-Licht und Röntgenstrahlung entwickelt, mit denen die aus der Radio-

[234] Herr Starke verlor diese Stellung nach kurzer Zeit und wurde in der Gemeindeverwaltung Glindow weiterbeschäftigt (Auskunft Helga Sperlich geb. Starke).

technik bekannte, militärisch hochrelevante Heaviside-Schicht ionisierter Sauerstoffmoleküle in 100 km Höhe vermessen werden sollte. Weil diese Schicht deutliche Tag-Nacht-Veränderungen zeigte, konnte man vermuten, dass das zu ihrer Ionisation nötige Röntgenlicht von der Sonne stammt. Friedman hatte gehört, dass mehr als hundert deutsche A4-Raketen aus Thüringen in die Gipswüste von New Mexico verlegt worden waren, einschließlich der versteckten und wieder aufgespürten Dokumentationen und einschließlich der nötigen deutschen Spezialisten. Wieder produzierten Wernher von Braun und seine Raketenmänner geheimes militärisches Gerät. Im Februar 1949 wurde mit einer zweistufigen Version der A4 ein neuer Höhenrekord von 400 km aufgestellt, insgesamt sind im Laufe der Jahre mehr als 70 deutsche Aggregate verschossen worden.

Im September 1949 hatten die Peenemünder eine dieser Raketen gestartet, in deren leerem Gefechtskopf Friedmans Photonen-Zähler eingebaut worden waren.[235] Bis zum Brennschluss zeigte die schwere Rakete einen stabilen Flug, danach rotierte sie langsam um die eigene Achse und erreichte nach wenigen Minuten ihre Gipfelhöhe von 150 km, wo das Instrumententeil abgesprengt wurde. Bei 70 km hatten die Zähler ultraviolettes und bei 87 km Röntgenlicht registriert.[236] Aber die Sonnenoberfläche ist viel zu kalt, um so energiereiche Strahlung produzieren zu können, also bleibt nur, dass ihre ausgedehnte Atmosphäre, die Korona, Millionen von Grad heiß sein müsste, so wie es Grotrians Studie 12 Jahre zuvor nahegelegt hatten. Der eigentliche Mechanismus dieser Aufheizung ist bis heute rätselhaft. Die Sonne als Röntgenstern, ein neues spektakuläres Kapitel im Buch der Wissenschaft war mit einiger Potsdamer Beteiligung aufgeschlagen worden. „Tell them a good story and you will get all support", wird Friedman später frohlocken, als wollte er damit das zukünftige Wissenschaftssystem ankündigen.

Das verschwundene Fräulein Starke

Professor Grotrian wird die Neuigkeit schnell erfahren haben, denn er war in den Kriegsjahren auch Geschäftsführer der Deutschen Physikalischen Gesellschaft unter Carl Ramsauer, der 1945 an die Technische Hochschule in Westberlin berufen worden war. Jetzt, eben von der Tagung der Astronomischen Gesellschaft in Recklinghausen zurückgekommen, gab es im Observatorium nur noch das Röntgen-Thema, lange Telefongespräche mit Kollegen in Berlin, Heidelberg und Sonneberg, in allen Zimmern ist das Ereignis besprochen worden, wie nach einer unerwarteten Nobelpreisnachricht. Aber Grotrian war damals nicht bereit gewesen, die

---

[235] Nach Kuiper (1946) hatte Kiepenheuer 1944 ähnliche Pläne verfolgt, aber keine Rakete zugeteilt bekommen.

[236] Friedman et al. (1951).

aus seiner Interpretation der Korona-Beobachtungen fast direkt folgende hohe Temperatur der Sonnenumgebung explizit aufzuschreiben.

Anfang August 1951, anlässlich der Weltfestspiele der Jugend und Studenten, war sein früherer Chef Finley-Freundlich von Schottland nach Ostberlin gereist, um mit Hilfe der Staatsführung durchzusetzen, dass Grotrian Einsteins Vorhersage der gravitativen Lichtablenkung bei der Sonnenfinsternis in drei Jahren in Schweden oder Norwegen nochmals überprüfen möge. Es wäre von allergrößter Bedeutung, schreibt Freundlich, „dass das Experiment ... wiederholt wird, und zwar am besten mit dem Special Fernrohr (Horizontal-Kamera), das zu diesem Zwecke speciell entwickelt worden war und das seit dem letzten Versuch in 1929 sich in Gewahrsam des Astrophysikalischen Observatoriums in Potsdam befindet." Akademiedirektor Naas hatte Einstein in dieser Frage angeschrieben und die kühle Antwort erhalten, „dass die bisherigen Bestimmungen der Lichtablenkung jenen Grad von Genauigkeit erlangt haben, die mit den gegenwärtigen Hilfsmitteln erzielbar ist. ... Ich zweifle aber, ob der durch eine neue Bestimmung erreichbare Fortschritt die bedeutenden Kosten einer solchen Untersuchung rechtfertigt."[237]

Auch Grotrian, der die magnetische Sonne erforschen will und nicht den Raum um sie herum, hatte abgelehnt, er fühle sich keineswegs befähigt, „das Problem der Lichtablenkung zu bearbeiten".[238] Er lässt lieber in seiner Werkstatt einen Koronographen bauen und aufstellen, mit dem die magnetischen Eruptionen am Sonnenrand gesehen werden können. Gerade zu dieser Zeit wurde die Sonne für die Forschung immer magnetischer, und Grotrian wollte diese Entwicklung mitbestimmen.

Eine Spätsommerparty auf der Terrasse des Direktorhauses, fast alle waren gekommen, Wissenschaftler, Assistenten und die Feinmechaniker, eines jener Grillfeste für alle, die es in der langen Geschichte des Telegraphenbergs nur bei Grotrians gegeben hat. Die im Krieg zu Gemüsegärten umfunktionierten Vorgärten der Wohnhäuser waren geplündert worden, für die Erdbeer-Bowle wurden die Einweckgläser des Vorjahres geöffnet. Stimmengewirr, Lachen, Rauchschwaden über den Köpfen, aber plötzlich fragte der „Pappi" in seinem vielfach geflickten graugrünen Knickebockerzeug und mit seinen schwarzen Zigaretten: „Wo ist eigentlich Fräulein Starke?" Niemand wusste es, einer flüsterte: Vielleicht Werder? „Was ist in Werder?" „Da werden Jugendliche abgeholt, wegen der Flugblätter." „Flugblätter, welche Flugblätter, Fräulein Starke? Die will Astronomie studieren, das kann doch nicht sein."

---

[237] Hoffmann (2015).

[238] Innerhalb der (erfolglosen) Finsternisexpedition 1954 hatten sich W. Mattig und E. Strohbusch des Themas angenommen. Grotrian hatte rechtzeitig „die Wiederherstellung und Verbesserung der Doppelhorizontalkamera für Finsternisbeobachtungen" bei Carl Zeiss Jena in Auftrag gegeben. Der Akademie meldete er am 13. 11. 1952 als Zweck der Expedition: „Prüfung der Gravitationsablenkung des Lichts."

Bild 41. Astrophysikalisches Observatorium 1951, Verabschiedung von H. Kienle (Mitte vorn) nach Heidelberg (ab 1. 10. 1950); v.l.: Czeschka, Borchert, Herzog, Brunnckow, Böcklein, Wempe, Starke, H. Strohbusch, Kienle, Grotrian, Daene, Künzel, Schneller, E. Strohbusch (unvollständig). Kienle hatte in den Nachkriegsjahren in Potsdam eine enorme Wiederaufbauarbeit geleistet – von der Instandsetzung des Großen Refraktors, der Kuppel des Einsteinturmes bis zur Entwicklung des 2-m-Universalteleskops, nach Verlust der Boschbaracke sowie von Instrumenten und Büchern –, dabei aber kaum noch publiziert. Archiv H. Sperlich, geb. Starke.

Am nächsten Tag ließ sich Grotrian nach Werder chauffieren. Wie immer wollte er nicht durch die gänzlich zerstörte Potsdamer Mitte fahren, sondern nahm die Nebenstrecke über Caputh nahe Einsteins Sommerhaus, das er nie von innen gesehen hatte. Weiter um den sommerlichen Schwielowsee, zwischen Schloss Petzow und Schinkelkirche nach Baumgartenbrück. In den Uferwäldern waren die Kindersoldaten des General Wenck gestorben, zwischen den Bäumen lagen noch leere Stahlhelme. Sie erreichten die Eichenallee vor Werder entlang der Reichsstraße Nr. 1, links die Ortschaft Glindow, die große Villa in der Chausseestraße war nicht zu übersehen. Herr Starke kam die Treppe herunter, öffnete, er wusste nichts, das war gleich zu sehen. Die Kriminalpolizei hätte Helga wegen einer Zeugenaussage mitgenommen, aber die Leute würden sagen, sie sei „abgeholt“ worden wie schon dutzende Jugendliche in der Gegend. Er hätte überall in Potsdam gesucht und nachgefragt, bei Gericht und in den Krankenhäusern, auch auf dem städtischen Friedhof am Observatorium und nirgendwo Auskunft erhalten. Sie wäre morgens in ihrer Sommerkleidung gegangen, die Verzweiflung des Vaters war nicht zu ertragen. Grotrian versprach, die Tochter zu finden, die Sache aufzuklären, sich für sie einzusetzen, mit der Unterstützung von Professoren, Direktoren, Akademiemitgliedern und Nationalpreisträgern, es könne nicht sein, dass in dem Land, in dem er jetzt lebe, jemand einfach verschwinde, ohne eine Spur zu hinterlassen.

Zurück in seinem Büro diktierte Grotrian einen Brief an die Deutsche Akademie der Wissenschaften zu Berlin, mathematisch-naturwissenschaftliche Abteilung: „*... erhielt ich die Nachricht, dass die am Astrophysikalischen Observatorium angestellte Rechnerin Helga Starke seit Mittwoch, 29. 8. 51 nicht mehr zum Dienst erschienen ist ... Fräulein Starke hat während ihrer bisherigen Tätigkeit am Observatorium eine gesellschaftliche Haltung gezeigt, die nur positiv beurteilt werden kann. Sie hat regelmäßig an dem Schulungsunterricht teilgenommen, hat in der FDJ eine lebhafte Tätigkeit entfaltet und bei den Weltjugendfestspielen eine Gruppe von 50 Teilnehmern geleitet. Frl. Starke ist auch Mitglied der Gesellschaft für Deutsch-Sowjetische Freundschaft. Falls die Möglichkeit besteht, bei den zuständigen Stellen im Sinne einer baldigen Klärung des Falles und evtl. Freilassung von Frl. Starke vorstellig zu werden, würde ich dies im Interesse des Fortgangs der Arbeiten im Observatorium lebhaft begrüßen, gez. Prof. Dr. W. Grotrian*". Erst nach Wochen antwortete ein Personalleiter, „*dass wir in dieser Angelegenheit nichts unternehmen können. Über eine eventuelle Weiterbeschäftigung kann erst dann gesprochen werden, wenn eine Klärung des Falles erreicht ist. Es ist selbstverständlich, dass die Gehaltszahlungen ab sofort einzustellen sind.*"[239]

Tribunal

Kurz nach Neujahr hatte Grotrian Herrn Starke beim Kraftverkehr angerufen, aber der wusste noch immer nichts über das Verschwinden seiner Tochter, seit Monaten keine Auskunft, auch nicht am Sitz der Sowjetischen Kontrollkommission in Karlshorst, bis wohin der Vater sich getraut hatte, was beinahe nicht gutgegangen wäre. Am 8. Januar schrieb Grotrian als Institutsdirektor in höchster Unruhe an seinen Präsidenten:

„*... habe ich der Akademie am 3.9.51 mitgeteilt, dass die Rechnerin Helga Starke am 28.8.51 verhaftet wurde. Die Akademie hat geantwortet, dass die Akademie in dieser Angelegenheit nichts unternehmen könne und dass die Gehaltszahlungen ab sofort einzustellen seien. Seit diesem Vorfall sind nunmehr 4 Monate vergangen. In dieser Zeit ist weder dem Observatorium irgendeine Mitteilung über den Verbleib von Helga Starke zugegangen, und auch der Vater derselben hat, wie er mir mitteilte, keine diesbezügliche Nachricht erhalten. Mit dieser Sachlage fühle ich mich verpflichtet, unter Bezugnahme auf die Artikel 134 und 136 der Verfassung der Deutschen Demokratischen Republik erneut auf diesen Fall*

[239] Kopien dieser Akten hatte Wempe aufbewahrt, sie befinden sich auf Veranlassung von Frau Helga Sperlich jetzt in der Sammlung der Gedenkstätte Lindenstraße 54–55, Potsdam.

hinzuweisen. Ich richte an die Deutsche Akademie der Wissenschaften die Bitte, Schritte zu unternehmen, u. den Fall zu klären, insbesondere festzustellen, ob ein richterlicher Verhaftungsbefehl vorliegt, welcher Verbrechen oder Vergehen Helga Starke beschuldigt wird und wann eine Gerichtsverhandlung stattfinden wird. Ich erlaube mir darauf hinzuweisen, dass dieser Fall unter der Belegschaft des Astrophysikalischen Observatorium starke Beunruhigung hervorgerufen hat.“

Fräulein Böcklein hatte viel zu tippen in diesen Tagen, im Verteiler des Briefes standen der Akademiedirektor, der Sekretär der mathematisch-naturwissenschaftlichen Klasse, der Referent dieser Klasse und auch die Personalabteilung, Grotrian wollte maximale Öffentlichkeit. Ende Januar schickte er dem Professorenkollegen Hans Heinrich Franck alle Abschriften in der Sache und dankte für gute Ratschläge. *„Ich begrüße es sehr, dass auch Sie sich bereiterklärt haben, sich für diese Angelegenheit zu interessieren, und ich bin Ihnen für die gegebenen Ratschläge dankbar. Im Interesse meines Institutes, der Akademie wie auch der in der letzten Fakultätssitzung besprochenen Möglichkeiten zur Gewinnung namhafter Kollegen aus dem Westen für unsere Humboldt-Universität würde ich es außerordentlich begrüßen, wenn die vorliegende Angelegenheit in korrekter Weise zur Behandlung und Erledigung kommen würde.“*

Franck, Sohn eines bekannten Berliner Malers, SED-Altgenosse, Volkskammerabgeordneter der ersten Stunde, Mitbegründer der Kammer der Technik, Akademiemitglied seit 1950 war der Lehrstuhlinhaber für Chemie an der Humboldt-Universität und Direktor eines Akademie-Instituts. Grotrian suchte Unterstützung, wo sie zu finden wäre, griff nach jedem Strohhalm. Helga Starke war zu dieser Zeit, mitten im Winter, schon auf dem Transport in eines der vielen Lager von Workuta nördlich des Polarkreises.

Am gleichen Tag, an dem Grotrian seinen Präsidentenbrief diktierte, hat das erste geheime Werder-Tribunal im vergitterten Backsteinbau Lindenstraße 55 stattgefunden. Im eichenholzverkleideten unteren Saal trennte ein mit grünem Tuch bedeckter Tisch die Ankläger von den vier weiblichen Angeklagten, diese ungewaschen in derben Uniformresten, bewacht von schwerbewaffneten Soldaten. Die Frauen, unter ihnen Helga Starke, hofften auf das Ende ihrer Leidenszeit, dass sich alles aufklären möge, es war ja nichts vorgefallen, was man ihnen hätte vorwerfen können. Es gab einen Dolmetscher und nur die russische „Troika“, ein Richter, zwei Beisitzer, kein Verteidiger. Die Anklage wurde vom Militärrichter selbst verlesen. Die Vorwürfe variierten leicht, bei Helga Starke waren es Spionage, Propaganda, Agitation und Verbreitung von Schriften, ein Anklagepunkt mehr als bei ihrer Nachbarin, der vier Jahre älteren Arzt-Helferin Ines Geske. Diese sollte zwei Briefe transportiert haben, Helga sechs. Das Gericht berücksichtigte solche Unterschiede durchaus: Helga erhielt 25 Jahre Arbeitslager im Gulag, Ines 15.[240] Zu milde, fand man im Oberkommando Griebnitzsee, bei den Männern

[240] Mindeststrafe (10 Jahre Arbeitslager) für offenkundig unschuldig Verhaftete.

muss das anders werden! Beim nächsten Verfahren, am 11. Januar, wurden den Angeklagten, drei Männer und eine Frau, Todesurteile verkündet, die in Moskau sämtlich vollstreckt wurden.[241] Die Urteile wären komplett illegal gewesen, wird von russischer Seite in den Rehabilitierungsschreiben nach 1990 unbewegt festgestellt werden, weil die Angeklagten der UdSSR gar nicht geschadet und die Verfahren nicht auf sowjetischem Gebiet stattgefunden hätten.

Ansagen und Absagen

Im April 1952 meldete Dr. Naas dem „Direktor des Astrophysikalischen Observatoriums, Herrn Professor Grotrian", dass er ein Telefongespräch mit dem Minister für Staatssicherheit, Zaisser, geführt habe, der *„alle Anfragen zufriedenstellend beantwortet"* hätte: *„Der Minister lässt ... Herrn Prof. Grotrian mitteilen, dass die Rechnerin verhaftet wurde, um eine Untersuchung durchzuführen und dass nach dem Stand der Untersuchung Herr Prof. Grotrian für längere Zeit nicht auf die Mithilfet der Genannten rechnen könne."*[242]

Naas ergänzt, dass er dem Minister für dessen persönliche Bemühung seinen Dank ausgesprochen habe, die erteilte Auskunft würde ihm vollständig genügen. Es gäbe nichts mehr zu fragen, hieß das für Grotrian, es gäbe überhaupt nichts mehr zu fragen, auch künftig nicht. Der Minister hatte ihm mitteilen lassen, dass Verhaftete in der DDR, die nicht wieder freigelassen werden, niemals unschuldig sein können. Vier Wochen nach dieser Ansage ist Helga Starke nach monatelangem Transport in einem der zahlreichen Arbeitslager jenseits des Polarkreises eingetroffen, jemand hatte ihr unterwegs, mitleidig, einen Mantel zugesteckt. Die Frauen von Workuta hatten frischgelegte Eisenbahngeleise zu unterschottern, die Brigadierin, eine junge deutschsprechende Russin, ist ihre einzige Bezugsperson geblieben.

Von München aus, von der Versammlung der Astronomischen Gesellschaft vom 22. bis 25. September 1952,[243] telegraphierte Grotrian am 23. früh um 1 Uhr unvermittelt an das Akademiepräsidium, Jägerstr 22/23: *„Darf ich Astronomische Gesellschaft zur Herbsttagung 1953 nach Berlin einladen?"* Noch am gleichen Tage ging die Antwort *„Mit Herbsttagung Astronomischer Gesellschaft 1953 in Berlin einverstanden. Tagungsort Akademie der Wissenschaften"* ein, im Sinne der Parole „Deutsche an einen Tisch"; noch hatte sich die AdW als gesamtdeutsche Forschungsgemeinschaft gesehen. Am nächsten Tag übermittelte Grotrian der Tagung die jetzt offizielle Einladung der „Deutschen Akademie Berlin", ihre

---

[241] Spiegel (2002).

[242] Siehe Anhang 6.

[243] Während dieser Versammlung wurden Kippenhahn (Bamberg) sowie Hoppe und Zimmermann (beide Jena) als Mitglieder aufgenommen.

Versammlung 1953 in Berlin abzuhalten. „Die Einladung wurde mit großer Zustimmung“[244] aufgenommen und Grotrian in den Vorstand der AG wiedergewählt.

Worauf er und der Präsident sich da eingelassen hatten, wird er bei den vorbereitenden Gesprächen mit dem AG-Vorsitzenden Otto Heckmann am 6./7. März in Hamburg bemerkt haben. Hintersinnig verlangte Heckmann, dass „die Modalitäten ... so geregelt werden, daß die Mitglieder der Gesellschaft den Entschluß zur Teilnahme in genügend großer Zahl fassen.“ Am 16. März informierte Grotrian das Präsidium über die Konsequenzen dieser „Voraussetzung für das Zustandekommen der Tagung“. Erstens dürften die Einreiseprozeduren nicht zu unbequem sein, was besondere Anweisungen an die Grenzbehörden erfordere, und zweitens dürften die Kosten nicht die bei Treffen in westlichen Städten üblicherweise anfallenden Kosten für die Teilnehmer übersteigen, da sonst zu wenige Mitglieder kommen würden. Diese Bedingung war ohne staatliche Zuzahlungen kaum zu erfüllen, schon weil der vorgesehene Ausflug „in die DDR“ nach Potsdam zusätzliche, nicht leicht vorherzusagende Aufwendungen erforderte. Auch wegen der Umtauschmodalitäten der beiden Währungen entstand eine komplizierte Rechnung für den Zuschussbedarf von etwa 8000 Mark (Ost) einschließlich Taschengeld, die von der Akademie zu tragen wären. Grotrian drohte seiner Leitung, *„daß der Vorstand der A.G. seine Mitglieder nur dann zur Abhaltung der Tagung in Berlin auffordern wird*“, wenn diese Bedingungen erfüllt würden. Das Präsidium erklärte sich schließlich bereit, alle Kosten zu übernehmen und auch die nötigen Aufenthaltsgenehmigungen rechtzeitig mit der Post zu versenden. Beste Aussichten für ein erfolgreiches Zusammentreffen aller deutschsprachigen Astronomen in Potsdam, wenn auch, gemäß der Planung, nur an einem Nachmittag mit Rundfahrt Stadtbahnhof – Sternwarte Babelsberg – Schloss Sanssouci – Astrophysikalisches Observatorium – Stadtbahnhof.

Grotrian hatte in Potsdam dutzende Fragen zu klären: Zeitplanung, Abendvortrag, Diaprojektor, Mikrofone, welche Gaststätten akzeptieren die ausgegebenen Essensgutscheine, welche Hotels gibt es für die unterschiedlichen Preisklassen, wo werden die VIPs wohnen, wie sieht das obligatorische Damenprogramm aus, was wird in der Sternwarte Babelsberg und im Observatorium gezeigt, wie ist über die beträchtlichen Reparationsverluste an Instrumenten und Büchern beider Institute zu berichten?

Am 1. Mai 1953 startete neben den laufenden Vorbereitungen auf die Sonnenfinsternis-Expedition auch noch die Sonnenüberwachung mit dem etwas abgeblendeten Leitrohr des neuen Koronographen.[245] Gleichzeitig liefen die organisatorischen Vorbereitungen auf die Herbsttagung auf Hochtouren. Anfang Juni lag das von den Orchestermusikern der Komischen Oper gestaltete Konzertprogramm für die Tagung gedruckt vor, aber plötzlich ergriffen politische Turbulenzen

---

[244] Mitteilungen der Astronomischen Gesellschaft 4, 5 (1952).

[245] Die Montierung wurde erst im folgenden Jahr abgeschlossen.

Ostberlin und die ganze DDR. Nach Stalins Tod im März hatten dessen Nachfolger die Sowjetische Kontrollkommission aufgelöst und Walter Ulbricht nach Moskau bestellt, um sowohl dessen separatistischen Deutschlandkurs, seinen absurden Kirchenkampf[246] als auch das System ökonomischer Zumutungen zurückfahren zu lassen. Die Bevölkerung erfuhr vom „Neuen Kurs" und der zugehörigen Selbstkritik der Parteiführung – ohne dass es Rücktritte gegeben hätte – am Morgen des 12. Juni aus den Zeitungen, tatsächlich sind einige Maßnahmen zurückgenommen worden, nicht aber die verhassten Normerhöhungen für die Bauarbeiter. Dafür erhielt Wempe Ende Juni eine Anfrage der staatlichen Handelsorganisation (HO), ob er nicht einen neuen Kühlschrank oder ein ähnlich hochwertiges Industrieprodukt bräuchte.[247]

Es hatte bis zum 17. Juni beinahe täglich Unruhen und Streiks gegeben, zunächst auf dem Lande oder in kleineren Städten, auch in der Nähe Potsdams. In Brandenburg/Havel wurde am 12. Juni abends das Untersuchungsgefängnis von 2500 Personen belagert, um die Freilassung eines inhaftierten Mittelstandsunternehmers zu erwirken. Am 17. waren es schon mehr als 10.000 Menschen, die mit Rücktrittsforderungen gegen die Regierung im Brandenburger Stadtzentrum protestierten. Die Gebäude der SED-Kreisleitung, der FDJ-Leitung und des Amtsgerichtes wurden belagert, das Zuchthaus mit dem Polizei-Kreisamt teilweise besetzt. Es fielen Schüsse, bis der Aufmarsch und das Ausrufen des militärischen Ausnahmezustandes der Roten Armee den Aufstand beendeten.[248] In Ostberlin und in den großen Städten wie Halle, Leipzig und Dresden wurden schließlich Panzer zur Absperrung von Straßen und Plätzen eingesetzt. Todesopfer unter den Demonstranten hatte es durch Gewehrfeuer von Polizisten, Staatssicherheitsleuten und Soldaten gegeben. Die politischen Forderungen der Demonstranten zielten auf freie Wahlen, Freilassung der politischen Gefangenen und Wiedervereinigung. Die internationale Presse hatte die Bilder der Panzer in Ostberlin in alle Welt getragen, vor den Augen der Berichterstatter glich Ostberlin einem Heerlager.[249] Am 17. Juni um 14.00 Uhr funkte der sowjetische Hohe Kommissar von Berlin nach Moskau: *„Die Demonstranten zerstreuten sich mit dem Erscheinen sowjetischer Panzer.*" Wie fast alle Brandenburger werden auch die Astronomen auf dem Telegraphenberg in diesen Stunden vom Rundfunk im amerikanischen Sektor (RIAS) die Berichte zur Lage erhalten haben.

Am Freitag, 26. Juni 1953, telefonierte Grotrian nachmittags mit dem Präsidenten, er hätte unerwartet *„vom Vorsitzenden der Astronomischen Gesellschaft*

---

[246] Die Junge Gemeinde war zur illegalen Organisation erklärt worden, zeitweise wurden ihre Mitglieder von den Oberschulen entfernt.

[247] Siehe Anhang 7. Auf einer im Wempe-Nachlass vorhanden gewesenen Vergabeliste von Eigenheimen für die Kunst- und Wissenschaftselite der damaligen DDR hat sich kein Name eines Astronomen gefunden (vielleicht wegen der großzügigen Direktorenwohnhäuser in Potsdam und Babelsberg).

[248] Ciesla (2003).

[249] Etwa 20.000 sowjetische Soldaten, 800 Panzer und 15.000 Kasernierte Volkspolizei allein in Ostberlin (Ciesla, 2003).

aus Hamburg ein Telegramm erhalten, wonach die Tagung der Astronomischen Gesellschaft im Demokratischen Sektor Berlin auf ein anderes Jahr verschoben werden soll.“ Für ihn hätte sich die Sache damit erledigt, wird er in der Aktennotiz abschließend zitiert. Die „Sache“ hat dann ersatzweise Anfang Oktober in Bremen stattgefunden. Es wurden trotzdem Valuta-Reisemittel für neun Astronomen von der Akademieleitung genehmigt. Der Jahresbericht des Astrophysikalischen Observatoriums Potsdam für 1953 konstatiert, dass an der „Jahresversammlung der Astronomischen Gesellschaft, die ursprünglich in Berlin und Potsdam stattfinden sollte und deren Vorbereitung hier beträchtlichen Arbeitsaufwand erfordert hatte, in Bremen 12 Mitglieder des Observatoriums mit Ausnahme des erkrankten Direktors teilnehmen“ konnten.

Bild 42. Grabstein Ehepaar Grotrian vom Hauptfriedhof Potsdam, seit 1992 am Gebäude des Großen Refraktors auf dem Telegraphenberg aufgestellt. Überführung auf Initiative von M.-L. Strohbusch. Photo: W. R. Dick (2008).

Nachdem Stalin im März gestorben war, in Ostdeutschland mit Millionen schwarzer Textilien vor den Fenstern betrauert, verbesserten sich die Verhältnisse in den Lagern, das Tauwetter kündigte sich an. Helga Starke war Anfang 1954 sogar ganz freigekommen und zurück nach Potsdam transportiert worden, entschied sich aber nach einem kurzen Besuch im Observatorium nach Süddeutschland zu gehen, was ihr freigestellt worden war. Walter Grotrian hatte sich schon während der AG-Tagung ernstlich erkrankt in das Potsdamer St. Josefs Krankenhaus begeben müssen;[250] er ist dort früh im Jahr 1954, noch vor der großen Sonnenfinsternis-Expedition seines Institutes,[251] gestorben. Der Trauerzug auf dem städtischen Friedhof am Telegraphenberg sei unübersehbar lang gewesen, schreibt Wempe in seinem Nachruf.[252] Grotrians Meisterschüler Mattig und Schröter publizierten posthum die am Einsteinturm zuletzt erzielten Magnetfeldresultate unter seinem Namen[253] und verließen Anfang August 1961 gerade noch rechtzeitig Potsdam und die DDR.

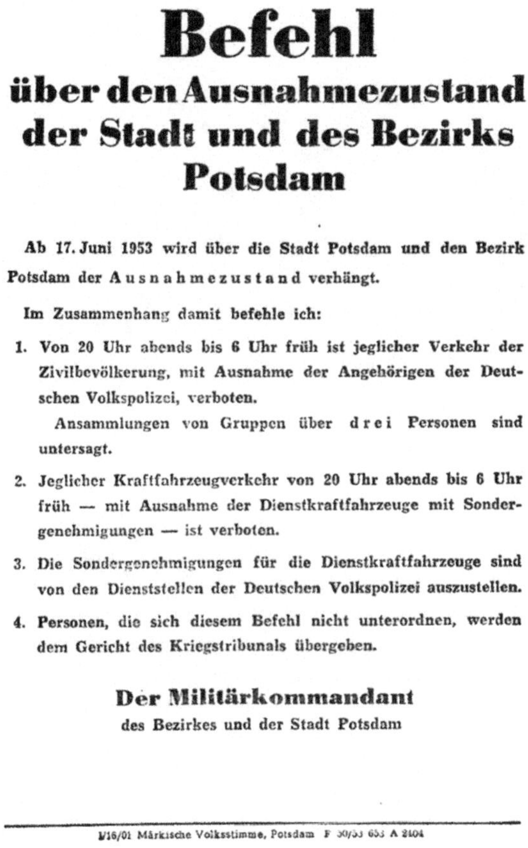

Befehl

über den Ausnahmezustand der Stadt und des Bezirks Potsdam

Ab 17. Juni 1953 wird über die Stadt Potsdam und den Bezirk Potsdam der Ausnahmezustand verhängt.

Im Zusammenhang damit befehle ich:

1. Von 20 Uhr abends bis 6 Uhr früh ist jeglicher Verkehr der Zivilbevölkerung, mit Ausnahme der Angehörigen der Deutschen Volkspolizei, verboten.
Ansammlungen von Gruppen über drei Personen sind untersagt.

2. Jeglicher Kraftfahrzeugverkehr von 20 Uhr abends bis 6 Uhr früh — mit Ausnahme der Dienstkraftfahrzeuge mit Sondergenehmigungen — ist verboten.

3. Die Sondergenehmigungen für die Dienstkraftfahrzeuge sind von den Dienststellen der Deutschen Volkspolizei auszustellen.

4. Personen, die sich diesem Befehl nicht unterordnen, werden dem Gericht des Kriegstribunals übergeben.

Der Militärkommandant
des Bezirkes und der Stadt Potsdam

V16/01 Märkische Volksstimme, Potsdam F 30/53 653 A 2104

Bild 43. Ausnahmezustand am 17. Juni 1953, Befehl des Militärkommandanten für Potsdam. Im Bezirk Potsdam wurden 575 Personen verhaftet; der Ausnahmezustand dauerte bis 29. Juni, in Ostberlin bis zum 11. Juli. Quelle: Internet.

[250] Kienle (1956).
[251] Die Expedition nach Öland (Schweden), an der auch Finlay-Freundlich teilgenommen hat, ist wegen schlechten Wetters am 30. Juni 1954 ergebnislos geblieben. Nach Rückbau der 20 t schweren Ausrüstung kehrten die 10 AOP-Mitarbeiter erst Ende Juli nach Potsdam zurück. Das Ereignis konnte dagegen in Mitteleuropa als tiefe partielle Finsternis (88%) bei klarem Himmel gut beobachtet werden.
[252] Wempe (1955).
[253] Grotrian (1956).

Bild 44. Sonnenfinsternisexpedition Öland (Schweden) 1954, v.l. Schürer, Freundlich, Mattig, Wempe. Archiv M. Stix.

Windstille

Akademiepräsident Walter Friedrich, parteiloser Strahlenphysiker und Sommerfeld-Schüler, hatte hohe Ansprüche an die wissenschaftliche Exzellenz der Leiter seiner Forschungsinstitute und suchte Hausberufungen zu vermeiden. Als Nachfolger Grotrians konnte er sich nur einen Astronomen von internationaler Reputation vorstellen.[254] Er leitete eine Findungskommission wechselnder Zusammensetzung und mit einer wahrscheinlich von Kienle stammenden, gutbestückten Kandidatenliste.[255] Sie enthielt Namen aus der Bundesrepublik, Westeuropa und in einem Falle aus den USA. Kopien des Präsidenten-Briefes an Professor Brück (Dublin) vom Mai 1954 ebenso wie die Antwortbriefe von Brück,[256] Chalonge, Minnaert, Schwarzschild, Swings und Wildt sind erhalten. Im Anhang 8 findet

[254] Nach Grotrians Tod führte ein kurzlebiges Wissenschaftliches Kuratorium die Geschäfte: Hoffmeister, Kienle, Rompe, Wempe (Vorsitz).

[255] Brück, ten Bruggencate, Chalonge, Haffner, Minnaert, Schwarzschild, Siedentopf, Swings, Wellmann, Wildt. Die vier westdeutschen Namen (ten Bruggencate, Haffner, Siedentopf, Wellmann) fehlten in der endgültigen Liste, die Ost-Parole „Deutsche an einen Tisch" hatte eben zu dieser Zeit ausgedient.

[256] Hermann Brück (1905–2000), Daniel Chalonge (1895–1977), Marcel Minnaert (1893–1970), Martin Schwarzschild (1912–1997), Pol Swings (1906–1983), Rupert Wildt (1905–1976).

man neben dem Anschreiben die Antworten von Brück, Minnaert und Schwarzschild sowie ein entsprechendes Schreiben v. Klübers vom Januar 1956 an Kienle, der offenbar nach Eingang der durchweg negativen Bescheide an diesen herangetreten war, um ihn höchstpersönlich zurück nach Potsdam zu schicken. Alle angeschriebenen Kandidaten hatten schließlich abgesagt, Martin Schwarzschild mit der berührenden Begründung, es wäre sehr ehrenvoll, das ehemalige Institut seines Vaters leiten zu dürfen, aber wer würde je Princeton verlassen wollen, der sich dort schon eingelebt hätte? Jedenfalls bestimmt nicht, so lassen sich die Ablehnungen durchgängig lesen, nachdem erst kürzlich sowjetische Kampfpanzer in Ostberlin gerollt sind, damit die DDR ihren vierten Geburtstag noch erleben konnte. Die Findungsphase endete ergebnislos, auch die Zeit des Präsidenten Friedrich war abgelaufen. „*Es ist nicht möglich, einen namhaften Forscher aus dem Bereich der westlichen Demokratie als Leiter eines Instituts der DAW zu Berlin zu gewinnen*“, hatte 1956 Kienle an Friedrich zur Lage der DDR-Astronomie geschrieben;[257] die geplante Ausschreibung wird abgesagt und Grotrians Abwesenheitsvertreter Johann Wempe am 14. Juni 1956 zum Direktor bestellt.

Nur einer der Kandidaten, Hermann Brück, hatte vor seiner Absage „die Situation an Ort und Stelle sehen“ wollen, die Stätte seiner ersten post-doc-Jahre als „Wissenschaftlicher Angestellter“ auf dem Telegraphenberg. Jetzt gab er einen Seminarvortrag und nahm an einer Besprechung zum 2-m-Teleskop – dessen künftiger Standort noch immer offen war – teil, zu der auch Kienle angereist war. Das Potsdam des Jahres 1955 lag in Trümmern, die traurige Ruine der Garnisonkirche – vor der im März 1933 tausende Potsdamer geübt hatten, ihren neuen Führer NS-gerecht zu begrüßen, erst einige, dann viele, schließlich ein Meer hochgereckter rechter Arme –, die guterhaltenen Stadtschlossreste; die Astronomen missmutig, sie wussten, wen sie vor sich hatten, worum es hier ging. Der Vorzugsstudent Sommerfelds war zum 1. August 1936, dem Eröffnungstag der Olympischen Spiele, mit seiner Freundin[258] aus Berlin geflohen. Er hatte seit 1929, von Sommerfeld empfohlen, bei Freundlich auf Drittmittelbasis gearbeitet und war 1933 unbefristet von Ludendorff angestellt worden. Eine produktive, fachlich unbeschwerte Zeit, schreibt er in seinem Lebensbericht,[259] man spielte Tennis im Gelände, übernachtete wochentags irgendwo im Gebäude des Großen Refraktors und verspeiste gemeinsam im Hörsaal das von einer Potsdamer Gaststätte in Stahlkübeln angelieferte Mittagessen. Der staatsnahe Direktor Ludendorff scharte seine Gefolgschaft gegen Freundlich um sich. Brück evangelisch, seine zukünftige Frau jüdisch, eine gemeinsame Zukunft in Deutschland ausgeschlossen. Ludendorff im Jahresbericht 1936 schmallippig: „Der wissenschaftliche Hilfsarbeiter Dr. Brück verließ seine hiesige Stellung am 1. August.“ Trotz verschärfter Grenzkontrollen

[257] Kienle hatte sich schon Ende 1946 brieflich beschwert, dass sich niemand in den Osten traut, um „beim Wiederaufbau der Astronomie in Potsdam“ zu helfen.
[258] Irma Waitzfelder (1905–1950).
[259] Brück (2000).

nach Österreich erreichten beide Flüchtlinge unbehelligt Rom, wo sie im September heirateten und der junge Ehemann im Observatorium des Vatikans einige Zeit, beinahe unbezahlt, arbeitete, ehe er im folgenden Jahr bei Eddington in Cambridge angestellt wurde. Er wird früh gewusst haben, dass er sich in Deutschland zwischen Familie und Beruf würde entscheiden müssen. Nicht ohne Hintergedanken wird Brück im Urlaub Herbst 1935 die Vatikan-Sternwarte im Castel Gandolfo für 4 Wochen besucht haben; wenn Astronomen eine Sternwarte verlassen müssen, werden sie immer andere, vertraute Observatorien zu erreichen versuchen. Im Spätsommer wollte Ludendorff ihn nach Potsdam „zwecks korrekter Kündigung" zurücklocken, aber so arglos, dass er darauf hereingefallen wäre, war Hermann Brück schon lange nicht mehr.

Bild 45. Astronomen in den Ravensbergen bei Potsdam auf Standortsuche für das 2-m-Spiegelteleskop; v.l.: unbekannt, Künzel, Strohbusch, Kahrstedt, Grotrian, Daene. Archiv Förderverein Großer Refraktor.

Wempe, der nie Mitglied einer der zahllosen politischen NS-Organisationen – außer ab 1936 bei der eher bedeutungslosen Volkswohlfahrt – gewesen ist, war im Herbst 1948 zum Professor mit vollem Lehrauftrag und beträchtlichem Honorar sowie Wohnungsgeld an der Brandenburgischen Landeshochschule ernannt worden. Von Heidelberg über Jena nach Potsdam kommend, hatte er, um das Institut in Grotrians Sinne weiterzuführen, die Konzepte seines Vorgängers von der magnetischen Sonne auf die magnetischen Sterne übertragen und die bisherigen

Assistenten Mattig und Schröter sogleich zu Oberassistenten befördert. In seinem Ablehnungsschreiben hatte v. Klüber noch beklagt, „*wie heute in Potsdam offenbar eine ganze Gruppe strebsamer junger Leute ohne rechte Leitung im Ungewissen herumwurstelt.*“ Allerdings ist dem neuen AOP-Direktor sein bei Zeiss Jena auf Antrag Kienles vom 11. April 1949[260] schon in Produktion befindliches 2-m-Spiegelteleskop überraschend entzogen und für ein neu zu gründendes Akademie-Institut nach Tautenburg/Thüringen verpflanzt worden.[261] Noch in der Kandidatenwerbung für die Nachfolge Grotrians hatte der Akademiepräsident am 31. Mai 1954 geschrieben, „daß für das Astrophysikalische Observatorium ein 2-m-Spiegelteleskop vorgesehen“ ist.[262] Jedoch der „vorgesehene Standort im Fläming wurde nicht genehmigt“, schreibt Wempe vielsagend – ohne Einzelheiten zu nennen – im Jahresbericht für 1956.[263] Zum 1. April 1957 holte Wempe den Polarisationsexperten F.W. Jäger, der in Göttingen bei Bruggencate promoviert hatte, mit Einzelvertrag als Leiter des Einsteinturms und Professor für Sonnenphysik mit vollem Lehrauftrag an der Humboldt-Universität nach Potsdam. Allerdings ist das Turmteleskop bald dem neugegründeten Zentralinstitut für Solar-Terrestrische Physik (ZISTP) zugeordnet worden, was Jäger vor unerwartete Herausforderungen stellte bis hin zu Fragen, „ob denn über die hauptsächlich für die Wissenschaft interessanten Effekte [der Sonnenaktivität] hinaus auch Wirkungen auf die allgemeinen Lebensbedingungen auf der Erde“ zu verzeichnen sind oder auch, wieviel Sonnenenergie unterschiedlich ausgerichtete Photovoltaikanlagen vom Himmel holen können.[264]

Zur Arbeitserleichterung für die Mitarbeiter hatte Wempe 1961 durch Verglasung der beiden Arkadengänge zusätzliche Aufenthaltsräume schaffen lassen. Skrupel über diesen kurzentschlossenen Eingriff in die preiswürdige Architektur des Observatoriums haben ihn nie ganz verlassen, heutige Denkmalschützer würden ihn wohl schelten, die originalen Architekten wahrscheinlich nicht.

---

[260] Kienle hatte in seinem Antrag alle Standortangaben vermieden, favorisierte aber die Gründung eines „Zentralinstituts für kosmische Physik“ innerhalb der AdW, bestehend aus den „Resten“ des AOP, den Sternwarten Babelsberg und Sonneberg sowie des Astronomischen Recheninstituts (Kienle, 1949).

[261] Kuratorium 2-m-Universalteleskop ab 14. 6. 1956: Görlich, Heckmann, Hoffmeister, Kienle (Vorsitz), Lambrecht, Wellmann, Wempe. Der Standort Tautenburg brachte es auf jährlich (nur) 680 Beobachtungsstunden. Der Große Ravensberg bei Potsdam war der nach Kienles Weggang vom AOP bevorzugte Standort (Wempe, 1976). Geschätzte Baukosten 2 Mio Mark, reale Baukosten 13 Mio Mark.

[262] Siehe Anhang 5.

[263] 1957 erhielt das Astrophysikalische Observatorium ein neues 70-cm-Spiegeltelekop samt Beobachtungshaus (A25, westlich vom Bibliotheksgebäude, 40 m^2 Grundfläche, abfahrbares Dach) für lichtelektrische Beobachtungen veränderlicher Sterne durch H. Schneller. Südlich des Refraktorgebäudes wurde eine Anlage für ein Spektroheliokop errichtet. Beiden Installationen war keine hohe Lebensdauer beschieden. Das Verschwinden des Schnellerschen Spiegelteleskopes nach 1985 ist ungeklärt, das Beobachtungshaus ist zwischen 1993 und 2015 verschwunden. Eine Kopie des Gebäudes war in Schemacha/Aserbaidshan als Einhausung des Zwillingsteleskopes errichtet worden.

[264] Jäger (1972, 1979).

Bild 46. Kuratorium Karl-Schwarzschild-Observatorium Tautenburg 1960; v.l.: Hoffmeister (Vorsitz ab 1961), Kienle (Vorsitz bis 1960, danach als Gast), Görlich, Lambrecht, N. Richter (Direktor ab 1961). Das gesamtdeutsche Kuratorium/Direktorium existierte bis 1967. Archiv Thüringer Landessternwarte Tautenburg.

5 Ein Lauter gegen lauter leise

Operativer Vorgang Generalsekretär

Am 18. September 1972 durchsuchte ein Spezialkommando in Kühlungsborn heimlich die Wohnung von Professor Ernst August Lauter. Ein Radio („*geeignet für Kurzwellenempfang*") und eine Kamera EXAKTA wurden photographiert, selbstverfasste Kreuzworträtsel, auf deren Existenz ein Informant aufmerksam gemacht hatte, wurden abgeschrieben. Ein Informant hatte auch verdächtige Zahlenkolonnen auf einem kleinkarierten A4-Blatt in Lauters Berliner Chefbüro bemerkt. Der Spionageverdacht einer Offiziersgruppe des MfS galt als erhärtet, ein Operativer Vorgang wegen Landesverrat und Vorteilsverschaffung wurde angelegt. Es hätte Hinweise gegeben, Lauter nutze „*das Potential der Akademie der Wissenschaften zu Themen, die vom westlichen Ausland empfohlen würden.*" USA und BRD trieben seinetwegen eine „*Zusammenarbeit mit der DDR im Bereich der Raumforschung*" voran, die nicht mit dem sowjetischen INTERKOSMOS-

Programm kompatibel sei und er würde in Richtung einer „*weltoffenen Arbeit*" orientieren. Anfang 1972 wurde der Staatsführung mitgeteilt, der Generalsekretär und 1. Stellvertreter des Präsidenten der Akademie der DDR, Lauter, verhindere „*die Konzentration der Mittel auf INTERKOSMOS*". Auch lehne er eine „*Abgrenzung von der BRD ab und beklage ein Hineinregieren in die Wissenschaft*" durch den Staat. Es sei eine negative Haltung zur Zusammenarbeit mit der Sowjetunion und deren INTERKOSMOS-Programm festzustellen, er bevorzuge „*internationale Projekte mit maßgeblicher Beteiligung der USA*."

Bild 47. Ernst August Lauter (1920–1984), Generalsekretär der Akademie der Wissenschaften der DDR (1968–1972). Archiv G. Entzian.

Schon Wochen später verlor Lauter seine Spitzenfunktion, arbeitete aber wieder, das hatte er sich weitsichtig in seinem Einzelvertrag zusichern lassen, als Direktor des Heinrich-Hertz-Instituts für solar-terrestrische Physik, das er schon von 1966 bis 1969 geleitet hatte. Mit zahlreichen „Eingemeindungen"[265] im Januar 1969 hatte er dort – einen internationalen Trend mitbestimmend – ein Zentralinstitut für Solar-Terrestrische Physik gebildet, um den Einfluss der variablen Sonne auf die

[265] Einsteinturm Potsdam, Satellitenbodenstation Neustrelitz, Sondenstation Juliusruh, Observatorium für Ionosphärenforschung Kühlungsborn, Observatorium für solare Radioastronomie Tremsdorf, Observatorium für Erdmagnetismus Niemegk.

Magnetosphäre der Erde, ihre Lufthülle und deren innere Strömungen, die gemessenen Temperaturen und das Weltklima zu untersuchen, letztlich eine späte Wiederaufnahme des „solar-tellurischen Observatoriums", das sich Wilhelm Förster einhundert Jahre früher als Konzept für die Sonnen-Warthe auf dem Telegraphenberg ausgedacht hatte.

Lauter hatte 1950 an der Universität Rostock promoviert,[266] im Folgejahr war er 31-jährig Direktor des eben in Kühlungsborn errichteten Observatoriums für Atmosphärenforschung geworden, bald auch Professor für Physik der Atmosphäre in Rostock. Als Generalsekretär hatte er die Kärrner-Arbeit bei der Durchsetzung der Akademiereform geleistet. Er war selbst nach Sonneberg gefahren, um den betagten, aber quicklebendigen Sternwarten-Direktor Cuno Hoffmeister abzusetzen. Dass er sich persönlich um die Nachfolgeregelung hätte kümmern müssen, wäre ihm gar nicht in den Sinn gekommen. Wahrscheinlich hatte Lauter damals geglaubt, die neuen, jüngeren Leiter wollten wie er ein ehrgeiziges und leistungsorientiertes Wissenschaftskombinat errichten, das die gesamte Gesellschaft zu modernisieren imstande gewesen wäre. Er wird sich nicht vorstellen gekonnt haben, wie verletzlich ein Wissenschaftssystem ist, das systematisch Leistung durch Haltung ersetzt, oder einfacher, aus welchen Gründen seine Genossen einst der Partei wirklich beigetreten waren. Seinem Kalenderspruch beim Doktorandenseminar („Ihr müsst ganz vorn mitmischen, auch wenn es noch an Perfektion mangelt") erwiesen sich die wenigsten gewachsen, Innovationsstreben als Markenzeichen hätte eine andere Wettbewerbssituation, ein anderes Menschenbild in der ostdeutschen Wissenschaftslandschaft erfordert. Im Juni 1971 hatte der IM[267] „Astronom" seinem Führungsoffizier Gerlach gegenüber dem Genossen Generalsekretär so gut wie jede Führungsqualität abgesprochen – gewiss nicht unter Androhung von Folter, eher scheint der fachlich unsichere „Astronom" Trost gesucht zu haben, ausgerechnet bei der Staatssicherheit. Lauter hätte bei einem „*Bericht über die Verteidigung der Ergebnisse der Institute der DAW beim Ministerrat*" vor dem Forschungsbereich nur seine eigenen Leistungen herausgestrichen und gefordert, „*daß man schwache Wissenschaftler nach und nach ausschließen sollte. ... Mit dieser harten Formulierung stieß er besonders die Theoretiker vor den Kopf, die aufgrund der Umstrukturierung kaum zur Ruhe kamen und deren Leistungen Lauter kurz zuvor einfach unterschlagen hatte.*"[268] Tatsächlich wusste Lauter mit den „schwachen Wissenschaftlern" der Akademie – ob mit oder ohne Parteiabzeichen – nicht viel anzufangen, und das wird „Astronom" sehr beunruhigt haben.

Die neuen, nach der Akademiereform eingesetzten Leiter hatten keinerlei Berührungsängste zu den Sicherheitsorganen, manchmal verwandelten sie die Treffs in Therapiestunden für ihre verborgenen Kämpfe gegen übermächtige Gegner. Die

---

[266] E. A. Lauter, „Die Tagesionisationsschicht der mittleren Stratosphäre, D-Schicht", Dissertation, Rostock (1950).
[267] IM = Inoffizieller Mitarbeiter des MfS.
[268] Vgl. Buthmann (2020), S. 750.

zahlreichen Meldungen als „Schlüpos“[269] brachten den gelegentlich cholerischen Senkrechtstarter Lauter in immer neue Bedrängnisse, sie werden schließlich zu seiner vollständigen Demontage führen. Schon 1970 lamentierte der IM „Geos“ vom Potsdamer Telegraphenberg gegenüber seinem Führungsoffizier: „*Wie dieser Mann eigentlich in diese Funktion gekommen ist ..., ist schwer erklärlich.*“[270] Lauters Stellvertreter als Generalsekretär, Heinz Stiller, beklagte sich, dass er „*mehrfach leitende Genossen der Akademie ... vor Berufungen des jetzigen Generalsekretärs in höhere Funktionen ... gewarnt*“ habe.[271] Im Frühjahr 1972 informierte der Direktor des Meteorologischen Dienstes der DDR, Wolfgang Böhme, ungefragt das Ministerium für Staatssicherheit, dass Lauter gegen die Weisungen der Regierung „*einseitig auf die weitere Verbindung zwischen COSPAR und Interkosmos*“ orientiere und ein „*Einschalten staatlicher Stellen in Probleme der Wissenschaft*“ ablehne.[272]

INTERKOSMOS ist Technik, COSPAR Wissenschaft

Gleich zu Beginn des Weltraumzeitalters, kurz nach dem Start des ersten Sputniks, hatte sich in Paris das Committee on Space Research (COSPAR) als weltweites Forum zur Erforschung der Erdatmosphäre gegründet. Schon ab 1963 spielte dort Lauter eine tragende Rolle, war bald Vorsitzender einer Arbeitsgruppe, schon ab 1967 war er ein gut vernetztes Büromitglied des Komitees. COSPAR zielte auf maximale Transparenz, jeder sollte seine wissenschaftlichen Daten abliefern können und jeder sollte alle gewünschten Daten erhalten. Das weit später gestartete INTERKOSMOS-Programm zur Einbindung nicht-sowjetischer Technik in die sowjetische Raumfahrt verlangte auf Befehl von Minister Mielke dagegen strikte Geheimhaltung, er lehnte nicht nur von Amts wegen jede Kooperation zwischen Ost und West ab. INTERKOSMOS-Mitarbeiter mussten nach politischen Kriterien bestätigt werden, viele wurden ausgesondert. Wem es wie Lauter hauptsächlich um die Wissenschaft ging, der bewegte sich auf dünnem Eis. Lauter hätte verlangt, so ein Informant, die „*Richtung der Wissenschaft müssen die Wissenschaftler bestimmen und nicht irgendein Ministerium*“, Freund und Feind voneinander zu unterscheiden ist ihm selten gelungen. Im Herbst 1970 soll er als Generalsekretär die Ernennung Stillers zum Akademiemitglied diesem gegenüber abgelehnt haben, was dem Sicherheitsdienst sofort zugetragen wurde und motiviert haben wird, zugunsten seines inoffiziellen Mitarbeiters einzugreifen. Fast alle wissenschaftspolitischen Thesen Lauters sind später über Nacht Allgemeingut gewor-

---

[269] Inoffizielle Mitarbeiter in Schlüsselpositionen = Schlüpos.
[270] Buthmann (2020), S. 725.
[271] Buthmann (2020), S. 746.
[272] Buthmann (2020), S. 780.

den, hätten allesamt auf den Transparenten von Demonstranten stehen können, wenn es sie in Akademien und Hochschulen gegeben hätte.

Bild 48. Empfangsantenne (1958) zur plasmaphysikalischen Untersuchung von Satellitensignalen, zur Nachführung auf einer Flak-Lafette montiert. Archiv G. Entzian.

Ernst August Lauter wollte die Lufthülle der Erde als Ganzes erforschen, bodengestützt mit Funk, Ballons und Raketen von seinen vielen Observatorien und vom Weltraum aus, einschließlich der Überwachung der Sonne. Die Sonne, das wusste man aus Zeiten der militärischen Funkberatung im 2. Weltkrieg, bestimmt mit ihrer veränderlichen magnetischen Aktivität den Zustand der Hochatmosphäre. Nach seiner Überzeugung erforderte dieses Konzept auch die Kontrolle über die Sonnenforschung – dazu hatte er den Potsdamer Einsteinturm, das Radioobservatorium Tremsdorf[273] und das Magnetobservatorium Niemegk sich kurzerhand selbst unterstellt[274] – aber es verlangte darüber hinaus auch weltweite Zusammenarbeit. Das INTERKOSMOS-Programm versprach diesbezüglich nicht nur gar keine Fortschritte, sondern schlimmer noch, wegen der knappen Finanzen höchs-

273 Überwachung der solaren Radiostrahlung ab 1. Oktober 1956.

274 Die Rückführung dieser Observatorien in die Zentralinstitute für Astrophysik und Physik der Erde in Potsdam im Jahre 1984 markiert formal das Scheitern von Lauters Idee solar-terrestrischer Physik in großem Rahmen.

tens Rückschnitte seiner eigenen Vorhaben. *„Die Russen sollen bezahlen, wenn sie etwas haben wollen, wir sind nicht die dummen Jungs der anderen"*, soll er gepoltert haben, Ziel und Zweck von Kooperationen seien *„nicht irgendwelche Experimente, sondern die Lösung physikalischer Fragen der Hochatmosphäre"*.

Ein ehrgeiziges Offiziersquartett vom Ministerium für Staatssicherheit ermittelte jahrelang gegen Lauter wegen „Straftaten gegen die Volkswirtschaft" mit Androhung von Freiheitsstrafen bis zu 5 Jahren. Ein Bündel Schlüpos aus seinem Umfeld gehörte zur Sonderkommission: „Hans", Bernhard", „Weiß", „Pavel", „Licht" und „Marianne". Dazu kamen vielfache Einbrüche in seine Wohn- und Dienstzimmer, Einbau von Abhöranlagen, Kontrolle der Kontobewegungen, Medikamentenverschreibungen und der Eigenschaften seiner Kugelschreiber. Ein einzelner weißer Bogen A4-Papier, womöglich für Geheimschriften geeignet, wurde fast monatlich auf Lageveränderungen im Hause überwacht, wie auch Lauter als Person bei Dienstreisen im Ausland, manchmal auf Schritt und Tritt. Er stelle einen *„feindlichen Stützpunkt im Sicherungsbereich Raumforschung dar, er propagiere ständig den internationalen Charakter der Raumforschung."* Stiller schickte Böhme in die Spur, Lauter müsse *alle* Funktionen bei INTERKOSMOS abgeben, er dürfe *„nicht mehr länger da rangelassen werden"*. Böhme alias „Hans" teilte seinem Führungsoffizier mit, dass Lauter ihm stolz berichtet hätte, Engländer und Amerikaner hätten seine Wahl als Verantwortlichen für die Hochatmosphäre bei COSPAR durchgesetzt, sein eigenes Land hätte ihn gar nicht erst nominiert.

Das hatte gesessen. Die Hauptamtlichen schlugen zurück, sie verlangten von ihrem Minister *„Beseitigung"* Lauters auch als Institutsdirektor und dessen Rückzug aus allen internationalen Verantwortlichkeiten. Mielke erteilte Anfang 1974 die Genehmigung. Kurz danach erläuterte Generalsekretär Grote seinem Vorgänger die über ihn verhängte unwiderrufliche Reisesperre. Stundenlang kämpfte Lauter um seine Sache, INTERKOSMOS sei Gerätebau, dagegen sei COSPAR Wissenschaft, man müsse Erster sein im Weltmaßstab, auch sei seine solar-terrestrische Physik die wichtigste Forschungsrichtung, weil die Umweltpolitik von ihren Ergebnissen abhänge. Am Ende verzweifelt: er wisse nicht, wo die Verschwörer stecken, er habe immer Disziplin geübt. Das sei eine Weisung von oben, antwortete Grote kühl, mehr wisse er auch nicht. Was liegt gegen mich vor, fragt Lauter. Nichts, soweit ich weiß, gar nichts, es sei denn, er reagiere jetzt provokatorisch und erzeuge hörbaren Protest. Das war deutlich. Die ihm so abgepressten persönlichen Rücktrittsschreiben an prominente Empfänger in aller Welt sind wahrhaftig vor der Versendung auf geheime Botschaften geprüft worden, meist von „Hans", die englischsprachigen Briefe von qualifizierten Dolmetschern. Weiz, der Minister für Wissenschaft und Technik, dem Lauter einst eine gewünschte Akademie-Professur verwehrt hatte, triumphierte, es hätte *„nur die Frage INTERKOSMOS oder COSPAR zur Entscheidung gestanden, das habe mit* *seiner Person gar nichts zu tun*“, sagt er, wider besseren Wissens, Lauter ins Gesicht.

Das Quartett hatte danach noch immer keine Ruhe gegeben. Neue Wohnungseinbrüche konzentrierten sich auf das in der Phantasie der Ermittler geheimnisvolle Blatt Papier, das fast immer an der gleichen Stelle aufgefunden wurde. Eingedrückte Schriftzeichen wurden von Mal zu Mal undeutlicher. Videoaufnahmen von der Entnahmesituation, Verbringung ins Labor und anschließend perfekte Rückführung, ein gigantischer Aufwand um ein leeres Stück Papier, ohne jedes Ergebnis; was hätte, außer mathematischen Formeln, auch darauf stehen können.

Schwarzmalerei mit dem Wetter

Lauter erholte sich von den Demütigungen, noch war er Direktor eines großen, gut aufgestellten Instituts mit mehreren Außenstellen. Lauter mache „*nach wie vor, was er immer gemacht habe*“, meldete ein Informant, in Juliusruh lasse er „*ein gewaltiges Antennennetz aufbauen*“, zur Untersuchung der ionosphärischen Windsysteme. Er verfolgte einen damals spektakulären Ansatz: Die Sonne prägt durch ihre variable Strahlung und Magnetfelder die irdische Atmosphäre und diese bestimmt die Umwelt des Menschen. Solche planetare „Umweltforschung“ hatte es bisher nicht gegeben, auch international fehlten noch globale Programme. Ein erster Vortrag in Potsdam betonte die recht genaue Kenntnis der physikalischen Parameter der Atmosphäre, im Gegensatz zu den chemischen und biologischen, über die man noch fast gar nichts wisse. Die Zuhörer waren interessiert, auch Stiller als Versammlungsleiter versprach weitere Gespräche zu diesem neuen Thema. In einem repräsentativen Sammelband formulierte Lauter schon 1975 die „Bedeutung der Erforschung des erdnahen Raumes für den Menschen“ als Teil der zukünftigen Umweltforschung. Wie konstant ist der von der Sonne ausgehende Energiestrom, wie arbeitet der die Temperatur der Biosphäre regelnde „Thermostat“, wie funktioniert der geomagnetische Schutzschirm? Die Suche nach Antworten sei „keine bloße Vervollkommnung unseres Wissens, sondern eine grundlegende gesellschaftliche Notwendigkeit.“[275] Genauso wird es Jahrzehnte später kommen, auch die Entdeckung der Rolle der Spurengase Kohlendioxyd und Methan für den Wärmehaushalt der Lufthülle wäre ihm und seinen Leuten gewiss nicht entgangen. Im selben Buch erklärte der ehemalige Fanselau-Schüler Stiller – immerhin der zukünftige Vizepräsident der AdW – die Verteilung von Masse und Drehimpuls im Sonnensystem mit der „dialektischen Einheit von Materie und Bewegung“, als „Bestätigung der Grundpostulate unserer marxistisch-leninisti-

[275] Lauter (1975b).

schen Philosophie“, hielt aber, mit Blick auf Lauter, Aussagen zur Entwicklung der Biosphäre für „zu spekulativ“.[276]

Die Offiziere waren neuerlich alarmiert, sie wollten jetzt Wissenschaftspolitik machen, große Räder drehen. Zuverlässige inoffizielle Mitarbeiter, „*die als profilierte Wissenschaftler tätig seien*“ und Lauters Vertrauen genössen, hätten berichtet, dass er sich „*diesem Gebiet widmet, um sich einen spektakulären wissenschaftlichen Erfolg zu verschaffen, der seinen internationalen Anschluss wiederherstellen soll.*“ Nachdem er seine Thesen zur Umweltforschung[277] auch in der Klasse Physik der AdW – erfolgreich, wie er glaubte – vorgetragen hatte, kam es in Potsdam zum wohlvorbereiteten Eklat. R. Rompe leitete eine Veranstaltung, auf der Lauter seine These belegen sollte, Gesellschaften müssten so „adaptiert“ sein, dass sie globale Klimakatastrophen überleben könnten. Rompe fragte, anstatt die Brisanz des Gehörten auch nur ansatzweise zu begreifen, was diese ewige „*Schwarzmalerei mit dem Wetter*“ eigentlich solle. „*Katastrophentheorien sind vom kapitalistischen System geboren*“, so der Einsteinforscher Treder, „*um von der Krise des Kapitalismus abzulenken*“.[278] Direktor Böhme berichtete seinem Führungsoffizier, destruktiv wäre nur die Haltung der Genossen vom Institut für Wissenschaftstheorie gewesen, die alles geglaubt und ernstgenommen hätten.

Lauter wird gewusst haben, dass es für ihn zu Ende ist. Entnervt erklärte er nach der Versammlung, „*dass er diese Tätigkeiten einstellen*“ werde und auch den schon erstellten neuen Institutsarbeitsplan zurückziehe. Jubel nicht nur beim Ministerium, denn „*das wissenschaftliche Ansehen des L., insbesondere in Kreisen der führenden Wissenschaftler der Akademie, wurde erheblich erschüttert, sein Auftreten vor dem Plenum der Akademie verhindert. Er findet keine Unterstützung bei der weiteren Verbreitung seiner Auffassungen, dafür wurde ihm der Boden entzogen.*“ Sofort beantragte Präsident Klare die Abberufung Lauters aus dem DDR-Forschungsrat – das wohl aussichtsreichste Großprojekt in den Jahren nach der Akademiereform war erstickt von Neid und Paranoia.

Danach ist alles ganz schnell gegangen. Zur Familie im Hause Lauter in Kühlungsborn gehörte seit Jahrzehnten ein Freund, früher sein Bürge beim Parteieintritt, der aktuelle Vorsitzende des Kreises Bad Doberan. Ihm gegenüber verlor der Hausherr bald jeden Abstand. „*Die Sowjetunion sei seit Jahrzehnten nicht in der Lage, Nachrichtensatelliten zu bauen, sie können es nicht. Den Amerikanern seien durch die Mondlandung die entscheidenden Beiträge zur Forschung gelungen, man könne sie nicht mehr einholen. Sie wären jetzt führend in der Wissenschaft, sein Observatorium Kühlungsborn sei jedoch ebenfalls zur Weltspitze aufge-*

---

[276] Stiller (1975).

[277] Lauter (1975a).

[278] Ironischerweise wird H.-J. Treder sein Lebenswerk mit einer Serie von Beiträgen zur solar-terrestrischen Physik beenden, die nicht allzu weit von den Versuchen P. Kempfs entfernt sind, die Anzahl der Sonnenflecken mit präzisen Messungen der Temperatur in einem Tiefbrunnen zu bestimmen, vgl. Schröder et al. (2004).

rückt". Lauter habe zu ihm als langjährigem Familienfreund volles Vertrauen, versicherte der ehemalige Bürge, weitere Informationen für die Behörde gerne später.

Die geheimen Offiziere hatten endlich gefunden, was sie suchten: Lauter stehe für die „*Ablehnung der staatlichen Leitung der Wissenschaft der DDR*", diskreditiere die Erfolge der Sowjetunion, bewundere die Leistungen der USA und hoffe, „*an Projekten der NASA teilzunehmen*", so ihr Bericht als Ergebnis jahrelanger stiller Verfolgung. Die für Strafrechtssachen zuständige Abteilung des MfS hatte dieser Einschätzung „vollinhaltlich zugestimmt", die aufgedeckten Belastungen würden eine Anklage wegen Spionage zulassen, jedoch fehlten die Beweise, insbesondere die Namen der Auftraggeber. „*Die vorliegenden Indizien sind nicht ausreichend*". Präziser: außer Waschkörbe voller übler Nachreden hatten die Verfolger nichts in der Hand.

Bild 49. Antennenturm von 1957 (50 m, Kühlungsborn) der 33 MHz Radaranlage zur Ortung von Polarlichtern und Meteorspuren. Villa der Institutsleitung. Archiv G. Entzian.

Im August 1976 teilte Forschungsbereichsleiter Stiller seinem Genossen Lauter mit, dass er nicht mehr als Direktor seines Instituts für solar-terrestrische Physik vorgeschlagen werde.[279] Die INTERKOSMOS-Zusammenarbeit sei in eine neue Phase getreten, für die er nicht bestätigt worden sei. Lauter sei so betroffen gewesen, *„dass er zu keiner Stellungnahme fähig"* gewesen wäre, er *„habe nichts dazu zu sagen"*. Die Bearbeitung des Operativen Vorganges konnte im Jahre 1979 beendet werden, weil *„die Maßnahmen zur wesentlichen Einschränkung seiner Wirksamkeit"* erfolgreich abgeschlossen seien.

Lauter zog sich in sein Heimatinstitut nach Kühlungsborn zurück. Er arbeitete – ohne Leitungsfunktion – unermüdlich über Ionosphärenphysik, interplanetare Magnetfelder[280] und solar-terrestrische Beziehungen,[281] oft mit jüngeren Kollegen, in seinem nahegelegenen Wohnhaus, nie im eigenen Dienstzimmer. Auf Fragen, was ihm passiert sei, antwortete er wahrheitsgemäß, das wisse er nicht.[282] In seinem letzten Jahr publizierte die Akademie in einer Rubrik „Entwicklungstendenzen der Erde als Planet" einen Beitrag ihres Mitgliedes Lauter zu den „gegenwärtigen Trends" in seiner Wissenschaft: „Zu den ältesten beobachteten Veränderungen in der Natur gehören exzessive Witterungsverläufe, Leuchterscheinungen in der Atmosphäre und Variationen der Fleckenbedeckung der Sonne." Das klingt wie aus dem von Wilhelm Förster vergeblich entwickelten Konzept für das Institut auf dem Potsdamer Telegraphenberg, die alte Idee wird immer neuer. Lauter digitalisierte die Magnetbeobachtungen und stellte fest, dass „sich signifikante Korrelationen mit der Temperatur Mitteleuropas nur für die Winter bis Ausgang des vorigen Jahrhunderts herstellen. ... Seit der ausgeprägten maritimen Klimaperiode zu Beginn dieses Jahrhunderts ist ein solcher Zusammenhang des Klimas mit der Sonnenaktivität nicht in simpler Form mehr erkennbar, und man mag argwöhnen, daß die industriellen Eingriffe in das Temperaturregime Europas (CO_2-Anreicherung) bereits in den warmen Wintern der 70er Jahre dominieren."[283] Die schockierte und überforderte Akademieleitung versteckte das Resultat hinter einem Nur-für-den-Dienstgebrauch-Stempel. Vier Jahre später, 1988, wird in New York das IPCC[284] von den Vereinten Nationen gegründet, um Lauters Fragen wissenschaftlich zu beantworten.[285]

Lauter ist 1984 mit 63 Jahren im Universitätskrankenhaus Rostock gestorben, nicht ohne rechtzeitig dafür gesorgt zu haben, dass bei seiner Trauerfeier niemand aus Berlin und Potsdam zu Wort kommen möge.[286]

---

[279] Nachfolge 1976–1981: Jens Taubenheim.
[280] Lauter (1978).
[281] Lauter (1977).
[282] Entzian (2021).
[283] Lauter (1984).
[284] IPCC = Intergovernmental Panel on Climate Change.
[285] Das berühmte Hockeyschlägerdiagramm von M. E. Mann stammt erst von 2001.
[286] Auskunft Günter Entzian, der die Trauerrede gehalten hat.

II. Die letzten Jahre des Astrophysikalischen Observatoriums, der Akademie der Wissenschaften und der DDR

6 Beobachtungen, Theorie und Nordkorea

Max Steenbeck in Potsdam

Eine schwere Tatra-Limousine passierte im Spätherbst 1965 das weit geöffnete schmiedeeiserne Tor mit dem schönen Antqua-Schriftzug „OBSERVATORIEN" auf dem Telegraphenberg bei Potsdam. Der Pförtner hatte seine Loge verlassen und grüßte fast militärisch, denn kein Geringerer als Max Steenbeck, frisch ernannter Vorsitzender des Forschungsrates, Mitglied des Akademiepräsidiums und Institutsdirektor in Jena beeilte sich, rechtzeitig zum Seminar ins Astrophysikalische Observatorium zu kommen. Er war spät dran, wollte aber selbst die einleitenden Worte des angekündigten Vortrages über „Magnetische Sterne" von Dr. Lore Oetken nicht versäumen. Der Fahrer stürmte zur Bergspitze und zum „Kaisereingang" des Großen Refraktors gegenüber dem Hauptgebäude. Direktor Wempe erwartete den Gast an der geöffneten Tür, dieser ging wortlos zur ersten Reihe im halbrunden, halbleeren Seminarraum, zündete eine Zigarette an, es konnte beginnen. Oetken: „Es ist jetzt immer deutlicher geworden, daß Magnetfelder kein zufälliges Phänomen darstellen, sondern eine allgemein zu erwartende Eigenschaft der kosmischen Materie. Viele kosmische Vorgänge sind nicht zu verstehen, wenn man die Wirkung magnetischer Felder außeracht lässt."[287] Steenbeck und sein Begleiter Fritz Krause waren entzückt, gerade eben hatten sie in ihrem Jenaer Institut für Magnetohydrodynamik die Frage beantwortet, ob Turbulenz in leitfähigen Flüssigkeiten mehr bewirken kann, als – wie bei Sonnenflecken direkt sichtbar – Magnetfelder in kurzer Zeit zu zerstören. Ja, so ihre Antwort, wenn die Turbulenz geschichtet ist und schnell genug rotiert, werden Magnetfelder durch einen Dynamoprozess selbst-erregt. Das könnte die lange gesuchte Erklärung für das weitverbreitete Auftreten von Magnetfeldern im Universum sein, Erde, Sonne, Sterne, selbst Galaxien tragen turbulente Strömungen in sich und sie rotieren, wenn auch mit sehr unterschiedlichen Geschwindigkeiten. Schon 1960 hatte

[287] Siehe Oetken (1966).

Steenbeck[288] diese Marschrichtung in Jena bestimmt: In einer leitfähigen rotierenden Flüssigkeit mit spiegelsymmetrischer Turbulenz hatte er eine elektromotorische Kraft diagnostiziert, die senkrecht zur Rotation und zum elektrischen Strom zeigt. Der Zerfall der Magnetfelder wird, verglichen mit dem Zerfall ohne diese neuartige elektromotorische Kraft, wesentlich verlangsamt, nicht aber kompensiert; noch arbeitete diese Konstruktion – in Steenbecks Sprache – nur als Motor und nicht als Generator, noch war sie etwas zu einfach konstruiert.[289]

Steenbeck war kürzlich mit der Ansage, das Magnet-Rätsel sei gelöst, bei der letzten gesamtdeutschen Astronomentagung 1965 in Eisenach aufgetreten, Wort für Wort mit schlechten Augen im halbdunklen Raum ablesend, während seine mitgebrachten Unterstützer Krause und Rädler im richtigen Moment die Tafel zu beschreiben bzw. den Diaprojektor zu dirigieren hatten. Fast 200 Astronomen aus Ost und West, darunter gestandene Leute wie Kippenhahn, Weigert und Mezger folgten amüsiert dem Auftritt des Jenaer Kammertrios, aber auch beeindruckt davon, wie man chaotische Strömungsmuster so elegant mathematisch fassen kann.[290] Über die kleinen Turbulenzelemente ist einfach hinweggemittelt worden, um schließlich nur noch das Verhalten der übriggebliebenen großräumigen „gemittelten“ Magnetfelder zu berechnen. Typisch für die neue Theorie ist, dass es immer neben den äußeren sichtbaren Magnetfeldern eines Himmelskörpers auch noch innere Felder von mindestens der gleichen Stärke geben muss, die auf den äußeren Feldern senkrecht stehen und selbst unsichtbar sind. Nach Steenbecks Vortrag Schweigen, keine Nachfrage, kein Kommentar, so etwas hatte keiner der Anwesenden je gehört. In einem weiteren Beitrag zeigte Krause mit wenigen Strichen,[291] dass eine schwache meridionale Strömung an der Oberfläche einer Gas-Kugel die beobachtete differentielle Rotation der Sonne bewirkt, wenn nur „die Materie in der Gegend der Äquatorebene auf diese zuströmt.“ Zusammen mit einer etwas früheren Publikation von Kippenhahn[292] deutete sich schon hier die zukünftige Erklärung der „differentiellen“ Rotationsbewegung der Sonnenoberfläche an, die Carrington und Spörer vor ziemlich genau einhundert Jahren beobachtet hatten.

Wegen des ausbleibenden Beifalls war Steenbeck nach seinem Auftritt massiv verstimmt – seine Mitarbeiter kommentarlos zurücklassend – sofort nach Jena zurückgefahren. Noch im Hinausgehen soll er eine zustimmende Bemerkung wenigstens seines Jenaer Kollegen Lambrecht erhofft haben, der aber wand sich, von einer „persönlichen Insuffizienz“ murmelnd.[293] Trotzdem, Steenbeck war drange-

---

[288] Steenbeck (1961).

[289] Nach Hinzunahme differentieller Rotation entsteht zwanglos ein sog. $\Omega x J$-Dynamo, der später von K.-H. Rädler detailliert untersucht worden ist.

[290] Steenbeck & Krause (1965b).

[291] Steenbeck & Krause (1965a).

[292] Kippenhahn (1963).

[293] Gedächtnisprotokoll Krause.

blieben: Turbulenz und Rotation, mehr brauchte es vielleicht nicht, rotierende Turbulenz gibt es fast immer in Planeten, Sternen, auch in Galaxien, wie universell ist womöglich der neue Ansatz? Der Nobelpreis für Physik, schrieb er dem schwedischen Komitee auf dessen Anfrage, müsste bald an einen Magnetohydrodynamiker gehen, wie der Schwede Alfvén einer sei (oder auch er selbst). Dann sollte Professor Alfvén „auf alle Fälle wenigstens mit unter den Preisträgern sein.“[294] Tatsächlich hat dieser den Preis bald darauf erhalten.[295]

Steenbeck, Krause und Rädler (als Doktorand) hatten zuvor eine deutschsprachige Publikation zur Dynamotheorie – so heißt seitdem der neue Forschungszweig – in einer renommierten westdeutschen Zeitschrift publiziert, die bis heute 675fach[296] international zitiert worden ist, ein naturwissenschaftlicher Meilenstein, dem womöglich einzigen in der DDR-Wissenschaftsgeschichte. Steenbeck holte sich aus dem aktuellen vierten Studienjahr Physik der Universität Jena vier Diplomanden zur Unterstützung. Insbesondere wollte er von mir als zukünftigem Astronomen wissen, ob die berechneten Magnetfelder in einem ähnlichen 11-Jahres-Rhythmus schwingen können wie die der Sonne. Zur Jahreswende 1967/68 konnte zu seiner Befriedigung in seinem Haus an der Jenaer Kernbergstraße berichtet werden, dass sie dies – mit differentieller Rotation – tatsächlich tun. „Er ist ja ein Physiker, nicht bloß ein Mathematiker“, war bekanntermaßen die höchste Belobigung, auf die man bei ihm hoffen durfte.

Nach dem Seminar – niemand außer Steenbeck („Gibt es Turbulenz in diesen magnetischen Sternen?“) hatte eine Frage gestellt – erläuterte Wempe in seinem geräumigen Büro seine Pläne für das Observatorium: eine Abteilung Spektroskopie magnetischer Sterne mit Photoplatten vom 2-m-Spiegel in Tautenburg[297] soll es sein und eine Abteilung Photometrie magnetischer Sterne mit Beobachtungen aus der Sternwarte Sonneberg. Von sonnenähnlichen Sternen mit Magnetzyklen war nicht gesprochen worden, obschon 1913 Eberhard und Schwarzschild mit dem Großen Refraktor und dem vergleichsweise winzigen Zeiss-Triplet[298] die magnetische Verwandtschaft der Sonne mit den kühlen Riesensternen Arktur, Aldebaran und σ Gem entdeckt hatten.[299] Diese „Umkehrungen“ in den Kalziumlinien über magnetisch aktiven Gebieten waren den Sonnenbeobachtern seit langem bekannt.[300] Im Sitzungsbericht der Preußischen Akademie der Wissenschaften wird beschrieben, wie im Jahre 1900 auf Wunsch Vogels überbelichtete Spektren angefertigt wurden, um auch das schwache Ultraviolett zu erreichen. Eberhard fand

---

294 Helmbold (2016), S. 57.

295 1970, mit Louis Néel.

296 Steenbeck et al. (1966), Zahlen nach web of science core collection, Sommer 2023.

297 Beginn November 1966, erste Publikationen zu α^2CVn von Oetken et al. (1970) und zu 53 Cam von Scholz (1971).

298 Triplet: 150 mm Öffnung, 1500 mm Brennweite, ab 1908 in der Ostkuppel. Großer Refraktor: 80-cm-Objektiv, Spektrograph III, Beschreibung in Vogel (1900).

299 Eberhard & Schwarzschild (1913).

300 St. John (1910).

bei Arktur einen scharfen Emissionskern in der K-Linie, „so wie man es bei der Sonne in gestörten Gebieten ihrer Oberfläche beobachtet.“ Schwarzschild hatte diese Zufallsentdeckung in Potsdam[301] mit eigenen Beobachtungen wieder aufgenommen. Aldebaran zeigte einen ähnlichen Effekt, Beteigeuze, α Cass und das diffuse Tageslicht[302] nicht. Besonders auffällige Emissionen wurden bei σ Gem gefunden, dem, wie man heute weiß, aktiven engen Doppelstern mit großen Sternflecken. Auch für Aldebaran ist die starke Kalziumemission später bestätigt worden,[303] obwohl die sehr lange Sternrotation von 643 Tagen eigentlich nicht zum Dynamo-Konzept passt. „Es werden die Emissionslinien der Sterne auf eine etwaige Veränderlichkeit ihrer Intensität in Analogie zur Sonnenfleckenperiode zu prüfen sein“, hatten sie 1913 geschrieben, ein astronomischer Edelstein, der weltweit erst um 1957 wiedergefunden wurde, die erste nachweisliche Potsdamer Referenz zu dieser Publikation ist noch viel jünger. Schwarzschild starb schon im Mai 1916 mit 42 Jahren an einer seltenen Autoimmunkrankheit, nachdem er die Ostfront erst im März verlassen hatte. Noch in seinen letzten Wochen hatte er mit Sommerfeld über Quantentheorie und mit Einstein über Gravitationswellen korrespondiert. Warum der Hauptobservator Eberhard seine mit Abstand wichtigste Entdeckung nicht weiterverfolgt hat, [304] wissen wir nicht, war es Widerstand gegen Schwarzschild, glaubte er nicht an dessen Vermutung? Kalziumaktivität bei Sternen hat als Beobachtungsaufgabe in Potsdam nie wieder eine Rolle gespielt, niemand hatte sich daran erinnert, auch nicht in den Würdigungen Wempes und seiner Kollegen[305] zur Hundertjahrfeier des Astrophysikalischen Observatoriums. Eine eigene Beobachtungsapparatur hätte der Potsdamer Dynamogruppe sogar unter mitteleuropäischen Wetterbedingungen brauchbare Daten geliefert. Die neuzeitliche Kalziumkampagne startete 1967 aber nicht auf dem Telegraphenberg, sondern am Mt. Wilson Observatorium in Pasadena mit dem berühmten Hooker-Teleskop[306] unter traumhaft klarem Himmel. Nach 15 Jahren haben dessen Ergebnisse zu einem Erdbeben in der Sternphysik geführt.[307]

Wempe sprach mit Steenbeck auch von der Notwendigkeit, theoretische Probleme magnetischer Sterne zu lösen: warum sind die Felder meist schief wie bei der Erde, warum rotieren die magnetischen Sterne langsamer als die normalen, warum haben nur einige A-Sterne magnetische Felder? Ein Theoretiker aus Jena wäre hochwillkommen. Steenbeck: warum nicht zwei? Er, rauchend, verschweigt seine Hintergedanken, er muss bald von Bord, Emeritierung nach dem 65. Lebens-

---

[301] Schwarzschild war erst 1909 zusammen mit E. Hertzsprung nach Potsdam gekommen.

[302] Als Ersatz für das integrierte Sonnenlicht.

[303] Kelch et al. (1978).

[304] Z.B. nachts mit der Einsteinturmapparatur; der von Potsdam aus beobachtbare sonnenähnliche Stern 5. Größe 61 CygA besitzt eine 7-jährige Aktivitäts- und Magnetfeldperiode.

[305] Wempe (1975), auch E.-A. Gußmann und G. Scholz im selben Heft.

[306] Von 1917 bis 1947 mit 252 cm Durchmesser größtes Spiegelteleskop der Welt.

[307] Rüdiger (1983).

jahr ist unumgänglich, es wird keinen Kompromiss geben.[308] Er ist scheinbar mächtig, aber parteilos, nervt gelegentlich Politbüro und Ministerrat mit seinen schwankenden Ansichten, manchmal werden seine Reden als Forschungsratschef nicht abgedruckt. Er kannte die Absicht der Akademieleitung, an die Spitze aller Institute SED-Genossen mit Moskau-Erfahrung zu stellen, möglichst russischsprechend. Wohin dann mit seinen eigenen Leuten, seinen Ideen, er ist überzeugt, dass seine Theorie der kosmischen Magnetfelder nobelpreiswürdig ist.

Bild 50. Kernkraftwerk Rheinsberg, Aufbau erster Block, dessen Errichtung schon 1956 beschlossen wurde, nachdem das erste Kernkraftwerk der Welt in England gerade in Betrieb gegangen war. Der Bau des zweiten, von Steenbeck initiierten Blockes ist nie begonnen worden. Steenbeck leitete von 1957 bis 1960 das Büro für Reaktorbau in Berlin. Danach war er bis 1962 Werkdirektor des VEB Entwicklung und Projektierung kerntechnischer Anlagen. Leistungen: 70 MW elektrisch, 265 MW thermisch. Quelle: EWN GmbH.

Der ehemalige Siemens-Direktor Steenbeck war einer der aktivsten bürgerlichen Russlandheimkehrer, die, wie v. Ardenne, Barwich und Hartmann, in Suchumi militärische Atomforschung getrieben oder wie Albring, Hoppe und Erich Apel auf der Insel Gorodomlia das Peenemünder A4 Aggregat weiterentwickelt hatten. Nach ihrer Rückkehr um 1955 erhielten sie, falls sie sich für die DDR entschieden, personenbezogene Einzelverträge für herausragende Positionen und organisierten

---

[308] Emeritierung M. Steenbeck und gleichzeitige Schließung des Jenaer Instituts für Magnetohydrodynamik im Jahre 1969.

rasch den Einstieg in die „friedliche Nutzung der Atomenergie". Mit Gustav Hertz[309] an der Spitze wollten sie Atomkraftwerke und Düsenflugzeuge bauen – bis plötzlich alles in sich zusammenbrach, weil die Parteizentrale die modernen Entwicklungen stoppte. Die neu errichteten Fakultäten für Kernphysik und Flugzeugbau in Dresden wurden geschlossen, die Düsenpassagiermaschine Baade 152 war 1959 abgestürzt. Barwich flüchtete in die USA und Apel als Leiter der Plankommission hat sich in seinem eigenen Büro erschossen. Steenbeck hatte nach all diesem Chaos in seinem Jenaer Institut für Magnetohydrodynamik der AdW ab 1959 ein komfortables, personenbezogenes Asyl erhalten, befristet, das wird er nicht übersehen haben. Jetzt suchte er zuverlässige Behausung für seine wichtigsten Mitarbeiter, unbedingt in seiner Nähe, bald wird er für immer in Ostberlin wohnen. Er grübelte über einem Dynamoexperiment, schrieb Brief um Brief in dieser Sache „als Wissenschaftler, der die Durchführung eines so fundamentalen Experiments in der sozialistischen Welt sehr begrüßen würde, denn andernfalls würde es sicher in einigen Jahren in den USA oder in Frankreich gemacht werden."[310] Er wollte einen gewaltigen Natriumkreislauf bauen und würde dazu einen Kessel mit etwa 10 Kubikmeter flüssigen Natriums[311] und eine Pumpe benötigen, die diese Menge in einer einzigen Sekunde umwälzen kann.[312] Diese Zahlen waren den DDR-Offiziellen zu ungeheuerlich, um sie selbst nach Moskau zu übermitteln. Das Ministerium für Staatssicherheit hatte schon im August 1966 erfahren, dass anlässlich eines Besuches Steenbecks bei Akademiepräsident Keldysch in Moskau festgelegt wurde, *dass die SU für Steenbeck alle großen Versuche durchführt, zum Thema Erforschung des Magnetfeldes d. Erde. Von diesen Festlegungen ist Prof. St. sehr begeistert.*[313] Der IM „Martin" begründet das angespannte Verhältnis zwischen Staat und Partei an den Jenaer Instituten damit, dass Steenbeck ein *„außerordentliche starker Individualist sei"* und sich Kultstellungen entwickelten, *„von Professor Steenbeck geradezu gefördert"*.[314]

Wempe wiegelte in der Personalfrage ab, es gäbe keinen angemessenen Wohnraum in Potsdam, die Stadt wäre auf Sumpf gebaut, es sei aussichtslos. Einen anspruchslosen Aspiranten aus Jena könne man gerade noch unterbringen. Der

---

[309] Nobelpreis 1925, gemeinsam mit James Franck.

[310] Brief, auch mit Zukunftsmusik über Fusionsreaktoren, an Präsident Klare vom 7. 5. 1975. Archiv Stefani.

[311] Eine rotierende Kugel von 3 m Durchmesser gefüllt mit 14 m^3 flüssigem Natrium gibt es seit einigen Jahren an der Universität Maryland.

[312] Wahrscheinlich eine Weiterentwicklung des „α-Kasten"-Experiments, das bis 1967 im Physikalischen Institut von Riga lief, bei dem mit Strömungsgeschwindigkeiten von mehreren m/s und Magnetfeldstärken von 1 kG die Existenz des α-Effektes im Labor nachgewiesen wurde. In gleichlautenden Schriften („Verfahren zur magnetohydrodynamischen Umwandlung von mechanischer Energie") ist die Versuchsanordnung weltweit (DDR, UdSSR, UK, USA) unter Patentschutz gestellt worden. Die Absicht, daraus ein erstes Dynamoexperiment zu konstruieren, hatten Steenbeck et al. in Soviet Physics Doklady 13 bereits 1968 mitgeteilt.

[313] Archiv Helmbold.

[314] Buthmann (2020), S. 1117f.

entnervte Steenbeck („Wie soll das etwas werden?") versprach, einen Diplomanden der Universitätssternwarte Jena in Dynamotheorie für das Observatorium auszubilden. Auf der Rückfahrt grübelte er wieder mehr über den Magnetismus der Erde als den der Sterne. Er hatte sich die Namen aller Geomagnetiker vom Telegraphenberg aufschreiben lassen, um sie in Kürze nach Jena zu bestellen.[315] Im September 1968 wird der versprochene Diplomand auf dem Telegraphenberg eintreffen und die Mitarbeiter Krause und Rädler vom Institut für Magnetohydrodynamik werden bei der von den Professoren Lauter und Jäger organisierten „5. Konsultation über Sonnenphysik und Hydromagnetik" des ZISTP ihre jeweils ersten Vorträge in Potsdam halten.

Bild 51. Max Steenbeck (1904–1981). Archiv F. Krause.

Institut für Sternphysik der Akademie der Wissenschaften der DDR

Ahnungsvoll hatte der beinahe 75-jährige Direktor der Sonneberger Sternwarte am 24. Januar 1967 an die Akademieleitung geschrieben: „Ich verstehe nicht, warum Personaländerungen geheim gehalten werden sollen, angesichts des

[315] Diese Veranstaltung hat im Frühjahr 1968 mit Vorträgen von Steenbeck, Krause, Helmis und Rädler in Jena unter Anwesenheit der damaligen Diplomanden Grabner, Rüdiger, Sonnefeld und Voigtmann stattgefunden. Ein oder zwei Geomagnetiker aus Potsdam verkündeten, diese Ideen selbst schon gehabt zu haben, aber wegen Überlastung verhindert gewesen zu sein, sie aufzuschreiben.

Umstandes, dass der Personalstand auch im Jahrbuch der Akademie mitgeteilt wird und alle Änderungen durch Vergleichung ... erkannt werden können." Im Februar, der Erbisbühl bei Sonneberg war noch tief verschneit, hatte sich E. A. Lauter als neuer Generalsekretär persönlich ins dortige Grenzsperrgebiet begeben, nicht um Cuno Hoffmeisters Frage zu beantworten oder ihm zum 75. Geburtstag zu gratulieren, sondern um ihn öffentlich abzusetzen. So geht Reform, wollte er wohl zeigen, ohne sich selbst um die Nachfolge kümmern zu wollen.[316] Die Versammlung im Hörsaal des alten Hauptgebäudes war in ungläubiges Schweigen umgeschlagen. Nur der betagte Optiker Rudolf Brandt erhob sich zum Protest, aber Hoffmeister schwieg, er hatte keine Worte gefunden. Noch 1964 hatten Wolfgang Wenzel und ein Kaderleiter Hoffmeister bescheinigt, *„fanatisch an seiner Arbeitsstelle"* zu hängen. *„Er hat große Summen aus seinen privaten Mitteln zum Ankauf von astronomischen Geräten ausgegeben, die der Sternwarte zur Verfügung stehen."*[317] Lauter bestimmte den 31. Mai als letzten Arbeitstag des Patriarchen, ließ aber die personelle Zukunft der Sternwarte offen. Hoffmeisters letzter Jahresbericht, geschrieben in jenem Frühjahr, nannte plötzlich G. Jackisch als Nachfolger des aus Altersgründen ausgeschiedenen Paul Ahnert[318] als stellvertretenden Direktor – der übergangene Wolfgang Wenzel blieb ein sogenannter Arbeitsleiter. Im August fuhr der junge Jackisch mit dem Dienstwagen Richtung Prag, während sein alter Chef mit Mitarbeitern ab Bahnhof Sonneberg in der Holzklasse zur Generalversammlung der Internationalen Astronomischen Union (IAU) starteten.[319]

Ab 1. Juni 1967 gab es plötzlich ein neues „Institut für Sternphysik" unter Wempe, das aus dem Astrophysikalischen Observatorium und der Sternwarte Sonneberg bestand, mit Ruben und Jackisch als stellvertretenden Direktoren und mit Oetken und Wenzel als Abteilungsleitern. Unter 94 Beschäftigten waren damals 16 Parteimitglieder, einer von ihnen sogar Absolvent des mächtigen Astrosowjets in Moskau. Der Einsteinturm und das Radioobservatorium Tremsdorf mit ihren Leitern Jäger und Daene[320] fielen ab 1. Juli an das Heinrich-Hertz-Institut für solar-terrestrische Physik in Berlin-Adlershof mit Lauter an der Spitze. Die Herren hatten sich schnell geeinigt, Wempe war es zufrieden;[321] sein neues Institut war ersichtlich gut aufgestellt, auch war der von Steenbeck versprochene, speziell

---

[316] Hoffmeister beschwerte sich am 16. 5. 1967 beim Vorstand der Forschungsgemeinschaft, dass die erste Fassung seines ihm von Lauter wie nebenbei vorgelegten neuen Arbeitsvertrages mit „Im Hinblick auf die Neuordnung des Sektors Astrophysik und die Auflösung der Sternwarte Sonneberg" begonnen hätte, woraufhin er die Unterschrift verweigert hätte.

[317] Stellungnahme zum vergeblichen Vorschlag zur Auszeichnung Hoffmeisters als „Hervorragender Wissenschaftler des Volkes".

[318] Ahnerts „Kalender für Sternfreunde" hat die Astronomie-Begeisterung vieler späterer Amateur- und Berufsastronomen geweckt, ebenso Brandts „Himmelswunder im Feldstecher" (9 Auflagen).

[319] Gedächtnisprotokoll S. Rößiger.

[320] Vorher Sternwarte Babelsberg, Übersiedelung nach Tremsdorf Anfang 1954.

[321] [J. Wempe], „Personalnachrichten", Astron. Nachr. 290, 140 (1967).

ausgebildete Absolvent für kommendes Jahr angekündigt, der einen der finanziell unerheblichen Aspiranturverträge[322] erhalten sollte. Wempe hatte 1966 auf Lauters Empfehlung zusätzlich den Strahlungstransportexperten Helmut Domke aus Rostock eingestellt, dessen kirchliche Aktivitäten einem der Beisitzer im Vorstellungsgespräch missfallen hatten. „Da ist er dem Himmel ja schon näher als andere", wischte Wempe wohlgelaunt den ernstgemeinten Vorwurf vom Tisch.[323] Alle Weihnachten beschenkte Wempe als Direktor jeden seiner zahlreichen Mitarbeiter, oft mit wohlüberlegten und hintersinnigen Gaben.[324]

Bald allerdings waren seine Rechnungen ohne den Wirt gemacht. Auf dem VII. Parteitag der SED im April 1967 hatte Steenbeck an der Spitze einer gewaltigen Wissenschaftlerdelegation die neue parteipolitische Linie verkündet, „dass wir eine wissenschaftliche Zusammenarbeit überall dort suchen und pflegen, wo sie keine Störungen unseres Weges zu unserem großen Ziel bewirkt, und bis zu seiner Verwirklichung bleibt dieses Ziel der umfassende Aufbau der sozialistischen Gesellschaftsordnung in unserem souveränen Staat. Wer uns aber das Recht, dieses Ziel anzustreben, ganz oder teilweise absprechen will, kann nicht auf eine Zusammenarbeit mit uns rechnen, auch wenn dies rein fachlich gesehen, nützlich sein könnte." Er hätte, vereinfacht, auch sagen können, die Wissenschaftler werden künftig die bestimmende Rolle der Parteifunktionäre und Sicherheitsbeauftragten der Universitäten und Akademien widerspruchslos anerkennen. Es war das vielbeschworene Primat der Politik vor dem Erfolg, vorgetragen in eigenen Worten nach einem Entwurf[325] des Zentralkomitees vom parteilosen „Max Bolschoi", wie Steenbeck auch genannt wurde, ausgestattet mit Diplomatenpass und dem in der DDR maximal erlaubten Monatsgehalt von 15.000 Mark. Noch im Vorjahr hatte er seine Mitarbeiter Krause und Rädler kurzerhand zu Ludwig Biermann nach München geschickt, weil ihm „dies rein fachlich gesehen, nützlich sein" könnte.

Zu jener Zeit war der vor sich hin rostende Große Refraktor auf dem Telegraphenberg noch in Betrieb, in klaren Nächten wurden von Gerhard Böttger am visuellen 50-cm-Objektiv photographische Aufnahmen mit langen Belichtungen von weiten Sternpaaren mit großen Umlaufzeiten gewonnen. „Meist waren die zur Beobachtung geeigneten Nächte" aber „zeitlich weit voneinander getrennt." Tatsächlich hat die Zahl der jährlichen Beobachtungen – am Astrographen in der Mittelkuppel waren es zusätzlich bis zu 30 Nächte – fast ausnahmslos unter 10 gelegen. U. Güntzel-Lingner hatte in der Tradition Hertzsprungs in den 1950er Jahren die Astrometrie weiter Doppelsterne mit sehr großen Umlaufzeiten zwecks Masse-

322 Aspirant = Doktorand, ebenso die Jenaer Astronomie-Absolventen Heinz Tiersch und Gerald Hildebrandt.

323 Domke ist es Ruben gegenüber später sogar gelungen, sein synodales Engagement in der evangelischen Kirche als „gesellschaftliche Tätigkeit" zu deklarieren.

324 Gußmann (1981).

325 Protokoll 7. Parteitag, Quelle: Internet.

bestimmung der Sterne mit dem Großen Refraktor wieder aufgenommen und umfangreiche Kataloge produziert. Seine photographisch erreichten Genauigkeiten waren weit über den visuell erzielbaren Werten gelegen.[326] Die einzige astrophysikalische Auswertung von Doppelsternmessungen zur Statistik stellarer Drehimpulse ist mit der Diplomarbeit von Peter Brosche, Student an der Humboldt-Universität, begonnen worden. Der Drehimpuls der Doppelsterne übertrifft nach seinen Ergebnissen den Drehimpuls des Sonnensystems generell und bei weitem,[327] so als würden sich die schnell rotierenden Protosterne zu Doppelsternen und die langsam rotierenden zu Planetensystemen entwickeln – ein empirischer Beitrag zur Sternentstehungstheorie. Nach Brosches Weggang vom Observatorium – u.a. wegen Wohnungsnot – ist dieser vielversprechende Ansatz nicht weiterverfolgt worden. Bald wurde zudem der Große Refraktor ganz stillgelegt. Warum ist statt der zeitaufwendigen, unspektakulären Bahnvermessungen nicht lieber Schwarzschilds alte Frage zu möglichen periodischen Kalziumaktivitäten der Riesensterne vorangetrieben worden?

Restaurierung und Modernisierung des Doppelrefraktors sind erst wieder besprochen worden, nachdem Anfang der 1980er Jahre E. Gerth vor der Gerätekommission argumentiert hatte, dass mit dem photographischen Objektiv stellare Magnetfelder gemessen werden können, wenn nur das Signal mit Lichtleitkabeln in den Keller zu den Messgeräten geleitet würde. Im Institutsleben spielte diese Idee – seit ab 1984 die äußere Kuppelhaut des Gebäudes wiederinstandgesetzt wurde – gelegentlich eine Rolle („geplante Fertigstellung 1989/90"), geschehen ist aber nichts.[328]

Ende 1968 wurde Steenbecks engster Mitarbeiter Krause als Nachfolger von G. Fanselau als Direktor des Geomagnetischen Instituts auf dem Telegraphenberg bestellt. Beim Vorstellungskolloquium präsentierte Krause mathematisch gewandt seine neue turbulenzbasierte Antwort auf die, wie er meinte, Schlüsselfrage jedes geomagnetischen Instituts: „Warum hat die Erde ein Magnetfeld?" Die Reaktion der älteren Jahrgänge auf die Präsentation war großenteils ablehnend, Fanselau und andere alteingesessene Zuhörer vermissten empört Kenntnis und Würdigung ihrer bisherigen Arbeit, auch war Krause, wie man irgendwie herausfand, zu der Zeit nicht mal Mitglied der Gesellschaft für Deutsch-Sowjetische Freundschaft,[329] was in Steenbecks Institut niemanden interessiert hatte. Die mittlerweile in Gang gekommene Akademiereform, die in der Auflösung der historisch gewachsenen, meist von älteren bürgerlichen Wissenschaftlern geleiteten selbstständigen Institute bestand, bot den jungen Genossen die perfekte Möglichkeit, unbequeme

[326] Brosche (2014).

[327] Güntzel-Lingner (1955), Brosche (1960, 1962).

[328] Der Doppelrefraktor ist als Folge der Aktivitäten des „Fördervereins Großer Refraktor Potsdam e. V." ab 2006 wieder voll funktionsfähig (Gußmann, 2000), wird aber für wissenschaftliche Zwecke nicht mehr benutzt.

[329] Die politisch mildeste Massenorganisation der DDR.

Neuankömmlinge schnell wieder loszuwerden. Mit Präsidentenerlass vom 23. Januar 1969 wurde das Geomagnetische Institut plötzlich geschlossen („Weiterführung alter Institutsnamen ist nicht zulässig"), Krause und Rädler wurden „umgesetzt", sie könnten ja eine theoretische Abteilung im nebenan gelegenen Institut für Sternphysik bilden, Krause als Bereichs- und Rädler als Abteilungsleiter.

Bild 52. Gebäude Großer Refraktor, 1970er Jahre. Die Kuppelaußenhaut ist ab 1985 vom Potsdamer Amt für Denkmalpflege unter Leitung von Johanna Neuperdt saniert worden.

Wempe war entzückt von dieser Entwicklung und hatte schnellstens angemessene Büroräume freigemacht. Die Wohnungsfrage, die seinen Einfluss überfordert hätte, hatten beide Neuankömmlinge durch private und komplizierte Wohnungstauschaktionen selbst gelöst. Die Ansiedelung der neuen theoretischen Ansätze am Astrophysikalischen Observatorium wird sich als Glücksfall erweisen. Bei der Evaluierung durch den Deutschen Wissenschaftsrat im Jahre 1991 wird ein Gutachter den aktuellen Zustand des großräumigen Zentralinstituts für Physik der Erde (ZIPE), dem das ehemalige Geomagnetische Institut zugeschlagen worden war, als „das notwendige Ergebnis einer Monopolstellung bei Abschottung gegenüber der Außenwelt und gleichzeitig fehlender Führung seitens der Leitung" beschreiben. Seit Jahrzehnten sei ungefähr das Gleiche betrieben worden, um „im wissenschaftlichen Mittelfeld zu verbleiben.“[330] Dieselbe Kommission wird dagegen bei der Beurteilung des astrophysikalischen Instituts die „großartige Leistung der Gruppe zur Dynamotheorie“ hervorheben.

Ankunft im Morgennebel

Meine letzten Sommerferien als Student hatten abrupt am 21. August 1968 mit der frühmorgens plötzlich angeordneten Räumung des Zeltplatzes bei Graal-Müritz geendet. Es war der Tag des Einmarsches der Truppen des Warschauer Vertrages in Prag. Zur letzten Diplomprüfung in der Sternwarte Jena hatte sich Professor Lambrecht im Juni die Dynamotheorie des Spörerschen Gesetzes erklären lassen, die ich in meiner Diplomarbeit an Steenbecks Institut für Magnetohydrodynamik ausgearbeitet hatte. Lambrechts zweistündige Semester-Vorlesung zur Sonne war wie üblich nach wenigen Wochen eingestellt worden; die Assistenten munkelten, dass es eine Fortsetzung noch nie gegeben hätte, „zu viele Einzelheiten, die Sonne ist Astronomen zu nah.“

Nachdem ich den bereitgestellten beheizbaren Bretterverschlag auf dem Dachboden der Friedrich-Ebert-Straße 121 am 1. September bezogen hatte, betrat ich am nächsten Morgen pünktlich 8 Uhr das Bibliotheksgebäude des Astrophysikalischen Observatoriums. Dort traf ich nur auf die Bibliothekarin, die Arbeitszimmer der Wissenschaftler blieben – bis auf eines – an diesem Tag unbesetzt. Verglichen damit hatte in Jena und Sonneberg oder gar in Steenbecks Akademie-Institut immer schon vormittags ein regelrechtes Gewusel geherrscht. Die Winterferien hatte ich traditionell auf dem Erbisbühl in Sonneberg verbracht, war ein letztes Mal mit der ganzen Belegschaft auf Ski zur Steinacher Wiefelsburg und zurück durch dichten Wald auf dem Hohen Weg nach Neufang gefahren, denselben Weg, den ich schon vor Jahren allein zu Fuß in stockdunkler Nacht gegangen war, bis zur Oberstadt, ohne Taschenlampe und ohne Passierschein für das streng gesperrte Grenzgebiet, in dem sich Stadt und Sternwarte damals befanden.

Wempe empfing mich erst am späten Abend und erläuterte den evakuierten Zustand seiner Theorie-Abteilung: Ruben sei gerade in Moskau und Domke in Leningrad. Ob nicht meine Diplomarbeit über „Dynamomodelle magnetischer Sterne“ mit dem ersten zyklischen Wechselfelddynamo, von der er gehört hätte, in den „Astronomischen Nachrichten“ veröffentlichen werden solle? Ich aber wollte loslegen, Neues anpacken, nicht Altes aufschreiben und lehnte seinen guten Rat ab. Krause hatte mir gleich nach seiner Ankunft im Geomagnetischen Institut ein Promotionsthema zur Sonnenrotation vorgeschlagen und ich bin, nach seiner baldigen Übersiedelung ins Observatorium, spontan in seinen Bereich gewechselt,

[330] Boch (2008).

ohne an Spätfolgen zu denken – die Idee des stellvertretenden Direktors ignorierend, Kopf einer theoretischen Arbeitsgruppe zu sein.

Potsdam damals zu begegnen glich einem Kulturschock. Breite Straßen, an deren Rändern alte Häuser von barockem Aussehen zerfielen, die Trümmer der gesprengten Garnisonkirche lagen noch zu ebener Erde, der vermüllte Stadtkanal stank, in der sich auflösenden Gutenbergstraße klapperten die zerfransten Dachrinnen – niemand hielt sich für verantwortlich, auch die Bewohner nicht. Später wurde dieses Konzept der Zerstörung gewachsener Innenstädte „Ruinen schaffen ohne Waffen" genannt. Es brauchte dazu kaum Sprengstoff, nur Regen, erst der bröckelnde Putz ließ die sichtbaren Einschusslöcher der Kämpfe der letzten Kriegstage verschwinden. Das wie verdunkelt wirkende Holländerviertel verfiel von den Ecken her, nur hinter wenigen Fenstern gab es abends Licht aus nackten Glühbirnen. Der Stadtarchitekt hatte die zweistreifige Hegelallee durch den nördlichen Holländerblock hindurch verlängern wollen, das Nauener Tor wäre als Insel zwischen den Verkehrsströmen übriggeblieben.Verglichen mit diesem Potsdam hat das immer aufgeräumte Jena ausgesehen wie heute ein thüringisches Dorf im Vergleich zu einigen vorpommerschen.

Bald nach dem ersten Jahr der 3-jährigen Doktorandenzeit, nur Monate nach seiner Ankunft aus Moskau, hatte mich der verschmähte ehemalige Vorgesetzte als IM „Astronom" beim Ministerium für Staatssicherheit schon mal persönlich angemeldet und in schönstem Tschekisten-Sprech versichert, *„der R. erhalte nur so viel Informationen, daß er gerade seine Arbeit bewältigen kann. Über die Geschicke des ZI für Astrophysik, die Forschungsstruktur und die Ergebnisse erfährt er praktisch nichts.*"[331] Das war das genaue Gegenteil all meiner Erwartungen: gerade erst angekommen, war ich interessiert an allen Regungen des neuen Instituts. Vielleicht hat sich der protokollierende Führungsoffizier sogar insgeheim gefragt, wie wissenschaftliche Einrichtungen unter konspirativen Regeln eigentlich funktionieren sollen. Im Mittelpunkt des ideologischen Kampfes des SED-Politbüros hat da-mals die „Warnung vor den Anbiederungsversuchen der ‚Neuen Linken', die nicht marxistisch ist und die führende Rolle der Arbeiterklasse nicht anerkennt" gestanden, womöglich musste das Astrophysikalische Observatorium vor derart gefährlichen Infiltrationen besonders geschützt werden.

Ruben alias IM „Astronom" war schon 1967 bei der Bearbeitung des OV[332] „Horoskop" in Erscheinung getreten, als er mit IM „Stern"[333] die beiden Göttinger Astronomen Kippenhahn und Weigert bei deren Teilnahme an der IAU-Generalversammlung im August 1967 in Prag überwachte. „Astronom" habe berichtet, dass Kippenhahns *„Augen geglänzt hätten*", als Frau Massevich eine engere Zusammenarbeit der Moskauer und Göttinger Sternentwicklungsgruppen in Aussicht

---

[331] Protokoll vom 27. 1. 1970, entgegengenommen von Gen. Gerlach, Handakte.
[332] OV = Operativer Vorgang.
[333] Identität unbekannt, womöglich vorläufige Bezeichnung für einen frischgeworbenen inoffiziellen Mitarbeiter des MfS.

gestellt hatte. Kippenhahn später: „Sollte ich mich da nicht freuen?“ Im Stasi-Bericht stünde das so, „als wäre ich froh gewesen, daß wir auf diese Weise die Sowjetastronomie ausspionieren könnten.“[334] Mattig und Schröter waren aus Sorge um ihre Sicherheit der Generalversammlung ganz ferngeblieben.

Bild 53. Egon Horst Schröter (1928–2002) und Wolfgang Mattig (1927–2018), Freiburg 1987. Archiv M. Stix.

Eine bald sichtbare Konsequenz von Steenbecks Parteitagsrede war der staatlich angeordnete Austritt der DDR-Astronomen im Sommer 1969 aus der über hundertjährigen Berufsvereinigung „Astronomische Gesellschaft“.[335] Seit jeher wollen sich die Himmelsforscher persönlich kennen, die Jahrestagungen mit Begrüßungsabend, Fest- und öffentlichem Abendvortrag bildeten den bewährten Rahmen, auch war man stolz auf die ideelle Kontinuität mit ehemaligen Mitgliedern

---

[334] Kippenhahn (1999), auch R. Kippenhahn, „Liebesgrüße aus Prag“, Sterne und Weltraum 40(3), 226 (2001).

[335] Im Jahre 1967 war auch der gesamtdeutsche Status des 1960 unter einem „gemischten“ Direktorium (Görlich, Hoffmeister, Kienle, Lambrecht, Wellmann, Wempe) eröffneten Karl-Schwarzschild-Observatoriums Tautenburg aufgehoben worden.

wie Abbe, Schwarzschild und Einstein. Jedes AG-Mitglied aus dem Akademie-Bereich hatte eigenhändig einen vorgeschriebenen Text nach Göttingen oder Heidelberg zu schicken, um seinen Austritt zu erklären: „Da die gegenwärtige Politik der Regierung der Bundesrepublik unvereinbar ist mit den politischen Zielen und Bemühungen der DDR kann ich als Bürger dieses Staates nicht mehr länger Mitglied einer Gesellschaft sein, die ihren Sitz in Westdeutschland hat und damit bewußt oder unbewußt die Politik der Bundesregierung, insbesondere deren Alleinvertretungsanspruch, unterstützt“[336] – formuliert fast wortgleich mit dem Redetext Steenbecks. Es hatte dazu auch eine Vorgeschichte gegeben: Im August 1968 berichtete das MfS dem sicherlich überraschten Honecker, dass die westdeutsche Astronomische „Gesellschaft *alles unternehmen werde, um die engere Mitarbeit* [im Vorstand der AG] *vor allem junger DDR-Astronomen zu erreichen ... Bei den DDR-Vertretern müsse es sich um ‚brauchbare' junge und begabte Wissenschaftler handeln, die Mitglieder der SED sind ... Die Parteimitgliedschaft würde solchen jungen Wissenschaftlern auch die Einnahme leitender Positionen in den Akademie-Instituten ermöglichen.*“[337] Eine überschlaue Idee, aber auf diesem Terrain war Ostberlin nicht so leicht zu übertölpeln. Kippenhahns kecker, während oder kurz nach der Eisenacher AG-Tagung ersonnener Plan hatte noch die andere Konsequenz, dass er selbst ins Fadenkreuz der Aufklärer geriet. Ob sie ihn mochten – es war die hohe Zeit der 68er in Göttingen – oder fürchteten, ist unklar geblieben. Jedenfalls wurde in Jena eine zur DDR-Delegation der IAU-Versammlung gehörende Kontaktperson gesucht und gefunden, beim westdeutschen Tagungsteilnehmer R. Kippenhahn so viel Informationen wie möglich abzuschöpfen, „*ohne selbst abgeschöpft zu werden*!“ Tatsächlich hätte es in Prag ein angeblich nur 5-minütiges Gespräch mit Kippenhahn und Weigert gegeben, heißt es im Auswertebericht[338] – die Kontaktperson war der junge Fritz Krause aus dem Akademieinstitut für Magnetohydrodynamik, der sich aus den geheimen Umarmungen jahrzehntelang nicht mehr lösen können wird. Ruben schilderte 1973 seinem Führungsoffizier, wie er bei einem Treffen in Warschau Kippenhahn, der sich die Austrittswelle sehr zu Herzen genommen und eine persönliche Mitverantwortung gesehen hätte, als Parteifunktionär erklärt habe, „*daß die Astronomische Gesellschaft nach wie vor eine nationale Gesellschaft der BRD sei und es nicht üblich sei, rein nationalen Organisationen beizutreten.*“ Dass zu dieser Zeit überhaupt noch gesamtdeutsche Berufsvereinigungen existierten, wird die SED-Führung zugleich gewundert wie erzürnt haben, mit den bekannten Konsequenzen.

---

[336] Pfau & Schielicke (2013).

[337] BStU, MfS, ZAIG 1543. Namentlich genannt wurden Schöneich und Wenzel als Vorschläge Kippenhahns; es scheint ihnen, nachträglich betrachtet, nicht wirklich gut bekommen zu sein.

[338] Mit Prof. Alfvén, der seit längerer Zeit mit Prof. Steenbeck korrespondiere, wird berichtet, „fanden mehrere Gespräche statt“.

Die erzwungenen Austritte der ostdeutschen Astronomen fielen ausgerechnet auf das Jahr der amerikanischen Mondlandung, die am 20. Juli 1969, weit nach Mitternacht, im West-TV übertragen wurde. Den Wettlauf zum Mond hatten die Sowjets verloren, obwohl sie zuvor die erste weiche unbemannte Mondlandung noch vor den Amerikanern geschafft hatten. Nur im kleinen Kreis ist das Jahrhundertereignis im Institut besprochen worden, eine öffentliche Veranstaltung[339] hat es nicht gegeben, auch keine private Einladung zum gemeinsamen Fernsehen am frühen Montagmorgen. Wempe und seine Schwester hatten sich damals nur getraut, die ihnen vertraute Familie Jäger zur Feier der nächtlichen Mondlandung einzuladen, sonst niemanden. In Jena hatte kaum jemand Probleme mit Westfernsehen und so bestaunten wir Neil Armstrongs „small step for a men ...“ im Freundeskreis ehemaliger Physikstudenten. Beim von der Sternwarte Jena organisierten Workshop über Interstellare Materie im März 1986 im Thüringer Georgenthal wurde nachts selbstverständlich der vom Westsender übertragene Vorbeiflug der ESA-Sonde „Giotto“ am Kometen Halley gemeinsam, auch mit den westdeutschen Teilnehmern,[340] verfolgt und mit eingeschmuggeltem Marken-Whisky begossen – undenkbar für Potsdamer Verhältnisse.

Mit den Zwangsaustritten der Astronomen hatte der Abgrenzungsfuror der Wissenschaftsfunktionäre seinen Höhepunkt noch lange nicht erreicht. Dienstreisen zu Kongressen, Arbeitsaufenthalten und Beobachtungskampagnen im westlichen Ausland waren bis dahin je nach Kassenlage durchaus möglich. Noch im Juli 1953 hatte z.B. das Akademiepräsidium festgelegt, dass jeweils drei Astronomen aus Potsdam, Babelsberg und Sonneberg zur Jahrestagung der AG nach Bremen fahren können, die Direktoren hätten die Auswahl zu treffen. Jetzt, nur fünfzehn Jahre später, hieß es aus den Parteibüros: über Kontakte bestimmen ausschließlich wir – was sich auf ausnahmslos alle Auslandsbeziehungen bezog, ausdrücklich auch auf solche mit Fremdfinanzierung. Begründungen, schriftlich oder mündlich, für Ablehnungen hat es nie gegeben, beim Wettbewerb um Beziehungen und Kooperationen ist der überwiegende Teil der Wissenschaftler mit einem Federstrich einfach ausgeschlossen worden. Die später „Reisekader“ genannten erwählten 529 Personen[341] repräsentierten in ihrem Selbstverständnis allein die Forschung an der Akademie, glücklich befreit vom Erfolgsdruck. Man hatte es sich gemütlich gemacht in der AdW-Zentrale, „eine ganze Epoche voraus“, hatte Walter Ulbricht in seinen letzten Jahren diesen Zustand seines Landes, ohne Ironie, bezeichnet. „In ein oder zwei Generationen werden wir Nordkorea übertreffen, mit neuen Erkenntnissen bei der Integration der Funktion e hoch x“ hatte

[339] Zu Ansprachen anlässlich des gelungenen Fluges des ersten Sputniks sind im Oktober 1957 alle Schüler der DDR in Aulas und Turnhallen gerufen worden, um die Überlegenheit sowjetischer Technik zu feiern.

[340] Chini, Habing, Mezger, Staude (Heidelberg).

[341] Stand 1974: etwa 20.000 Beschäftigte. Stand 30.8.1991: 16101 Beschäftigte, davon 7479 Hochschulabsolventen. Quelle: KAI AdW.

Krause geflüstert, als eine nordkoreanische Delegation das Potsdamer Observatorium besuchte. In ihren (russischsprachigen) Beiträgen hatten sie alle bekannten relevanten astronomischen Probleme schon gelöst, von der Expansion des Weltalls, dem Verständnis der Quasare, dem 11-Jahres-Zyklus der Sonne bis zur Bedeutung der Planetenabstände. „Manche sagen, ein kleines Fernrohr könnten wir gut gebrauchen, es muss nicht sehr groß sein, nur zur Bestätigung unserer Erkenntnisse“, hatte der Delegationsleiter zum Schluss erwähnt. Kommentar Ruben: „Kim-Il-Sung, was für ein bedeutender und ausdauernder Politiker.“ Dessen Konterfei trugen alle Delegationsmitglieder als Parteiabzeichen auf den Jacken, der Anführer war an einer besonders großen Brosche zu erkennen.

Im neuen Institut für Sternphysik begannen Hans-Jürgen Hubrig und Ewald Gerth, einen vorhandenen Abbe-Komparator zur Messung kleinster Abstände in Linienspektren analog-elektronisch zu modernisieren und für zukünftig digitale Datenverarbeitung auszustatten. Relative Linienaufspaltungen von einem Millionstel wurden jetzt messbar, entsprechend einem Magnetfeld von 1000 Gauß, eine enorme Genauigkeitssteigerung. Die Magnetfelder der Sterne 53 Cam und ε UMa konnten auf diese Weise während aller Rotationsphasen mittels Spektrogrammen von 2-m-Spiegelteleskopen[342] bestimmt werden. „Für die Entscheidung zwischen verschiedenen Modellen für magnetische Sterne“ ist diese Genauigkeitssteigerung „von entscheidender Bedeutung“, hatten die Beteiligten[343] in der Jenaer Rundschau geschrieben. Nach einem Treffen der „Unterkommission Magnetische Sterne der Akademien sozialistischer Länder“ am Spezialobservatorium in Zelenchuk[344] sind in Potsdam auch einige Dutzend Spektrogramme vom dortigen 6-m-Spiegelteleskop ausgewertet worden. Die Belichtungszeiten für die untersuchten Sterne verkürzten sich im Vergleich zu den Tautenburger Werten von etwa 2 Stunden auf 10 Minuten. Die frühesten nachweislichen Magnetfeldmessungen von diesen Spektren stammen von 1983 und galten dem magnetischen Überriesen ν Cep.[345]

Eine andere (vielleicht zu) frühe, von Wempe initiierte Konstruktion Hubrigs ab 1969 war ein mechanisch-lichtelektrisches Scanning-Gerät zur automatischen Spektrenauswertung (GASPEK), mit dem gleichzeitig Linienprofile aus bis zu 6 Spektren vermessen, digitalisiert und auf Lochstreifen gespeichert werden konnten. Es ist noch heute vorhanden, ist aber wegen der unzureichenden Rechen- und Speichertechnik[346] bis 1991 nicht mehr zum routinemäßigen Einsatz gekommen.

---

[342] Meist aus Tautenburg, aber auch aus den Observatorien von Ondrejov, Sofia und Schemacha.

[343] Gerth, Hubrig, Oetken, Scholz, Strohbusch, Czeschka.

[344] Weitere Treffen (stets ohne westliche Beteiligung) hat es in Schemacha (1973), Sonneberg (1974), Prag/Ondrejow (1978), Szombathely (1983) und Zelenchuk (1987) gegeben, von DDR-Seite aus koordiniert von W. Schöneich.

[345] Gerth et al. (1991).

[346] Kleinsteuerrechner KSR4100, entwickelt in Jena und produziert in Radeberg, maximal 46 KB, wurde sowohl für GASPEK und Abbe-Komparator eingesetzt, sollte Ende der 1980er Jahre durch den Personalcomputer A7100 mit zehnfacher Speicherleistung ersetzt werden.

Bild 54. Sonneberg 1974, „Unterkommission Magnetische Sterne der Akademien sozialistischer Länder“, siehe Anmerkung 344. v.r.: Panov, Stępień, Gerth, Bartl, Gußmann, Domke, Musielok, Rüdiger, Lange, Hildebrandt (unvollst.).

Bild 55. Leitende Mitarbeiter des Astrophysikalischen Observatoriums (Privathaus, etwa 1972); v.l.: K.-H. Rädler, L. Oetken, F. Krause (1927–2024). Archiv Krause.

Sterne mit Magnetfeldern photometrisch zu beobachten, ist weder in Potsdam (70-cm-Spiegel) noch in Sonneberg (60-cm-Spiegel) ernsthaft betrieben worden. Vielmehr hatte es W. Schöneich, Absolvent des Moskauer Sternberg-Instituts, vorgezogen, durch Überführung eines 35-cm-Spiegelteleskops von Potsdam zum Observatorium Schemacha in Aserbaidshan eine Außenstation im Kaukasus zu errichten. Vorher hatte dort der VEB Carl Zeiss Jena einen 2-m-Spiegel aufgestellt, was die Standortwahl gut zu begründen schien. Die Frage nach lokalen Beobachtungsbüchern zur Feststellung der Arbeitsmöglichkeiten war oft gestellt, aber nie beantwortet worden.[347] Die Anreise über Moskau dauerte zwei Tage, das dortige Institutspersonal war permanent zerstritten, der Beobachtungsschuppen zugig, Infrastruktur kaum vorhanden; zu einer astronomischen Zusammenarbeit beider Einrichtungen hat es nie gereicht,[348] das Observatorium lieferte den Deutschen nur Wasser, Strom und Unterkunft. Beschreibungen der Potsdamer

[347] Etwa 5-monatige Schönwetterperioden, von denen jährlich 2 Monate genutzt werden sollten.

[348] Schöneich im Jahre 1983 vor der Gerätekommission: „Eine Beteiligung von Beobachtern des Observatoriums Schemacha ist auf Grund 13-jähriger Erfahrung auch jetzt nicht zu erwarten." Zwillingsteleskop siehe Anhang 10.

Instrumente – bald wurde noch ein störanfälliger Zwillingsreflektor mit zwei 35-cm-Spiegeln in Eigenregie gebaut und unter Wempe umgesetzt, der jährlich vor Ort von einem Wartungsteam instand gesetzt werden musste und erst „1981 seine volle Leistungsfähigkeit erreicht hat" – sind heute kaum noch zu finden. Nur in einem unscheinbaren russischsprachigen Bändchen der Aserbaidshanischen Akademie gibt es kurzgefasste Darstellungen. Fast alle veröffentlichten Resultate stammten vom einfachen 35-cm-Spiegel, es wurden damit Rotationsperioden von pekuliaren A-Sternen gemessen,[349] Perioden in Kombination mit Magnetfeldmessungen von Doppelsternsystemen mit einer Ap-Komponente bestimmt[350] und photoelektrische Beobachtungen in 10 Farben unternommen.[351] In einer kurzen Notiz in einem Tagungsband wird berichtet, dass mit dem Zwillingsteleskop zwischen 1973 bis 1981 nur 5 von 16 untersuchten Ap-Sternen die gesuchten schwachen nichtperiodischen Helligkeitsvariationen zeigten.[352] Trotzdem wurde berichtet, dass „die an dieses Teleskop anknüpfenden Veröffentlichungen ein wesentlicher Teil der Erfolge der ... multilateralen Zusammenarbeit" gewesen seien. Die Beobachtungskampagnen – Quereinsteiger wie der Potsdamer Mathematiker Jürgen Reichert wurden dankbar akzeptiert – waren schon 1982, im Jahr nach der endgültigen Fertigstellung des Zwillings-Teleskops, zum Erliegen gekommen. Anfang 1990 wurde die aus der Zeit gefallene Aserbaidshan-Episode des Instituts von Direktor Schmidt offiziell beendet.

Zentralinstitut für Astrophysik

Zum 1. Juli 1969, acht Jahre nach Mauerbau und zwei Jahre nach Gründung des Instituts für Sternphysik, ist das Zentralinstitut für Astrophysik Potsdam (ZIAP) aus den außeruniversitären Sternwarten und Observatorien der DDR gebildet worden. Dabei sind fast alle Astronomen einem vom Akademie-Präsidenten ernannten Direktor, dem Mathematiker und Wissenschaftshistoriker Hans-Jürgen Treder, unterstellt worden. Anfangs war sogar die Universitätssternwarte Jena als Unterabteilung in den Papieren vorgesehen,[353] was zurückgenommen wurde, als dem damaligen Jenaer Ordinarius Lambrecht von seinem Rektor eine Missbilligung „wegen Verstoßes gegen Grundprinzipien der staatlichen Leitung" ausgesprochen worden war. Lambrecht hätte „Kontakte mit maßgeblichen Leitern anderer

---

349 Panov, Schöneich (die Periode für HD 133029 ist etwas kürzer als die magnetisch abgeleitete).

350 Hildebrandt, Nikolov, Scholz, Schöneich.

351 Musielok, Lange, Schöneich, Hildebrandt, Želwanowa, Hempelmann, Salmanov.

352 Hildebrandt, Schöneich, Lange, Želwanowa, Hempelmann, in: Cowley et al. (1986), S. 189.

353 Dienstbesprechung 9. 7. 1969: „Die Zuordnung der Sternwarte Jena zum ZIAP ist nach wie vor vorhanden".

staatlicher und wissenschaftlicher Einrichtungen geknüpft, mit dem Ziel, Veränderungen mit weittragenden Konsequenzen" zu erreichen.[354]

Ursprünglich regelte die Geschäftsordnung des neuen Instituts, dass *„ankommende Auslandspost dem Adressaten ungeöffnet zu übergeben*" sei, wonach dieser auf dem Dienstweg seine Leitung über den Inhalt zu informieren habe. *„Ausgehende Post ist vom Bereichsdirektor abzuzeichnen.*" Wenig später ist diese Prozedur durch die schlichtere Bestimmung *„Postverkehr immer über die Institutsleitung*" ersetzt worden. In der Dienstbesprechung am 13. Mai 1986 hieß es dann nur noch unverblümt: „Schreiben in die BRD und nach Westberlin sind 4-fach an den Direktor zu geben", eine Anweisung angeblich wegen fehlender Kopiergeräte.

Die Zentralinstitute bildeten umfassende Wissenschaftskombinate in einer Akademie, die von der kollegialen Leitung einer Gelehrtengesellschaft zur strikten Einzelleitung auf allen Kommandoebenen übergegangen war. Die fünf Großinstitute etwa der „Kosmischen Physik"[355] unterstanden einem Forschungsbereichsleiter[356] und dieser dem Präsidenten[357] und seinem Generalsekretär.[358] Die Klassen und Sektionen der alten AdW spielten nur noch eine dekorative Rolle, die neue Elite wählte sich gern gegenseitig, folgerichtig gab es bald auch einen neuen Namen: „Akademie der Wissenschaften der DDR" – im Wortsinne passend, denn diese Organisation war zur Gänze in den Händen des Staates. In der Ordnung für die Arbeit der Spitzenkader (*„Nomenklatur-Ordnung*") von 1971 wurde für die Personalpolitik tatsächlich zuallererst die *„Sicherung der führenden Rolle der Arbeiterklasse und ihrer marxistisch-leninistischen Partei*" gefordert, kein Wort zu fachlicher Expertise. Dazu hatte Treder als sprachgewaltiger und vielseitiger Interpret der Physikgeschichte[359] im größten Potsdamer Kino vor allen Mitarbeitern nach einem vorher ausgereichten Text zum Thema „Warum muss der Direktor eines astrophysikalischen Instituts ein Theoretiker sein?" vorgetragen. Auch sein Stellvertreter Ruben, von dem Treder bis dahin nie gehört hatte und über dessen Eigenmächtigkeiten er sich anfangs ärgerte, hatte sich immer als Leiter einer theoretischen „Querschnitts-Abteilung" gesehen.

Ruben hatte seine Schulzeit in der deutsch-jüdischen Akademiker-Diaspora in Ankara und später, interniert, in Zentralanatolien verbracht. Der Vater hatte 1935 auf Werben Atatürks einen Ruf auf einen Indologie-Lehrstuhl angenommen und lebte mit seiner Familie zusammen mit Emigranten wie Ernst Reuter, Paul Hindemith und Bruno Taut in der kulturell autarken antinazistischen „Kolonie B", in der die von ihren türkischen Altersgenossen als „haymatloz" verspotteten Kinder

---

[354] Archiv Schielicke. Lambrecht wollte der gleichzeitig stattfindenden 3. Hochschulreform entgehen, die ihn vom Institutsdirektor zum Bereichsleiter gemacht hätte. Er legte protestierend die Leitung der Sternwarte nieder und wurde 1974 als ordentlicher Professor für Astronomie emeritiert.

[355] Seit 1974 Forschungsbereich „Geo- und Kosmoswissenschaften".

[356] Erst Treder, dann Stiller.

[357] Erst Klare, dann Scheler.

[358] Erst Lauter, dann Grote.

[359] Treder (1983).

privat unterrichtet wurden. Nach dem Weltkrieg ging der Vater aus Chile kommend über Hamburg nach Ostberlin, stellte 1952 Antrag auf Mitgliedschaft in der SED und machte in der Folge eine atemberaubende Karriere: Nationalpreisträger, Institutsdirektor, Akademiemitglied mit eigenem Haus auf Hiddensee. Der Sohn studierte Astronomie an der Humboldt-Universität Berlin, Diplomarbeit in Potsdam, und trat – womöglich auf Anraten Wempes – bald eine Aspirantur bei Alla Massevich in Moskau an, promovierte dort 1962 mit Rechnungen zum homogenen Sternaufbau. Seine damaligen russischsprachigen Publikationen sind ohne messbare Resonanz geblieben, während Massevichs Favorit Tutukov viele Stationen später das fachliche Niveau seines Arbeitsgebietes mitbestimmte. Da ihre Interessen eher bei der Geodäsie und Astrometrie gelegen haben, hat Frau Massevich gelegentlich Kollegen auf dem Potsdamer Telegraphenberg besucht und dabei wahrscheinlich auch Wempe getroffen.

Johann Wempe im Jahresbericht 1961 des Astrophysikalischen Observatoriums: „Die wissenschaftlichen Arbeitsleiter Dr. E. Lamla, Dr. W. Mattig und Dr. E. H. Schröter verließen Potsdam Anfang August; Dr. U. Güntzel-Lingner[360] kehrte von der IAU-Versammlung nicht nach Potsdam zurück. Herr G. Ruben beendete seine dreijährige Aspirantur in Moskau und erhielt zum 1. 1. 1962 die Stelle eines Oberassistenten.“ Nur elf Jahre nach der Promotion und mit weiteren Moskauaufenthalten ist Ruben sofort Geschäftsführender Direktor des eben gegründeten Zentralinstituts für Astrophysik geworden. Der Akademieleitung teilte er 1973 mit, dass die Dokumente seiner beiden Dissertationen sämtlich in Moskau lägen, er selbst besäße nur eine einfache Quittung, seine Diplom-Urkunde befände sich jedenfalls hier in der DDR.[361]

Zum Advent 1972 hatte der nach seiner Bausoldatenzeit in Prora/Rügen – zusammen mit Christen aller Art, meist Adventisten, Baptisten und Anthroposophen – eben von Sonneberg nach Potsdam gewechselte Rudolf Tschäpe die anderen Mitglieder seiner neuen Abteilung „Theoretische Astrophysik“ in seine neu bezogene flurlose 2-Zimmer-Wohnung im maladen Holländerviertel eingeladen. Kerzen, Kuchen und Gebäck vom Bäcker um die Ecke, Adventsmusik zur Begrüßung. Beim Betreten der Wohnung fällt ein prächtiger spätbarocker Bauernschrank auf, den der Wohnungsinhaber im Sonneberger Grenzgebiet entdeckt, gekauft und nach Potsdam überführt hatte, im anderen Zimmer eine messingglänzende astronomische Standuhr von Cuno Hoffmeister, mit Mondphasenanzeige und Sternzeit,

---

[360] Güntzel-Lingner hatte im Frühjahr 1961 verdeckte Bleibeverhandlungen ausgerechnet mit Walter Ulbricht geführt, als er diesen mit Schreiben vom 10. Juni um die Erlaubnis bat, einen PKW „Wartburg“ behalten zu dürfen, den ein sehr weitläufiger, mittlerweile republikflüchtiger Bekannter vor seiner Wohnung (mit Schlüssel!) abgestellt und ihm im Nachhinein schriftlich geschenkt habe. Er, Güntzel-Lingner, wolle solcherart motorisiert die Popularisierung der sowjetischen Raumfahrterfolge noch intensiver betreiben. Da eine Antwort ausgeblieben ist, hatte der „*Sehr geehrte Herr Vorsitzende*“ die Konsequenzen eben zu tragen und Güntzel-Lingner folgte seinem ihm fast gänzlich unbekannten alten Freund aus Plauen im Vogtland.

[361] Schreiben vom 15. 8. 1973, Brandenburgisches Landeshauptarchiv (BLHA).

auf einer Kommode der Gipsabguss einer Wagner-Figur von Max Klinger, in allen Ecken Stapel bedruckten Computerendlospapiers. Tschäpe war wegen der vergleichsweise paradiesischen Rechenmaschinen-Kapazitäten von Sonneberg nach Potsdam gekommen, es war exakt der Beginn des Siegeszuges der digitalen Rechentechnik in den Naturwissenschaften, gefüttert vor Ort mit Rollen von Lochbändern oder dicken Kartenstapeln als Datenträgern.[362] Ruben stöberte in den Bücherregalen, rügte die Unordnung, Tolstoi neben Christa Wolf, hm! Er wusste seit langem, dass Tschäpe von der Abteilung XVIII des Ministeriums für Staatssicherheit bearbeitet wird, um beweiskräftige Informationen wegen *„staatsfeindlicher Hetze und Gruppenbildung"* nach §§ 106,107 zu sammeln. Ruben sollte ihn beschäftigen, habe aber zu garantieren, dass keine Promotion entstehe. Es müsse geprüft werden, *„ob T. nicht die Möglichkeit hat, um fachliche Informationen nach WD zu liefern"*, seine *„Rolle unter den Wehrdienstverweigerern"* müsse erarbeitet werden, verlangte ein Gen. Schädlich im Übersichtsbogen zur operativen Personenkontrolle „Kontakt", verantwortlich: *„IM Astronom, Vorgesetzter der OPK"*.

Tschäpe war schon in Sonneberg insgeheim beobachtet worden, seit er im August 1968 mit einem Studienfreund auf der Motorroller-Rückreise von Prag am Grenzübergang Zinnwald kontrolliert und verhört worden war. Beide hatten einem Ermittler begeistert erzählt, dass es gar keine politischen Unruhen in der ČSSR gegeben habe, dass die sowjetischen Panzersoldaten glaubten, auf einem Manöver zu sein und sich über die vielen, ihnen zugeworfenen Blumen gefreut hätten. Sie selbst wären Augenzeugen gewesen und hätten zum Beweis Zeitungen mitgebracht. Der Befrager machte interessierte Zwischenbemerkungen, ließ sich manches doppelt berichten, die arglosen Rückkehrer erzählten überschwänglich, wie alles wirklich gewesen wäre. Nach 13 Stunden waren sie wieder frei, alles Schriftliche war einbehalten und ein Protokoll unterschrieben worden. Nach 25 Jahren wird Tschäpe sein Tagebuch – in dem englischsprachige Sätze säuberlich mit leicht identifizierbarer Handschrift eines Vorgesetzten aus der Sternwarte ins Deutsche übertragen worden waren – in den Sammlungen der Gauck-Behörde wiederfinden, nebst einer präzisen Grundrisszeichnung der beiden Zimmer in der Potsdamer Mittelstraße 11.

Das Jahr 1971 hatte dem Observatorium eine publizistische Sensation gebracht. Paul Roberts und Michael Stix hatten während eines Arbeitsaufenthaltes am HAO in Boulder, Colorado, vierzehn deutschsprachige Publikationen der Gruppe Krause/Rädler/Steenbeck (jetzt alphabetisch) übersetzt und als NCAR

---

[362] In Potsdam hat es damals nur zwei leistungsstärkere Computer gegeben, eine polnische Odra in der Schiffbauversuchsanstalt Marquardt und den russischen Supercomputer BESM-6 im Meteorologischen Dienst am Fuße des Telegraphenbergs. Komplexere numerische Dynamomodelle wurden zuerst an einer NE-503 der Firma National Elliott am Institut für Datenverarbeitung Dresden von Hiller und Recknagel berechnet. Schon ab 1980 konnte im ZIAP-eigenen Rechenzentrum (Leitung A. Neunast) mit einer leistungsstarken, IBM-kompatiblen R40-Rechenanlage (ESER-Name EC 1040, Beginn der Serienproduktion 1973, produzierte Stückzahl insgesamt 380) gearbeitet werden.

Technical Notes[363] publiziert, denn die wären sonst „kaum zugänglich". Das bedeutete, dass deutschsprachige Publikationen mittlerweile als unzugänglich angesehen wurden, aber auch, dass das Potsdamer Institut international wieder aufgetaucht war. Offenbar hatte nicht nur Steenbeck eine hohe Meinung von seinen Arbeiten, sondern auch ausländische Experten schätzten die neuen Methoden. Roberts war Lehrstuhlinhaber an der Universität Newcastle und Stix arbeitete an der Göttinger Universitätssternwarte. Die turbulenztheoretischen Ansätze zur Erklärung kosmische Magnetfelder hatten nicht nur die beiden Übersetzer beeindruckt, sie sind bis heute weltweit in ständiger Entwicklung geblieben. Seit dieser freundlichen, aber unüberhörbaren Ermahnung sind alle wesentlichen spektroskopischen und theoretischen Publikationen des AOP in englischer Sprache verfasst worden.[364]

Ab 1974 hatte eine Expertenrunde „Turbulenz"[365] die DDR-weite Vernetzung aller Arbeitsgruppen auf diesem Gebiet betrieben, was zu regelmäßigen ein- bis zweitägigen „Umlaufkolloquien" in Berlin, Dresden, Merseburg, Potsdam, Warnemünde und Freiberg führte. Engere Kontakte sind bei Besuchen in Potsdam insbesondere mit Kollegen aus anderen Akademie-Instituten[366] zustande gekommen. Im Jahre 1978 hatte eine Tagung in Eisenach die Turbulenzforscher unterschiedlichster Anwendungsgebiete zusammengeführt, mit Beiträgen über Kanalströmung, Strömungen in Stallbauten und Transportfragen bei turbulenten Bewegungen in der Luft und der Sonne.[367] Dagegen waren die Kontakte zum Zentralinstitut für Physik der Erde nur wenig strukturiert. Anfangs hatte es Seminare mit einer kleinen Gruppe aus dem ehemaligen Geomagnetischen Institut gegeben, von denen besonders der – auch wegen seiner menschlichen Dimension – eindrückliche Bericht von Friedrich Wiegank über den Zusammenhang paläomagnetischer Messungen und Kontinentaldrift nachdenklich gestimmt hat. Anfang der 1970er Jahre machten es magnetische Geodaten immer wahrscheinlicher, dass sich vor 150 Millionen Jahren Afrika und Südamerika voneinander getrennt hatten. Ein später Triumph der Kontinentaldrifttheorie des ehemaligen Astronomen Alfred Wegener, für die er einst Spott und Häme („Krustendrehkrankheit") der professoralen Experten einzustecken hatte. Wegener war an seinem 50. Geburtstag während eines Rettungseinsatzes zur Station Eismitte auf Grönland gestorben. Wiegank hatte Anfang der 1950er Jahre als Oberschüler in Magdeburg einen Vortrag der Wegener-Witwe über die noch immer belächelten Ideen ihres Mannes gehört. Seiner erhöhten Aufmerksamkeit hatten wir es zu verdanken, als eine der ersten Gruppen in Deutschland den neuesten Sachstand zu kennen.

---

[363] NCAR-TN/1A-60.

[364] Oft lektoriert von dem Anglisten Christian Uhl, einem ehemaligen Mitschüler des Verfassers.

[365] Leitung K.-H. Rädler.

[366] Gottfried Seifert (Institut für Mechanik Berlin), Hans-Ullrich Lass (Institut für Meereskunde Warnemünde), Gerhard Schmitz (Observatorium für Ionosphärenforschung Kühlungsborn).

[367] Hoffmeister & Seifert (1979).

Statt des Nobelpreises für Steenbeck hatte es 1971 einen Nationalpreis 1. Klasse[368] gegeben und Krause wurde von Treder der Professorentitel versprochen. Die Parteileitung hatte kategorisch verlangt, Ruben solle stattdessen Professor werden. Max Becker, erst Bäcker, dann Kaderleiter und Parteisekretär des Forschungsbereichs „Kosmische Physik", bescheinigte Krause, eine „*negative Grundeinstellung zur Politik von Partei und Regierung*". Günter Pätzold als IM „Kosmos", ehemaliger Instrukteur der FDJ-Kreisleitung Brandenburg, jetzt Bürochef beim Forschungsbereichsleiter: „*Ich habe der Parteileitung empfohlen, ihre Einschätzung des Dr. Krause aufrechtzuerhalten, seine Professur abzulehnen und die des Genossen Ruben zu befürworten.*" Das Ränkespiel misslang, Treder erklärte, dass Steenbeck sich sonst für Krause stark machen werde, also wenn dieser nicht, dann Ruben auch nicht. Vorsichtshalber hatte Treder Krauses Publikationen von seinem Doktoranden John nachrechnen lassen, was diesem unangenehm war. Nach jahrelangen Auseinandersetzungen hinter den Kulissen unterschrieb Präsident Klare im September 1976 schließlich die Ernennungsurkunde für Ruben und ein Jahr später die für Krause, der jetzt an Schwarzschilds Originalschreibtisch saß. So hatte das mittlerweile „Bereich II des ZIAP" genannte Astrophysikalische Observatorium gleich zwei neue Professoren, einen ohne und einen mit Werk. „Lieber Krause, lieber Herr Kollege, hat es endlich geklappt …", beginnt Steenbeck vielsagend sein Glückwunschschreiben.

Im Mai 1975 hatte mich Treder überraschend zu sich bestellt, um in aller Herrgottsfrühe mitzuteilen, dass er von mir im nächsten Jahr eine Habilitationsschrift erwarte, und zwar, wegen meiner Jugend, in Form einer Monographie über die differentielle Sternrotation. Vorher müsste aber noch ein „anständiger" Artikel zum 275. Jahrestag der Gründung der Akademie der Wissenschaften für die institutsweite Wandzeitung geschrieben werden, „machen Sie das beeindruckend ... beeindruckend". Die kleine Bedingung wurde gern erfüllt, aber Forschungsbereichsleiter Heinz Stiller, selbst ehemaliger Jenaer, tobte, zunächst insgeheim: „*... die Habilitationen von Rüdiger*[369] *und Rädler*[370] *werden abgesetzt, man sei sich über ein Auseinandernehmen der Arbeitsgruppe Dr. Krause einig ...*", diktierte er als IM „Martin" ins MfS-Protokoll.[371] Rädler hatte den Unwillen Stillers hervorgerufen („*benimmt sich wie ein Tölpel*"), weil dieser darauf bestanden hatte, als Gewerkschaftsvorsitzender (seit 1974) nur mit sozialen Fragen befasst zu werden, nicht mit politischen. Stillers Intention ist schließlich zum Konzept geworden.

[368] Für Steenbeck, Krause, Rädler und Hiller (Institut für Datenverarbeitung Dresden), Aufteilung des Preisgeldes gemäß 40:30:15:15.

[369] G. Rüdiger, „Hydrodynamik turbulenter Medien unter besonderer Berücksichtigung der Theorie der Rotationsgesetze", Akademie der Wissenschaften der DDR, Verteidigung am 14. 11. 1980.

[370] K.-H. Rädler „Untersuchungen über sphärische Dynamomodelle auf der Grundlage der Magnetohydrodynamik der gemittelten Felder", Akademie der Wissenschaften der DDR, Verteidigung am 19. 5. 1980.

[371] Siehe Anhang 11.

Tatsächlich ist in einer von ihm Ende 1981 vorgelegten, von einigen Genossen[372] ausgearbeiteten „Konzeption des Zentralinstituts für Astrophysik“ die Magnetgruppe zusammen mit der Sternspektroskopie nur noch am Rande vorgekommen („bearbeiten die Themen 2.6 und 2.8“). Durch vollständige Ausgliederung der Gerätebauabteilung Hubrigs aus dem Zentralinstitut hatten die im Refraktorgebäude verbliebenen Spektroskopiker ihren technologischen Halt verloren und wurden später von einem ehrgeizigen Mitarbeiter der Sonnenabteilung, der sich bis dahin nur mit dem Anfertigen eines Raumbelegungsplanes hervorgetan hatte, mit dem Einsteinturm und dem Radioobservatorium Tremsdorf unter seiner Leitung vereint. Auch die Photometrie-Gruppe wird sich schließlich von Krause trennen, nachdem dieser deren überzogene Ansprüche auf materielle und akademische Auszeichnungen zurückgewiesen hatte; sein ursprünglicher, von Wempe klug zusammengestellter Arbeitsbereich ist zuletzt, von ihm selbst unkommentiert und womöglich fast unbemerkt, wieder auf eine kleine theoretische Kerntruppe zusammengeschmolzen. Zudem wurde nach diesem Konzept das halbe Gravitationstheorie-Personal Treders als „Einstein-Laboratorium für theoretische Physik“ aus dem ZIAP überfallartig ins Einstein-Sommerhaus nach Caputh weggebracht. Wie Stiller es dem Staatssicherheitsministerium angedient hatte: Krauses Bereich aufgelöst und die Dynamogruppe ausgelagert,[373] Treder sogar ganz verabschiedet. Nach solchen Erfolgen als durchsetzungsfähiger Wissenschaftsorganisator war Stillers Aufstieg zum Vizepräsidenten der AdW nicht mehr aufzuhalten.

Zeitzeichen

Jenaer studentische Traditionen aufnehmend, hatte es von Zeit zu Zeit im Observatorium kulturelle „Zeitzeichen“ gegeben, vornehmlich mit Lesungen bekannter, teils schillernder Autoren, beginnend mit der in Ungnade gefallenen Christa Wolf. Dieser Abend war ihre erste Einladung seit Jahren, was uns Organisatoren stolz statt stutzig machte. Ich hatte sie schon 1969 bei einer Schriftstellerlesung im städtischen Kulturhaus kennengelernt. Auf dem Telegraphenberg hatte sie aus einem Entwurf von „Kindheitsmuster“ gelesen, das später durch seinen auffälligen Einband in Bücherregalen zur Chiffre dafür wurde, dass man bei seinesgleichen war. „Das Vergangene ist nicht tot, es ist nicht einmal vergangen“, beginnt trotzig der Text. Wempe kümmerte sich rührend um die beiden Wolfs, stellte seinen Dienstwagen zu Abholung und Heimfahrt zur Verfügung und ließ es sich nicht nehmen, abschließend in seinem imposanten Büro mit den deckenhohen alten Holzschränken das Ehepaar Wolf zu unterhalten. Stiller als IM „Martin“ zur Staatssicherheit:

---

[372] Hurtig, Liebscher, Marx, Möhlmann. Personelle Aufteilung: Theorie und Extragalaktik (50 VBE), Rechenzentrum (42 VBE) und 18 VBE für Sternphysik und MHD (keine Sonnenphysik).

[373] Nicht nach dem Süden der DDR, sondern nach Potsdam-Babelsberg, Stubenrauchstraße 26, jedenfalls fort vom Telegraphenberg ins abgeschlossene Sperrgebiet.

„Das gesamte Astrophysikalische Institut kann auf Grund der negativen Haltung von Johann Wempe als negative Gruppierung eingeschätzt werden.“[374]

Überraschend war vom erwarteten Ansturm auf die öffentlich bekanntgemachten abendlichen Treffen der Astronomen mit der Kulturelite nur wenig zu spüren, städtische Besucher sind auf dem Telegraphenberg kaum erschienen. Der alle Welt duzende Ökonom Jürgen Kuczynski („Es gibt gar keine technologische Revolution, die Deutsche Bank hat ihre Computer schon wieder abgeschafft“), Hermann Henselmann, Stararchitekt von Stalinallee und Zeiss-Turm („die Zukunft baut anders“), der talentierte Newcomer Günter de Bruyn („Buridans Esel“), die bissige Autorin Renate Holland-Moritz (die einzige mit Szenenapplaus), die jungen DEFA-Regisseure Rainer Simon („Gewöhnliche Leute“) und Lothar Warneke („Es ist eine alte Geschichte“) waren die im Gedächtnis gebliebenen Höhepunkte. Die Begegnung mit den heimischen Filmleuten hat später zur Gründung des Potsdamer Filmclubs im Kulturhaus „Am Alten Markt“ geführt. Am eindrücklichsten war der Besuch[375] beim späteren Ehrenprofessor Sachsens Carlfriedrich Claus in seiner abgenutzten Wohnung unter dem heruntergekommenen Kino von Annaberg-Buchholz, der leicht als avantgardistischer Sonderling durchgehen konnte, aber nachts, fast in Trance, auf Pergament seine einzigartigen „Sprachblätter“ produzierte, die den entzückten Käufern als Signal künstlerisch-oppositioneller Eigenständigkeit dienten. Später wird sein Werk zum „eingetragenem Kulturgut“ des Freistaates Sachsen erhoben werden.

Oder der Besuch bei dem jungen Maler Uwe Pfeifer in Halle-Neustadt, der einen grauen Plattenbau in grauen Nebel gestellt hatte, einige Fenster erleuchtet, Männer mit Hüten tief im Gesicht auf den Wegen stehend, die Straßenbeleuchtung ausgeschaltet, nur die Stille ist zu sehen. Am Institut hat es einen speziellen Kulturfond gegeben, mit dessen Geld das Bild angekauft wurde. Ein von uns ebenfalls erworbenes, ahnungsvoll-aggressives Doppelselbstporträt von Volker Stelzmann musste nach einem ablehnenden Votum der Mitarbeiter des Observatoriums nach Leipzig zurückgebracht werden, was wir, wegen des Kaufpreises von etwa einem Monatsgehalt, dummerweise getan haben.

Auch Harald Metzkes in Berlin, Arno Rink in Leipzig, Theodor Rosenhauer in Dresden und Thomas Ranft im heutigen Chemnitz hatten ausgiebig Gelegenheit, sich über die mit einem beachtlichen Dienstwagen der Akademie der Wissenschaften vorgefahrenen kunstinteressierten Jung-Astronomen zu wundern. Das spürbare Aufleben einer kulturell-freien Szene in der Bezirksstadt Potsdam, naiv, öffentlich, ungesteuert und ohne finanzielle Ansprüche, ist 1976 nach der Ausbürgerung des Sängers Wolf Biermann allerdings wieder zum Erliegen gekommen.

---

[374] Buthmann (2020), S. 1116.

[375] Ein Besuch von Claus in Potsdam ließ sich nicht realisieren, ebenso wenig wie eine Lesung von Reiner Kunze.

Bild 56. „Morgennebel", Uwe Pfeifer 1973. Archiv Pfeifer.

Ein frühes Installationsprojekt, „Das Licht" der jungen Leipziger Künstler Lutz Dammbeck und Hans-Hendrik Grimmling zur Sommersonnenwende nachts in der riesigen Kuppel des Großen Refraktors scheiterte am nicht ganz unberechtigten Misstrauen der Institutsleitung. Man sollte anspielungsvoll von Mitternacht bis Sonnenaufgang bei völliger Dunkelheit gemeinsam auf das erste Mittsommerlicht warten, das durch den sich in der richtigen Richtung zur richtigen Zeit sehr langsam öffnenden Kuppelspalt die erschöpften Menschen mitsamt ihrem verrosteten Riesenteleskop nur zögernd erreichen würde. Aufgeschreckt ordnete Sicherheitschef Pätzold vom übergeordneten Forschungsbereich in einer Sitzung der Betriebsgewerkschaftsleitung Ende 1982 an, „daß ... Ausstellungen auf dem Telegrafenberg grundsätzlich der Öffentlichkeit nicht zugänglich gemacht werden können".[376] Die Anordnung beendete alle Verbindungen der Astronomen auf dem Telegraphenberg zu dem kleinen, lebendigen und gestalterisch-aufmüpfigen Teil der DDR-Künstlerschaft, um den es Tschäpe und seinen Freunden immer nur gegangen war. Das Verbot war eigentlich spät gekommen, vielleicht, weil sich Teile der SED-Bezirksleitung von der positiven überregionalen Resonanz der Wieland-

---

[376] Protokoll der BGL-Sitzung vom 3. 11. 1982 in Potsdam.

Förster-Ausstellung von 1974 in der Kuppelhalle des Großen Refraktors[377] geschmeichelt gefühlt hatten. Deren Abteilung Kultur hatte nur Monate nach der Ausstellung ein Treffen regionaler Künstler mit dem DEFA-Regisseur Warneke an der Spitze mit ZIPE-Funktionären auf dem Telegraphenberg organisiert, um herauszufinden, ob sich Erfolge wie die der Astronomen in Zukunft nicht auch wesentlich staatsnäher organisieren ließen.

Bild 57. „Ausgeschlossene" Gesellschaft (etwa 1976); v.l.: P. Rohn, R. Tschäpe, G. Tschäpe, G. Rüdiger, S. Ketzscher, L. Dammbeck, H.-H. Grimmling, Kinder: Karl-Konrad und Elsa Tschäpe.

Im November 1984 hatten Grimmling, Dammbeck und Freunde[378] mit ihrem halblegalen 1. Leipziger Herbstsalon ein unübersehbares Signal gegen den staatlichgelenkten Kulturbetrieb und das in ihren Augen betreute Malen der Leipziger Schule gesetzt. Eine große, unter einem Vorwand für 12.000 Mark angemietete Etage in einer Messehalle bildete für drei Wochen das Zentrum autonomer, unzensierter Kunst in der DDR. Die Ausstellung wurde am 7. Dezember geschlossen, ein Räumungsbefehl war aus Furcht vor deutschlandweitem Aufsehen zurückgestellt worden, und Grimmling wurde im Nachgang aus der Leitung des

[377] Auf dem DDR-weit verbreiteten Ausstellungsplakat ist irrtümlich „Großer Reaktor" statt „Großer Refraktor" gedruckt worden. Siehe Anhang 16.

[378] Firit, Heinze, Huniat, Wegewitz. Die Ausstellung sahen etwa 10.000 Besucher, ohne dass es eine öffentliche Bekanntmachung gegeben hätte.

Leipziger Künstlerverbandes entfernt. Überall hatte sich die autonome Kulturszene unter das Dach der Kirche zurückziehen müssen.[379] Noch in ihrem Ausreisejahr 1985 ist es Grimmling und Dammbeck gelungen, für einige Tage eine gewaltige Papierinstallation in der Kuppel der Nikolaikirche am Alten Markt zu errichten. Uns zurückbleibende Organisatoren der „Zeitzeichen" und anderer Kulturaktionen hatte die Staatsmacht dagegen als Feinde markiert und mit lebenslanger beruflicher Isolation bestrafen wollen. Solange hat es dann doch nicht gedauert. Am 7. Oktober 1989, dem 40. Jahrestag der DDR-Gründung, wird es unangemeldete Demonstrationen in Städten wie Berlin,[380] Leipzig, Plauen, Dresden, Jena und Potsdam geben, die mit mehr als tausend „Zuführungen"[381] aufgelöst werden. Am 9. Oktober werden sich im gespenstig dunklen Leipzig mehr als einhunderttausend Demonstranten mit „Wir sind das Volk" unbehelligt für „Weltanschauung durch Weltanschauen" in Bewegung setzen. Daraufhin und nicht durch kluges Agieren der Akademieleitungen wird sich in den Wissenschaftseinrichtungen die in Jahrzehnten sorgfältig errichtete Zwei-Klassen-Gesellschaft implosionsartig auflösen.

„*Bis Ende des Jahres 1972*", wird berichtet, „*war Dr. Krause bereits dreimal in Großbritannien und Prof. Roberts bereits dreimal in Potsdam.*"[382] Krause, der jedes lösbare Integral ohne merkliche Denkpause mit Kreide an der Tafel berechnen konnte, folgte anfangs Arbeitskontakten ausschließlich mit englischen Kollegen, vielleicht weil deren „Applied Mathematics" seinem Denken am nächsten kam. Am 18. April 1969 hatte Roberts an den Direktor des ZIPE geschrieben, dass die Anwesenheit Krauses als Leiter des geomagnetischen Instituts bei einer gerade beendeten Tagung in Newcastle von allergrößtem Wert gewesen wäre und schlägt für die Zukunft einen valutaneutralen Austausch[383] zwischen den Gruppen in Potsdam und Newcastle vor. Das Schreiben wurde Krause wahrscheinlich auf den Heimweg mitgegeben. Stabile Beziehungen zum westlichen Ausland gehörten seit der Akademiereform nicht mehr zum Berufsbild parteiloser Wissenschaftler. Die wenigen bestätigten Nomenklatur-Forscher besuchten gelegentlich internationale

---

[379] Frank Otto: Ich bin 1981 nach Potsdam gekommen, erlebte von Anfang an einen ausgeprägten Kulturprotestantismus, kritisch angelegte Veranstaltungen bei den Gemeindepädagogen und im evangelischen Civilwaisenhaus mit Konzerten, Theateraufführungen und Lesungen.

[380] Die Unruhen in Berlin wurden von einer ursprünglich kleinen Demonstration ausgelöst, die seit den Kommunalwahlen am 7. Mai immer am siebenten Tag eines Monates an deren Fälschung erinnerte.

[381] Zuführung = Verhaftung.

[382] Zu dieser Zeit gab es eine veritable Auseinandersetzung zwischen Krause/Roberts und dem Vielschreiber I. Lerche aus Chicago sowie H. Abt als dem Herausgeber des Astrophysical Journal. Krause in einem Bericht von 1973: Lerche „stellt sensationelle Behauptungen auf, die er durch fehlerhafte Berechnungen belegt." Im Ergebnis dieser Streitigkeiten entwickelten Krause und Roberts strenge Beweise für ihren Standpunkt, meist nach Anwendung des sog. Bochnerschen Theorems, nach dem, vereinfacht, Spektralfunktionen stochastischer Vorgänge positiv-semidefinit sind.

[383] Siehe Anhang 9. Erster Besuch Roberts' in Potsdam (und Dresden) im Mai 1970. Danach folgten regelmäßige Aufenthalte in Potsdam mit Antrittsbesuchen bei Treder und Steenbeck. Erster Gegenbesuch Krauses in Newcastle nach mehreren Verschiebungen am 20. 11. 1971.

wissenschaftliche Veranstaltungen, wurden dort aber nur selten wahrgenommen. So beklagte ein sehr reisefreudiger DDR-Delegationsleiter die mangelhaften Englischkenntnisse seiner Kollegen, die es *„unmöglich machten, zur jeweiligen Tagung irgendetwas beizutragen.“*

Dass dies bei Krause anders lief – bis hin zur Veranstaltung eigener, prominent besetzter internationaler Meetings auf dem Telegraphenberg[384] und später in der Babelsberger Sternwarte[385] –, brachte diesen in gefährliche Nähe zu den Sicherheitsorganen. Diese interessierten sich keineswegs nur für Auswärtiges, wovon Krause anfangs vielleicht ausgegangen war, sondern fast immer nur für seine unmittelbare Umgebung, ein Dilemma, dem er nicht mehr entkommen konnte. Die geheimen Treffs fanden vormittags in seinem Privathaus statt, fast nie wurde von ihm etwas unter- oder aufgeschrieben. Er galt als *„schwierig“*, am liebsten erklärte er dem Besucher die neuesten fabelhaften Erfolge seiner Abteilung, erläuterte – mit Ausnahmen – die Qualität seiner Mitarbeiter und deren Stellung im Weltmaßstab. Im Mai 1976 ist es zu einer Auseinandersetzung über *„die Art und Weise der Berichterstattung“* gekommen. Es ging um Krauses Befürchtung, *„daß bei Berichterstattungen über politische u.a. Äußerungen von Personen diesen nur geschadet würde“*. Er wurde *„zurechtgewiesen, daß seine Äußerung anmaßend sei.“* Krause hatte private Kontakte mit seinen Mitarbeitern tunlichst vermieden; nichts zu wissen, niemanden zu besuchen und seine Umgebung auf Distanz zu halten waren seine bevorzugten Reaktionen auf die Neugier der Geheimen. Am Ende eines Treffprotokolls schreibt ein Gen. Gerlach resigniert: *„Im Falle ███ spricht der IM erkennbar die Unwahrheit.“* Im Abschlussbericht[386] zur Beendigung des IM-Vorgangs wegen Krankheit/Alters heißt es am 6. Juni 1989, *„IM war nicht bereit, in die Vertrauenssphäre von Personen im Auftrag des MfS einzudringen, ... dadurch nur sehr oberflächliche Abschöpfung zu Personen möglich.“* Das MfS konnte auch anders: einem führenden Mitarbeiter, der sich weigerte zu kooperieren, ist unmittelbar darauf die Reiseerlaubnis auf Jahre entzogen worden.

„Erklären Sie die differentielle Rotation der Sonne, finden Sie den α-Effekt der Hydrodynamik“, hatte mir Krause als seinem ersten und einzigen Doktoranden aufgetragen. Der Äquator rotiert schneller und überholt alle 100 Tage die polaren Regionen. Auf der Suche nach diesem bisher unverstandenen Phänomen fand sich tatsächlich bald eine Eigenschaft rotierender Turbulenz, durch die ständig Drehimpuls zum Äquator fließt, was dort zu höherer Rotationsfrequenz führt. Turbulente Gebiete von Sternen können, wie sich zeigte, gar nicht wie ein fester Körper rotieren. Bestimmte Formen der Turbulenz heben das Gesetz der Experimentalphysik auf, wonach Drehimpuls immer nur in Gebiete langsamer Rotation

---

384 Tagung 1983, „Stellar and Planetary Magnetic Fields“, Astrophysikalisches Observatorium, Telegraphenberg.

385 Tagung 1988, „Magnetic Fields in Galaxies“, Sternwarte Babelsberg.

386 In einem der letzten Treffberichte ist es um *„eine mögliche militärische Anwendung der Dynamotheorie durch die USA im SDI-Komplex“* gegangen.

fließt, sodass am Ende der Stern wie eine starre Kugel rotieren müsste, was er nicht tut. Der neugefundene Effekt,[387] der wegen der Größenverhältnisse in irdischen Laboratorien bislang unbekannt geblieben war, ist zuerst in einer Artikel-Serie in der von Roberts editierten[388] englischen Zeitschrift „Geophysical and Astrophysical Fluid Dynamics" vorgestellt worden.

Bild 58. Alsoviće 1979; v.l.: Bucha, Ševčík, Cupal, Boda, Gailitis, Brestenský, Hyde, Braginsky, Roberts, Trešl, Soward, Rädler, Ruzmaikin, Rüdiger, Hejda, Moroz, Ivanova, Vainshtein, Krause, Prochazkova, Horáček, Bräuer; v.l.: Rädler, Soward, Krause, Ruzmaikin, Braginsky, Hyde, Ivanova, Bräuer, Brestenský (rechts). Photo: unbekannt.

Neben Roberts besuchten A. Soward, K. H. Moffatt, N. Weiss, O. Lielausis, A. Gailitis, I. Tuominen und A. Ruzmaikin[389] die Dynamogruppe, auch in Fortsetzung der Traditionen am Vorkriegs-Observatorium[390] und beim Steenbeck-Institut

---

[387] Genannt Lambda-Effekt, in versteckter Anspielung auf Ludwig Biermann, der schon 1951 auf den Unterschied beim Drehimpulstransport isotroper und anisotroper Turbulenz aufmerksam gemacht hatte (Biermann, 1951). Die schnellere Rotation des Sonnenäquators erweist sich – wie auch die zeitlichen Veränderungen der solaren Zykluslänge einschließlich Maunder-Minimum – als Resultat nichtlinearer Wechselwirkungen, die mit linearer Physik nicht zu verstehen sind.

[388] P.H. Roberts leitete GAFD von 1976 bis 1991, Nachfolger A. Soward.

[389] Später: Ya. B. Seldovich, S. I. Vainshtein, H. Yoshimura, D. D. Sokoloff, A. Brandenburg, D. Moss und L. L. Kitchatinov.

[390] Z.B. Unsöld, Kuiper, Milne, Waldmeier, Kiepenheuer, Korsching, Strohmeier, Lyons, Krug, Houtgast, Chandrasekhar. H. Brück berichtet über Seminarvorträge von Bok, Oort sowie Elis und Bengt Strömgren, aber Einstein hätte er auf dem Telegraphenberg nie gesehen (Brück, 2000).

in Jena.[391] Ivan Cupal, ursprünglich Gast an einem Nachbarinstitut auf dem Telegraphenberg, führte 1979 die ihm bekannten Dynamoleute aus Ost und West in seiner tschechischen Heimat Alsoviće erstmalig zusammen, darunter R. Hyde, S. I. Vainshtein und S. I. Braginsky, der trotz oder wegen seiner Prominenz aus diesem Anlass erstmalig die sowjetische Grenze überqueren durfte. Bei der Konferenz wurden von Potsdamer Seite – über die eigentlich geophysikalische Widmung des Treffens („Dynamo theory and the generation of the Earth's magnetic field") hinaus – auch die neuesten Ergebnisse zum turbulenten Drehimpulstransport und zur Gestalt des α-Tensors für sehr schnell rotierende Sterne (Rüdiger) sowie zur Unterdrückung nichtaxialsymmetrischer Magnetfelder durch differentielle Rotation (Rädler) vorgestellt. Erstmalig, mit 35 Lebensjahren, konnten die eigenen Resultate selbst vorgetragen werden, was noch im Vorjahr beim bestens besuchten Spezialistentreffen „Workshop on solar rotation" in Catania/Sizilien – organisiert von G. Belvedere und L. Paternò – von einem sehr speziellen Engländer hilfsweise erledigt werden musste. Beide Sizilianer sind daraufhin bei erstbester Gelegenheit, also schon 1983, nach Potsdam gekommen. In seinem Schlusswort in Alsoviće hob Krause die neueren Aktivitäten in der tschechoslowakischen Akademie[392] hervor und meinte gerührt, dass sich „hier Kollegen getroffen haben, die sich nie vorher gesehen hatten und nun endlich voneinander wissen, wie und was sie denken, was durch bloßes Lesen von Veröffentlichungen niemals erreicht werden kann". In den Darstellungen des Lebenswerkes des Paul Roberts spielt das Meeting von Alsoviće eine prominente Rolle, mehrere Autoren seiner Periodica aus Ost und West hatten sich dort treffen können.[393]

Vor dieser Fahrt ins Böhmische sollte ich meine Tauglichkeit für Dienstreisen ins östliche Ausland mit einem Besuch im April 1978 beim Institut für Physik der Lettischen Akademie der Wissenschaften nachweisen, Steenbecks technologischem Basislager für Natrium-Experimente. So hatten es Krause und O. Lielausis abgesprochen. Das Institut in Salaspils schien eine geschlossene Einrichtung zu sein, denn man wurde täglich mit Privatautos[394] von Riga dorthin gebracht. Es begann die Zeit der helleren Nächte im Norden, Riga erwies sich als staunenswertes Freiluft-Architekturmuseum; die gelegentlichen Besuche beliebter Restaurants führten abends an langen Schlangen geduldig wartender Menschen vorbei direkt zum Einlass; das seien Russen, so unsere lettischen Gastgeber.

Im Strömungslabor von Salaspils war einst nach Steenbecks Angaben ein helikal-verdrehter Kanal entlang eines externen Magnetfeldes konstruiert worden, durch den mit hoher Geschwindigkeit flüssiges Natrium gedrückt wurde, um die

---

[391] Z.B. Arzimowitsch, Kirko, Stenflo, Velikhov, Keldysch, Mestel.

[392] Brestenský, Cupal, Hejda, Trešl.

[393] Soward (2023).

[394] Agris Gailitis hielt das Umfahren von Schlaglöchern bei den von ihm aufgelegten Geschwindigkeiten von 50 km/h für unzumutbar gefährlich, trotzdem überlebten die kleinen Räder seines vollbesetzten kleinen Saporoshez-Autos jede noch so bedenkliche Schieflage.

so entstehende elektrische Spannung als α-Effekt entlang des Feldes zu messen.[395] Zusammen mit Wieland Freigang hielten wir dort unsere ersten englischsprachigen Vorträge – über Turbulenzviskosität – mit den damals neu aufgetauchten handbeschrifteten transparenten Folien und bewunderten das neue Großexperiment, einen riesigen rostigen Stahlbehälter voller Quecksilber, das mit einem motorgetriebenen inneren Rührbesen zu schneller Bewegung gebracht wurde, um den anschließenden Zerfall des Strömungswirbels zu studieren. Man hatte beobachtet, dass starke Magnetfelder die Lebensdauer des Wirbels verlängern und suchte eine theoretische Erklärung. Später ist aus dem Monstrum das Rigaer Dynamoexperiment mit flüssigem Natrium entstanden, die turbulenten Effekte sind jedoch immer klein geblieben. Erst als innere Leitbleche eingebaut wurden, die die Strömung zu einer meridionalen Zirkulation umlenkten, gelang am 11. 11. 1999 bei der höchsten Rotationsfrequenz ein exponentielles Anwachsen des Feldes,[396] zeitgleich mit den ersten Magnetfeld-Anregungen in der neuentwickelten Dynamomaschine beim Forschungszentrum Karlsruhe.

Wie für nichtturbulente Strömungen erforderlich, waren trotz der essentiellen Unterschiede beider Experimente die Pole der induzierten Magnetfelder immer genau senkrecht zur Rotations- oder Vortexachse gelegen. Für schnell und starr rotierende Sterne hatten die Rechnungen[397] die Selbsterregung eines Magnetfeldes mit Polen senkrecht zur Rotationsachse auch für turbulente Konvektionszonen ergeben. Die Spektroskopiker[398] in Potsdam hatten konsequenterweise begonnen, das vorherrschende Modell des „schiefen Rotators“ für magnetische Sterne, also gekippten magnetischen Dipols, durch Kombinationen aus einfachen Grundlösungen zu ersetzen. Die Anwendung dieses Konzeptes auf den gutvermessenen Stern α^2CVn durch L. Oetken war sofort erfolgreich,[399] ebenso wie bei den damals zur Verfügung stehenden 16 weiteren magnetischen Sternen. Zudem hatte Alexander Hempelmann gezeigt, dass beim Stern HD 24712 tatsächlich auch ein auf dem Äquator befindlicher symmetrischer großer dunkler Fleck die beobachtete Lichtkurve erzeugen kann.[400]

Zu dieser Zeit stand auch der später wegen seiner kurzzeitigen Schwingungen berühmte Ap-Stern γ Equ zur Diskussion, dessen Magnetfeldstärke sich langsam veränderte, sogar mit einem Vorzeichenwechsel 1970/71 und bei unveränderlicher Radialgeschwindigkeit. Als Erklärung blieb nur eine untypisch langsame Sternrotation von 72 Jahren oder ein Wechselfelddynamo ähnlich dem der Sonne. Spektroskopische Messungen hatten allerdings auf eine Rotationsdauer von weniger als einem Monat geführt. Für den Überriesen ν Cep würde die Rotationsdauer nur

[395] Siehe Steenbeck et al. (1968).
[396] Gailitis et al. (2000) und Anhang 13.
[397] Rüdiger (1980).
[398] Oetken, Scholz, Gerth, S. Hubrig.
[399] Bestätigt von Gerth et al. (1999) mit dem TRAVICOS-Spektrographen.
[400] Hempelmann & Schöneich, in: Cowley et al. (1986), S. 171.

5 Jahre betragen, wenn die beobachteten zeitlichen Variationen des starken Magnetfeldes[401] von 2.500 Gauß fossilen Ursprungs oder auf einen stationären oder langsam driftenden nichtaxialsymmetrischen Dynamo zurückzuführen gewesen wären.[402] Letzteres wäre nur für schnelle, fast starre Sternrotation möglich; Rotationsdauern von 5 oder noch mehr Jahren passten nicht gut zu diesem Bild. Vielleicht weil hier kein einheitliches Bild der Daten mehr erreicht wurde, ist eine gemeinsame zusammenfassende Darstellung ausgeblieben, so wie sie Krause und Rädler über die mathematischen Grundlagen der Dynamotheorie schon 1980 angefertigt hatten.[403]

Bild 59. Simferopol (IAU-Kolloquium) 1985, für die Namenszuordnung siehe die Proceedings (Cowley et al., 1986); aus Potsdam v.l.: Schöneich, Musielok, Hempelmann, Krause, es fehlen Oetken und Gerth. Tagungsphoto.

Etwa 1985 erregte der wohlbekannte magnetische Stern β CrB weite Aufmerksamkeit. L. Oetken war aufgefallen, dass dieser Stern die Hauptreihe längst verlas-

[401] Erstes je gemessenes Magnetfeld eines Überriesen-Sternes (Scholz & Gerth, 1980).
[402] Krause & Scholz, in: Cowley et al. (1986), S. 51.
[403] Krause & Rädler (1980).

sen hat, so dass die Energieproduktion schon in der Sternhülle stattfindet.[404] Ist dies womöglich bei allen bekannten magnetischen Sternen der Fall? Viele neue Fragen an die noch kleine Dynamogemeinde, die allesamt 1985 beim IAU-Kolloquium in Simferopol auf der Krim gestellt wurden, der ersten Zusammenkunft aller Experten für magnetische Sterne, die kaum noch unter politisch bedingten Einschränkungen litt.

„Unvergessene Politastronomie"

Zu einer Aspirantur an der AdW gehörte in den 1970er Jahren – zu meiner Genugtuung – die schriftliche Erörterung eines naturwissenschaftlich-philosophischen Themas. Um Beurteilung dieses Textes durfte auf Anweisung der Institutsleitung ausdrücklich nicht beim weithin geachteten Jenaer Philosophie-Dozenten Horst Lesser nachgesucht werden, obwohl sich meine Studie „Über die Zeitrichtung in der Physik" auf frühere Disputationen an dessen Lehrstuhl bezog. Vielmehr war die Beurteilung in die Hände einer Frau Goetz von der Potsdamer Pädagogischen Hochschule „Karl Liebknecht" gelegt, deren hauptamtliche FDJ-Sekretärin die jetzige Professorin früher gewesen war. Meine Schrift wurde abgelehnt, weil „Lenin darin nicht vorkomme". Eine zweite Fassung, später nach Durchsicht eines günstig erworbenen Fachbuchs („Lenin und die Wissenschaft") angefertigt und durchsetzt von willkürlich platzierten Politzitaten, ist schließlich gnädig akzeptiert worden.

Pragmatischer handelten die Organisatoren der für Aspiranten obligatorischen einwöchigen marxistisch-leninistischen Schulung für externe Doktoranden der Hochschule, während der ausdrücklich zu freimütiger Diskussion aufgefordert wurde. Nach zwei oder drei meiner, vielleicht noch von Jenaer Studenten-Atmosphäre geprägten Wortmeldungen schlug mir eine Abordnung der Teilnehmer – ältere Lehrer, die sich von der Promotion erhofften, dem Schuldienst zu entkommen – vor, mir das nötige positive Zertifikat zuzusenden, wenn ich nur den Lehrgang zur Wochenmitte unkommentiert verließe. Ich war misstrauisch und versprach mein Verschwinden aber erst nach Erhalt des Schreibens. Am Mittwoch war ich tatsächlich, versehen mit Stempel und Unterschriften, mittags wieder zuhause. Das war zwar nicht die aus Universitätstagen gewohnte Diskussionskultur, aber die Haltung der Lehrgangsteilnehmer war näher beim „leben und leben lassen" als die der ehemaligen FDJ-Sekretärin, die unnachgiebig auf ihren Lenin-Referenzen bestanden hatte. Die Frau wird genau gewusst haben, dass die Situation für mich nicht ungefährlich gewesen ist: ohne ihre Unterschrift hätte ich die Aspirantur nicht abschließen und mich höchstens noch als Sonderling nach Sonneberg begeben können, falls der Potsdamer Kaderleiter zugestimmt hätte. Eine

[404] Oetken, in: Cowley et al. (1986), S. 355.

Aspirantur war eine zeitlich begrenzte Qualifizierungsmaßnahme, kein Arbeitsvertrag. Es hatte nur einen Ausweg gegeben: der Lenin hat in den Text zur „Zeitrichtung in der Physik" hineingemusst, ohne merklich ins Parodistische zu verfallen. Ich war rechtzeitig umgefallen, hatte mich dem Ritual ergeben, Erwin Freundlich damals nicht. Sonneberg statt Istanbul, die große Welt war sehr übersichtlich geworden für ostdeutsche Jung-Astronomen.

Es waren gerade diese Pole, zwischen denen sich zu bewegen war, was dem hochgeschätzten Horst Lesser aus Steinach, mit dessen Studienzirkel „Philosophie für Physiker" wir[405] uns auch schon in der Jenaer Öffentlichkeit bewegt hatten, nicht gegeben war und der in diesen Tagen selbstbestimmt für immer verstummte. Sein Chef Korch am Lehrstuhl für philosophische Fragen der Naturwissenschaften hatte unserem „Physikerball", den die Studenten des jeweiligen dritten Studienjahres auszurichten hatten, zur Legende verholfen. Beim Auftritt der Schauspieler Sonja Kehler und Wolfgang Dehler vom Nationaltheater Weimar, die leicht politisch-anzügliche Lieder über Rot und Schwarz, ebenso gekleidet, anmoderierten und sangen, hatte sich der Philosophieprofessor protestierend rückwärts auf seinen Stuhl gesetzt, was am nächsten Tag zum Stadtgespräch taugte. Dehler hatte mich einst mit seinem Auto auf einer Landstraße aufgelesen, wobei er mit seinen Mundartkenntnissen glänzte – er konnte sowohl mecklenburgisch als auch vorpommerisch, thüringisch als auch fränkisch oder auch sächsisch und schlesisch reden – und war bei meinem Gegenbesuch im Weimarer Theater sofort einverstanden, auf dem berühmt-berüchtigten Physikerball aufzutreten. Er hätte gewusst, sagte er, als er später von den entstandenen politischen Schwierigkeiten für die Organisatoren hörte, dass man beim Physikerball auftrumpfen müsse um anzukommen, und das hätte er gern getan.

Der Physikerball im November 1966 war einer der Höhepunkte des akademischen Jahres an der Universität Jena. Zur Vorbereitung war die halbe Stadt mit dadaistischen Sprüchen beklebt worden, ein Film wurde gedreht, das politisch-anspielungsreiche Nummern-Programm geschrieben[406] und geprobt. Manche der zahlreichen Akteure erkannten überrascht, dass man statt Laserphysiker auch Theaterintendant hätten werden können. Für das Programmkomitee hatte es im Nachhinein ernste politische Probleme[407] gegeben, die aber irgendwann, auch wegen der Reputation der beteiligten Studenten und unter dem Schutz wohlmeinender Personen wie Dr. Lesser, straflos ausgingen. Wahrscheinlich habe ich wegen dieser letztlich positiven Erfahrung das Land erst richtig begriffen, als es schon todkrank war, jedenfalls noch lange nicht während der ersten Potsdamer Jahre. Viel

---

[405] Zusammen mit dem Jenaer Studienfreund Bernd Reinhold.

[406] Gelegentlich in der Sternwarte Jena.

[407] Beim Physikerball 1956 (Jäger mit angeleintem Hund erklärt einem Wanderer auf Nachfrage, die Leine sei keine Leine, sondern ein Freundschaftsband) ist es zunächst glimpflich abgegangen, später erhielten zwei Mitwirkende, darunter Heinz Steudel als Autor dieser Szene, doch noch geharnischte Gefängnisstrafen.

später enthüllten die Akten, dass es sogar eine Expedition Potsdamer Stasileute nach Jena gegeben hatte, um meine (eher kleine) persönliche Rolle bei der Vorbereitung des politischen Kabaretts festzustellen und um aufzuklären, ob sich unbotmäßige Physikstudenten einst verschworen hätten, sich später auf dem Potsdamer Telegraphenberg gemeinsam zu subversiven Zwecken niederzulassen.

Am 23. Januar 1975 erteilte Ruben der Sonneberger Astronomin Isolde Meinunger einen strengen Verweis,[408] weil sie „ohne Genehmigung der Institutsleitung an dem Symposium Nr. 67 der Internationalen Astronomischen Union über Veränderliche Sterne" im Juli 1974 in Moskau während ihres Urlaubs und auf eigene Kosten teilgenommen hatte. Weil die Beobachtung veränderlicher Sterne ihr Arbeitsgebiet sei und sie laut Arbeitsvertrag die Pflicht zur Weiterbildung hätte, klagte Frau Meinunger vor dem Potsdamer Kreisgericht gegen die Maßregelung. In einer vom Gericht angeforderten schriftlichen Stellungnahme schreibt Ruben: „... Bei ihr sollte sich die Erkenntnis durchsetzen, dass die vielfältigen internationalen Beziehungen der AdW der DDR und ihre Tätigkeit im Rahmen internationaler Organisationen und Verbände zum Inhalt zentraler Leitungsaufgaben gehören. Dabei spielen die verschiedensten Aspekte internationaler wissenschaftlicher Arbeit – nicht zuletzt Sicherheitsinteressen – eine Rolle." Der Richter wusste schon wegen der „Sicherheitsinteressen" auch ohne Anhörung, wie zu entscheiden war. Vor Gericht hätte Ruben keinen einzigen solchen Punkt benennen können – oder bestand nicht doch die Gefahr, dass Frau Meinunger Einzelheiten ihrer Galaxienzählungen in einer von Hoffmeister entdeckten streng geheimen intergalaktischen Dunkelwolke vor unberechtigten Ohren hätte ausplaudern können? Nach dem Richterspruch wäre für Beschäftigte der AdW sogar der Besuch einer öffentlichen Sonntagsvorlesung der Naturforscher-Akademie Leopoldina in Halle „aus Sicherheitsgründen" genehmigungspflichtig[409] gewesen, so schnell hatte die Steenbeck-Doktrin von 1967 zur funktionärsgesteuerten Kommandirovka-Wissenschaft geführt. Was wäre aus dem Nomenklatursystem der AdW geworden, wenn der Richter zugunsten von Isolde Meinunger entschieden hätte? Noch im Mai 1989 wurde sie von zuständigen Stellen als bockige „*Kabinenwählerin*" bezeichnet, weil sie die von einer Wahlkommission pflichtgemäß aufgestellte Kabine im Wahllokal tatsächlich aufgesucht hatte.

Für Ende August 1975 war eine Konferenz in Prag mit vorhersehbar großer Reichweite angesetzt: Symposium Nr. 71 der Internationalen Astronomischen Union zu „Basic mechanisms of solar activity". Ursprünglich hatte der Initiator Václav Bumba nur Beobachtungen zur Sonnenaktivität behandeln lassen wollen,

---

[408] Die Ereignisse um I. Meinunger sind nach der Darstellung „Unvergessene Politastronomie" (Dorschner & Gürtler, 1992) sowie nach Gedächtnisprotokoll von I. Meinunger geschildert. Ähnlich angelegte Reisen als „vagabundierende Teilnehmerin" nach Prag (1967) und Budapest (1968) waren folgenlos geblieben.

[409] Beim VEB Carl Zeiss Jena ist es generell untersagt gewesen, öffentliche Leopoldina-Veranstaltungen in Halle zu besuchen.

aber dann führten vorbereitende Gespräche vornehmlich mit Kiepenheuer aus Freiburg zur thematischen Öffnung, auch wegen der neuen Potsdamer turbulenztheoretischen Entwicklungen zu Rotation und Magnetfeldern der Sonne. Die Darstellung eher kurzlebiger solarer Phänomene sollte dagegen zurückstehen. Ich hatte einen Beitrag zum Drehimpulstransport für rotierende Turbulenz angemeldet und postwendend von Chairman E. Parker die Einladung erhalten, die Sitzung mit diesem Vortrag zu eröffnen. Schwierigkeiten waren nicht zu befürchten, die Publikationen waren erschienen oder im Druck, die Zimmer bestellt, die Folien beschrieben und der englische Text (fast) auswendig gelernt. Direktor Lauter vom ZISTP hatte sieben Teilnehmer von Einsteinturm und Tremsdorf nominiert, beinahe eine Klassenfahrt, was sollte da seitens des ZIAP noch passieren? Auch war damals die ČSSR das sozialistischste Land des Ostblocks, warum sollte Bumba, der weithin bekannte, zudem staatsnahe Veranstalter des Großereignisses, verärgert werden?

Im Juli 1975 traf mich der aktuelle Parteisekretär des Zentralinstituts – zufällig oder nicht – im Flur des Hauptgebäudes auf dem Telegraphenberg und verlangte, Vortrag und Hotelzimmer abzumelden, weil ich gestrichen worden sei, für mich führe Dr. Oetken zur Konferenz – was sie auch kommentarlos getan hat. Oetken – dies zu meinem Troste – wäre dann im September in Wien beim IAU-Kolloquium „Physics of Ap stars" nicht dabei. Ich hatte die geforderte persönliche Abmeldung meiner Teilnahme wütend abgelehnt. „*Rüdiger und ‚Schmall' wissen nicht, aus welchen Gründen Rüdiger von der Liste der Teilnehmer am Symposium in Prag gestrichen wurde. Er vermutet noch immer, daß ihm andere Wissenschaftler nicht wohlgesonnen sind*", triumphiert das MfS. Eine merkliche Reaktion von Kollegen auf die Absage hat es nicht gegeben, nur der Leiter des Einsteinturmes, Jäger, hatte mich in der Bibliothek ermutigend kurz zur Seite genommen. Durch den unermüdlichen Einsatz der Unsichtbaren hatte die internationale Premiere des neuesten Potsdamer Beitrags zum Verständnis der Rotation der Sterne nicht schon 1975 vor hunderten Zuhörern der IAU-Versammlung in der tschechischen Hauptstadt Prag, sondern erst vier Jahre später im winzigen tschechischen Alsoviće vor geradem al 20 Zuhörern stattgefunden – die wahrscheinlich nicht einzige Lebensleistung der geheimen Herren.[410]

Ende 1975 resümiert ein Major Wolf , dass „*herausgearbeitet werden konnte, daß es sich bei dem bearbeiteten Personenkreis um eine oppositionelle Gruppierung mit staatsfeindlichen Tendenzen handelt, die in ihren Aktivitäten unter der strafrechtlichen Relevanz blieb. Diese Gruppierung umfasste die Personen Tschäpe, Dr. Rüdiger, Freigang und* ■■■■■■.[411] ... *Aufgrund ungenügender Kaderpolitik* [wurde] *der Zustand zugelassen, daß parteilose Wissenschaftler eingesetzt werden.*" Der Operative Vorgang „Kontakt" ist erst nach jahrelanger Ausfor-

---

[410] Einige dieser Ereignisse sind in den Spielfilm „Das Versprechen" von Margarethe von Trotta und Peter Schneider von 1994 eingegangen.

[411] Name geschwärzt vom BStU.

schung der naiven Organisatoren harmloser Kulturveranstaltungen beim MfS archiviert worden.[412] Die Betroffenen wurden zwar für ihre Missetaten nicht verhaftet, aber als „*oppositionelle Gruppierung*“ bei der AdW zukünftig gerade noch geduldet. Offenbar hatte der enttäuschte Major parteilose Mitarbeiter in wissenschaftlichen Instituten generell für Fehlbesetzungen gehalten.

Der Verdacht, dass in der zukünftigen DDR-Akademie die Parteimitgliedschaft unter Wissenschaftlern gerade so die Regel werden könnte wie bei der nordkoreanischen Delegation, begann sich durch die Neueinstellungen im Laufe der achtziger Jahre zu verstärken. Seitdem wurde auch die Anwartschaft auf eine zusätzliche Intelligenzrente, die bis dahin allen Wissenschaftlern nach nur zweijähriger Oberassistentenzeit zustand, nur noch in Ausnahmefällen nach besonderer Antragstellung durch die Institutsleitungen gewährt.

Im Sommer 1989 wird der Generalsekretär der AdW einen Brief an die Direktoren aller seiner Zentralinstitute mit „Liebe Genossen“ beginnen und sich nichts dabei denken, selbst eine „Genossin“ hat es dort nicht mehr gegeben, Parteilose schon gar nicht. Kurz vorher waren gestresste Funktionäre auf die Idee gekommen, dass der Besitz von Dauervisen für Westreisen ihrer schweren Arbeit angemessener wäre als das ermüdende Einholen jeweils neuer Stempel. Zu spät, bald darauf hatte jeder DDR-Bürger unbegrenzte Reiseerlaubnis und die Akademie der Wissenschaften ein existentielles Problem, dessen einzige Lösung – rechtzeitige und radikale Reformen – von den Akteuren nicht gefunden wurde. Ende 1991 sind neben den Inoffiziellen Mitarbeitern auch fast alle Genossen Professoren gleichzeitig und wie abgesprochen von der akademischen Bildfläche verschwunden, fast immer aus fachlichen Gründen.

Im Tagungsband des IAU-Symposiums Nr. 71[413] findet man eine klarsichtige Zusammenfassung der allgemeinen Diskussionen von Durney, Gilman und Stix mit dem Fazit: „Theories of differential rotation and dynamo theories are closely linked“. Das genau war unser Konzept, aber auch ablehnende Argumente gegen die Vorstellung, dass auf der Sonne „gemittelte Felder“ existieren sollen, erhielten Raum. Indessen stellte O. C. Wilson umstandslos erste Ergebnisse der magnetisch induzierten stellaren Kalzium-Emission für 7 Sterne vor, gemessen über fast 10 Jahre auf Mt. Wilson. Drei seiner Sterne zeigten sonnenähnliches zyklisches Verhalten mit Perioden von etwa 5 Jahren, während bei drei anderen nichts dergleichen zu sehen war. Das passte zu der gerade erfolgten Wiederauffindung von Spörers langem Minimum durch John Eddy, der letzte Zweifel daran ausgeräumt hatte, dass nach ihrer Entdeckung im 17. Jahrhundert die Sonnenflecken für mehrere Jahrzehnte wieder verschwunden waren.[414]

---

[412] MfS BV Potsdam Abt. XVIII, Reg. Nr. iV/1003/72.
[413] Bumba & Kleczek (1976).
[414] Eddy (1975).

Bild 60. Astrophysikalisches Observatorium, letztes Gruppenbild Ende 1983; v.l.: Jahn, Burghardt, Kempe, Schwarz, Orwert, Thomas, Röpke, Gerth, Haase, Friedrich, Želwanowa, Rüdiger, Stoof, Romstedt, Wiedemann, Klosa, Dyllong, Zander, Eschrich, Czeschka, Witte, Berkholz, Schilbach, Krause, Werder, Bischof, Berlin, Meyer, Domke, Hempelmann, Röpke, Haubold, M.-L. Strohbusch, R.-D. Scholz, Straeck, Nix, Dick, Gußmann, Wittke, Neuendorf, Hildebrandt, Hirte, Töpfer, G. Scholz, Schöneich, Hubrig (verdeckt), Nader, Rädler, Falge, Tschäpe, Ruben (es fehlen S. Hubrig, Lange, Oetken, Stahlberg). Photo: H. Strohbusch.

Seit der Tagung in Prag sind mehr und mehr Daten aus Sternbeobachtungen in die Lösung des solaren Magnetfeld-Puzzles und die Konstruktion der Turbulenzmodelle geflossen. Schwarzschilds Vision wird in Erfüllung gehen, Sonnenphysik wird zu Sternphysik – aber immer noch nicht in Potsdam, denn Wilsons Botschaft hatte ausgerechnet die Potsdamer Teilnehmer in Prag nicht wirklich erreicht. Nach wenigen Jahren wird das Astrophysikalische Observatorium auf dem Telegraphenberg sogar gänzlich aufgelöst werden, die meisten Kollegen werden sich über die Nuthe-Linie zur Sternwarte Babelsberg begeben. Treder, der sich einst ebenfalls erfolglos gewehrt hatte, nach Babelsberg zu ziehen, lakonisch: „*Ein* Berg lässt sich leichter verteidigen als *zwei* [Berge]" – in rührender Verkennung auch seiner eigenen Lage.

7 Auflösungen und Ablösungen

Jenseits der Oder

Tagsüber wurden englische Texte über Gewalt, Armut und Perspektivlosigkeit im heutigen Großbritannien gelesen und nachts erinnerten klirrende Panzerketten an die Kindheitstage im nördlichen Nachkriegs-Dresden. Der zweiwöchige Sprachkurs für die aktuellen Habilitationskandidaten[415] der AdW hatte am 1. Dezember 1980 im Brandenburger Biesenthal nahe der „Oder-Neiße-Friedensgrenze" begonnen. Im Spätsommer war jenseits dieser Grenze der polnischen Gewerkschaft Solidarność mit entschlossenen Streikaktionen unter ihrem Anführer Lech Wałęsa die Legalisierung gelungen. Die verschreckten sozialistischen Parteiführer beschlossen am 5. Dezember in Moskau ihre Gegenwehr, zum Beispiel am folgenden Tag eine Panzerdivision im westlichen Oderland in Gefechtsbereitschaft zu versetzen, um Kriegslärm zu erzeugen, unüberhörbar auf beiden Seiten des Flusses. Die meist älteren Teilnehmer des Lehrganges hatten gleich anfangs eine Parteigruppe für zwölf Tage gegründet, der Einfachheit halber nach dem ersten Abendessen im Speisesaal, die wenigen parteilosen Kursanten hatten dazu den Raum zu verlassen.[416] Unter dem bedrohlichen Kettenklirren sind die abendlichen Rotweingruppen, die sich bald gebildet hatten, kleiner und kleiner geworden, meist grußlos eilten am Abreisetag die Teilnehmer erleichtert nach Hause, einige am Anfang einer beträchtlichen, wenn auch, was sie nicht wissen konnten, wegen des Militärlärms aber vielleicht ahnten, zeitlich eng begrenzten Karriere.

Weil die Gewerkschaft Solidarność immer stärker wurde, verhängte General Jaruzelski Ende des folgenden Jahres ein in der polnischen Verfassung nicht

[415] Titel: Dr. sc. nat. oder „Promotion B".

[416] F. Krause erzählte von einem Wochenseminarfür leitende Mitarbeiter, bei dem er am Montagabend als einziger Teilnehmer aufstand, um den Saal zu verlassen.

existierendes Kriegsrecht, mit der wunderbaren Begründung, dass sonst die sozialistischen Brudervölker einmarschieren würden. Wegen der angeblich desolaten polnischen Wirtschaftslage packten die DDR-Schüler und ihre Eltern Weihnachtspäckchen für die „hungernden Kinder Volkspolens“. Die erhöhte Gefechtsbereitschaft westlich der Oder ist erst zum Ende des Ausnahmezustandes in Polen wieder aufgehoben worden, Solidarność hatte diese Zeit ganz unbeschadet überstanden. Nachdem dienstliche Besuche polnischer Institute mit Sondererlaubnis des Generalsekretärs wieder möglich geworden waren, reisten Tschäpe, Elstner und ich zu den Warschauer Astronomen Smak und Dziembowski vom Kopernikus-Zentrum der polnischen Akademie der Wissenschaften, das mit amerikanischem Geld mit Rechenzentrum und Gästehaus großzügig errichtet worden war. Auf Anregung des Direktors Schmidt hatten wir ab März 1986 eine Arbeitsgruppe „Akkretionsscheiben“ gebildet. In flachen Scheiben um junge Sterne oder Schwarze Löcher wird Gas aufgesammelt, dessen potentielle Energie durch Reibung in Strahlung umgewandelt wird, die sich als extrem intensiv erweisen kann.[417] Noch offen war die Ursache der notwendig riesigen Zähigkeit, die auf die Existenz turbulenter Strömungen in der Scheibe hinwies. Obwohl die (magnetische) Lösung des Problems eigentlich nahelag, haben wir sie damals und auch später nicht selbst gefunden.

Am Warschauer Hauptbahnhof ging Tschäpe zielstrebig auf eine der zahlreichen Schwarztaxen zu, vor deren Benutzung wegen krimineller Umtriebe gewarnt worden war. Sofort fragte er den Fahrer nach dem Grab von Pfarrer Popiełuszko, der vor Jahresfrist von Geheimdienstoffizieren umgebracht worden war und zu dessen Begräbnis mehr als 800.000 Menschen gekommen waren. Für einen Gang auf den Friedhof war es schon zu spät, man verabredete sich für den nächsten Tag, die Fahrtkosten waren keineswegs zu hoch. Beim Empfang in seinem Büro berichtete Institutsdirektor Dziembowski seinen amüsierten Besuchern, dass er „tagsüber das Aufleben seiner Wissenschaft und abends in den Nachrichten das Ableben des Kommunismus“ beobachte. Während eines Abendessens bei Kazik Stępień von der Warschauer Universitätssternwarte sind kiloweise Druckerzeugnisse der Solidarność-Bewegung herumgereicht worden. Die politische Gewerkschaft würde bald so stark werden, dass sich Dziembowskis Vorhersage in Polen schließlich verwirklichen wird. Wir übergaben unserem Gastgeber ein neues Manuskript für die polnische Zeitschrift „Acta Astronomica“ und eine lange deutsche Salami. Die Publikation ist heute vergessen, die Wurst noch nicht.

Gleich nach Rückkehr war ein Sofortbericht über die Lage in Polen für den Generalsekretär der AdW – oder für wen auch immer – fällig, in dem ich die irgendwo aufgeschnappte Erzählung über drängende Forderungen polnischer Bauern nach Ersatzteilen für Pferdegespanne ausführlich schilderte. Der Auslandsbe-

---

[417] Robert Mayer, Entdecker des Energiesatzes: Ein auf die Sonne geworfenes Kohle-Brikett setzt mehr Energie frei als wenn es im Ofen verbrennt.

auftragte des Institutes hatte mich nach Durchsicht des Schreibens lange unverwandt angesehen. Die andere Information, dass in Polen Parteimitglieder so gut wie nie Professor in den Naturwissenschaften werden, ist ihm verschwiegen worden, ebenso wie die ruhige Selbstgewissheit, mit der die Warschauer ihr wiederaufgebautes Königschloss und die rekonstruierten alten Bürgerhäuser am Marktplatz betrachteten. Keine Polin, kein Pole hatte uns ausdrücklich auf dieses nationale Weltwunder hingewiesen, warum auch.

Ein Observatorium geht verlustig

Fritz Krause hatte es 1983 fertiggebracht, ein Meeting auf dem Telegraphenberg zu organisieren, bei der, nach Vorträgen gerechnet, die Zahl der westlichen Besucher die der ansässigen Wissenschaftler weit überstieg. Dazu hatte er im Vorfeld mündlich und schriftlich jedem einzelnen westlichen Teilnehmer eine total fortschrittliche, friedliebende und zur internationalen Anerkennung der DDR aufgeschlossene Haltung zu attestieren, was er, verschämt, allein erledigte. Die Vorträge sind in den Astronomischen Nachrichten publiziert worden, schon weil vor 140 Jahren Schwabes erste Mitteilung über den Sonnenfleckenzyklus ebenfalls dort erschienen war. Stix[418] (Freiburg), Mestel[419] (Sussex) und Stępień[420] (Warschau) setzten die Schwerpunkte der Tagung, begleitet von Präsentationen der neuesten Arbeitsergebnisse fast aller Potsdamer Spektroskopiker[421] und Theoretiker.[422] Dagegen tauchte der Leiter der Photometrie, Schöneich, nur auf dem Tagungsphoto auf, einen Beitrag aus seiner Arbeitsgruppe hat es trotz prominentester Zuhörerschaft nicht gegeben, das AOP war auf seinem Höhepunkt schon inhaltlich und politisch zerfallen.

Ilkka Tuominen aus Helsinki hatte seinen Plan erläutert, die gerade entdeckten zeitlichen Schwankungen der Sonnenrotation[423] als Folge der den Fleckenzyklus hervorrufenden Magnetfelder[424] zu deuten, um entscheidende Daten zur Überprüfung der Dynamotheorie zu erhalten. Er war gekommen, um die Gleichungen der Magnetfelderzeugung und die der Strömungen in der turbulenten Konvektionszone der Sonne miteinander zu verbinden. Dazu wollte er unsere Berechnungsmethode für die Rotation in seinen Code einarbeiten. Er würde dazu noch oft nach Potsdam kommen müssen, denn ich war niemand, der zu ihm nach Helsinki hätte

---

[418] Stix (1984).
[419] Mestel (1984).
[420] Stępień (1984).
[421] Gerth, Oetken, Scholz.
[422] Bräuer, Krause, Rädler, Rüdiger.
[423] Howard & LaBonte (1980).
[424] Schüssler sowie Yoshimura, jeweils 1981.

fahren können, um den Job dort zu erledigen.[425] Über seine regelmäßigen Helsinki-Besuche berichtete Ruben nach Berlin: „Für die Kontakte steht je ein Reisekader zur Verfügung (Prof. Ruben, Prof. Krause), die jährlich in beiden Richtungen wahrgenommen werden.“[426] Sie werden gewusst haben, auf wessen Ticket sie unterwegs waren, keine Rede mehr vom Primat der Wissenschaft.

Im August 1980 war es in Budapest während eines von Roberts organisierten COSPAR-Workshops zu neuen Begegnungen gekommen. Unvergessen die ersten Gespräche mit Stix über die Eigenschwingungen der Sonne, die das innere Rotationsgesetz offenlegen. Zusammen mit Friedrich Busse aus Bayreuth ging es im Laufschritt ins ungarische Nationalmuseum zur Ausstellung der von schwerbewaffneten Soldaten bewachten Stephanskrone, die eben von den Vereinigten Staaten an die ungarische Regierung mit der schönen Auflage, sie öffentlich zu zeigen, gegangen war.

Bild 61. Budapest 1980; v.l.: Soward, Pudritz, Nightingale, Proctor, Muth, Weiss, Rädler, Childress, Jones, Roberts, Kerridge, Rüdiger, Loper, Stix, Ruzmaikin, Moffatt, Galloway, Léorat, Insertis, Krause, Acheson. Photo F. Busse.

Nach meinem Redebeitrag hatte Roberts vorgeschlagen, für die von ihm herausgegebene Monographien-Reihe „The fluid mechanics of astrophysics and geophysics“ einen Band über die in rotierenden stellaren Konvektionszonen entstehenden Strömungen zu verfassen, Arbeitstitel „The differential solar rotation“. Zurück in Potsdam begann ich vorsichtig, die lange Geschichte der Entdeckungen und

[425] Immerhin durfte ich mittlerweile unter Aufsicht auch bei Veranstaltungen im Ostblock mit westlicher Beteiligung teilnehmen.

[426] Die Beziehungen zu Finnland basierten auf einer Vereinbarung der Akademien beider Länder. Es ist eine Akte erhalten, nach der der dienstreisende Wissenschaftler vom MfS unter seinem Decknamen beauftragt wurde, in Finnland strafbewehrte Spionage zu betreiben (Anhang 14).

Erklärungsversuche zur Sonnenrotation zusammenzutragen. Die Beobachter und ihre Ergebnisse füllten später das erste Kapitel („The sunspot story“) und die Darstellung der bisherigen Theorien das zweite Kapitel („The flow of concepts“) des bestellten Buches.[427] Auf dem Telegraphenberg konnte noch etwa die Hälfte des vorgesehenen Stoffes dargestellt werden. Nach einigen Krisen – der turbulenzbedingte Lambda-Effekt hatte ja bisher kaum irgendwo vorgestellt werden können – wurde das komplette Manuskript im Herbst 1986 zur Edition nach Newcastle zu Roberts geschickt und ist (erst) im Frühsommer 1989 gleichzeitig im Akademie-Verlag und bei Gordon and Breach Science Publishers in London erschienen. Man hatte mir gegenüber behauptet, dass nach DDR-Gesetzen der Titel dem Akademie-Verlag Berlin gehöre und die nach dem englischen Vorbild zu gestaltende Version als Lizenz dorthin verkauft werden müsse. In Wirklichkeit hatte wohl der Verlag bloß seine Valuta-Bilanz verbessern wollen. Das Erscheinen des Buches ist deshalb um ein oder zwei Jahre verzögert worden. Man kann sich ausmalen, welche Schwierigkeiten (und Zeiträume) zu überwinden gewesen wären, wenn nicht die Autorität eines Paul Roberts hinter der Aktion gestanden hätte. Womöglich wäre das so mühselig mit zwei Durchschlägen hergestellte Schreibmaschinen-Manuskript in den Wirren der Akademie-Auflösung[428] unauffindbar geworden – so wie es mit sämtlichen Dokumenten über eine Auseinandersetzung mit Treder über einen Wandzeitungsbeitrag geschehen ist, die Anfang 1990 ohne Kopie zur Akademie-Zeitschrift „spectrum“ gesandt worden war. Eine russische Übersetzung der Monographie, die der immer forsche Dolginov aus (damals) Leningrad anfertigen wollte, ist wegen dessen Auswanderung nach Texas nicht mehr zustande gekommen.

In Budapest ist von Ralph Pudritz[429] eine neuartige Anwendung der Dynamotheorie vorgestellt worden. Akkretionsscheiben sind turbulent und rotieren wie Planetensysteme nach dem Kepler-Gesetz. Sie sind aber nicht rund wie Sterne oder Planeten, auch nicht elliptisch, sondern flach mit nach außen wachsender Stärke. Man kann für eine solche Geometrie keine strengen Randbedingungen für die Maxwell-Gleichungen mehr finden. Pudritz hatte erstmalig das mathematisch weitläufige Gebiet genäherter Randbedingungen betreten und fand viele Nachahmer, auch uns.

Im folgenden Jahr hatte es auf der Krim ein hochrangiges IAU-Kolloquium zu „Problems of solar and stellar oscillations“ gegeben, das eine kleine Potsdamer Delegation[430] besuchen konnte. Eigentlich sollte es zuvorderst um die 160-min-Oszillation der Sonne gehen, die am dortigen Observatorium unter Leitung des bekannten und umtriebigen Direktors Severny mit seinen Mitarbeitern Tsap und

[427] „Differential Rotation and Stellar Convection: Sun and Solar-type Stars“, Akademie-Verlag Berlin und Gordon and Breach Science Publishers, Band 5 der Serie (Rüdiger, 1989a).

[428] Der Akademie-Verlag war ein unselbständiger Teil der AdW der DDR.

[429] Cambridge (England), heute Toronto.

[430] Kurths, Rädler, Rüdiger, Staude.

Kotov gefunden worden war und von der heute nur noch selten gesprochen wird. Nachhaltiger war die Begegnung mit Ludwig Deubner, einem der damals führenden Helioseismologen. Er hatte mit US-Kollegen aus Analysen der schnellen solaren 5-min-Schwingungen gefunden, dass bis etwa 15.000 km unter der Sonnenoberfläche die lineare Rotationsgeschwindigkeit zunimmt.[431] Da diese bei konstanter Winkelgeschwindigkeit aber abnehmen müsste, läuft es darauf hinaus, dass die wirkliche Winkelgeschwindigkeit der Sonne nach innen zunimmt, ein wunderbar klares Ergebnis, insbesondere für uns aus Potsdam. Heute weiß man, dass tatsächlich die Winkelgeschwindigkeit unter dem Äquator zuerst beträchtlich ansteigt, danach ein breites Plateau erreicht, um tiefer in der Sonne wieder stark abzufallen. Die Schwierigkeiten, die dadurch für die Konstruktion von Sonnendynamos entstehen, sind später als „Dynamo-Dilemma“ bekannt geworden. Zum Schluss haben sich Deubner, der meine Begeisterung über seine Ergebnisse wohl bemerkt hatte, und ich so emotional voneinander verabschiedet, als wäre es gesichert, dass der Eiserne Vorhang ewig existieren würde. Nur 10 Jahre später war die Ukraine ein selbständiger Staat geworden und ich hatte Deubner als Gast von Harold Yorke in Würzburg wiedergesehen und dabei auch Bernhard Fleck, Michael Kaisig und Hans Zinnecker kennengelernt. Die ersten numerischen Simulationen der elektromotorischen Kraft für ein Ensemble von Supernova-Explosionen in rotierenden magnetisierten Galaxien sind hier von Kaisig[432] und Ziegler gestartet worden, die Oliver Gressel in Potsdam später fundiert weitergeführt hat.[433]

Mit Michael Knölker traf ich beim Baden im Schwarzen Meer zusammen. Seine Matrizenmethode[434] zur Bestimmung der Eigenfrequenzen der solaren Oszillationen war so überzeugend einfach, dass ich unter normalen Bedingungen begeistert sofort nach Göttingen oder Freiburg gefahren wäre, um mitzurechnen oder wenigstens mitzureden. Von Potsdam über Göttingen nach Freiburg, der Weg, den die Freunde Mattig und Schröter rechtzeitig für immer gegangen waren.

Der Rückkehr des Astrophysikalischen Observatoriums in die internationalen Tagungskalender war nach 1983 aber keine Dauer beschieden. Schon zum Jahresende hatten wir unsere Siebensachen zu packen, um aus den Architektenhäusern auf dem Telegraphenberg in ein ursprünglich als Wohnheim für Gäste aller Potsdamer Akademie-Institute gebautes billiges Funktionsgebäude[435] aus Eisen und einer Art weißer Pappe zu ziehen. Nach unserem Einzug beherbergte das Haus in den unteren beiden Stockwerken Astronomen und im oberen Stockwerk Schlafgäste, alle Zimmer ausgestattet mit Waschbecken und Duschen mit den typischen Plastik-Ventilgriffen der DDR.

---

[431] Deubner (1979).
[432] Kaisig et al. (1993).
[433] Gressel et al. (2008).
[434] Knölker & Stix (1983).
[435] WWH (Wissenschaftlerwohnheim) oder „Weißes Haus“ genannt, überlebte keine 2 Jahrzehnte.

Bild 62. Stellar and planetary magnetic fields 1983; v.l.: Gußmann, Krüger, Wiedemann, Bräuer, Rädler, Galloway, Greiner-Mai, Mann, Tuominen, Krause, Roberts, Fuchs, Oetken, Hubrig, Gerth, Ruzmaikin, Rüdiger, Belvedere, Paternò, Stępień, Stix, Cupal, Mestel, Schmidt, Staude, Franck, Schöneich, Webers, Jochmann (unvollst.).

Die Astronomen vom Telegraphenberg hatten vergeblich gegen ihre Versetzung nach Babelsberg protestiert, einzig die Spektroskopie-Gruppe durfte schließlich wegen ihrer immobilen Messmaschinen im Refraktorgebäude bleiben, während die leistungsstarken Werkstätten unter Hubrig gänzlich aus dem Zentralinstitut für Astrophysik geworfen wurden; „*nur so ist der Wegzug möglich geworden*", steht in den Akten. Freigewordene Arbeitsräume im Erdgeschoss des Hauptgebäudes gehörten ab 1984 zum neuen, schnell wachsenden Technologiebereich „Wissenschaftlicher Gerätebau"[436] unter Hubrig; das Obergeschoss und das frühere Beamtenwohnhaus gingen an die Geoforschung. Die Zeit des Astrophysikalischen Observatoriums auf dem Telegraphenberg war – trotz späterer Wiederbelebungsversuche – für immer zu Ende gegangen. Der Name bleibe erhalten, so die Sprachregelung, das Observatorium sei nicht geschlossen worden, auch wenn es verschwunden ist. Selbst die naheliegende Umwandlung des Refraktor-Gebäudes nach der 2006 gelungenen Rekonstruktion des Instrumentes und der Kuppelhalle gemeinsam mit dem Einstein- und dem Helmertturm in ein reichweitenstarkes Museum zur Wiege der europäischen Kosmosforschung auf dem Telegraphenberg ist im Kompetenzgerangel untergegangen. Die Seele des Observatoriums, Marie-Luise Strohbusch, ist erst nach dem Verstummen auch der letzten Wiedererweckungsfanfare mit ihrer Familie vom Telegraphenberg in eine bequemere Potsdamer Stadtwohnung umgezogen, nachdem sie jahrzehntelang die Lebensmittel für ihre Familie im Rucksack zu Fuß den Berg hinaufgeschleppt hatte.

Zwischenspiel in der Sternwarte

Im Herbst 1983 hatte ein Zeitschriftenaufsatz[437] mit einem „Nachspiel" geschlossen: „Die Utensilien des Autors und die seiner Kollegen vom Astrophysikalischen Observatorium sind verpackt und erwarten den Abtransport vom Telegrafenberg zum Babelsberg. Beinahe 110 Jahre hatte die Geschichte des Observatoriums gedauert, Jahre, die auch der Physik der Sonne gewidmet waren. Am neuen Domizil, der Sternwarte Babelsberg, hatte Ludwig Biermann im Jahre 1941[438] weit vorausschauend erklärt, daß Sonnenflecken dunkel sind, weil das gewaltige Magnetfeld den konvektiven Wärmetransport unterbindet." Das war als Trost gemeint, der Aufsatz endete entsprechend mit einer Zeile des legendären Liedes einer Ostberliner Rockband: „Über sieben Brücken musst Du gehen". Der beinahe unpolitische umfassende Arbeitsbereich „Kosmische Magnetfelder" hatte den Umzug nach

---

[436] Zuständig für den gesamten Forschungsbereich Geo- und Kosmoswissenschaften der Akademie. Die Ausgliederung gehörte zur „Kehre von der Grundlagen- und angewandten Forschung hin zum wissenschaftlich-technischen Gerätebau für Interkosmos-Satelliten" im Forschungsbereich (Buthmann, 2020, S. 913).

[437] Rüdiger (1984).

[438] Biermann (1941).

Babelsberg nicht überlebt. Die Spektroskopie war ohne Werkstatt auf dem Telegraphenberg zurückgeblieben und Schöneich mit fliegenden Fahnen zu einem neuen, von Ruben geleiteten Bereich gewechselt.[439] Die kleine theoretische Dynamogruppe[440] war plötzlich auf sich allein gestellt, ihre Stärke, die astronomischen Anwendungen, drohte in Vergessenheit zu geraten. „Sie erforschen lieber ihre Gleichungen als den Himmel", hatte uns spöttisch ein alteingesessener Astronom in der Sternwarte Babelsberg empfangen. Recht hatte er: man will die Magnetfelder der Himmelskörper vermessen und man wird auch die Gleichungen suchen wollen, die diese Felder als Lösungen enthalten, so geht Physik.

Es ist besser gekommen als befürchtet. Der Hoffnungsträger Karl-Heinz Schmidt ist um diese Zeit neuer ZIAP-Direktor geworden, zur Dynamotheorie sind 1984 der Mathematiker Detlef Elstner und 1986 der Physiker Reinhard Meinel gestoßen, alle aus Jena. Als 1985 Ulrich Dyllong, der der Abteilung organisatorisch zugeordnet war, das Institut und die DDR verließ – was sich in Jena herumgesprochen hatte –, bewarb sich Meinel von Dresden aus bei Schmidt auf die freigewordene Stelle. Schmidt hatte ihn Jahre zuvor in der Jenaer Sternwarte ermutigt, nach Babelsberg zu kommen, jedenfalls wenn etwas frei würde, weil ein echter Aufwuchs von Planstellen für das nächste Jahrzehnt ausgeschlossen wäre. Der ehemalige Schüler der Zeiss-Mathematik-Spezialschule, Physikolympiade-Gewinner und Forschungsstudent erhielt tatsächlich Dyllongs Stelle in der Dynamogruppe. Trotz seiner ungewöhnlichen Vorerfolge hatte sich Meinel seinen Physik-Studienplatz in Jena erst mit einer „freiwilligen Verpflichtung zum dreijährigen [militärischen] Ehrendienst" erkaufen müssen, was zu zwei einsamen Fluchtversuchen führte, einer vor und einer während seiner Armeezeit. Er ist dann vorzeitig, zu lebenslangem Verschweigen dieser Ereignisse verpflichtet, vom Militär entlassen worden und konnte, im laufenden ersten Studienjahr, endlich beginnen, Physik und Mathematik zu studieren.[441]

Mit Dyllong hatte ich den Nachlass des Ende 1980 verstorbenen Wempe zu sichten, was sich überraschend als abwechslungsreiche Aufgabe herausstellte. Es fanden sich die sehr unterschiedlichen Entnazifizierungsbescheinigungen von Astro- und Geophysik auf dem Telegraphenberg, ein putziger Vorschlag Wempes an die Rote Armee, mit dem Großen Refraktor Raketenstartplätze auf dem Mond zu erkunden, aber auch Unterlagen über die Praktikantin Helga Starke, die 1950/51 wegen eines Bagatelldeliktes in die Hände der Staatssicherheit und der russischen Militärgerichtsbarkeit gefallen war. Was für ein Erlebnis, diese einmaligen Unterlagen der Betroffenen, die die Verschleppung nach Workuta wunderbarerweise überlebt hatte und eines Tages bei einer Veranstaltung der Förder-

[439] Neuer stellvertretender Direktor: D.-E. Liebscher.
[440] Bräuer (Sonneberg), Eschrich, Krause, Rädler, Reichert, Rüdiger, Wiedemann (Stand 1983).
[441] Meinel (2022).

gemeinschaft Lindenstraße in Potsdam auftauchte, bei einem Treffen in unserem Privathaus übergeben zu können.[442]

Bild 63. Ilkka Tuominen (1939–2011).

Unterstützt durch die selten anzutreffende Bequemlichkeit, Hotelzimmer im Obergeschoss des „Weißen Hauses", Arbeitszimmer in dessen Erdgeschoss und Familienanschluss in der Rubensstraße, wurde Ilkka Tuominen zum permanent visitor. Ursprünglich Meteorologe, war er von seinem in der Sonnenforschung bekannten Vater zur Astronomie geführt worden. Er begann mit Sonnenfleckenstatistiken und Spektroskopie magnetischer Sterne, um Anfang der 1970er Jahre beim Moskauer Astrosowjet – einem Institut mit vielsagendem Namen – den inneren Aufbau

[442] R. Buthmann hat den Fall Starke mit den in den Archiven der BStU aufgefunden Akten ebenfalls rekonstruieren können, siehe Buthmann (2020), S. 292.

rotierender Sterne zu berechnen. Zwar ist dieser Versuch Episode geblieben, nicht aber seine lebenslange Verbundenheit mit vielen ukrainischen und russischen beobachtenden Astronomen. Mit Kollegen vom Krim-Observatorium wird er später, unter dramatischen finanziellen Herausforderungen stehend, den hochauflösenden Spektrographen SOFIN konstruieren und bauen, der seit Anfang der 1990er Jahre am Nordic Optic Teleskop auf La Palma betrieben wird und zu vielbeachteten Ergebnissen[443] geführt hat.

Womöglich stammte auch das Konstrukt finnisch-ostdeutscher Zusammenarbeit aus Tuominens Moskauer Zeit. Vielleicht ist er auf diesem Ticket 1981 mit einem Vortrag über rotierende Sterne in Potsdam aufgetaucht, überrascht von der anschließend detaillierten Diskussion zum Zeipel-Paradoxon, Äquatorverdunkelung rotierender Sterne und vom nächtlichen Gespräch über die Tarkowski-Filme „Andreij Rubljow", „Solaris" und „Stalker" in der höchstgelegenen Nachtbar Potsdams. Seit diesem Besuch bewegten sich seine fachlichen Interessen gänzlich in Richtung Potsdam, zu Turbulenz und Magnetfeldern. Später wird er am Observatorium in Helsinki ein weltweites Netzwerk zu „cool star research" gründen. Unser in Potsdam vielbesprochener gemeinsamer Traum, im Jahre 1990 anlässlich einer in Finnland gut sichtbaren Sonnenfinsternis in Helsinki ein IAU-Kolloquium „The Sun and cool stars: activity, magnetism, dynamos" zu veranstalten, auch um mein Reiseproblem aufzubrechen, wird in Erfüllung gehen, allerdings anders als gedacht.

Sterne und Planeten besitzen eine wohldefinierte Oberfläche. Im turbulenten Kugelinneren können bei genügend schneller Rotation Magnetfelder erzeugt werden, die einfach an nur mäßig weitreichende stromfreie Felder im Außenraum anzuschließen sind. Von weitem gesehen gibt es einen turbulenten Klumpen, der innerhalb stark und außerhalb leicht magnetisch ist. Man wird so tun können, als ob der Stern eine Blase wäre, die sich in einer entfernten Hülle aus einem feldfreien Material befindet. Für numerische Lösungen muss die innere Blase auch gar nicht kugelrund und scharfbegrenzt sein, sondern kann auch wie eine flache Scheibe oder eine Galaxie aussehen. Die Turbulenzgrößen und die Rotation werden nur noch über ihre Isolinien beliebiger Gestalt definiert, die Himmelskörper dürfen auch allmählich in ihrer Umgebung aufgehen. Das war die Philosophie für den neuen Dynamocode, der nach Ankunft Meinels in Babelsberg für die Anwendung auf Galaxien entwickelt und von Elstner in wenigen Wochen programmiert wurde.[444] Damals war für militärische Zwecke ein abgeschirmter westlicher PULSAR-Rechner mit 32-bit Architektur[445] im alten Spiegelgebäude der Sternwarte installiert worden, der Tag und Nacht bedient und bewacht werden musste. Unser Rechenprogramm enthielt auch solche numerische Innovationen, die es erlaubten, stationäre Lösungen für eine einzelne Galaxie schon nach einigen Tagen Rechen-

443 Berdyugina & Tuominen (1998).
444 Elstner et al. (1990).
445 sog. 386-Rechner.

zeit zu erhalten. Anderswo entwickelte Modelle, sog. Plattendynamos oder solche in Ellipsoiden, besaßen vergleichsweise erhebliche Nachteile. Diese Galaxien nicht gerade zum Verwechseln ähnlichen Konstruktionen erwiesen sich als mathematisch zu anspruchsvoll,[446] während es fraglich blieb, ob die oft benutzten, in zwei Richtungen unbegrenzten Scheibenmodelle wirklich immer die einzig interessanten stabilen Lösungen lieferten.[447]

Später sind auch Einzelsterne oder Akkretionsscheiben nach diesem Konzept behandelt worden, aber Auslöser für seine rasche Entwicklung war ein radioastronomisches Großereignis. Wir hatten gehört, dass es mit dem 100-m-Radioteleskop des Max-Planck-Instituts für Radioastronomie in Bonn gelungen sei, ausgedehnte schaurig-schöne Magnetstrukturen in Galaxien sichtbar zu machen. Krause – auf Vermittlung von Rainer Beck schon im persönlichen Kontakt mit dem Bonner Direktor Wielebinski – zeigte sich ausnahmsweise aufgeregt: „Endlich kann man die toroidalen Magnetfeldgürtel vermessen, von denen wir seit Jahrzehnten reden, ohne sie je gesehen zu haben.“ Galaxien sind einigermaßen transparent, neben den inneren Magnetfeldern ist auch ihr inneres Rotationsverhalten, anders als bei Sternen, der direkten Vermessung zugänglich.

Für die Theoretiker gab es eine Komplikation. Während Beck für den Andromeda-Nebel M31 eine sehr regelmäßig-axialsymmetrische Magnetstruktur abgeleitet hatte, präsentierte seine Kollegin Marita Krause eine zweiarmige, also nichtaxialsymmetrische Struktur für die Galaxie M81.[448] Gibt es tatsächlich axialsymmetrische Himmelskörper, die trotz differentieller Rotation, wie sie auch für Galaxien typisch ist, bevorzugt nichtaxialsymmetrische Felder induzieren? Nach dem Cowling-Theorem von 1932 kann kein axialsymmetrisches Magnetfeld durch irgendein laminares Strömungssystem aufrechterhalten werden. Die regelmäßigen Magnetfelder des Andromeda-Nebels favorisieren deshalb die Existenz eines turbulenz-getriebenen Dynamos. Wie aber waren in diesem Zusammenhang die abweichenden Beobachtungen von M. Krause zu verstehen?

In ihrem Buch demonstrierte die Moskauer Gruppe noch 1988, dass das nichtaxialsymmetrische Feld beim Andromeda-Nebel zerfallen sollte, während es bei der Galaxie M51 anwächst, wenn auch viel langsamer als das axialsymmetrische Feld. Damit sei die Existenz nichtaxialsymmetrischer Magnetfelder bei Galaxien generell geklärt.[449] Meinel hielt dagegen, dass nur die Lösung mit dem kleinsten Eigenwert, und das ist immer die für die einfachen axialsymmetrischen Felder, von Relevanz ist, weil nur sie beim Übergang zu realistischen, nichtlinearen Modellen stabil bleibt, während dies alle anderen Moden nicht tun. Viele Monate verbrauchter und geplanter Rechenzeit zur Bestimmung der höheren Eigenwerte erwiesen sich als überflüssig. Tatsächlich haben spätere nichtlineare Rechnungen in

---

[446] Stix (1975).
[447] Rädler & Bräuer (1987).
[448] Beck (1982), Krause et al. (1989).
[449] Ruzmaikin et al. (1988).

keinem einzigen Falle eine bisymmetrische Feldstruktur ergeben,[450] deren Existenz bei manchen Galaxien bis heute unverstanden bleibt, jedenfalls wenn man es sich zu leicht macht und die Spiralarme ignoriert.

Bild 64. Magnetic Fields in Galaxies, 1988; v.l.: Shukurov, Gvaramadze, Rädler, Fröhlich, Elstner, Eschrich, Jansen, Gerth, Meinel, Sokoloff, Klein, Tuominen, Beck, Harnett, Brandenburg, Sokhadze, Seehafer, M. Krause, Tosa, Chagelishvili, Moss, Wiebicke, Kronberg, Donner, Rüdiger, F. Krause, Fujimoto, Geppert, Wiedemann, Buczilowski, Wielebinski, Kliem. Photo: R. Beck.

Genügend Stoff für Auseinandersetzungen; Krause und Wielebinski wollten ein Arbeitstreffen. Da der jüngere Teil der Potsdamer Dynamogruppe nicht einfach nach Effelsberg zu den Radioastronomen reisen konnte, versuchte man die Begegnung ohne Absprache mit der Akademiezentrale in der Sternwarte Babelsberg zu organisieren. Richard Wielebinski mit seinem australischen Pass war skeptisch, er kannte die DDR nur als nerviges Transitland auf seinen Reisen von Bonn nach Polen. Noch in seiner spät im Oktober 1989 geschriebenen „Einführung“[451] sprach Krause vorsichtshalber nur von einem Workshop zur Vorbereitung des folgenden IAU-Symposiums in Heidelberg. Aber das Wunder geschah: eines Tages im Herbst 1988 fuhr ein Kleinbus zum Grenzübergang Drewitz/Dreilinden, um dort

[450] Elstner et al. (1992). Die Magnetfeldstrukturen sind in Polarisationsmaße umgerechnet worden, frühes Beispiel für eine von Th. Henning und H. W. Yorke propagierte „beobachtungsnahe Theorie“.
[451] Krause (1990).

den Chef eines der größten Radioteleskope der Welt und dessen engste Mitarbeiter[452] aufzusammeln, um sie zum Babelsberger Gästehaus zu bringen.

Das Rieseninstrument in Effelsberg war von Otto Hachenberg, dem ehemaligen Direktor des Adlershofer Heinrich-Hertz-Instituts (HHI), mit Unterstützung von Krupp und MAN geplant worden, nachdem Hachenberg wegen und während des Mauerbaus nach Bonn gewechselt war. Mitten in der Bauphase in Effelsberg wurde 1970 der polnisch-stämmige australische Radiospezialist Wielebinski, von der Universität Sidney kommend, Direktor des Max-Planck-Instituts für Radioastronomie in Bonn.

Die Helsinki-Gruppe mit Tuominen, Donner und dem Doktoranden Axel Brandenburg durfte[453] ich zur Tagung mit meinem Mini-Auto „Trabant" vom Flughafen Schönefeld abholen, weit im Süden um Berlin herumfahrend, mit schönem Ausblick auf die strahlendweiße Westberliner Gropiusstadt und mit weniger schönen Eindrücken von der grauen, zerfallenden Kreisstadt Teltow. Die beiden Finnen beschwiegen meinen deutschsprachigen Wortschwall mit Axel, keiner konnte ahnen, dass dieser mir nur neun Monate später im Nordseewind die schönsten Stellen um seine Heimatstadt Heide zeigen würde. Wahrscheinlich ist die Moskauer Gruppe mit Shukurov und Sokoloff von Rädler mit dessen genauso kleinem Auto auf gleichem Wege abgeholt worden.

Als erster Redner rammte Beck seine Pflöcke ein: „Das Effelsberger Radioteleskop hat Polarisationsdaten für zwölf Galaxien geliefert. Bei M31 und IC342 dominieren axialsymmetrische Strukturen, während M33 wahrscheinlich eine nichtaxialsymmetrische Magnetfeldstruktur besitzt ... Dynamorechnungen für axialsymmetrische Gasscheiben liefern immer das schnellste Wachstum für die niedrigste axialsymmetrische Magnetfeldmode." Das ist alles, was wir in Bonn wissen, prügelt euch, ihr Theoretiker – ein Auftakt nach Maß.

Grenzgebiete

Alle Vorträge fanden im Hörsaalgebäude der Sternwarte Babelsberg statt, zu dem die im Gästehaus untergebrachten Teilnehmer einen weit kürzeren Anmarschweg hatten als wir Einheimische. Im Mai 1987 war nämlich über Nacht ein Großteil der Theoretiker des Instituts von der Sternwarte Babelsberg in eine prächtige Villa[454] am Ufer des Griebnitzsees umgesetzt worden. Der Backsteinbau mit der gewaltigen Sonnenuhr zur Straßenseite, Wandspringbrunnen und großem Garten, voller natursteingemauerter Rosengänge und einer riesigen Blutbuche hoch über

---

[452] Buczilowski, Beck, Fujimoto, Klein, Kronberg, M. Krause, Harnett.

[453] Die Anordnung, dass westliche Besucher nur von dafür zugelassenen Spezialisten betreut werden dürfen, hat es in der AdW tatsächlich gegeben, wurde aber größtenteils ignoriert.

[454] Auch Siemensvilla, Landhaus Koettgen, gebaut in den mittleren 1930er Jahren. Der Garten gilt als beispielhaft nationalsozialistisch.

dem Griebnitzsee, hatte die Besonderheit, direkt an den Grenzanlagen vorm Seeufer zu liegen. Mehr noch, die gleiche Betonanlage mit etwas schmalerem Todesstreifen gab es auf der Straßenseite, das weggesperrte dahinterliegende Wohnhaus gehörte bereits zu Westberlin, der Mauerverlauf folgte akribisch den alten Straßenkarten aus der Vorkriegszeit. Der Leiter der Plasmaphysik-Abteilung hatte ein Zimmer mit Seeblick beansprucht, um westlichen Geheimdiensten das Ausspähen seiner Arbeitsergebnisse von der Westberliner Straßenseite aus zu erschweren. Grenzsoldaten auf einem Wachturm mit Ampelschaltung kontrollierten den Zugang zum Institutsgebäude, der nur mit einem speziellen Ausweis möglich war. Meist blieben die Kontrolleure untätig, im Vertrauen auf die Sicherheits-Überprüfung der Mitarbeiter durch die zuständigen „Organe". Die Siemensvilla war ein ehemaliges Gästehaus der Filmgesellschaft DEFA, deren Verwaltung die ewigen Komplikationen im Grenzgebiet wohl zu lästig geworden waren. Der Stellvertretende Direktor trat als Hausherr auf, beanspruchte aber kein eigenes Dienstzimmer, sondern erschien meist nur zu den wöchentlichen Seminaren. Die Hausordnung war umfangreich, an erster Stelle stand striktes Photo-Verbot, das tatsächlich erst kurz vor dem Mauerfall ignoriert wurde. Es hat dort nur einen einzigen, leicht kontrollierbaren Telefonanschluss mit ein oder zwei Nebenstellen gegeben und einer Klingel, die, für alle hörbar, häufig durchs Haus schellte. Irgendwann wurden drei einfache 16-bit-Rechner der Marke ROBOTRON 7100 mit je zwei Diskettenlaufwerken aufgestellt, vor denen die Wissenschaftler zum Erledigen von Schreibarbeiten bald Schlange standen, erst seit dieser Zeit ist Wochenendarbeit im Sperrgebiet toleriert worden. Manche Nutzer hatten sich eigene Unterprogramme zur Darstellung griechischer Buchstaben durch die Nadeldrucker zusammengestellt. Die Diskettenzahl war streng limitiert, die Disketten, einzeln im Wert von 100 Mark, wurden von Anfang an von Detlef Elstner verwaltet, er hat später noch viele Jahre die EDV-Kommission des Astrophysikalischen Instituts Potsdam (AIP) geleitet. Eine, zuerst recht langsame, Standleitung zwischen Stubenrauchstraße und Sternwarte Babelsberg ist unter seiner Ägide schon bald geschaltet und sukzessive verbessert worden. Der Umzug in das wohlbewachte Haus hatte alte Arbeitsstrukturen zerrissen, vom ehemals großen Magnet-Bereich waren nur wenige Überlebende geblieben, die in zwei getrennten Gruppen um die Wette galaktische Magnetfelder berechneten.[455] Gespräche mit den auf dem Telegraphenberg verbliebenen Beobachtern hat es kaum noch gegeben, eine Zusammenarbeit über magnetische Sterne ist nur noch ein einziges Mal nachweisbar.[456] Auch unsere frischgegründete Gruppe für Scheibenphysik fand sich zerrissen wieder, Tschäpe und Fröhlich wurde der Umzug verwehrt. Unsere Untersuchungen zum turbulenten Wärmetransport und dessen Auswirkung auf die Stabilität der Akkretionsscheiben sind meist telefonisch zusammengekoppelt worden.

---

[455] Elstner, Meinel, Rädler, Rüdiger, Wiedemann, später Seehafer, Spahn.

[456] Rüdiger & Scholz (1988).

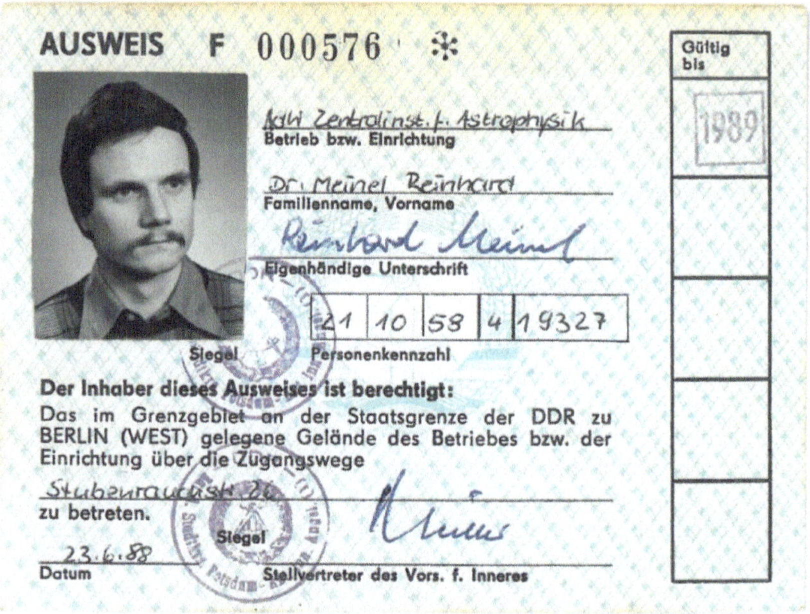

AUSWEIS F 000576 *

Gültig bis

1989

AdW Zentralinst. f. Astrophysik
Betrieb bzw. Einrichtung

Dr. Meinel Reinhard
Familienname, Vorname

Reinhard Meinel
Eigenhändige Unterschrift

21 10 58 4 19327

Siegel Personenkennzahl

Der Inhaber dieses Ausweises ist berechtigt:
Das im Grenzgebiet an der Staatsgrenze der DDR zu BERLIN (WEST) gelegene Gelände des Betriebes bzw. der Einrichtung über die Zugangswege

Stubenrauchstr. 26
zu betreten.

Siegel

23.6.88
Datum

Stellvertreter des Vors. f. Inneres

Bild 65. Grenzausweis Stubenrauchstraße für Reinhard Meinel vom Juni 1988. Es hat nur eine einzige Verlängerung (rechts oben) des „Dokuments“ gegeben. Photo: R. Meinel.

Anfang 1988 waren ein oder zwei meiner inneren Akkus leergelaufen, ich litt, würde man heute sagen, unter Burnout-Symptomen. Anzeichen waren schon 1985, im Nachhinein betrachtet, während der Endproduktion der Monographie zu erkennen, als das Anfertigen des finalen Literaturverzeichnisses von Woche zu Woche verschoben wurde, bis Dyllong, der nur noch auf seine Ausreise wartete, sich meiner erbarmte, die zahlreichen Karteikarten an sich nahm und sie in kurzer Zeit druckreif zusammenstellte. In der Einrichtung zur Behandlung solcher Störungen in Hirschgarten/Köpenick absolvierte man eine 6-wöchige Gruppentherapie mit Entspannungsübungen, Sport und viel einfacher Hausarbeit. Politische Konflikte wurden von den zahlreichen Therapeuten generell nicht ernstgenommen, weil „das können Sie nicht ändern und das können wir nicht ändern; gewöhnen Sie sich daran.“ Als festgenagelter DDR-Bürger Teil einer ehrgeizigen internationalen Wissenschaftsgemeinde zu sein, ist auf ihrer Liste therapierbarer Konstellationen nicht vorgekommen. Die Frage, ob diese berufliche Konstruktion eine auf Dauer stabile sei und wie lange das maximal halten könne, konnte auch bei Einzelgesprächen nicht gestellt werden. Erst später wurde bekannt, dass drei der etwa zehn Psychologen IM-Status besaßen und genau diese abgesprochene Reaktion in der Einrichtung durchgesetzt hatten. Immerhin, die sechswöchige Pause hatte ausgereicht, die Arbeitsfähigkeit wiederherzustellen. Beim Abschluss einer Versicherungspolice hat es später wegen der Hirschgarten-Episode Probleme gegeben, weil den westlichen Versicherungsangestellten mein zurückliegender Aufenthalt in der offenbar berüchtigten Einrichtung verdächtig vorgekommen war.

Im folgenden Sommer ist von den Mitarbeitern in der Stubenrauchstraße die Rohübersetzung der umfangreichen Sowjet-Enzyklopädie „Physik des Kosmos" vorangetrieben worden, die Liebscher mit dem Akademie-Verlag verhandelt hatte. Das Kapitel Röntgenastrophysik hatte ich zusammen mit Svetlana Hubrig bearbeitet und termingerecht abgeliefert – um nie wieder davon zu hören. Die fertige Übersetzung sei dem Verlag übergeben worden, hieß es, und danach wohl verschollen.

Bild 66. Stubenrauchstraße 26, ab April 1987 exotische Arbeitsstätte für theoretische Arbeitsgruppen (Dynamo/Akkretionstheorie, Kosmologie, Magnetosphärenphysik) auf einem auf drei Seiten von Grenzanlagen eingezäunten Wassergrundstück.

Am 9. November 1988 flackerten spätabends Kerzen in leeren Schraubgläsern auf dem menschenleeren Bürgersteig vor dem Haus neben der Hauptpost. Der Plattenbau steht auf den Fundamenten der alten Potsdamer Synagoge, eine Plakette, zur Vorbereitung eines erhofften USA-Besuches des Staatsratsvorsitzenden am Haus angebracht, weist darauf hin. Erschüttert holte ich eine Kerze aus der Wohnung, fuhr zum Postgebäude zurück, ließ den Motor laufen und nach dem Aussteigen die Autotür geöffnet, entzündete das Licht und verschwand, verstohlen um mich blickend, ohne weiteren Aufenthalt. Ein stiller Aufbruch in die Unabhängigkeit privaten Gewissens, exakt ein Jahr vor dem nächsten historischen 9. November. Bis dahin würden mir noch einige der damals unbekannten Kerzen-Aktivisten vom evangelischen „Ausbildungszentrum für Gemeindepädagogik" begegnen – schon weil sie über das vielleicht einzige frei benutzbare moderne Kopiergerät Potsdams verfügten. Auch als ich danach spontan und zugleich leichtfertig einen Leserbrief an die sich jugendlich gebende Parteizeitung „Junge Welt" zugunsten des von den Medien regelmäßig angeklagten Staates Israels geschrieben hatte, gab es keinen Zugang zu einem Kopierer. Der ausführliche Brief mit dem Aufruf zur politischen Mäßigung im Palästinakonflikt ist verschollen, landete immerhin aber nicht in meiner Stasi-Akte. Der Antifaschismus als Staatsdoktrin hatte die DDR nicht etwa automatisch, wie man denken könnte, an die Seite Israels gebracht, sondern im Gegenteil zur einseitigen Unterstützung der Palästinensischen Befreiungsfront. Göttingen, Tel Aviv und Arizona hätte ich als meine dringendsten Reisewünsche genannt – wenn mich jemand gefragt hätte, was aber nie geschah.

Nach der Galaxien-Tagung war Leonid Kitchatinov vom Sibirischen Institut für Erdmagnetismus, Ionosphäre und Radiowellen in Irkutsk nach Potsdam gekommen. Er war an Turbulenzfragen aller Art interessiert, hatte dazu schon bemerkenswerte Publikationen veröffentlicht und blieb einige Zeit bei uns, um sich auf seinen Hauptvortrag über die differentielle Sonnenrotation im nächsten Jahr in Kiew einzustellen. Er hatte erste Rechnungen über die magnetische Beeinflussung des Drehimpulstransportes in rotierenden Turbulenzströmungen mitgebracht. Mit solchen Formelsystemen kann die zeitliche Variation des Rotationsgesetzes bestimmt und mit Beobachtungen verglichen werden. Das Ergebnis war dramatisch: die Rotation der Sonne wurde vom Turbulenzeffekt mehr als zehnmal stärker beeinflusst als von der globalen Lorentzkraft, die ich vorher mit Tuominen ausgerechnet hatte. Der alte Ansatz war schon wieder obsolet. Jahrzehnte später werden numerische Simulationen rotierender Magnetokonvektion die analytischen Ergebnisse unserer ersten deutsch-russischen Publikation[457] bestätigen. Als im Zuge von Glasnost und Perestroika die Wissenschaftler in Irkutsk befragt wurden, wohin sie dienstlich reisen würden, wenn sie könnten, wünschten sie sich Cambridge oder Stanford, Leonid – trotz des Gelächters seiner Kollegen – Potsdam. Es folgte eine 20-jährige Zusammenarbeit, die erst endete, als ich, altersbedingt, selbst nur noch Gast am Institut und seine Bewerbung auf meine Stelle nicht erfolgreich war. Er hat Potsdam seitdem nicht mehr betreten.

[457] Rüdiger & Kitchatinov (1990).

Von den späteren gemeinsamen Publikationen seien nur zwei erwähnt. Anfang der 1990er Jahre wurde vorgerechnet, dass die sehr dünne Übergangsschicht („tachocline“) im Rotationsverlauf zwischen der äußeren Konvektionszone und dem Sonneninneren gut verstanden werden kann, wenn letzteres von Anfang an von einem schwachen großräumigen Magnetfeld durchsetzt ist, das schon immer da war und nichts mit dem 11-Jahres-Zyklus der Sonnenaktivität zu tun hat. Die Publikation hatte aus unbekannten Gründen nur wenig Freude bei ihrem Gutachter ausgelöst und ist erst mit zweijähriger Verspätung erschienen, immer noch früh genug, um die lange Reihe magnetischer Erklärungsversuche weltweit einzuläuten.[458] Etwas später hatten wir als Resultat langdauernder Rechnungen vorhergesagt, dass fast alle Hauptreihensterne die ungefähr gleiche Differenz der absoluten Winkelgeschwindigkeit zwischen Pol und Äquator besitzen sollten[459] – was mit den zukünftigen Beobachtungen gut übereingestimmt hat.[460]

Warum Sonnenflecken dunkel sind und nach welcher Regel sie über Tage und Wochen zerfallen, das waren schon immer drängende Fragen, aus deren Beantwortung – wie erste Potsdamer Publikationen[461] zeigten – Rückschlüsse zum Einfluss starker Magnetfelder auf turbulente Plasmen zu erhalten waren. Die erste Frage, ob die dunkle Fläche des Flecks linear oder quadratisch mit der Zeit zerfällt, hätte nach Auswertung regelmäßiger Sonnenbeobachtungen selbst beantwortet werden können. Seit Jahrzehnten waren am Einsteinturm an jedem klaren Tag Fleckenzeichnungen angefertigt worden, meist am Leitrohr des Koronographen, ohne dass es zu einer Auswertung zu theoretischen oder anderen weiterführenden Zwecken gekommen wäre. Ähnlich ist es den neuen Ansätzen zum Strahlungstransport in turbulenten Sternatmosphären ergangen. Hier war es Jürgen Stahlberg gelungen, basierend auf der Methode der gemittelten Felder eine Formulierung zu finden, in der die beiden bekannten Approximationen „Mikroturbulenz“ und „Makroturbulenz“ als natürliche Grenzwerte für sehr kleine und sehr große Turbulenzelemente verstanden werden. Freundlichs Messungen im Einsteinturm hatten die gesuchte gravitationsbedingte Rotverschiebung nur am Sonnenrand, nicht aber in der Sonnenmitte geliefert, ehe erst viel später durch Schröter die Erklärung unter Einbeziehung der Turbulenzverhältnisse auf der Sonnenoberfläche geliefert wurde.

Vom Einsteinturm war Anfang 1989 Norbert Seehafer zur Stubenrauchstraße gekommen. Er hatte photosphärische Magnetmessungen von aktiven Gebieten auf der Sonnenoberfläche unter der Annahme verschwindender Lorentzkraft („kraftfrei“) in Richtung Korona extrapoliert und festgestellt, dass die damit gebildete Strom-Helizität einer überraschend einfachen Vorzeichenregel genügt. Auf der

---

[458] Rüdiger & Kitchatinov (1997).

[459] Kitchatinov & Rüdiger (1999).

[460] Reinhold (2013).

[461] Krause, Eschrich, Rüdiger, Kitchatinov, basierend auf dem Konzept magnetisch unterdrückter Konvektion, nach Biermann (1941).

Nordhalbkugel der Sonne gab es nur negative und auf der Südhalbkugel nur positive Werte.[462] Offensichtlich rührte der Unterschied von der Sonnenrotation her; Strom-Helizität und α-Effekt sind zusammengehörende Pseudoskalare, beide mit unterschiedlichen Vorzeichen auf den unterschiedlichen Hemisphären. Basierend auf einem theoretischen Resultat aus der Literatur[463] hatte Seehafer, auch mit Messungen vom Einsteinturm, die Existenz eines auf der Nordhemisphäre der Sonne positiven und auf der südlichen Hemisphäre negativen α-Effektes aufgedeckt. Meinel, der gern beteuerte, dass die Existenz des α-Effektes in rotierenden Sternen in seinem Arbeitsvertrag festgeschrieben sei, konnte aufatmen.

Im Juni 1989 hatte das IAU-Symposium zu galaktischen Magnetfeldern in Heidelberg stattgefunden. Trotz finanzieller Zusagen des Max-Planck-Instituts sind die Urheber des neuen Potsdamer Konzeptes ausgesperrt geblieben, Fritz Krause hat die wichtigsten Resultate stellvertretend vorgetragen.[464] Natürlich hätten die Akademiespitzen das SED-Politbüro überzeugen können, dass ein eingeladener fremdfinanzierter Vortrag bei einem internationalen Kongress ein genauso triftiger Reisegrund wäre wie eine Endlaufteilnahme für einen Sportler bei internationalen Meisterschaften, ein Wochen-Engagement auf einer ausländischen Bühne oder der Besuch zum Geburtstag der älteren Westtante – sie hätten sich als Akademie der Wissenschaften der DDR durchsetzen müssen, so wie sich die Kulturfunktionäre für die Freizügigkeit zahlloser Schriftsteller, Maler und Filmemacher erfolgreich eingesetzt hatten. Allerdings wäre dann die fachliche Exzellenz bald Voraussetzung aller dienstlichen Auslandskontakte geworden, dieses Risiko sind sie lieber nicht eingegangen, so wichtig war ihnen die Wissenschaft nun auch wieder nicht.

Aufbruch 89

Wahrscheinlich wegen Überlastung hatten die Sicherheitsorgane im Sommer 1989 bereits Wahrnehmungsstörungen, denn gerade in diesen Tagen befanden wir uns auf der Rückreise von einem Privatbesuch in Flensburg über Westberlin zum Grenzübergang Dreilinden. Zu aller Überraschung hatte ich im August meine Ehefrau zum 70. Geburtstag ihrer Mutter nach Flensburg begleiten dürfen. Solche DFA-Reisen[465] (Kinder mussten als Pfand zurückbleiben) waren neben den Fluchtgeschichten zahlloser Künstler und Schriftsteller – eröffnet 1977 von der spektakulären Ausreise des Schauspielers und Sängers Manfred Krug, dem sein Publikum zu Füßen gelegen hatte – das alles beherrschende Thema in der sich

[462] Seehafer (1990).
[463] Keinigs (1983).
[464] Krause et al. (1990).
[465] DFA = Dringende Familienangelegenheiten. Die Akademie der Wissenschaften der DDR hat kaum Notiz von polizeilichen Genehmigungen privater Reisen ihrer Angestellten genommen.

auflösenden DDR. Ungläubig sah ich durchs Eisenbahnfenster auf die sich schnell entfernenden Grenzanlagen von Schwanheide, wir fuhren wahrhaftig in die Bundesrepublik. Beim Umsteigen in Büchen verteilte die Bahnhofsmission Kaffee und Bananen, noch nie hatte mir jemand auf einem Bahnhof irgendetwas angeboten. Nach Kiel ging es in einem Triebwagen weiter. „Hat man Euch mit Bananen zum Affen gemacht“, kreischte zu unserem Erstaunen die sehr friedensbewegte Cousine am Abend, als wir unserer Kieler Verwandtschaft den Empfang mit Südfrüchten am Umsteigebahnhof schilderten.

Am nächsten Morgen traf ich Matthias Steffen im astronomischen Institut der Kieler Universität, dem ich schon im Mai bei einer Dnepr-Rundfahrt anlässlich der IAU-Tagung über die Sonne in Kiew begegnet war.[466] Zum Auffüllen der Reisekasse kaufte die Bibliothek der Sternwarte das allererste Exemplar meiner soeben erschienenen Monographie; mit Steffen und dem ebenfalls aus Kiel stammenden D. Schönberner – der keinen einzigen Druckfehler durchgehen ließ – haben wir später in Potsdam viele Jahre lang zusammen mit Klaus Strassmeier als Herausgeber die Redaktion der Astronomischen Nachrichten betrieben.

In Flensburg gab es einen Zeitungskiosk, der mit dem prophetischen SPIEGEL-Titel „Explodiert die DDR? Massenflucht aus Honeckers Sozialismus“ warb.[467] Tatsächlich begann sich während unserer Reise das westdeutsche Botschaftsgebäude in Prag mit entschlossenen DDR-Flüchtlingen zu füllen. Bald waren es Tausende, am 23. August wurde das Gelände wegen Überfüllung für den Publikumsverkehr geschlossen ebenso wie zeitgleich die tschechoslowakische Grenze zu Ungarn. Über Wochen wird das Prager Botschaftsgelände im Zentrum der internationalen Aufmerksamkeit stehen, bis am 30. September Bundesaußenminister Genscher von einem Balkon des barocken Palais, nachdem er zunächst die anwesenden Hallenser unter den tausenden Flüchtlingen besonders begrüßt hatte, verkündete, dass er gekommen sei, „um Ihnen mitzuteilen, dass heute Ihre Ausreise …“. Den Rest des Satzes kennen wir nicht, er ist im tobenden Jubel verlorengegangen.[468]

Für zwei Tage hatte uns Axel Brandenburg mit einem Mietwagen von Flensburg zu Touren durch Nordfriesland abgeholt. Wir fuhren zu seiner Mutter in sein Geburtshaus am riesigen Marktplatz der Stadt Heide zum Krabbenessen und hielten uns später nordwärts entlang der Bundesstraße über Husum, dem (Schimmelreiter-)Hauke-Haien Koog nach Seebüll zum Emil-Nolde-Haus mit Garten. Ich

---

[466] Die Tagung ist wegen der häufig zu hörenden Witze über Gorbatschow und seine Frau Raissa im Gedächtnis geblieben sowie wegen der überreichlich gedeckten Mittagstische, die Ergebnis monatelanger schwieriger Vorbereitungen gewesen sein müssen.

[467] Ausgabe vom 13. August 1989. Monika Maron fragt: „Warum gehen sie, warum bin ich selbst gegangen?“ und antwortet „Diese Regierung, das weiß man, ist nicht fähig und nicht willens, mit dem Volk ... einen Konsens über die gemeinsame Zukunft zu suchen.“

[468] Am 1. Oktober fuhren die ersten Züge unbehelligt von DDR-Organen über Dresden nach Hof, schon am 4. Oktober befanden sich 6000 neue Flüchtlinge auf und vor dem Geländer der Botschaft, die DDR schloss kurz vor ihrem Nationalfeiertag am 7. Oktober auch noch ihre Grenze zur ČSSR.

sah das Wattenmeer, bestaunte die neuartigen Windkraftanlagen und die zahllosen im Wind knatternden Europafahnen. Vor den allermeisten Häusern, verklinkert und oft auf kleinen zaunlosen Hügeln gelegen, waren Feldfrüchte im Angebot. Im Museum erkundigte sich Axel nach dem Tidenhub, um einheimisches Personal zu erkennen. Abends in einer Flensburger Gaststätte bei Bier und gebratenem Aal vom Haus hatte er im Handumdrehen die Tischplatte unter Notizen und Berechnungen vergraben, bis nach Mitternacht wartete der Wirt geduldig, dass wir ausgetrunken und ausgerechnet hatten.

„Die Sonnenflecken werden am 16. August wieder auftauchen“, war die Parole, die Willi Deinzer telefonisch vor Reisebeginn den geplanten Ankunftstag in Göttingen signalisieren sollte. Krause hatte ihn auf der Heidelberger Konferenz für den Fall, dass die Reiserlaubnis nach Flensburg erteilt werden würde, in diesem Sinne instruiert. Nach einer entspannten Eisenbahnfahrt im prächtigen Großraumwagen südwärts durch Norddeutschland sind wir minutengenau am 16. August am Göttinger Bahnhof eingetroffen und wurden von Deinzer sofort erkannt, obwohl wir uns nie zuvor gesehen hatten. Der Seminarvortrag über den Sonnendynamo und das zugehörige Rotationsgesetz fand am Nachmittag statt, zu meinem Entzücken im Gauß-Zimmer der historischen Sternwarte inmitten alter Instrumente – darunter das für die Sternwarte hergestellte und vom Erbauer persönlich aufgestellte 10-füßige Herschel-Teleskop. In Göttingen hatte Schwarzschild gelebt, bevor er nach Potsdam kam und den verdienstvollen Hartmann[469] durch Hertzsprung ersetzte. Ich war am Ankunftstag – wir konnten in der Sternwarte wohnen – so euphorisch, dass ich den Ernst der Frage von Dieter Schmitt nach meiner Meinung zum sogenannten Dynamo-Dilemma erst Tage später im Zug von Göttingen nach Westberlin richtig begriff. Nach dem Seminar wollte Direktor Voigt den Titel meines Vortrages für den Instituts-Jahresbericht, der im nächsten Jahr erscheinen würde, notieren. „Um Himmels willen, nein, ich bin illegal hier“, entgegnete ich in Erinnerung an das Schicksal Isolde Meinungers. „Wie kann man illegal in einer Sternwarte sein, “ der Professor schüttelte den Kopf. Er führte uns persönlich zum Göttinger Stadtfriedhof mit den Grabmalen von Max Planck, Max von Laue, Karl Schwarzschild und Ludwig Prandtl. Ich wollte auch wissen, ob man von Göttingen aus den Harz sehen könne. Mir ging es dabei um Tobias Mayer, hochbegabt und übereifrig, dessen kurzes tragisches Leben ich kürzlich skizziert hatte. Sein Observatorium auf einem Turm der Göttinger Stadtmauer war während einer Beobachtungsnacht durch eine Pulverexplosion im Siebenjährigen Krieg zerstört worden. Ein solcher Turm steht noch oder wieder in der alten Stadtmauer nah an der Sternwarte, wir haben ihn am nächsten Tag besucht. Abends im Hause Deinzer

---

[469] J. Hartmann hatte mit Spektren des Doppelsternsystems δ Ori, erhalten bald nach Einweihung des Großen Refraktors in den Wintern 1901 und 1902, festgestellt, dass die schwache, aber scharfe Kalziumlinie K die stellaren Bahnbewegungen nicht mitmacht. Seine Schlussfolgerung, „between the Sun and δ Orionis there is a cloud that produces this absorption“, bedeutete nichts weniger als die (zufällige) Entdeckung der interstellaren Materie (Hartmann, 1904).

gab es einen fränkischen Silvaner aus Literflaschen von der Winzerfamilie Strobel aus Sommerach, bei der wir noch heute unseren Frankenwein bestellen. Wir hatten es bis Göttingen geschafft, wenn auch nur „in Familienangelegenheiten“ und nicht als Erlösung von den Regeln der heimischen Wissenschaftsbürokratie. Dass wir in Göttingen gewesen sind, kann uns keiner mehr nehmen, hatte ich auf der Rückfahrt gedacht, nicht ahnend, dass dies nur der Anfang war.

Ab Montag, den 8. Mai 1989 war die DDR durch einen aufgedeckten Auszählungsbetrug bei einer landesweiten Kommunalwahl – einer politisch eher leichtgewichtigen Angelegenheit – erschüttert worden, weil die Staatsführung vergessen hatte, die abendliche Offenlegung der Ergebnisse in den einzelnen Wahllokalen abzuschaffen. Meist kirchlich engagierte Bürgerrechtler hatten am Wahlabend zahlreiche Stimmauszählungen protokolliert und drastische Diskrepanzen zu den veröffentlichten Zahlen gefunden. So hatten sie 2192 Gegenstimmen in nur 28 Potsdamer Wahllokalen registriert, die sich über Nacht im offiziellen Wahlergebnis für ganz Potsdam mit insgesamt etwa 100 Wahllokalen auf 1559 reduziert hatten. Beschwerden wurden abgebügelt, Nachzählungen hätten die Richtigkeit der Ergebnisse bestätigt. Noch am 1. November, nur wenige Tage vor der Grenzöffnung, hielt es der neue SED-Sekretär Vietze in der Potsdamer Stadtverordnetenversammlung für seine „Anstandspflicht als Kommunist“, den Wahlkommissionen nicht „das Misstrauen auszusprechen“, weil „die DDR ein Rechtsstaat sei“.[470] „Alles Lüge“, rief Detlef Kaminski, einer der verdeckten Auszähler, unerlaubt in die Versammlung, nachdem er das Mikrofon an sich gerissen hatte. Die DDR-Führung hatte eine rote Linie überschritten, von deren Existenz sie gar nichts wusste. Das gemeinsame Markenzeichen der jetzt rasch entstehenden Oppositionsgruppen war deshalb immer die Forderung nach freien Wahlen. Meine offenherzige Wortmeldung beim Besuch des Potsdamer Oberbürgermeisters Seidel am 17. April in der Sternwarte, angekündigt als Wahlveranstaltung, konnte ich später in den Akten des Staatssicherheitsdienstes nachlesen. Es war dabei um das Fehlen einer Umweltpartei in der DDR gegangen, nicht um Zweifel am Wahlsystem.

Bis Montagmittag hatten sich die richtigen Zahlen in der Sternwarte schon herumgesprochen.[471] „Es wird erwartet“, hatte der Institutsdirektor im Vorfeld der Wahl in der Dienstbesprechung festgestellt, dass „jeder Mitarbeiter des ZIAP bereits in den Morgenstunden seiner Wahlpflicht nachkommt.“ Am Montagabend in der regulären Parteiversammlung sind die unvorsichtigen Informanten namentlich benannt worden. „Wenn der R. nicht recht hat, fliegt er, wenn doch, fliegen wir“, soll ein Genosse weitsichtig gesagt haben. Ein anderer flog schon bald. Oberbürgermeister Seidel war so unvorsichtig, die von Kaminski persönlich beobachtete Auszählung nachträglich öffentlich zu überprüfen und bestätigte, wahrscheinlich

---

[470] Vietze, der selbsternannte Experte für Rechtsstaatlichkeit, war später noch viele Jahre parlamentarischer Geschäftsführer der SED/PDS-Fraktion im Brandenburger Landtag.

[471] Das Gespräch mit Domke vormittags in dessen Arbeitszimmer war, nach Aktenlage, abgehört worden.

überrascht, die von diesem behaupteten 78 NEIN-Stimmen (und 714 JA-Stimmen). Am 22. Mai endete Seidels politische Karriere, weil er die Gegenstimmen, wie man es wohl von ihm erwartet hatte, nicht rechtzeitig hat verschwinden lassen.

Wahlergebnisse, die von den Wahllokalleitern als Endlich bekanntgegeben wurden

	Wahllokal		Nr.	JA	NEIN
1.	Holzmarktstr.	X	23	797	74
2.	Schillerplatz		27	523	48
3.	Aug. Bier Str.	X	38	876	70
4.	Pdm.-West Schule 13			738	72
5.	Haus der DSF	X	15	356	44
6.	Bornstedt		2	534	46
7.	Sonderwahllokal H.-Ritter	X		8414	836
8.	DEFA	X	31	496	58
9.	Fachschule Berliner Str.		9	680	67
10.	Volkssolidarität Bbf.		44	639	52
11.	K.-Marx- Bbf.	X		279	44
12.	EKP	X	35	269	26
[illegible]	Kiewitt		25	606	25
14.	Stern		67	561	24
15.	P. d. Nationen	X	11	816	71
16.	A. Klink Str.	X		516	13
17.	Kellermann	X	17	724	102
18.	[illegible]	X	[illegible]	[illegible]	46

Bild 67. Originalprotokoll der Kommunalwahlen in Potsdam 7. Mai 1989, heimlich angefertigt von D. Kaminski.

Der Sommer 1989 war die Zeit öffentlich sichtbarer Massenfluchten. Bereits im Mai schaltete Ungarn an seinen Grenzanlagen zu Österreich den elektrischen Strom ab, danach überquerten bis zu 500 Personen täglich unter den Augen der Soldaten und der internationalen Presse die porös gewordene Grenze, die ungarischen Behörden weigerten sich einzuschreiten. Der 11. September war der Tag, an dem Ungarn seine Grenze endgültig „wegen technischer und moralischer Überalterung“ öffnete, unbeeindruckt von den verzweifelten Protesten der Ostberliner Staatsführung. Zeitgleich in der Stubenrauchstraße, nach dem Mittagessen und dem Tischtennisspiel im kleinen Kreis, entspannt und verschwitzt auf Sitzbänken unter der Blutbuche am Griebnitzsee, nur wenige Meter überm Grenzstreifen, sagte plötzlich Meinel, konzentriert bei jedem Wort: Ich habe gestern mit Rudolf und einigen anderen eine neue Partei gegründet. Ich, ungläubig, aber neugierig: was, wie, wo? „In Grünheide, im Hause von Robert Havemann.“ Krause, dritter Tischtennisspieler und häufiger Satzgewinner, hatte es plötzlich eilig wegzukommen. „Ich muss noch etwas ausrechnen", murmelte er. Wie heißt die Partei? „Neues Forum, du sollst es nicht erst aus den Abendnachrichten erfahren. Keine richtige Partei, aber politisch, wird nächste Woche offiziell angemeldet."

In nur wenigen Tagen lief der in Grünheide formulierte Aufruf „Aufbruch 89 – NEUES FORUM" durch die gesamte Republik, handschriftlich vervielfältigt, mit Schreibmaschinen,[472] Ormig-Apparaten und den seltenen, meist weggesperrten Kopierern in Betrieben und Hochschulen:

„In unserem Land ist die Kommunikation zwischen Staat und Gesellschaft offensichtlich gestört. Belege dafür sind die weitverbreitete Verdrossenheit bis hin zum Rückzug in die private Nische oder zur massenhaften Auswanderung. Fluchtbewegungen dieses Ausmaßes sind anderswo durch Not, Hunger und Gewalt verursacht. Davon kann bei uns keine Rede sein ... Wir bilden deshalb gemeinsam eine politische Plattform für die ganze DDR, die es den Menschen aus allen Berufen, Lebenskreisen, Parteien und Gruppen möglich macht, sich an der Diskussion und Bearbeitung lebenswichtiger Gesellschaftsprobleme in diesem Land zu beteiligen. Für eine solche übergreifende Initiative wählen wir den Namen NEUES FORUM. Die Tätigkeit des NEUEN FORUM werden wir auf gesetzliche Grundlagen stellen."

Noch am 30. August hatte Berlins Regierender Bürgermeister Momper verkündet, dass mit „Parteigründungen durch kleine Gruppen in der DDR jetzt gar nichts bewegt werden" könne. Die SED habe „in der DDR tatsächlich die Macht, und sie wird sie in absehbarer Zeit behalten."[473]

Plötzlich war alles anders, eine säkulare Stimme für die nötigen Veränderungen hatte sich im Lande erhoben. Anfangs haben es nur wenige bemerkt, zum Schluss alle: in diesem Text fehlte die führende Rolle der Partei, vom Sozialismus war nicht mehr die Rede, sondern nur noch von der fehlenden Demokratie. Die dreißig Erstunterzeichner, vom Krankenpfleger bis zum Bauingenieur durchweg bürgerliche Existenzen, hatten stundenlang um diese Leerstellen gerungen, zuletzt führte gerade diese Entscheidung zur Aufhebung der Denkverbote, die vierzig Jahre lang sorgfältig errichtet worden waren. Millionen Bürger haben im folgenden Jahr erstmals im Leben an freien Wahlen teilgenommen, manche mit feuchten Augen.

Das Streben des Neuen Forum nach staatlicher Anerkennung war für seine Anhänger überlebenswichtig, hatte aber seinen Preis. „Ihre Gruppe steht auf dem Boden der Verfassung", wird Meinel im Interview von dem Potsdamer Journalisten Erhart Hohenstein hören, „wenn ich davon ausgehe, akzeptieren Sie also auch Artikel 1, der die DDR als sozialistischen Staat kennzeichnet und die führende Rolle der Partei festschreibt?" Die Verfassung kann man ändern, antwortete Meinel trocken, mit einer führenden Partei, die nicht durch Wahlen legitimiert ist, wird es

---

[472] Auch von Marianne Otto im Sekretariat der Sternwarte Babelsberg.
[473] *Die Tageszeitung* vom 22. 10. 1991.

nichts werden.[474] Führungsanspruch einer Partei schließt Demokratie aus, beides zusammen geht nicht, es ist dieser unauflösliche Widerspruch, der letztlich zur Auflösung der Akademie und der ganzen DDR führen wird. Am 21. September, als der Innenminister das Neue Forum für staatsfeindlich erklärt hatte, hat es schon 3000 Unterstützer-Unterschriften gegeben.[475] Ein Versuch, unsere langjährige Verbündete Christa Wolf während eines konspirativen Treffens im Haus einer Babelsberger Schriftstellerin für das Neue Forum zu werben, ist wegen der fehlenden Sozialismusklausel misslungen. Sie persönlich würde die Betonung des christlichen Solidargedankens bei Hans-Jürgen Fischbeck von „Demokratie jetzt" favorisieren. Auch andere Versuche, Vertreter der etablierten Elite für eine Mitarbeit in den Bürgerbewegungen zu gewinnen, scheiterten. Heiner Müller, als wäre er dabei gewesen, schrieb: „Der Widerstand von Intellektuellen und Künstlern, die seit Jahrzehnten privilegiert sind ... wird wenig ausrichten, wenn ein Dialog mit der lange schweigenden Mehrheit der jahrzehntelang Unterprivilegierten ... nicht zustande kommt."[476] Ab Ende November 1989 versuchte Christa Wolf mit ihrem verunglückten Aufruf „Für unser Land" die Interessen von SED und der Bürgerbewegung miteinander zu vereinen und sammelte 1 Million Unterschriften zugunsten der „DDR als sozialistische Alternative zur Bundesrepublik". Ihre Aktion wurde insbesondere in Sachsen heftig kritisiert; Egon Krenz und der MfS-Anführer Schwanitz haben mit ihren demonstrativen Unterschriften dem Unternehmen den frühen Todesstoß versetzt.

Am 19. September wurden Meinel und Tschäpe in der Sternwarte einzeln vor ein Triumvirat, bestehend aus dem stellvertretenden Forschungsbereichsleiter und neuem Direktor des ZIPE, Hurtig, Bereichsleiter Ruben und Protokollant Boller gestellt. Ruben zu Meinel: Wir haben Sie bisher durchaus geschätzt, sind aber zutiefst enttäuscht, wie Sie jetzt die Sache der Konterrevolution betreiben. Von den sogenannten Unterzeichnern sind vier in unserer Akademie[477] beschäftigt, davon allein zwei in der Astrophysik, was für ein Schaden für unser Institut! Die kleinste Verfehlung, ein fragwürdiges Auftreten in der Öffentlichkeit, wird immense Konsequenzen für Sie haben. Das sei ihm klar, erwiderte Meinel, er werde auch weiterhin darauf achten, dass alle politischen Aktivitäten allein zur privaten Freizeit gehören.[478] Im Stuhlkreis in der Stubenrauchstraße verlangte Liebscher von Meinel, sein Sozialismusbild offenzulegen. „Ohne Demokratie funktioniert Sozialismus nicht, das ist unser Bild. Wer weiß, wenn es die Wahlen so ergeben,

---

[474] Mit ihrem Beitrag waren die Brandenburger Neuesten Nachrichten (heute Potsdamer Neueste Nachrichten) die erste Regionalzeitung der DDR, die, wenn auch spät, der Bürgerbewegung ihre Spalten öffnete.

[475] Kukutz (2009).

[476] Neues Deutschland vom 14. 12. 1989.

[477] Späte Rehabilitation eines Berufsstandes: auf den aufsehenerregenden Protest-Unterschriftenlisten gegen die Ausbürgerung des Sängers Wolf Biermann von 1976 taucht kein einziger DDR-Wissenschaftler auf.

[478] Gedächtnisprotokoll R. Meinel.

wird vielleicht Markus Wolf an der Spitze des Staates stehen." Liebscher riet ihm, seine Unterschrift zurückzuziehen, dann wäre bald alles vergessen.[479] Nach nur wenigen Wochen, am 7. Dezember, wird derselbe einen Antrag an das Fernmeldeamt Potsdam richten, für Dr. Meinel kurzfristig einen Fernsprechanschluss in seiner Wohnung einzurichten, denn „sehr viele Bürger (mit steigender Tendenz) suchen jetzt begreiflicherweise den Kontakt zum Neuen Forum." Die intensive bürgernahe Arbeit des Neuen Forum, dessen Sprecher Dr. Meinel sei, laufe z.Zt. über den Dienstanschluss, der kaum noch dienstlich zu nutzen wäre.[480] Bei der Übergabe dieses Schreibens hatte der Post-Oberrat noch dringend von mir wissen wollen, wie es denn in Zukunft weiterginge mit seiner Post. Leider konnte ich noch nicht wissen, dass der nächste Postminister Emil Schnell vom Hochdrucklabor auf dem Telegraphenberg sein würde, der zu nächstem Montag wieder seine kleine SDP-Demo an der Nikolaikirche organisiere, ich hätte es ihm zu gern erzählt. Nach wenigen Tagen erhielt Meinel tatsächlich einen der seltenen privaten Telefonanschlüsse. Dieser Erfolg hatte sich bald herumgesprochen, kurze Zeit später hatte ich die Prozedur – mit Teilen des Liebscher-Textes – für Aktivisten des Potsdamer Neuen Forum zu wiederholen, darunter Carola Stabe, Detlef Kaminski und Rudolf Tschäpe.

Heinz Kautzleben, Leiter des Forschungsbereiches „Geo- und Kosmoswissenschaften",[481] wird sehr wütend über die politischen Umtriebe in der Sternwarte gewesen sein. Er hatte dort Ende September eine Abteilungsleitersitzung einberufen, auf der er zusammen mit einem Genossen der Bezirksleitung[482] erschien, um die Anwesenden aufzufordern, schriftlich der fristlosen Entlassung von Meinel und Tschäpe zuzustimmen. Es soll lange Reden gegeben haben, in denen nicht viel gesagt wurde, letztlich aber hat niemand, auch die anwesenden Genossen nicht, das vorbereitete Papier unterschrieben.[483] Der damalige stellvertretende Parteisekretär des ZIAP, Scholz, kann sich heute nicht mehr an den Verlauf dieser Sternstunde des Institutslebens erinnern, allerdings an die allgemeine Stimmung, die gegen Kautzleben gerichtet war. Dieser wird bei einer späteren Vertrauensabstimmung als Direktor in seinem eigenen Institut mit nur 15% Ja-Stimmen abschneiden.[484] Trotzdem ist es der späten Akademieleitung gelungen, ihn als Mitglied einer deutsch-deutschen Evaluierungskommission für Institute aus dem Bereich Geo- und Kosmoswissenschaften zu platzieren; erst ein Protestschreiben aus dem ZIAP vom 17. Juli 1990 an den DDR-Forschungsminister und den Vorsitzenden des deutschen Wissenschaftsrates hat diese vielsagende Unternehmung gestoppt.

[479] Gedächtnisprotokoll R. Meinel.
[480] Archiv Rüdiger.
[481] Akademiemitglied, Nationalpreisträger und Direktor des Instituts für Kosmosforschung (H=3, laut ADS).
[482] Kautzleben war seit 1984 selbst Mitglied der Bezirksleitung Potsdam der SED.
[483] Weiß & Braun (2017), S. 188.
[484] Stark (1997).

Minister Terpe antwortet umgehend, dass Kautzleben in die Bewertung der Institute der Sektion „Geo- und Kosmoswissenschaften“ nicht einbezogen werde.[485]

Die Staatssicherheit hatte erneut Witterung aufgenommen. Am 28. August 1989 wurden Maßnahmen zu einer operativen Personenkontrolle „Grenze“ unter Einsatz eines im Januar 1990 (!) zu werbenden IM festgelegt. *„Zur Kontrolle der Aktivitäten des R. im unmittelbaren Arbeitsbereich ist eine inoffizielle Position zu schaffen.“* Und: *„Nutzung der KP Büchner zur peripheren Kontrolle der Kontakte im Arbeitsbereich, ... seiner Beziehungen zu den in den OV ‚Grün‘ und ‚Redakteur‘ bearbeiteten Personen*“. Bereits zum 15. September sollte *„eine operativtechnische Maßnahme A (Wohnbereich)*“ stattfinden, das bedeutete Abhören der kompletten Wohnung. „Grün“ und „Redakteur“ waren die Stasi-Spitznamen für Tschäpe und Domke, die sich ein Arbeitszimmer teilten.

Vier Wortmeldungen und ein Todesfall

Nach den Gewaltausbrüchen vom 7. Oktober gegen Demonstranten in Berlin, Potsdam und anderen Städten wurde vom DEFA-Regisseur Rainer Simon und mir eine kurze Erklärung zur staatlichen Gewalt formuliert, die mit den Sätzen „Wer Dialogsuchende ausgrenzt oder kriminalisiert, schadet der Entwicklung unseres Landes. Wir treten dafür ein, daß auch neue gesellschaftliche Initiativen wie das Neue Forum staatlich zugelassen werden“ endet. Diese sehr zurückhaltende Position ist im ZIAP dutzendfach unterschrieben worden, bei der gleichzeitig stattfindenden Versammlung der Filmregisseure und -dramaturgen aber gar nicht.

Am Morgen des 18. Oktober tauchte eine „Wortmeldung“ im „Weißen Haus“ neben dem Eingang zum Seminarraum auf. Der Text bestand aus einer Aufzählung von Sachverhalten, „die mir Sorgen machen“: wegen des hartnäckigen Schweigens der Wissenschaftseliten, wegen des verheimlichten Angebots einer ROSAT-Projektstelle in München und wegen der Unerreichbarkeit der Computer in Göttingen oder Bonn, ein Problem, das entsprechend „für Schlagersänger, Fußballspieler und Schauspieler samt ihrer Garderobieren“ schon lange nicht mehr bestand:

„... Kann sich wirklich jemand vorstellen, daß Leute, deren Post geöffnet wird, die grenzüberschreitende Telefongespräche zum Direktor durchzustellen haben, unzutreffende Berichte abliefern müssen, denen es verboten ist, Einladungen anzunehmen oder auszusprechen ..., daß sich solche Leute zu Nobelpreisträgern entwickeln können? Mehr noch, kann man eigentlich davon ausgehen, daß diejenigen, die solche Atmosphäre schaffen und verbreiten, effektive Wissenschaft überhaupt wünschen, also auch den Erfolg der Anderen, Ausgegrenzten und Bevormundeten?“

---

[485] Protokoll des WR vom 16. 8. 1990.

Die Aufzählung endete mit einer Liste scheinbar utopischer Forderungen: Dienst-Visa für alle, Erleichterung ausländischer Besuche, Einbindung in das internationale Computer- und Email-Netz, freier Zugang zur Stubenrauchstraße. Nur drei Wochen später, nach dem Mauerfall, waren fast alle diese einfachsten Voraussetzungen für unsere Arbeit mit einem Schlage erfüllt und die „ausländischen Besucher" haben sich bald darauf am Griebnitzsee die Klinke in die Hand gegeben. Zufällige Begegnungen von Besuchern unterschiedlicher Institutionen sind manchmal nicht ohne Kommentar geblieben. Knölker und Schüssler aus Freiburg trafen auf der engen Treppe in der Stubenrauchstraße unerwartet auf den Münchner Sonnenphysiker H. U. Schmidt, minimale Begrüßung („Ach!"), unbewegliche Gesichter, Knölker später: „wie vor einer Tischtennispartie zwischen Nord- und Südkorea".

Ich hatte der „Wortmeldung" noch eine kurze ironische Bemerkung über den überregionalen „Rat der Hauptforschungsrichtung Astronomie" angefügt, der sich nach meiner Meinung viel zu häufig mit dem Luftschloss „Großobservatorium sozialistischer Länder"[486] voller Superteleskope auf einem hohen Berg Usbekistans beschäftigte, anstatt die kurzen Wege zu den vorhandenen Instrumenten auf Calar Alto oder Teneriffa zu suchen. Das erinnerte an die unglücklich verlaufenen Auseinandersetzungen Lauters über die Gewichtungen von COSPAR und INTERKOSMOS. Wahrscheinlich wegen dieser Zeilen beendete Treder als Vorsitzender unvermittelt meine Mitgliedschaft in dem Gremium. Schon im April 1989 war durchgestellt worden, dass der DDR-Beitrag zum geplanten Großobservatorium sich an der Rentabilität des Carl-Zeiss-Kombinates ausrichten müsse, man könne deshalb höchstens die Produktion von 2-m-Spiegelteleskopen – finanziert von mehreren Ländern – einbringen. Nur der Leiter der Astroabteilung in Jena, P. Köhler, hatte den Mut festzustellen, „daß wir in der DDR noch keine Erfahrungsträger für wichtige Techniken wie Computersteuerung, aktiver Optik, CCD, die heute unerläßlich sind, besitzen". Nur wenige Monate später waren der geträumte (15…25)-m-Spiegel und das 2-m-Sonnenteleskop im Altaigebirge wie vom Erdboden verschluckt.

Am 9. Oktober hätte sich, berichtete eine Dresdener Zeitung, nach einem Konzert ein Besucher erhoben und dem Publikum zugerufen, „dass der Ernst der Situation bis zur Stunde in Berlin nicht erkannt" worden sei. „Für Leitungskader ist die Parteizugehörigkeit nicht mehr Bedingung!"[487] Der aufgeregte Herr war Baron Manfred von Ardenne, Dresdens berühmtester Forscher. Zum Jahresende tauchten erste Fahnen in den sächsischen Landesfarben auf, deren Zahl schnell wuchs, bis ihre Bedeutung offensichtlich wurde: es war der subtile Ausdruck der Dresdener Bevölkerung für „Adieu, DDR", subtiler als im Juni 1953, als Lastkraftwagen

---

[486] Auch Komplexobservatorium oder Vereinigtes Observatorium (OAO) genannt. Das Präsidium der AdW der DDR hatte im September 1988 seine Zustimmung zu dem Vorhaben gegeben, das seit etwa 1970 unter Treders Vorsitz und Verantwortung gelegentlich besprochen worden war.

[487] *Sächsische Zeitung* vom 16. 10. 1989 (mit einwöchiger Zeitversetzung).

voller Arbeiter mit Parolen wie „Von Ulbricht, Pieck und Grotewohl, haben wir die Schnauze voll“ über den Postplatz geknattert waren.

Am 18. Oktober, dem Tag meiner Wortmeldung, ist Honecker nach fast zwei Jahrzehnten Alleinherrschaft gestürzt worden und der eben aus Peking zurückgekehrte Egon Krenz war sofort nachgerückt. „*Herr Tschäpe hat die Krenz-Rede gelesen, so schlecht ist diese wirklich nicht. Er geht zwar nicht an die ideologischen Grundfesten heran, aber in dieser Situation kann das auch gar nicht gemacht werden ...*“ steht in einem Abhörprotokoll vom 20. Oktober. „*Herr R. ist gespannt, was am Montag in Leipzig wird, Herr T. sagt voraus, es wird erst einmal so bleiben.*“ Wenn die Lauscher Rudolf geglaubt haben sollten, werden sie wenige Tage später über die 300.000 Demonstranten in Leipzig[488] entsetzt gewesen sein.

Am 4. November ist über die Wandzeitung in der Sternwarte gefragt worden: „,... bevor über eine vielleicht mal zu gründende Europäische Astronomische Gesellschaft geredet wird, hätte ich noch gern gewußt, Herr Prof. Ruben, wie in der Vergangenheit Anträge auf Mitgliedschaft in der IAU behandelt wurden. Wer wollte noch gern Mitglied werden und wurde einfach ignoriert?“ Ruben mit gespielter (?) Naivität: „Die Leitung des ZI[489] beriet diese Anträge und legte dem Generalsekretär[490] eine Liste der Kandidaten zur Bestätigung vor. Es wurden diejenigen in die Liste aufgenommen, die die notwendigen fachlichen Voraussetzungen und die Voraussetzungen zum Reisen erfüllten.“ Er verschwieg, dass er persönlich „die Voraussetzungen zum Reisen“ willkürlich geschaffen oder verweigert hatte, völlig unabhängig von anderen Voraussetzungen. Der Status der Mitarbeiter wurde von staatlichen Leitern bestimmt und genutzt. Die zuständige „Beratungsgruppe“ des ZIAP bestand ausschließlich aus internen Nomenklatur-Kadern.[491] Generalsekretär Grote[492] hatte schon im Juli 1976 die Institutsleitungen auf diese Idee gebracht: „*Ich möchte Sie darauf aufmerksam machen, daß Bewerbungen um ausländische Stipendien nur für Wissenschaftler erfolgen können, die bestätigte Reisekader sind.*“ Genossen, sollte das heißen, wenn ihr es richtig anstellt, gibt es bald kein Leistungsprinzip mehr.

Im Oktober hatte die Institutsleitung versucht, die Wandzeitungen nur noch für die wöchentliche Speisekarte, die Mitteilungen des Direktors und der Betriebsgewerkschaftsleitung zu reservieren. Ansonsten trüge der zuständige Bereichsleiter die Verantwortung für die Wortmeldungen. Nach kaum zwei Wochen widersprach

---

488 Etwa 10.000 Demonstranten am 2. Oktober 1989, 130.000 am 9. Oktober, 300.000 am 23. Oktober und 500.000 am 6. November.

489 ZI = Zentralinstitut. Ruben hatte die Forderung nach Wiedereintritt in die Astronomische Gesellschaft mit dem Hinweis auf die in Vorbereitung befindliche Europäische Astronomische Gesellschaft (erfolglos) abzublocken versucht.

490 Gemeint ist „Generalsekretär der Akademie der Wissenschaften der DDR“.

491 Schmidt (Direktor), Ruben (Bereichsleiter), Liebscher (Parteisekretär, Auslandsbeauftragter), Pätzold (Leiter Kontrollgruppe), Pohl (Leiter Kader/Bildung), alle SED, darunter die IM „Astronom“, „Walter“ und „Kosmos“ (Stand Sept. 1984).

492 Nachfolger von E. A. Lauter als Generalsekretär.

die lokale Gewerkschaftsleitung vehement dieser Anordnung, die Wandzeitung sei für alle da, die Verantwortung für seinen Text trüge allein der Schreiber. Eine Lehrstunde für den Direktor oder den, der ihn in dieses Scharmützel getrieben hatte.

Zum Äußersten getrieben hatte sich das Akademie-Präsidium in einer überlangen Erklärung Ende Oktober mit wenigen, in einer Bleiwüste versteckten Zeilen auch zur Wissenschaft geäußert: „Der internationale Austausch in der Wissenschaft verdient jegliche Förderung. Administrative Hemmnisse wie die Beeinträchtigung der Kommunikationsmöglichkeiten und der Reisekaderstatus müssen unverzüglich beseitigt werden." Ob sie es wirklich getan hätten? Zu spät, in wenigen Tagen werden alle Grenzen geöffnet und viele Wissenschaftler werden ihr richtiges Leben beginnen, ohne den eigennützigen Spielregeln überforderter Akademiemitglieder folgen zu müssen. Trotz Maueröffnung[493] versammelten sich am 10. November 1989 fast tausend jüngere Beschäftigte der AdW auf dem Berliner Gendarmenmarkt zu einer Protestkundgebung, auf der sich unter Unmuts- und Rücktrittsrufen auch Akademiepräsident Scheler zu Wort meldete. Die AdW hätte schon Vorschläge über eine Wissenschaftsstrategie dem Vorsitzenden des Ministerrates unterbreitet. Auf der 10. Tagung des Zentralkomitees der SED, dem er selbst angehöre, sei über die Trennung von Partei und Wissenschaft verhandelt worden, erklärte er, verlangte sie aber nicht in eigenem Namen. Spricht so der Chef einer großen Wissenschaftsorganisation oder ein bestallter Parteifunktionär? Eine einzige wirkliche Herausforderung und das personelle Dilemma der DDR-Wissenschaft war überdeutlich geworden. Vielleicht als Antwort auf das im Protokoll ausgewiesene höhnische Gelächter, stellte er, Parteimitglied seit 1945, am 7. Dezember vor dem Plenum der Akademiemitglieder die Vertrauensfrage für sich, seine Vizepräsidenten und für Generalsekretär Grote, einige wenige Mitglieder hatten dies verlangt. Er erhielt 77 von (nur) 86 abgegeben Stimmen, der für die gescheiterte Zwei-Klassen-Personalpolitik und den Scherbenhaufen „Internationale Beziehungen" verantwortliche Grote[494] und der Vizepräsident für die Gesellschaftswissenschaften, Kalweit, wurden geopfert. Dafür ist Altgenosse Herbert Hörz als neuer Vizepräsident ins Präsidium gekommen.[495] Weil sie sich die Erneuerung anders vorgestellt hätten, erklärten 21 Wissenschaftler des ZIAP danach, dass „das am 7. 12. 89 erteilte Mandat für das Präsidium einem Mandat durch die Mitarbeiter der Institute nicht entspricht und dieses auch nicht ersetzen kann."

Auf der Kundgebung auf dem Gendarmenmarkt war von Rednern auch verlangt worden, dass die Trennung von Partei und Wissenschaft die völlige Abwesenheit von Parteiorganisationen in allen Akademieeinrichtungen bedeuten

---

[493] An diesem Tag war auch die offizielle Anmeldung des Neuen Forum als Organisation von den Behörden angenommen worden, wieder zu spät.

[494] Grote wurde Jahre später zum Bürgermeister seiner Heimatgemeinde gewählt.

[495] Hörz wird später als stellvertretender Direktor des Zentralinstituts für Philosophie abgewählt und durch seinen Erzgegner Peter Ruben ersetzt. Hörz war 28 Jahre lang als IM „Direktor" tätig.

muss.[496] Der „Rat der Institutsvertreter", der sich aus der Protestbewegung in Berlin gebildet hatte, forderte am 19. Dezember: „Zukünftig soll sich keine Partei innerhalb der AdW organisieren" dürfen. Das Präsidium ist dem nicht gefolgt, es hat nie eine Anweisung des Präsidenten zur Auflösung der Kreisleitung an der Akademie oder gar der Institutsparteigruppen gegeben.[497] Dafür verfügte der Rat der Institutsvertreter bis in den Sommer hinein über kein eigenes Büro, kein Kopiergerät und kaum über private Telefonanschlüsse. Erst im Mai 1990 wurde den Aktivisten eine Liste der Institute und Einrichtungen mit postalischen Anschriften und den zugehörigen Telefonnummern überlassen. Ausstrahlung und Öffentlichkeitswirkung dieses neuen Gremiums haben unter diesen Bedingungen höchstens einige Berliner Institute erreichen können.

Das Plenum der Akademiemitglieder hatte am 7. Dezember das eben bestätigte Präsidium beauftragt, die Geschäfte bis zur Neuordnung der Akademie weiterzuführen. Die fällige Neuwahl des Präsidenten wurde für den 26. April 1990 angesetzt. Der zur Wahlvorbereitung eingerichtete „Runde Tisch der AdW" stand von Beginn an unter dem Vorsitz des schillernden Altgenossen Hermann Klenner, einem geübten Rechtstheoretiker.[498] Dessen Hauptbestreben hat immer der Sicherung der Vorherrschaft seiner Genossen in Gestalt des Plenums der Akademiemitglieder gegolten. Noch am 31. Oktober erklärte er als IMB „Klee" der Staatssicherheit, es müsse „die Bedingungen absichern, unter denen der Umwälzungsprozess in einer Richtung erfolgen kann, wie es unserer marxistisch-leninistischen Konzeption entspricht."[499] Der Runde Tisch ist seinen kruden Vorstellungen gefolgt, dass weder Angestellte noch Außenstehende als Präsidentenkandidaten infrage kommen und, noch durchsichtiger, dass der Runde Tisch streng vertraulich bleiben müsse, um äußere parteipolitische Einflüsse auszuschalten. Damit war der Vorschlag des ZIAP, für das Präsidentenamt das Gründungsmitglied des Neuen Forum Jens Reich, Professor für Biomathematik am Zentralinstitut für Molekularbiologie, zu nominieren, obsolet geworden. Die Öffentlichkeit hatte keinerlei Möglichkeit, solche Vorschläge kommentierend durchzusetzen. Die naive Berliner Reformbewegung hatte ihre beiden größten Trümpfe – Öffnung und Öffentlichkeit – ohne Not aus der Hand gegeben.

Mit dem Molekularbiologen Heinz Bielka gab es kurz vor dem Wahltag einen vorzeigbaren, seit langem parteilosen Kandidaten, weil sich aus dem eigentlich machtbewussten Plenum niemand sonst gemeldet hatte. Das entsprach keineswegs Klenners „marxistisch-leninistischer Konzeption", die Wahl zum 26. April wurde

---

[496] Die auf dieser Kundgebung geforderte Rehabilitierung der aus der Akademie ausgeschlossenen Mitglieder Bloch und Havemann ist postwendend am 16. November 1989 geschehen.

[497] Am ZIAP fragte der entgeisterte Bereichsleiter für Sonnenphysik: „Warum soll ich mich denn nicht mehr montags mit meinen Genossen im Seminarraum treffen dürfen?"

[498] Heute Mitglied im Ältestenrat der Partei „Die Linke" und Mitglied der „Kommunistischen Plattform". 1993 Gründungsmitglied der Leibniz-Sozietät der Wissenschaften zu Berlin. Sein Zentralinstitut für Philosophie wurde nach 1991 nicht weitergeführt.

[499] Stark (1997).

wegen „fehlender Auswahlmöglichkeiten" von ihm kurzfristig abgesagt, wieder folgte artig der Runde Tisch. Mehr noch, Klenner „begründete den Vorschlag des Runden Tisches der AdW, den vorliegenden Entwurf des Statuts trotz der ihm anhaftenden Mängel und vieler eingegangener konträrer Stellungnahmen ohne weitere Überarbeitung anzunehmen."[500] Das neue „Statut der Akademie der Wissenschaften der DDR", das zum 1. Juni 1990 in Kraft treten sollte, enthielt gleichberechtigt die „Gemeinschaft der Akademie-Mitglieder" und die „Forschungsgemeinschaft der Institute und Einrichtungen". Die Akademiemitglieder hielten sich weiterhin für berechtigt, allein über „die Ernennung von Professoren zu beschließen". Gleichzeitig forderte „die Akademie" weiterhin das uneingeschränkte Promotionsrecht mit den sowjetischen Stufen „Doktor eines Wissenschaftszweiges" und „Doktor der Wissenschaften".[501] Das Statut verlangte Ausnahme-Regelungen, die inkompatibel zum westlichen Wissenschaftssystem waren! Die Forderung nach ewiger Verschraubung des Plenums der Akademiemitglieder und der Forschungsinstitute durchzieht alle offiziellen Papiere der Forschungsbereiche und der Akademieleitung aus dieser Zeit. Noch im August 1990 wurden in einer kurzen „Erklärung" von fünf Akademiemitgliedern – darunter Bielka und Hörz – die „Gelehrtensozietät", die „Gelehrtengesellschaft" und „unsere Akademie" maximal miteinander vermischt. Gleichzeitig warnte der (neugewählte) Präsident eindringlich vor Unheil, „wenn die Institute einzeln, auf sich allein gestellt, unmittelbar den künftigen Ländern zugeteilt würden und diese über deren weiteres Schicksal zu entscheiden hätten."[502] Keiner der Beteiligten hat je öffentlichkeitswirksam gefragt, ob die angestrebte vierte Säule im bundesrepublikanischen Wissenschaftsbetrieb nicht auch ohne die Versammlung von Ordentlichen und Korrespondierenden Personen, die gern Doktortitel verteilen und Professoren berufen, auskäme, oder einfacher, wozu eigentlich Gelehrtengesellschaften modernen Forschungseinrichtungen vorstehen sollten. Es hat auch niemand die Rektoren der Universitäten gefragt, wie sie es fänden, das Promotionsrecht für immer mit der Akademie teilen zu sollen.

Zum neu angesetzten Wahltag am 17. Mai 1990 hatte Bielka plötzlich vier Gegenkandidaten: J. Herrmann (Geschichte), H. Klinkmann (Medizin), K. Lohs (Chemie) und M. Peschel (Mathematik). Herrmann und Lohs waren Altgenossen, Klinkmann als Mitglied der SED-Bezirksleitung Rostock sogar Parteifunktionär. Das Wahlgremium bestand aus je 100 Wahlberechtigten aus Plenum, Wissenschaftlichen Räten der Institute und der Angestellten.[503] Klinkmann erhielt mit 151

---

[500] Protokoll des Konsiliums am 26. April 1990, Quelle: Internet.

[501] Ab 1992 beeilten sich fast alle promovierten Wissenschaftler der DDR, ihre akademischen Titel (auch Promotion A oder Promotion B genannt) an passenden Universitäten in die alten lateinischen Titel umzutauschen.

[502] Akademie Intern 3, August 1990. Im gleichen Heft unterstreichen die beiden Wissenschaftsminister: „Die Institute sollen sitzlandbezogen in die Verantwortung der neu zu bildenden Bundesländer übergehen, wie es dem Grundgesetz und der Praxis in der Bundesrepublik Deutschland entspricht."

[503] Vom ZIAP: Liebscher, Staude.

Stimmen im ersten Wahlgang mit seiner eigenen Stimme gerade die zur Wahl nötige Mehrheit, Bielka 62 Stimmen und Lohs 61 Stimmen. Klinkmann ist später von seiner Rostocker Universität „wegen mangelnder persönlicher Eignung“ entlassen worden. Die Landesregierung ist dieser Entscheidung gefolgt, die Details, bis auf den Vorwurf der übergroßen Staatsnähe, sind bis heute unbekannt geblieben.

Ähnlich ist die zweite Personalie des Tages für das Amt des Vizepräsidenten für die Institute und Einrichtungen entschieden worden. Gewählt wurde S. Nowak, der bisherige Leiter des Forschungsbereichs Chemie, Parteimitglied seit 1948, ebenfalls mit jahrzehntelang geheimer Karriere.[504] Die Entschlossenheit der sozialistischen Nomenklatura, ihre Stellungen zu halten, war unübersehbar, der Apparat hat sich an diesem Tag als reformunfähig erwiesen.

Natürlich hatte die de-Maizière-Regierung in Ostberlin Probleme mit diesen Wahlergebnissen. Immerhin hatte die neue Akademieleitung den Anspruch, die Gelehrtengesellschaft und die Institutionen gemeinsam als „Vierte Säule“ im gesamtdeutschen Wissenschaftsbetrieb zu etablieren. Spät, erst am 27. Juni, wurde mit dem „Beschluss des Ministerrates über die weitere Tätigkeit der Akademie der Wissenschaften“ Scheler abberufen und Klinkmann als geschäftsführender Präsident eingesetzt. Die Reaktion der politischen Akteure erfolgte nach genau einer Woche am 3. Juli 1990 beim legendären Kamingespräch der beiden Forschungsminister Heinz Riesenhuber und Frank Terpe unter Beteiligung der Präsidenten der Wissenschaftsorganisationen beider deutscher Staaten, darunter auch Klinkmann und Nowak. Es wurde festgestellt, dass es eine einheitliche Forschungslandschaft für Gesamtdeutschland geben solle, ohne einen Ostberliner Sonderweg:

„Der Wissenschaftsrat wird gebeten ... eine Bewertung der Forschungskapazitäten der DDR unter seine Schirmherrschaft zu nehmen und Vorschläge zu ihrer Neuausrichtung zu machen ... Die in vielen AdW-Instituten sichtbaren eigenen Ansätze zur Bewertung und Neuausrichtung werden begrüßt, sie sind zu nutzen und einzubeziehen.“

Artikel 38 im Einigungsvertrag besagt, dass „die Akademie der Wissenschaften der Deutschen Demokratischen Republik als Gelehrtensozietät von den Forschungsinstituten“ getrennt wird und dass „eine Begutachtung von öffentlich getragenen Einrichtungen durch den Wissenschaftsrat“ bis zum 31. Dezember 1991 abgeschlossen sein wird. „Die Arbeitsverhältnisse der ... Arbeitnehmer bestehen bis zum 31. Dezember als befristete Arbeitsverhältnisse mit den Ländern fort.“ Mit dem Vollzug der Einigung am 3. Oktober 1990 hatte die AdW der DDR als Forschungsorganisation aufgehört zu existieren. Ihr Ableben beendete die mit der Akademiereform Ende der 1960er Jahre eingeleitete Übernahme des Forschungsmanagements durch Parteifunktionäre, Jahrzehnte der Stagnation hatten ihr Ende gefunden. Mit „Den Dienstherren Präsident gibt es nicht mehr ... Unsere Wege

---

[504] IM „Bär“, siehe Stark (1997).

trennen sich nun. Alle unsere Sorgen, alle unsere Hoffnungen stehen an einem neuen Anfang", verabschiedet sich der „Präsident für wenige Wochen", Klinkmann, stilvoll und pathetisch von den Kolleginnen und Kollegen der ehemaligen Akademie der Wissenschaften.[505]

Deutsche demokratische Sternwarte

Der Wind hatte sich gedreht, die Panzer waren in den Kasernen geblieben, nicht mehr allzuviel lag in Händen der ehemaligen Nomenklatura. Plötzlich erhielten die Beschäftigten ihre eigene, früher hochgeheime Kaderakte zur persönlichen Aufbewahrung, allerdings frisch gewaschen, in den Kladden befand sich neben den jüngsten Gehaltseinstufungen kaum mehr als der selbstverfasste, handgeschriebene Lebenslauf. Liebscher hatte festgelegt, dass „mögliche Unklarheiten" nicht mit den angestellten Kader-Sachbearbeiterinnen, sondern nur mit ihm persönlich zu klären seien. Es war aber gar nicht mehr zu vermeiden, öffentlich über den ehemaligen Elektromechaniker Jürgen Helbig zu reden, den angeblichen Wissenschaftlichen Sekretär mit astronomischer Bezahlung. Er war in den 1970er Jahren kurzzeitig beim ZIPE als Sicherheitsbeauftragter angestellt und Anfang 1984 ins Büro des neuen, damals parteilosen ZIAP-Direktors gewechselt. Einigen war sofort klar, mit wem sie es zu tun hatten: Helbig war bis Dezember 1983 ein hauptamtlicher Führungs-IM der Bezirksverwaltung Potsdam, der die ZIAP-Mitarbeiter „Astronom", „Karl", „Schmall" und „Walter" führte. Sein Vorgänger hatte sich gegenüber dem Ministerium verpflichtet, eine „*kontinuierliche Treffplanung und -gestaltung*" mit wöchentlich sechs geheimen Treffs durchzuführen und dabei „*je Treff zwei qualitätsgerechte, politisch-operativ wertvolle Informationen zu erarbeiten*",[506] und Helbig hatte dessen Netz übernommen. Bei sechs Vernehmungen pro Woche und einem etwa monatlichen Rhythmus der Kontakte muss eine Unzahl inoffizieller Mitarbeiter aus mehreren Akademieinstituten geführt worden sein. Das Ministerium hatte einen seiner Fleißigsten als Gesellschaftlichen Mitarbeiter Sicherheit „Jochen Gränz" zu den Astronomen geschickt. Als dieser zum Reservistendienst einberufen werden sollte, versuchte die Parteileitung, das Unglück zu verhindern: „*Die Anwesenheit des Genossen Helbig in seiner Eigenschaft als Leiter des Wissenschaftlichen Sekretariats, als LVO- und ZV-Beauftragter* [sei] *unbedingt erforderlich*". Wie bizarr muss es ausgesehen haben, wenn der wenig intellektuelle Helbig gestandene Leute abhörte, wie sie ihre in- und ausländischen Kollegen einschätzten? Hilfsweise erklärt ihm „Astronom" am 25. Januar 1982 in der konspirativen Wohnung „Kluge" die Welt des Professor Krause, dessen Überblick über die Gesamtproblematik seines Bereiches ja *mangelhaft* sei: Er

---

[505] Mitteilungen aus der Abwicklungsstelle, Nr. 1, Oktober 1990.
[506] Buthmann (2020), S. 1100.

übersehe *die Astronomie noch nicht genügend und da fehlt ihm auch der Wille, tiefer einzusteigen. Er beschäftigt sich dafür intensiver mit der eigenen Arbeit und hält seinen Ruf als Wissenschaftler, der ja bei vielen Leitern in dieser Ebene wegen der administrativen Aufgaben verloren geht ... K. sieht das Problem selbst und ... wendet sich auch oft an mich und fragt, wie er ein Problem angehen soll.*" Schade, dass Helbig nicht nachgefragt oder nicht aufgeschrieben hat, welches Problem Krause mit „Astronom" besprechen wollte. Ob während der geheimen Treffen die jeweiligen Decknamen zur Anrede benutzt wurden und ob beim Verlassen der konspirativen Wohnungen dunkle Brillen getragen wurden, ist nicht bekannt.

Im Februar 1990 hat es in der Sternwarte Babelsberg einen öffentlichen Aushang gegeben. Das Argument, es sei mit den Zielen der demokratischen Umgestaltung unvereinbar, dass Helbig „weiterhin in die Leitung des Instituts einbezogen bleibt", ist auf breite Zustimmung gestoßen. Beinahe alle parteilosen Wissenschaftler der Sternwarte haben den Aufruf unterschrieben, nur wenige Namen fehlten. Helbig hat sich danach kaum noch in Babelsberg blicken lassen. Bei einer von der zentralen Akademieleitung angesetzten Vertrauensabstimmung votierten 8% der abgegebenen Stimmen positiv für ihn. Anfang Februar erschien eine Anzeige in einer Potsdamer Tageszeitung: „Internationale Kapitalgeber bieten Beteiligung beim Um- und Ausbau von Immobilien. Kontakte über Dipl.-Ing. J. Helbig, nur werktags ab 17 Uhr."[507]

Später, Ende 1993, wird es einen weiteren Offenen Brief geben, „gerichtet an den ehemaligen informellen Mitarbeiter des Staatssicherheitsdienstes Wolfgang Bley (Hilmar Lorenz)". Stefan Gottlöber schreibt an „alle Kollegen des AIP, an alle Kollegen des ehemaligen ZIAP: Ich habe vor einiger Zeit bei der Gauckbehörde Einblick in meine Unterlagen genommen und festgestellt, daß Du auch ausgiebig über mich berichtet hast. Als wir in unserem alten Institut in mehreren Versammlungen über die Kontakte zum Staatssicherheitsdienst diskutiert haben, hast Du fest versichert, nur im Rahmen Deiner Zusammenarbeit mit der Nationalen Volksarmee Kontakte zum Staatssicherheitsdienst gehabt zu haben. Das stimmt offensichtlich nicht." Bereits am 30. Januar 1991 hatte der Wissenschaftliche Rat des Institutes in Person seines Sprechers „dazu aufgefordert, daß die Wissenschaftler, die den Wunsch zur Mitarbeit an einem der beiden Potsdamer Hauptprojekte bekunden, an Eides statt – falls zutreffend – die Erklärung abgeben, nie als Mitarbeiter des ehemaligen Ministeriums für Staatssicherheit tätig gewesen zu sein."[508] „Wolfgang Bley" tauchte als Informant auch in Akten anderer Kollegen auf, Lorenz' Erklärung hatte sich im Nachhinein als unzutreffend erwiesen; bald darauf hat er das Institut verlassen.

---

[507] Brief von H. Oleak an den Wissenschaftlichen Rat des ZIAP, 19. 2. 1990.

[508] Diese Forderung galt als so selbstverständlich, dass die drei ehemaligen IM im zweiten gewählten Wissenschaftlichen Rat („Dr. Mann", „Walter", „Wolfgang Bley") mitbeschlossen haben, dass ehemalige IM keine Zukunft am Nachfolgeinstitut haben werden.

Erklärung

Wir halten es mit den Zielen der demokratischen Umgestaltung in der DDR und dem Selbstverständnis der Grundlagenforschung in der Akademie der Wissenschaften für völlig unvereinbar, daß Herr Helbig weiterhin in die Leitung des Instituts einbezogen bleibt. Die von ihm demonstrierte opportunistische Grundhaltung können wir nur als Gefahr für das Ansehen und die zukünftige Stabilität unseres Instituts betrachten.

Es ist uns auch unverständlich, aus welchen Gründen das ihm zugesprochene Gehalt z.T. beträchtlich über dem von sehr aktiven und international bekannten Wissenschaftlern liegt.

Für den Fall, daß Direktor und Wissenschaftlicher Rat des ZIAP die entsprechende Planstelle auch unter den neuen Umständen für unverzichtbar halten, sollte sie unverzüglich öffentlich ausgeschrieben werden.

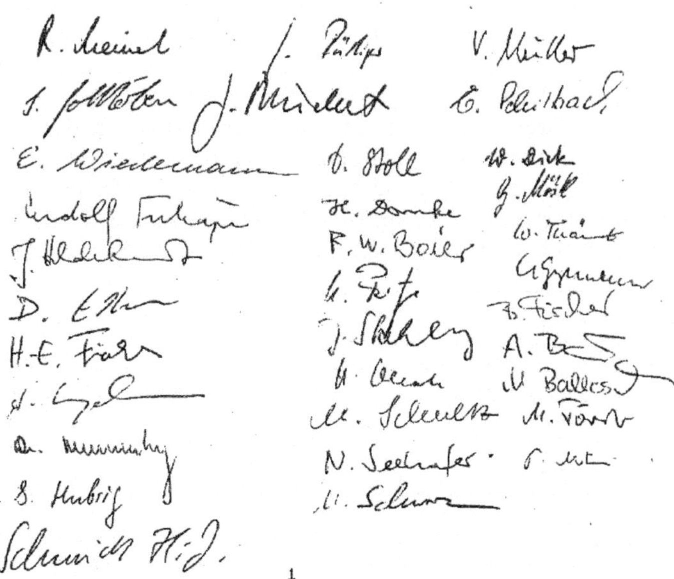

Bild 68. Öffentliche Erklärung, Sternwarte Babelsberg, Frühjahr 1990.

„Die Tragödie des Sozialismus ist die Trennung von Wissen und Macht“, hatte Heiner Müller nach der größten, nicht staatlich gelenkten Demonstration am 4. November 1989 in Berlin ironisch geschrieben.[509] Die Auseinandersetzungen um die Jahreswende 1989/1990 um ein neues Institutsstatut gehörten in diese Rubrik. Die Wiederauffindung des verlorengegangenen Leistungsgedankens und der wissenschaftsorientierte Umbau des Instituts waren die vordringlichsten Aufgaben. Beides konnte nur durch ein geeignetes Wahlsystem auf eine einigermaßen gerechte und transparente Basis gestellt werden, weil die bloße Bestimmung einer neuen Leitung durch das Akademiepräsidium oder durch Teile der Belegschaft, wie es dem alten Generalsekretär vorgeschwebt hatte, kaum zielführend gewesen wäre. Die Entwicklung im Präsidium der Akademie demonstrierte die Risiken. Auch die auf der Protestveranstaltung am 10. November erwähnte Tagung der Genossen des Zentralkomitees hatte mehr ihr eigenes Schicksal interessiert als das der Wissenschaft. Man musste sich schon selber helfen. Am 4. Dezember legte ein Redaktionskollegium[510] in Babelsberg einen ersten Entwurf für ein Statut eines „Wissenschaftlichen Rates“ (WR) vor, dessen finale Variante im Januar 1990 von der Belegschaftsversammlung angenommen wurde. Der Rat sollte aus neun Mitgliedern bestehen, von denen je eines in den Institutsteilen Tautenburg und Sonneberg zu wählen sei. Er erklärte sich zur höchsten wissenschaftlichen und wissenschaftspolitischen Autorität des ZIAP, das auch zukünftige Vorgaben der Akademieleitung unter Vorbehalt seiner Zustimmung stellte.[511] Der Wissenschaftliche Rat sollte die fachlichen Konzepte der Projektgruppen bewerten und die Verteilung der zur Verfügung stehenden Mittel bestimmen. Die ursprünglich als zeitlich begrenzt gedachten „Projekte“ wurden zu den Grundbausteinen der kommenden Struktur. Zunächst durfte sich jeder zum Leiter einer definierten wissenschaftlichen Aufgabe erklären. „Jeder wissenschaftliche Mitarbeiter, der kein eigenes Projekt in diesem Sinne verfolgt, muß sich an ein Projekt anschließen. Wird er von keinem Leiter akzeptiert, muß er anders eingesetzt werden.“[512] Nur wenn mehrere Wissenschaftler an einem Projekt mitarbeiten wollen, kann es vom WR bestätigt werden oder auch nicht.[513] Das war der fachlich-orientierte Babelsberger Weg zur

[509] Neues Deutschland vom 14. 12. 1989.

[510] Auraß, Domke, Liebscher, Lorenz, Mücket, Rädler, Rüdiger, Staude.

[511] Im Entwurf bestimmt der Rat auch den Direktor, im bestätigten Statut berät er ihn nur. Eine Mehrheit der Abstimmungsberechtigten hatte sich aus juristischen Gründen für diese „bescheidenere Formulierung“ (Zitat Rädler) entschieden.

[512] Habilitierte Wissenschaftler sollten auch unabhängig von der Zustimmung des Rates ihre Konzepte verfolgen können; dieser Passus zielte auf G. Dautcourt, der nach einem Zerwürfnis mit Treder unter disziplinarischer Aufsicht von Ruben stand, der ihn gelegentlich zum Rapport bestellte, meist vergeblich.

[513] Bestätige Projekte: Baier, Büchner, Krüger, Lorenz, Mann, Möstl, Mücket/Müller, Notni, Rädler, Richter, Rüdiger, Scholz, Staude, Stand Oktober 1991. Vom früheren Bereich III (Ruben) hatte niemand an der Neustrukturierung teilgenommen. Der sehr aktive Kosmologe Hans-Jürgen Schmidt war im Rahmen des Wissenschaftler-Integrations-Programmes (WIP) schon 1990/91 zur Mathematik-Sektion der Landeshochschule/Universität Potsdam gewechselt.

Beendigung der Politastronomie in der AdW. In der Folge begegnete der Evaluierungskommission des Deutschen Wissenschaftsrates am Jahresende ein neustrukturiertes Institut mit ehrgeizigen Vorstellungen für die zukünftige Arbeit. Der kleine Hörsaal war damals bei Seminaren und Kolloquien immer überfüllt.

Der Wissenschaftliche Rat des Institutes sollte monatlich tagen.[514] Aber schon am 19. März 1990 gab es Anlass für eine außerordentliche Zusammenkunft. Der langjährige Direktor des ZIAP, K.-H. Schmidt, hatte den Präsidenten um seine Abberufung aus gesundheitlichen Gründen gebeten und den Rat aufgefordert, seine Nachfolge zu beraten. Er hatte noch Ende 1989, als eigene Bilanz und Vorbereitung auf neue und unruhige Zeiten, die Veröffentlichungen aller seiner Wissenschaftler in Potsdam-Babelsberg, Tautenburg und Sonneberg unter der Überschrift „WIE GUT SIND WIR?" gezählt, in 5-Jahres-Blöcken aus den Astronomy and Astrophysics Abstracts des Astronomischen Recheninstituts Heidelberg zusammengetragen und mit entsprechenden Zahlen deutschsprachiger Länder verglichen. Das war ein für ihn typischer Vorgriff auf Anwendung statistischer Methoden zur Leistungsmessung von Wissenschaftlern, die heute gang und gäbe ist. Die weit aussagekräftigere, mittlerweile übliche Zählung der Resonanz von Veröffentlichungen wäre damals mit hohem Aufwand auch schon möglich gewesen; er hätte es seinen Sekretär machen lassen können, vielleicht hat der ahnungsvoll abgewunken.

Schmidts Zahlen sind nicht leicht zu lesen; weil so gut wie alles mitgezählt worden ist, sind vor allem die kleinen Zahlen aussagekräftig. Seine eigenen Bereichsleiter liegen im Zeitraum 1984–88 mit durchschnittlich 9 Nennungen noch unter dem Institutsdurchschnitt von 11, drei seiner sechs Bereichsleiter hatten in den vergangenen fünf Jahren fast gar nichts aufzuschreiben gehabt. Das große Institut war beinahe invers aufgestellt. Das konnte nicht gutgehen, jedenfalls nicht in der Wissenschaft, Schmidt wird es bemerkt haben. Tatsächlich spielten die meisten seiner Bereichsleiter[515] bei den kommenden fachlichen Umwälzungen kaum noch eine Rolle.

Die Gelegenheit zur Neuformierung war schneller als erwartet eingetreten, aber der Wissenschaftliche Rat hatte nur vorgeschlagen, den stellvertretenden Direktor „Liebscher als Nachfolger für das Amt des Direktors zu berufen". Gleichzeitig wird zugesichert, „daß darüber hinaus beabsichtigt ist, die Form der Leitung des Instituts … neu zu ordnen." Bis zum Herbst des Jahres sollten diesbezügliche Vorschläge unterbreitet werden, wozu es wegen der Auflösung der AdW nicht

---

[514] Eine Wortmeldung aus Sonneberg hinterfragt den Sinn des neuen demokratischen Gremiums: „Was wir brauchen, ist nicht eine neue Kommission der bisher Zukurzgekommenen, sondern einen Direktor, der das astronomische Handwerk versteht." Ähnlich die These des Kandidaten Gerold Richter aus Sonneberg: „Der WR solle sich dafür einsetzen, daß der Direktor aus der Reihe langjähriger Mitarbeiter eines auf dem Gebiet der Astrophysik tätigen Instituts kommt."

[515] Eine heute rasch zu erstellende Zitationsstatistik jener Jahre liefert weit dramatischere Resultate. Am ZIAP hat es zuletzt unter den 6 Bereichsleitern (Krause, Lorenz, Marx, Oleak, Pflug, Ruben) nur einen einzigen ohne Parteizugehörigkeit gegeben, 4 von ihnen hatten IM-Status.

mehr gekommen ist. Andererseits erläuterte Rädler als Sprecher des Wissenschaftlichen Rates in seinem Rechenschaftsbericht ein knappes Jahr später, damals seien „wir aufgefordert worden, möglichst mehrere Vorschläge zur Besetzung der Direktorenstelle zu unterbreiten. In Ermangelung weiterer Kandidaten, die sich dieser Aufgabe zu stellen bereit waren, haben wir lediglich Prof. Liebscher nominiert.“[516] Da bleibt die Frage offen, wie intensiv eine Alternative zum Einzelkandidaten gesucht worden ist. Dass sich keines der anwesenden gewählten Ratsmitglieder zur Gegenkandidatur bereit erklärt hatte, ist nicht leicht zu verstehen, es mag auf die angespannte politische Stimmung genau einen Tag nach der ersten freien Volkskammerwahl in der DDR zurückzuführen sein.[517]

Bild 69. Karl-Heinz Schmidt (1932–2005), ZIAP-Direktor 1982–1990, etwa 1984. Photo: M. Schulz-Fieguth.

[516] Rechenschaftsbericht des WR für 1990 von K.-H. Rädler vom Januar 1991. Im Protokoll des WR vom 10. März findet sich kein Hinweis auf den Wunsch nach mehreren Kandidaten. „Das Ergebnis der Beratung wurde mit den Stimmen der sieben anwesenden Ratsmitglieder angenommen.“

[517] Außer in einem kreisförmigen Gebiet rund um Berlin, dem späteren Land Brandenburg, wurde die CDU überall stärkste Partei, Wahlbeteiligung 93,4%. Die Wahl hätte regulär erst am 6. Mai stattgefunden, wurde vom Zentralen Runden Tisch aber auf den 18. März vorgezogen, damit für die rasend schnelle politische Entwicklung auf DDR-Seiten eine legitimierte Vertretung zur Verfügung stand. SED-PDS: 16,4 %, Bündnis 90: 2,4 %. Das Wahlergebnis implizierte das baldige Ende der DDR, der Grünen-Politiker O. Schily verspottete das Wahlvolk mit einer hochgereckten Banane.

Erst danach ist ein Brief von Wolfgang Wenzel aus Sonneberg vom 1. März zur Kenntnis genommen worden, „in dem er unter Bezug auf ein Schreiben von Dr. Rößiger vom 2. Februar 1990 Aufklärung darüber verlangt, daß die Sonneberger Kollegen in der Vergangenheit bei Reisen ins westliche Ausland nicht berücksichtigt worden sind." Der ehemalige Auslandsbeauftragte Liebscher antwortete als „Mitglied des Wissenschaftlichen Rats ZI Astrophysik" und nicht als der neue alte Direktor. Die Antwort sei am 5. Juni „vom WR mehrheitlich akzeptiert" worden. „Dr. Rüdiger legt Wert auf die Feststellung, daß er diesem Schreiben nicht zustimmt."[518] Wie hätte ich auch diesem Bündel von Ausreden folgen können, die allen Ernstes behauptete, „Dr. Wenzel war aus fachlicher Sicht zunächst unser erster Kandidat. Die Institutsleitung hatte (aber) den Eindruck, daß die vergleichende Einschätzung von Dr. Wenzel und Dr. Jackisch durch die Sonneberger Verantwortlichen[519] zu dieser Blockade geführt hat." Wenn das zutreffend gewesen wäre, hätte nicht der deutsche Wissenschaftsrat nach seinem Gutachten im nächsten Jahr die Sternwarte Sonneberg geschlossen, sondern schon viel früher die dortige SED-Kreisleitung. Es ist doch unvorstellbar, dass irgendein Provinzkomitee der mächtigen AdW mit ihren hunderten Ordentlichen, Korrespondierenden und Auswärtigen Mitgliedern vorschreibt, wer ihre Sternwarte im Thüringer Wald zu leiten hat;[520] allein die Idee, dass ein Kostümastronom als Gegenspieler für Wenzel in Frage gekommen sein soll, gehört zur Endzeitstimmung, die über der Sternwarte nach Hoffmeister aufgezogen war. Immer verkürzen falsche Personalentscheidungen die Lebensdauer eines Gemeinwesens. Wenzel verzichtete auf eine Antwort an Liebscher und schrieb am 18. Juni dem Sprecher des Wissenschaftlichen Rates:

„Ich habe wesentlich mit verhindert, daß die Sternwarte Sonneberg (dem Wunsche Prof. Lauters und Prof. Treders gemäß) aufgelöst wurde, daß unsere Himmelsaufnahmen nach einer Sofortauswertung vernichtet wurden (Prof. Treder), daß der bibliographische Katalog der Veränderlichen in der damaligen Form aufgegeben wurde (Prof. Ruben, Prof. Schöneich), daß die Teleskope 100%ig abgeschrieben und damit nicht mehr gewartet wurden (Verwaltungsleitung) und daß das Zeiss-Plattenmeßgerät aus Sonneberg abgezogen wurde (Prof. Schmidt)," und fragt, ob es nicht eher die „gewichtige[n] Probleme in den Beziehungen zur Arbeitsstelle", von denen geschrieben worden sei, gewesen wären, die zur Ablehnung seiner Person durch die Institutsleitung geführt hätten. Tatsächlich hatte es in Sonneberg am 21. August 1969 eine Institutsversammlung gegeben. *„Über die Diskussion, die hauptsächlich um die Auflösung der Sternwarte in Sonneberg*

[518] Protokolle des WR vom 4. 4. 1990 und vom 5. 6. 1990. Es gibt in den Protokollen keinen Hinweis auf eine Meinungsäußerung des Sonneberger Vertreters im WR.

[519] Gemeint sind Rat des Kreises und SED-Kreisleitung Sonneberg.

[520] Ein (undatiertes) Protokoll einer Parteileitungssitzung (Kraus, Jackisch, Rose) der Sternwarte Sonneberg: „Auf Vorschlag der Leitung des ZIAP soll Gen. Jackisch als stellvertretender Leiter am Institutsteil Sternwarte Sonneberg eingesetzt werden. Nach Aussprache mit der Kreisleitung ... wurde dieser Vorschlag bestätigt und befürwortet ... Nach langer Diskussion kann man einschätzen, daß die Parteileitung diesem Vorschlag zustimmt." Rose hatte anfangs zugunsten Wenzels widersprochen.

ging, wurde inoffiziell ein Protokoll geschrieben und verschickt. Der Protokollant und Absender ist bisher nicht bekannt“, berichtete IM „Astronom“ am 22. September 1969 seinem Führungsoffizier.

Am 31. Juli 1990 ist es in Sonneberg zu einer Aussprache „einiger Mitglieder des WR“ über die Angelegenheit gekommen, die ihnen doch noch zu schaffen gemacht hatte, denn Liebscher hatte die Rechtfertigungen im Namen des Rates gegeben, wenn er „Alle Mitglieder bis auf eins stimmten zu, sie als Antwort auf die zitierten Briefe abzusenden“ schrieb. Tatsächlich enthält die später aufgefunden Liste der offiziell Reiseberechtigten des ZIAP z.B. vier Namen aus Tautenburg[521] und keinen einzigen aus Sonneberg. „Der WR verurteilt“ laut Protokoll „die Benachteiligung der Sonneberger Kollegen[522] und bedauert die u.a. dadurch aufgetretenen Spannungen zwischen ihnen und der Institutsleitung. Die nach bestem Wissen und Gewissen gegebenen Auskünfte über die Gründe der Benachteiligung konnten nicht befriedigen. Es wurde jedoch Übereinstimmung darüber erzielt, daß umfangreichere Recherchen dazu beträchtliche Energie erfordern, aber schwerlich die gewünschte Aufklärung von Einzelheiten liefern würden und deshalb dem WR nicht zuzumuten sind.“

Stoff für eine Posse: ein Mitverursacher des haarsträubenden Schlamassels schiebt als Mitglied des neugewählten Wissenschaftlichen Rates die Verantwortung zunächst auf eine Regionalbehörde hinterm Walde ab, um sich zuletzt, geborgen in der Ratsgemeinschaft, in Bedauern zu wiegen. Die Situation der Sonneberger Astronomen war in Wirklichkeit Folge der bizarren Personalpolitik der ZIAP-Leitungen, nach der Wenzel als der von Wempe als Abteilungsleiter berufene unbestrittene Kopf der Sternwarte als deren Leiter nicht akzeptiert, sondern eher desavouiert[523] worden war, unter tätiger Mithilfe der Sonneberger Kreisleitung und des berichtsbesessenen IM „Hagen“.[524] Jackisch hatte schon 1972, in seinen späten Vierzigern, seine Arbeitsaufgabe, die Erforschung veränderlicher Sterne, beendet, um sich in Vollzeit der Leitung der Sternwarte nebst Anfertigung einiger historisierender Petitessen für eine Schülerzeitschrift[525] widmen zu können. Dankschreiben für belehrende Vorträge vor Funktionären des Bezirkes Suhl

---

[521] Von sechs promovierten Wissenschaftlern.

[522] Protokoll WR vom 16. 8. 1990.

[523] Im Jahre 1976 ist z.B. Wenzels sehr aussichtsreiche Kandidatur als Präsident der Kommission 27 (Veränderliche Sterne) der IAU intern verhindert worden (siehe Nachruf von P. Kroll, J. Greiner und R. Hudec, BAV Rundbrief 2/2021, S. 120).

[524] Laut Wiederholungsantrag Wenzels an BStU; Hagen = G. Jackisch. Berichte von „Hagen“ waren oft gegen Wenzel gerichtet, auch gegen Familienangehörige von Kollegen („schmuggelt Medikamente“), seit 1968 nachweisbar. IM konnten sich ihre Decknamen fast immer selbst auswählen; entweder hatte die Person sich tatsächlich als „Hagen“ gesehen oder die Sonneberger Offiziere hatten viel Humor.

[525] In einer von Treder angeforderten Beurteilung von I. Meinunger schreibt der BGL-Vorsitzende Bräuer Ende 1980 anspielungsreich: „… Lassen Sie uns nur weiter darauf bedacht sein, diese Kollegin wesentlich niedriger zu bezahlen als andere, die vor ihren Augen Routinearbeit und manchmal nicht einmal das verrichten …“

wurden mit Eilpost nach Potsdam-Babelsberg weitergeleitet. Am 3. Juni 1986 begab sich der Bereichsleiter Observatorien, Marx, nach Sonneberg, um mit seinem „*territorialen Abwesenheitsvertreter Gen. Dr. Jackisch*“ die Leitungsfrage in der Sternwarte zu besprechen. Wenzels „*dauernde Intrigen* [seien] *für die Leitung des Zentralinstituts unerträglich, er habe hierüber schon mit dem Direktor Gen. Prof. Schmidt gesprochen*“, protokollierte „Hagen“ höchstpersönlich. Marx hätte Jackisch gefragt, „*ob er bereit wäre, die Gesamtleitung für die Sternwarte zu übernehmen, dies wäre gleichbedeutend mit der Abberufung Wenzels als Abteilungsleiter.*“ Jackisch lehnte angeblich ab, aus Altersgründen. Der ab 1. Januar 1987 eingesetzte neue Abteilungsleiter Sternwarte[526] (wieder nicht Wenzel) wird Anfang 1991 – aus Misstrauen oder als Protest – am Tag der Begehung der Sternwarte durch die Abordnung des Wissenschaftsrates[527] allen seinen Kollegen Hausverbot erteilen und den weit angereisten Professoren eine im Sonnenschein glitzernde, aluminiumverkleidete, evakuierte Sternwarte zur Evaluierung anbieten, sie quasi durch die Nebenpforte einlassend.[528]

Am 11. Mai verlangte die Belegschaft des Babelsberger Rechenzentrums öffentlich nach einem „fachlich kompetenten und gedanklich beweglichen Leiter, der uns solide und fachgerecht in die Marktwirtschaft führt und nicht nur von Kündigungen spricht.“ Über den aktuellen Vorgesetzten hieß es: „Wie in der Vergangenheit üblich, wurde die Kompetenzfrage für den Eintritt als Abteilungsleiter mit Hilfe der SED-Mitgliedschaft geklärt.“ Dieser wurde schließlich mit 23:1 Stimmen in einer geheimen Wahl abgewählt.

Einige der bisher staatstragenden Mitarbeiter in Potsdam wollten ihren Bekanntheitsbonus im westdeutschen Wissenschaftsbetrieb schnellstens ausspielen und setzten auf eine unverzügliche Evaluierung durch Direktoren der Max-Planck-Gesellschaft (MPG).[529] Diese „bilden sich ein Urteil und erstellen eine Einschätzung ... der Perspektiven der einzelnen Arbeitsrichtungen“ als Grundlage für „Richtungsentscheidungen, z.B. für das ‚Schneiden alten Holzes‘ im Institut.“ Forsch und entscheidungsfreudig, als sei nichts gewesen, war der alte Parteisekretär und offizielle 1.-Mai-Beauftragte des ZIAP in die neue Zeit gestürmt. Dagegen waren die Regelungen des Einigungsvertrages vergleichsweise behäbig. Die Neuformierung der Institute war als mehrstufiger Prozess geplant worden, an dessen

---

[526] Wenzel 1996 im Nachruf auf W. Götz: „Offensichtlich konnten bei bestimmten örtlichen Organen … die mißtrauischen Bedenken zerstreut werden, die dort auftauchten, weil Götz ein enger Mitarbeiter des bei jenen Behörden unbeliebten Verfassers vorliegender Zeilen war.“ (Wolfgang Wenzel, „Götz lebte für die Sterne“, Freies Wort 11. 10. 1996.)

[527] Leitung: G. Haerendel.

[528] Obwohl seine in die Vergangenheit zielenden Briefe in Potsdam keinen Adressaten gefunden hatten, hat Wenzel noch bis zu seinem 75. Jahr gearbeitet und publiziert. Eine Aufforderung von Marx, er solle seine größten astronomischen Entdeckungen der letzten Jahrzehnte auflisten, kommentierte er handschriftlich am oberen Rand: „Hat sich erledigt – 5. 3. 1990.“

[529] Siehe „Memorandum zu dringenden Aufgaben“ von J. Büchner vom 12. 7. 1990, gerichtet an den Wissenschaftlichen Rat.

Anfang eigene Reformbemühungen stehen und an dessen Ende eine Gründungskommission diese bestätigen sollen oder auch nicht. Schon am 12. Oktober 1990 meldete das Bundesministerium für Forschung und Technologie, dass „die Mitarbeiter dieses traditionsreichen und auch international bekannten Instituts[530] schon bald nach der Wende einen Anlauf genommen haben, das Institut neu zu formieren und auch neue Forschungsschwerpunkte zu konzipieren" und war „zuversichtlich, daß qualitativ gute, nach außen und innen anerkannte Forschungsgruppen eine sehr gute Chance haben, weiterzubestehen".

Nach meiner Kenntnis sofort … unverzüglich

Am 1. November 1989 war in der Sternwarte vormittags ein Vortrag des Max-Planck-Direktors Joachim Trümper aus München angesetzt, der über seinen Röntgensatelliten ROSAT informieren wollte. ROSAT („ROentgenSATellit") stand nach langjährigen Vorbereitungen kurz vor dem Start,[531] seine Ergebnisse haben die Astrophysik ebenso revolutioniert wie heute die Resultate der beginnenden Gravitationswellenastronomie. Trümper hatte vor längerer Zeit die Sternwarte Jena, Institut für Kosmosforschung Berlin und das ZIAP angeschrieben, sie mögen Beobachtungsvorschläge für das Röntgenteleskop einreichen und hatte nur eine einzige Antwort erhalten.[532] Der Aufruf hatte die Institutsleitungen erreicht, nicht aber die Astronomen. Der Vortragsraum war überfüllt, nur der Redner fehlte. Er erschien verspätet, aber gut gelaunt: „Ich bitte um Entschuldigung, aber ich musste im Auto erst noch die Nachrichten aus Ostberlin[533] zu Ende hören." Einige Zuhörer lachten, andere blieben unbewegt. Wohl keiner im Saal wusste, dass Trümper früher selbst ein Flüchtling war, der in den 1950er Jahren als Student die Universität Halle mit dem Zug nach Hamburg für immer verlassen hatte, gesichert nur durch ein Schreiben seines Professors, dass der Besuch eines bestimmten Hamburger Laboratoriums fachlich vonnöten und deshalb zu erlauben sei.

Abends gab es eine – halb illegale – Informationsveranstaltung des Neuen Forum in der Friedrichskirche auf dem Weberplatz in Babelsberg, fußläufig zur Sternwarte gelegen. Der Andrang war riesig, weit über tausend Besucher, mit Lautsprechern wurden die Redebeiträge nach außen getragen. Wegen der vielen

---

[530] Gemeint ist das ZIAP.

[531] Start 1. Juni 1990.

[532] Allgemein war die Beteiligung des ZIAP an der Weltraumforschung vor 1989/90 marginal (VEGA (Venus, Halley), PHOBOS (Mars) – beide INTERKOSMOS-Missionen blieben wenig erfolgreich). Ende 1990 wurden Förderanträge an die Deutsche Agentur für Raumfahrtangelegenheiten (DARA) für die Unternehmungen ASCHOT, SUV/T170, KORONAS und INTERBOL geplanter sowjetisch/russischer Missionen gestellt.

[533] In diesen Tagen liefen die Vorbereitungen zur Einsetzung einer unabhängigen Untersuchungskommission zur Polizeigewalt am 7./8. Oktober in Berlin mit mehr als 1000 Zuführungen, ein Novum in der Geschichte der DDR (Kommissionsmitglied u.a. Christa Wolf).

Wortmeldungen war die Redezeit auf wenige Minuten begrenzt worden. Trümper hatte den Weg zur Kirche gefunden, musste sich aber mit der Lautsprecherübertragung begnügen, trotzdem erreichte ihn jedes Wort. Ein Sprecher kündigte unter Beifall die langerwartete, offiziell angemeldete Demonstration des Neuen Forum für den kommenden Sonnabend an. Der Sprecher, Reinhard Meinel, hatte eben noch im Hörsaal Trümpers Vortrag über die geplanten Messungen des ROSAT-Satelliten gehört.

Bild 70. Zweitausend Bürgerinnen und Bürger wählten am 3. 11. 1989 in der Erlöserkirche Potsdam-West R. Meinel und R. Tschäpe in den 10köpfigen Provisorischen Sprecherrat des Neuen Forum. Photo: B. Blumrich.

Die Demonstration am 4. November – fünf Monate nach dem Massaker auf dem Platz des Himmlischen Friedens – wird mit mehreren zehntausend Teilnehmern die größte nichtstaatliche Manifestation werden, die es in Potsdam je gegeben hatte, sie stand, wie der junge Pfarrer Kwaschik von einem Balkon am Platz der Nationen[534] eindringlich erklärte, unter dem Motto „Keine Gewalt, setzt Euch sofort nieder, wenn Steine geworfen werden." Als sich der Demonstrationszug entlang der damaligen Wilhelm-Külz-Straße in Bewegung gesetzt hatte, schlossen sich Tausende aus den Seitenstraßen an um mitzulaufen, minütlich wuchs der Zug an, bis er die gesamte lange Straße einnahm. Wahrscheinlich war diese Manifes-

[534] Heute „Luisenplatz".

tation auch landesweit die größte, vom Neuen Forum jemals auf die Beine gestellte Veranstaltung. Sie endete für viele Demonstranten erst am militärischen Sperrsystem der Glienicker Brücke,[535] das nur noch genau eine Woche existieren sollte.

Nach ihrer letzten Amtshandlung – der Abschaffung des Unterrichtsfaches Wehrkunde – trat am 7. November die Regierung geschlossen zurück, am nächsten Tag folgte der Rest des alten Politbüros. Am späten Donnerstagabend, 9. November 1989, öffnete sich die Berliner Mauer als unmittelbare Folge der aussichtslosen Versuche der Regierung Stoph, ein praktikables Reisegesetz zu formulieren. Reisefreiheit und der „Sozialismus in den Farben der DDR" hatten sich nicht unter einen Hut bringen lassen. Ein Journalist hatte bei einer Pressekonferenz Günter Schabowski als Sprecher des Politbüros gefragt, ob nicht der vor wenigen Tagen vorgestellte Reisegesetzentwurf ein großer Fehler gewesen sei und Schabowski antwortete: „Die ständige Ausreise kann über alle Grenzübergangsstellen der DDR zur BRD bzw. Berlin-West erfolgen" und, nach Worten suchend, „nach meiner Kenntnis sofort … unverzüglich." Einige Potsdamer, darunter Tschäpe, hatten das wörtlich genommen und waren noch in dieser Nacht umstandslos über den Grenzübergang Drewitz/Dreilinden nach Westberlin gefahren. Wir anderen folgten am nächsten Tag, ab dem ein polizeiliches Visum – für jedermann und gültig an 30 Tagen innerhalb eines halben Jahres – erforderlich war, das war der Rest Ordnung, der noch sein sollte und den man (noch) nicht in Frage stellte. Noch nie hatten die Polizisten so flink und wohlorganisiert hundertmeterlange Doppel- und Dreifachreihen vor einer zentral gelegenen Turnhalle Wartender abgearbeitet. Ein Tag fröhlicher Anarchie: die meisten Büros wurden einfach verlassen, Theaterproben abgebrochen, weil die Schauspieler weggelaufen waren, auch die Stubenrauchstraße 26 war leer, aber noch gut bewacht. Noch am gleichen Abend sind auf der Glienicker Brücke die umfangreichen Sperranlagen zur Seite geräumt worden, sodass wir auf der Königsstraße zwischen einem Spalier ausgelassener Menschen, die die Autodächer betrommelten oder mit Sektflaschen winkten, im Schritttempo von unserem ersten Berlin-Ausflug zur Rubensstraße zurückkehren konnten. Die beiden wildfremden jungen Frauen, die uns und andere auf der Brücke umarmten, schenkten mir zum nächsten Geburtstag einen Großberliner Stadtplan. Die Jubelkundgebung vor dem Rathaus Schöneberg mit Kohl, Brandt und Momper[536] hatten wir, obwohl in unmittelbarer Nähe befindlich, wegen der Trabbi-Flut in der Westberliner City nur im Autoradio verfolgen können, verwundert über die Pfeifkonzerte der Westberliner Alternativen, die wohl eine unerwartete Niederlage erlitten hatten.

---

[535] Damals „Brücke der Einheit".

[536] Momper und Bahr wussten seit dem 30. Oktober von Valentin Falin, dass nach den Erfahrungen in Budapest und Prag die Rote Armee sich nicht wieder einmischen würde. Gorbatschow hat sich zu diesem Thema nie explizit geäußert, hatte aber während seines Besuchs am 7. Oktober 1989 in Berlin das Hauptkommando der Westgruppe der Sowjetarmee in Wünsdorf demonstrativ nicht besucht.

Schon in der darauffolgenden Woche fuhr unser kleines Magnet-Grüppchen zusammen mit den Kosmologen Mücket und Gottlöber in Jans imposantem russischen „Wolga“ die kleine Schleife von der Stubenrauchstraße über den Grenzübergang Drewitz nach Wannsee zum sagenumwobenen Hahn-Meitner-Institut, ehemals Hahn-Meitner-Institut für Kernforschung. Dort stand ein Teilchenbeschleuniger und der kleine Reaktor BER II mit 10 MW Leistung, der schon damals die Phantasie der Kreuzberger Atomkraftgegner erhitzte. Wir hofften, eine große Computeranlage vorzufinden und vielleicht benutzen zu dürfen. An der Pforte fragten wir, nur hilfsweise mit unseren DDR-Personalausweisen ausgewiesen, nach der Abteilung für Rechentechnik. Der zuständige Bereichsleiter sei anwesend und würde uns an der Pforte abholen.

Der hochgewachsene Ulrich Nielsen – erfreut, dass am anderen Ufer des nahen Griebnitzsees schon jahrelang eine Horde wagemutiger theoretischer Physiker mittleren Alters angesiedelt war – empfing uns mit offenen Armen und las die Wünsche von unseren Augen ab. Schon nach wenigen Tagen verfügten wir über Betriebsausweise, eigene Email-Adressen und richtige Zugangscodes für den VAX-Cluster. Elstner und die anderen installierten ihre Codes und legten los, eines unserer größten Defizite hatte sich übers Wochenende in Luft aufgelöst. Elstner hat dann Ende 1990 die neue Convex-Maschine des HMI mit den Erfahrungen, die er im Frühjahr des Jahres mit diesem Gerät bei seinem Besuch bei Wielebinski und Beck in Bonn gemacht hatte, in Wannsee mit eingerichtet.

Bild 71. Ulrich Nielsen (Hahn-Meitner-Institut, etwa 1990; Detlef Elstner (ZIAP, rechts). Photos: privat; R. Arlt.

Der Forschungsreaktor in Wannsee ist bald auch in der Potsdamer Stadtpolitik aufgetaucht. In einer Rede Anfang 1990 in der Kellermann-Villa am Heiligen See hatte der spätere Außenminister Fischer begeistert dem auf der Grenze zwischen Potsdam und Berlin befindlichen Kernkraftwerk den gemeinsamen Kampf angesagt. Auf den Zwischenruf, da gäbe es kein Kraftwerk, antwortete er unbeirrt, man hätte es ihm so aufgeschrieben. Tatsächlich engagierte sich die Westberliner Umweltsenatorin Schreyer noch bis zum Koalitionsbruch zusammen mit einigen Potsdamer Linken im Abwehrkampf gegen die drohende Verstrahlung der Babelsberger Villenviertel. In einer Potsdamer Tageszeitung hatten wir, Volker Müller und ich, die aktuellen Zahlen veröffentlicht: Ein Kernkraftwerk arbeitet mit 3 Tonnen Spaltstoff, in Wannsee seien es 5 Kilogramm, der radioaktive Abfall entspräche dem eines der 10 großen Berliner Krankenhäusern. Am Ende ein nachträglicher Gruß an Fischer: „Wer Großes meint, sollte nicht Kleines prügeln – nur weil ein richtiges Monster gerade nicht vor der Haustür liegt."[537]

Eine andere Baustelle war die Tagung in Helsinki. Liebscher hatte schon im Frühjahr signalisiert, meine Teilnahme – Mitveranstalter oder nicht – sei unmöglich, Krause und Rädler würden zur Konferenz fahren, alles wie 1975. Die Akten haben keine Hinweise mehr auf eine äußere Intervention enthalten. Im damals streng geheimen „*Wörterbuch der politisch-operativen Arbeit*" heißt es: „*Verantwortlich für die Auswahl und Überprüfung von Reisekadern sind die jeweils zuständigen staatlichen Leiter.*"[538] Wegen der speziellen Erfahrung mit den Altkadern,[539] die in der Wissenschaftsszene oft kaum eine Rolle gespielt haben, sind später zunehmend jüngere Genossen – mehrheitlich Absolventen sowjetischer Hochschulen – privilegiert worden, die ihren neuen Westreisepass, wie der aktuelle Parteisekretär, bis zu sechsmal jährlich nutzten; sie hatten das richtig verstanden, Steenbecks Kontaktverbot hatte immer nur für die anderen gegolten.[540]

Die letzte Chance, nach Helsinki zu kommen, wäre ein Machtwort des SED-Bezirkssekretärs Jahn gewesen, der mich nach einigen meiner öffentlichen wissenschaftspolitischen Äußerungen für Ende Oktober zu einem Meinungsaustauch eingeladen hatte und den ich womöglich herumgekriegt hätte, schon weil er früher auch mal in Jena studiert hatte. Zu Diktaturen gehört immer auch die Willkür der Könige.[541] Vor dem verabredeten Zeitpunkt war aber Jahn auf seinem Posten schon so verloren, dass ein Treffen keinen Sinn mehr gemacht hätte, schon gar nicht mit Gesprächen über eine verfehlte Wissenschaftspolitik. Er ist kurz nach dem von mir abgesagten Termin endgültig aus der Öffentlichkeit verschwunden.

---

537 Müller & Rüdiger (1990).

538 Nach Meinel (1994); siehe auch Anhang 12.

539 Alt-Reisekader des ZIAP (seit den 1970er Jahren) mit lebenslanger Zitationsmetrik: Kasper (H=8), Krause (H=17), Liebscher (H=9), Marx (H=3), Ruben (H=3), Schöneich (H=8). H bezeichnet den sog. Hirsch-Faktor über alle Publikationen. H=N bedeutet, dass eine Person N Publikationen mit mehr als N-1 Zitaten veröffentlicht hat.

540 Haubold (1980), Lorenz (1984), Schilbach (1987), Büchner (1987), R.-D. Scholz (1988), Auraß (1988). Quelle: BLHA 465 AdW ZIAP Pdm 153.

541 Christa Wolf zu ihrer Enkelin: „Wenn wir ein Visum für den Westen haben wollten, gingen wir gleich zum obersten Kulturbeauftragten der Partei, Kurt Hager" (Simon, 2013).

Das Adventssingen am 17. Dezember 1989 in der Nikolaikirche sollten wir nicht verpassen, hatte es von Weggefährten unter vorgehaltener Hand geheißen. Vor der Kirche, auf dem Weg zur Treppe, begegneten wir dem Ministerpräsidenten Modrow, allein und verlegen an seinem Auto stehend, das nichts von einer Staatskarosse hatte. Nach einer kurzen Unterhaltung, in der von gemeinsamen Anstrengungen zur Aufrechterhaltung der staatlichen Ordnung die Rede war, begaben wir drei uns in die Kirche. Wir suchten für uns, in viele Richtungen grüßend, vom breiten Mittelgang aus zwei freie Plätze, während Modrow im Wintermantel unbeachtet seitlich zu seinem reservierten Platz in der ersten Reihe huschte. Plötzlich brandete Beifall auf, alle Besucher erhoben sich und begrüßten den eintretenden Bundespräsidenten, als wäre es der ihre. Nach ihm ein Pulk von Begleitern, Personenschützern, Presse und Kamerateams. Vorn ging v. Weizsäcker zu Modrow und begrüßte ihn mit Handschlag, wieder Applaus, diesmal sogar vom Chor. Später predigte Pfarrer Beuchel, „Türen und Tore waren noch nie so offen, wie zu dieser Zeit, auch die offene Grenze bis 61 war nie so offen, wie wir jetzt den Eindruck haben, dass es einen offenen Umgang miteinander gibt zwischen Ost und West.“[542] Nach der Gesangsstunde verließ eine Auto-Kolonne mit Blaulicht zügig den Alten Markt, mit meinem grünen Trabant-Kombi im Schlepptau. Das Ziel war eine Pressekonferenz im Schloss Cecilienhof, zu der ich mit Manfred Stolpes Hilfe unbehelligt Zutritt fand. Modrow berichtete den Journalisten ausführlich von unser beider Gespräch vor der Kirche, dass seine Regierung und neue demokratische Kräfte wie das Neue Forum gemeinsam die Stabilität der DDR gewährleisten müssten – bis es zu Verhandlungen über eine Konföderation beider Staaten oder mehr kommen könnte. Der Bundespräsident schilderte die innere Erschütterung, als er eben erstmalig nach dreißig Jahren im Auto einfach so über die Glienicker Brücke gefahren sei. Weizsäcker hatte als Angehöriger des Infanterie-Regimentes 9 der Wehrmacht auch eine Potsdamer Vergangenheit. Er sagte, dass wir eine Nation seien, und was zusammengehört, auch zusammenwachsen wird, aber es brauche Zeit, um nicht zusammenzuwuchern. Es wären drei verschiedene Geschwindigkeiten zu beachten: die deutsche Dynamik, die Dynamik in Europa und drittens müssten die beiden Bündnissysteme für unsere Sicherheit sorgen. Diese drei Geschwindigkeiten seien aufeinander abzustimmen. Stolpe wird später in einer seiner berüchtigten Interpretationen sagen, Modrow und v. Weizsäcker hätten an diesem Sonntagabend nach dem weihnachtlichen Kirchgang in Potsdam die Wiedervereinigung angekündigt.

Tuominen in Helsinki hatte schnell ausreichend Sponsoren gefunden und das IAU-Kolloquium Nr. 130 für die Woche nach dem 17. Juli 1990 terminiert, weil am folgenden Sonntag frühmorgens die in Karelien gut sichtbare totale Sonnenfinsternis stattfinden würde. Mit „we ordered an eclipse for your pleasure“ wird er im Juli die enorm gut besuchte Tagung begrüßen und launige Bemerkungen über

---

[542] DEFA-Stiftung, Filmdatenbank, Adventsfeier Potsdam. Quelle: Internet.

die perfekte Voraussagbarkeit von Finsternissen im Gegensatz zur Genauigkeit eigener Berechnungen machen. Wir hatten im Dezember ausführlich über das Tagungsprogramm telefoniert, als er am Ende des Gesprächs plötzlich vorschlug, wir sollten Silvester zu ihm kommen, Reinhard könne besonders gut in Helsinki über die Fortsetzung der Revolution nachdenken. Über Nacht organisierte er Unterkunft und Tagesgelder, die Tickets konnten noch mit DDR-Geld bezahlt werden. Der nagelneue, plötzlich leicht zu erwerbende Dienstpass enthielt ein 5-Jahres-Visum für Reisen in alle Länder, ich hatte den Stempel mehr als einmal bestaunt. Am letzten Tag des Jahres hob der Flieger von Berlin-Schönefeld zu unserer ersten beruflichen Westreise ab, dazu hatte der bisherige Staat erst in die Knie gehen müssen. Gegen die 2-Klassen-Politik hätte höchstens das mittlerweile bekanntgewordene Solidaritätsprinzip der evangelischen Kirche in Ostdeutschland geholfen, die ihre geplanten Auslandsreisen fast immer erfolgreich unter die Devise „alle oder keiner" gestellt hatte – aber zwei oder drei Kollegen von der AdW, die dazu bereit gewesen wären, kannte man nicht. Einer allerdings war aus anderem Holz geschnitzt: als Meinel das vergiftete Angebot erhielt, die Seiten zu wechseln und Reiseerlaubnis zu erhalten, lehnte er ab, erst wären andere an der Reihe. Beim Konferenzdinner in Helsinki verkündigte ich als Toast auf „alle Revolutionäre des Ostens", Reinhard wäre gerade noch rechtzeitig zur Überzeugung gekommen, dass erst die Regierung hätte gestürzt werden müssen, um auch den sonst immer fehlenden Potsdamer Dynamoleuten die Teilnahme an dieser Konferenz zu ermöglichen.[543] Nicht auszudenken, was passiert wäre, wenn ich etwa den spektakulären Beitrag von Doug Hall über differentielle Rotation und Langzeitphotometrie von Sternflecken[544] wegen des Vetos irgendeines Apparatschiks hätte verpassen müssen.

Nach der Landung in Helsinki-Vantaa stiegen wir zu Ilkka in einen Mietwagen und bestaunten die roten Granitblöcke auf der Fahrt vom Flughafen zum Gästehaus der Akademie, nah am strahlend-weißen Dom beim Senatsplatz gelegen. Am Abend fuhren wir in den Stadtteil Käpylä, wo Ilkka in seinem Hause mit den anderen Gästen, darunter Lauri Jetsu mit seiner Frau, Axel Brandenburg und Ilkkas Freundin Ulla, einer Galeristin, auf uns warteten. Der verschneite Garten war mit Kerzen und Fackeln beleuchtet, das Haus klein, praktisch und voller farblos gewachster Hölzer, in ihm wird Tuominen 2011 auch seine letzten Wochen verbringen. Fangfrischen, nur hauchzart geräucherten Lachs („not farmed") gab es zum Silvesteressen, zusammen mit winzigen Stücken Rentierfleisch. Ich versprach dem skeptisch blickenden Hausherrn um Mitternacht, im neuen Jahrzehnt die bisher einseitige Besuchsbilanz nachträglich auszugleichen und so oft wie möglich zu ihm nach Finnland zu kommen.

---

543 Krause, Meinel, Rädler, Rüdiger (auf Einladung Tuominens alle mit Ehefrauen).
544 In: Tuominen et al. (1991), S. 343.

Während der nächsten Tage sind der Konferenzablauf – Kwing Chan aus Hongkong sollte mit seinen ersten Simulationen rotierender Konvektionszonen die Präsentationen eröffnen – und die geplante Expedition im Mittsommerlicht auf den immerhin 300 m hohen Berg Koli in Karelien geplant worden. Brandenburg und Meinel diskutierten das nichtlineare Dynamoproblem[545] und Axel demonstrierte am Bildschirm den Text-Editor TEX, der eben erst aufgetaucht war und vor seinem Siegeszug in die naturwissenschaftliche Welt stand. Der Code erschien mir zu umständlich, sodass ich noch einige Zeit mit dem leichter verständlichen kommerziellen ChiWriter verbrachte, den mir die Deutsche Forschungsgemeinschaft finanziert hatte, bis ich später bei der Zusammenarbeit mit Dieter Schmitt in Göttingen meinen Irrtum erkannte.

Bei aller Euphorie war ein Rest Unsicherheit geblieben. In Potsdam würde es in Kürze die Wahlen zum Wissenschaftlichen Rat des ZIAP geben, ich musste noch die Thesen aufschreiben, die jeder Kandidat einzureichen hatte.[546] Zum Jahreswechsel hatte sich für die neuen politischen Bewegungen eine drängende Fragestellung ergeben, denn die Modrow-Regierung hatte das Staatssicherheitsministerium eigentlich nur umbenannt. Am 5. Dezember hatten Aktivisten wie Meinel, Tschäpe und Kaminski die Bezirkszentrale des alten und neuen Sicherheitsdienstes in der Potsdamer Hegelallee von einem ehemals stramm sozialistischen Staatsanwalt unter Polizeibegleitung öffnen lassen. Man konnte auf dem Gelände fast tausend Fenster zählen, hinter jedem ein oder zwei Personen, das war die Größenordnung. Ich sollte mich mit einigen Unterstützern der berüchtigten Untersuchungshaftanstalt, dem sogenannten „Lindenhotel" in der Lindenstraße, annehmen. Vor dem Höllentor ein Lindenbaum, dem man, schreibt der ehemalige Häftling und spätere Theaterintendant Kolkiewicz, ein Denkmal setzten müsse: „Wer weiß, wie viele letzte Blicke sich auf seine Blätter, auf seine Krone hefteten, wie oft er das Verschwinden, das Abschiednehmen der Verzweifelten gesehen hat."

Wir riefen „Neues Forum, lassen Sie uns bitte ein" durch eine Wechselsprechanlage. Noch am Vortag hätte dieser Satz unbeschreibliche Folgen für uns gehabt, jahrzehntelang war die gesamte Straßenseite für zivile Fußgänger gesperrt, aber an diesem besonderen Tag waren wir schon ungeduldig erwartet worden! Das Tor, durch welches Tausende verschleppt worden waren, öffnete sich und hinter einem Gitterkäfig warteten, manche zitternd, die Diener des Grauens. Der ehemalige Häftling Dieter Drewitz, verhaftet 1966 als Student, beschreibt eine spätere Besichtigung des Zellenhauses:[547]

---

[545] Meinel & Brandenburg (1990).

[546] Erster Wissenschaftlicher Rat des ZIAP: Auraß, Domke (bis April 1990), Fröhlich, Liebscher, Marx (Tautenburg), Notni, Rädler (Sprecher), Richter (Sonneberg), Rüdiger (ab Mai 1990), Staude (stellv. Sprecher), Wahl am 23. Januar 1990; vom bisherigen 10-köpfigen Leitungspersonal waren insgesamt 2 Vertreter gewählt worden, in einiger Übereinstimmung mit dem Wahlergebnis der PDS (16%) bei der ersten freien Volkskammerwahl am 18. 3. 1990.

[547] Schnell (2005).

„Ich fühlte mich tapfer und abgeklärt, meine schrecklichen Erlebnisse lagen ja schon viele Jahre zurück. Aber dann stieg mir der Geruch in die Nase, dieser typische Geruch, der noch völlig authentisch war. Und da holte ich nach, was ich während meiner gesamten Untersuchungshaft nicht fertiggebracht hatte, ich weinte. Es brach regelrecht aus mir heraus."

Bild 72. Untersuchungsgefängnis Potsdam des MfS. Zu DDR-Zeiten saßen hier insgesamt 6000 Häftlinge ein, meist Männer, besonders viele nach 1953, um 1961 und wieder ab 1983 (Schnell, 2005; Eckert, 2017). Photo vom 6. 12. 1989.

Fast alle der 200.000 politischen Gefangenen in den 40 Jahren der Republik sind durch solche Zellen gegangen, in den Haftanstalten saßen Leute ein, die lediglich anderswo hatten leben wollen und systematisch zusammen mit Betrügern, Vergewaltigern und Mördern eingeschlossen wurden.[548] Keine einzige Szene eines Spielfilms, Theaterstückes oder eines Romans der Künstler des Landes hatte je in diesem Milieu gespielt. Zur Einschüchterung war Rudolf Tschäpe am 2. Oktober 1989 hinter diesen Türen einen vollen Tag lang über seine politischen Aktivitäten und Verwandtschaftsverhältnisse (!) befragt worden. Dem Protokollanten mag es

[548] Dölling (2009).

gegruselt haben, aber Tschäpe sei „*trotz aller Einwände und Vorbehalte von der Richtigkeit seines Tuns und der Ziele und Absichten des NEUEN FORUM überzeugt. Er bot sich an, darüber vor Kadern der Partei, des Staatsapparates und weiteren Interessierten zu sprechen.*" Ein gegen ihn verhängtes Ordnungsstrafverfahren mit Zahlung etwa eines Monatsgehaltes und Androhung von Redeverbot wegen eines öffentlichen Auftretens in einer Kirche in Staaken ist den Behörden von Rechtsanwalt Gregor Gysi wieder ausgeredet worden. Bohley, Tschäpe, Meinel und andere Gründer des Neuen Forum hatten Gysi das Mandat erteilt, ihre Interessen im Falle der Fälle zu vertreten. An den Unruhen vom 7. Oktober in Berlin, Potsdam und anderen Städten hatte sich wegen der vorhersehbaren Gefahr gewalttätiger Auseinandersetzungen das Neue Forum absprachegemäß nicht beteiligt. Vielleicht war gerade das die Information, die die Ermittler am 2. Oktober dem Tschäpe entlocken wollten.

Wir trafen vier Frauen in ihrer gemeinsamen Zelle im Vollzug. Sie waren aufgeregt, spürten das Unglaubliche: „das Volk besucht seine Inhaftierten, kontrolliert die Verhältnisse. Sie wollen aber gar nicht weg, sie haben Angst vor den Unwägbarkeiten der Revolution, fürchten die Veränderung, genau wie ihre Wärter – und wie wir eigentlich auch."[549] Schlauerweise hatte mich der Gefängnisdirektor persönlich für Ordnung und Sicherheit seines lückenlos mit Signalleitungen verdrahteten Zellenhauses verantwortlich gemacht, denn natürlich hatten wir die Türen zur Straße hinter uns offengelassen, bald trauten sich auch neugierige Passanten ins Haus. So war ich mit Ordnungsdienst beschäftigt und hatte in der anwachsenden Menschenmenge die Risikofälle auszusortieren, sodass die Gespräche[550] abgebrochen und auf den nächsten Tag verschoben werden mussten. Da waren die Schließer und Vernehmungsführer, deren Taten, als sie noch mächtig waren, man gar nicht so genau wissen wollte, alle wiedergekommen, auf Details ihrer Zukunft erpicht, sie hatten einflussreiche Leute[551] in uns gesehen. Nur einer von ihnen wollte zukünftig einen zivilen Beruf ausüben, alle anderen wollten Gefängniswärter bleiben. So war die Situation; konsequenterweise forderte der Ostberliner Zentrale Runde Tisch am 7. Dezember auch die Auflösung des neuen Amtes, dem Ministerpräsident Modrow tatsächlich folgte, angeblich um das Nachfolgeamt auf einen kleinen Verfassungsschutz und einen noch kleineren Nachrichtendienst zu reduzieren.[552] Da bisher nichts dergleichen passiert war, entstand der Verdacht,

---

[549] Rüdiger (1989b).

[550] Es waren keine politischen Gefangenen mehr in den U-Haft-Zellen, wenn man von einigen „Autoschiebern" absieht, die uns – in ihrer vergleichsweise komfortablen Unterbringung mit Schüsseln voller Orangen auf dem Tisch und westlichen Kosmetikartikeln überm Waschbecken – vorzuführen man sich offenbar vorbereitet hatte. Die DDR hatte in den 1970er Jahren 10.000 VW Golf importiert, die für 25.000 M an (privilegierte) Käufer abgegeben wurden, als Gebrauchtwagen aber bis zu 100.000 M erzielten. Die Inhaftierten hatten von den gewaltigen Margen zwischen An- und Verkauf gelebt, was in der DDR als „asozial" strafrechtlich verfolgt wurde.

[551] Axel Geiss, Gisela Rüdiger und Verf.

[552] Verfassungsschutz 10.000 Personen, Nachrichtendienst 4.000 Personen.

dass Modrow nur möglichst viele seiner Leute vor der Arbeitslosigkeit retten wollte oder sollte. Die DDR-Verfassung war selbst ein Sanierungsfall, was hätte in dieser Zeit ein so großes Amt schützen sollen? Um dieses Thema – die Sicherung der Unumkehrbarkeit des Erreichten – kreisten alle Frühstücksgespräche im Gästehaus der finnischen Akademie. Die Überzeugungen, die Meinel und seine Freunde in diesen Tagen zu dieser Frage gewannen, sind am 15. Januar beim Sturm auf die letzte verbliebene Stasi-Zentrale in Berlin-Lichtenberg öffentlich sichtbar geworden.

Der ungeteilte Himmel

Wir hatten die Tage in Helsinki zur Weiterentwicklung unseres Dynamomodels genutzt, bei dem Strömungen und Magnetfelder und deren Wirkungen aufeinander in der Sonne gleichzeitig berechnet werden sollen. Die unbekannte Größe blieb die Winkelgeschwindigkeit der Rotation, die, wenn zu klein gewählt, gar keine Magnetfelder entstehen lässt und wenn zu groß, zu falschen Rotationsprofilen führt. Wir bezeichneten dieses Problem als „Taylor-number puzzle“, es sollte im Sommer als Auflösung des Dynamo-Dilemmas vorgestellt werden. Wir besprachen auch die Möglichkeit, zukünftig in Potsdam gemeinsam Bildverarbeitung für Sternoberflächen zu betreiben. Der schöne Plan, bei dem man eigentlich nicht allzu viel falsch machen konnte, ist später durch die Vielzahl von Beeinflussungen und möglicher Herausforderungen wieder verlorengegangen.

Am 12. Januar 1990, gleich nach unserer Rückkehr, gab es ein Polit-Spektakel von Tschäpescher Dimension. Er hatte die Moderatorin Lea Rosh vom Fernsehsender Freies Berlin dazu gebracht, ihre populäre Talkshow „Freitagnacht“ ins Potsdamer Schloss Cecilienhof zu verlegen. Schon vor der Maueröffnung hatte Tschäpe die Fernsehjournalistin an die exotischsten Plätze Potsdamer Kulturgeschichte geführt. Mein Part bei der Vorbereitung der Sendung war das Einholen der nötigen Genehmigungen. Generaldirektor Mückenberger, ehemals an der Kulturpolitik des Politbüros gescheiterter Chef der DEFA-Filmgesellschaft, schlug die Hände überm Kopf zusammen, ob denn jetzt die Rechten, die Nazis kämen? Ich konnte ihn nur knapp von unserer Harmlosigkeit überzeugen, er möge das Ergebnis im Fernsehen überprüfen; die Leiterin der Gedenkstätte Cecilienhof untersagte jede direkte Berührung des historischen Mobiliars im Konferenzraum, präsentierte aber selbst die Lösung des Problems mit vielen kleinen neuzeitlichen Tischchen. Bei der Sendung würden Leute wie Otto Wolff von Amerongen, Egon Bahr, Wolfgang Berghofer und Eberhard Jäckel auf die neue Potsdamer Pullover-Fraktion wie Saskia Hüneke, Carolin Lorenz und Reinhard Meinel sowie Jochen Wolf von der neugegründeten Sozialdemokratischen Partei in der DDR (SDP) treffen. An Nebentischen warteten, in feines Tuch gekleidet, vermeintlich-zukünftige Parteivorsitzende wie Ibrahim Böhme, Gregor Gysi und Wolfgang Schnur auf ihre Auftritte. In der Aftershowparty bot Gysi – als hätte er das noch zu bestimmen – uns beliebig viel Platz für die Pressebeiträge des Neuen Forum in der ehemaligen Potsdamer Parteizeitung „Märkische Volksstimme“ an. Wir füllten dort wöchentlich 2 bis 4 Seiten, was uns wenigen Feierabendredakteuren schon schwer genug fiel. Einige Tage zuvor hatte die an den ostdeutschen Vorgängen hochinteressierte Lea Rosh die Ehepaare Meinel, Rüdiger und Tschäpe zum Dinner mit vorwiegend europapolitischen Tischgesprächen eingeladen, Motto: „Europa, was sonst?“

Bild 73. Schloss Cecilienhof „Freitag nacht“; v.l.: Tschäpe, Rüdiger, Meinel, Schnell (ganz rechts). Photo: B. Blumrich.

In Potsdam hatte eine vielversprechende Einladung von Willi Deinzer und Michael Knölker zu einem mehrtägigen deutsch-deutschen Kennenlerntreffen in der Göttinger Sternwarte auf uns gewartet, kurzfristig und großzügig durch die Deutsche Forschungsgemeinschaft finanziert. Alle deutschen Arbeitsgruppen zur Dynamotheorie sollten ab 4. März im Gästehaus der Universität in Reinhausen zusammentreffen. „Mit der Öffnung der innerdeutschen Grenze war erstmals ein ungehindertes Zusammenkommen möglich, so wie es von allen Seiten oft gewünscht war“, unterstrichen die Organisatoren Deinzer und Grosser im Tagungsbericht.[553] Stilvoller Empfang mit Kamin, Weinkeller und milden Disputen zur gemeinsamen Leidenschaft für die unsichtbaren Magnetfelder am Himmel, die komplette Pots-

[553] Grosser (1991).

damer Mannschaft[554] hatte mit Vorträgen zum Programm beigetragen. Aus Bonn waren Rainer Beck und Marita Krause, aus Freiburg Manfred Schüssler, aus Heidelberg Max Camenzind und aus Helsinki Axel Brandenburg gekommen. Schon über Ostern kam Willi Deinzer zum Gegenbesuch in die Stubenrauchstraße, auch um mit den Überbleibseln der alten Potsdamer Kulturlandschaft bekannt gemacht zu werden. Er hatte mir in diesen Tagen angeboten, im Herbst nach Göttingen zu kommen, um im Wintersemester 1990/91 eine an der Universitätssternwarte zeitweilig unbesetzte Professorenstelle zu vertreten. Telefongespräche von Ost nach West fanden damals über Münzfernsprecher statt, die die Bundespost auf der Westberliner Seite der Glienicker Brücke in großer Zahl rasch aufgestellt hatte.

„Als sich der Vorstand Anfang des Jahres 1988 für Berlin als Ort der Frühjahrstagung 1990 entschied und damit einer Einladung des Instituts für Astronomie und Astrophysik der TU folgte, konnte noch niemand ahnen, wie glücklich gerade diese Wahl war", beginnt der Bericht zur Tagung der Astronomischen Gesellschaft Ende März 1990 über „Akkretion und Winde" in Westberlin. Kaum einer der Potsdamer Astronomen hat an einem dieser Tage nicht im Großen Hörsaal an der Hardenbergstraße gesessen.[555] Auch aus Tautenburg, Jena und Sonneberg war man angereist, übernachtete bei Bekannten, Verwandten oder in Ostberliner Hotels. Mein vollgeladener Trabant tuckerte täglich die mittlerweile vertraute AVUS und die Bismarckstraße entlang, vorbei an Funkturm, Deutscher Oper und Schillertheater. Am Außenring des Ernst-Reuter-Platzes konnte damals noch unentgeltlich und unbegrenzt geparkt werden.

Neben Kudritzkis Sternwindgruppe aus München wollten wir, nach seinem Vortrag, unbedingt den jungen Willy Kley wegen seiner Grenzschichtmodelle von Akkretionsscheiben treffen. Ein Glückstreffer, noch am selben Abend ist Willy mit nach Potsdam gefahren, hat auf einem Sofa übernachtet und schon am nächsten Tag mit in der Stubenrauchstraße gesessen. Er installierte die von Helsinki mitgebrachten Disketten mit TEX-files auf einem unserer neuen Computer und machte uns mit seiner leicht handhabbaren Diffusion-Approximation beim Strahlungstransport vertraut. Später ist er von München nach London und Santa Cruz gegangen, von wo Meinel ihn Ende 1992 zur Friedrich-Schiller-Universität Jena[556] als Spezialist für numerische Relativitätstheorie abgeworben hat. Er habilitierte sich dort und gewann schließlich den vielumworbenen Lehrstuhl „Computational Physics" in Tübingen. Auf fast jeder seiner Stationen sind wir uns wiederbegegnet, auch in unserem Garten in Potsdam zusammen mit seiner Tochter und seiner

---

[554] Elstner, Fuchs, Krause, Meinel, Rädler, Rüdiger, Seehafer, Spahn, Wiedemann (später Landesregierung Brandenburg).

[555] „Selbst langjährige Befürworter der Selbstverstümmelung der Astronomie in der DDR hatten offenbar keine Lust mehr, glaubwürdig zu bleiben, und erschienen auf der Tagung." (Dorschner, 1990).

[556] Reinhard Meinel hat im März 1991 das ZIAP verlassen, um in der neu eingerichteten Max-Planck-Arbeitsgruppe „Gravitationstheorie" an der Friedrich-Schiller-Universität u.a. mit Gernot Neugebauer zu arbeiten.

Mutter, immer seine ganz persönliche Mischung aus Frohsinn, Leichtigkeit und Wissenschaftsbegeisterung bewundernd.[557]

Bild 74. v.l.: Michael Stix und Willi Deinzer, IAU Symposium 1975 in Prag. Archiv M. Stix.

Im April 1990 bestieg ich abends am Bahnhof Wannsee einen Liegewagen, der nach 12 Stunden Fahrt am Morgen planmäßig Freiburg erreichte. Herr Stix erwartete mich im Bahnhof und führte über einen übervollen Parkplatz zu einem weit entfernt abgestellten Auto. Die schöne Villa des Kiepenheuer-Instituts befindet sich in Hanglage nahe beim Dom und sieht gar nicht nach schwerer Arbeit aus. Auch der Vortragsraum atmet die sonnige Atmosphäre des Südens, bei Vorträgen saß Direktor Schröter auf einem rückwärtigen Sessel und rauchte. Immer von neuem hatte ich es verpasst, den Meisterschüler Grotrians nach seiner Potsdamer Zeit zu befragen. Wenige Tage nach meinem 65. Geburtstag – von dem in Freiburg niemand wusste – hatte ich in diesem Raum einen Vortrag mit dem Satz begonnen, dass ich auf den Tag genau heute erstmalig hier stehen würde, wenn sonst nichts weiter geschehen wäre.[558] Einige lachten; so wollte ich politisch-verklausuliert

[557] Wilhelm Kley (geb. 1958) ist im Dezember 2021 verstorben.

[558] In der DDR durfte man am Tag nach dem 65. Geburtstag in alle Welt (außer Israel, Taiwan, Südafrika) reisen.

meine persönliche, langdauernde Bewunderung für das Freiburger Institut und seine Mitarbeiter ausdrücken.

Beim ersten Besuch ging es um Galaxiendynamos – Stix hatte schon 1975 ein erstes Modell entwickelt – und Sonnenoszillationen in turbulenten Konvektionszonen. Da wir in der Stubenrauchstraße neuerdings eine funktionierende Netzanbindung mit Anschlüssen vom Hahn-Meitner-Institut hatten, aber noch keine Arbeitsplatzcomputer, beantragte Stix für uns einen schnellen Rechner, der damals noch so teuer war, dass von der DFG eine besonders ausführliche Begründung verlangt wurde. Dieser Computer ist zeitweise zur Zierde der Stubenrauchstraße 26 geworden. Den Einfluss der beiden Turbulenzviskositäten auf die Lebensdauer der einzelnen Moden der 5-min-Sonnenoszillation zu bestimmen, war das Projekt, das von der Forschungsgemeinschaft finanziell gefördert wurde.[559]

Im selben Monat hatte sich in Potsdam wegen der sich rasch nähernden Währungsunion zum 1. Juli ein gewähltes Kuratorium[560] mit dem finanziellen Nachlass des 1980 kinderlos[561] verstorbenen früheren Direktors Wempe zu befassen. Dieser hatte seine gesamte Barschaft von 879.695 Mark dem Zentralinstitut für Astrophysik vermacht[562] „mit dem Wunsch, das Erbe bevorzugt für die Verbesserung der Lebensverhältnisse (z. B. durch Wohnungsbau) der Mitarbeiter des Astrophysikalischen Observatoriums auf dem Telegraphenberg in Potsdam zu verwenden." Eine Beratung bei der Bezirksstaatsanwaltschaft hatte die Rechtslage festgestellt:

„– Erbe des Vermögens … ist das ZIAP, der Wunsch des Erblassers, die Hinterlassenschaft insbesondere für die Mitarbeiter des ZIAP auf dem Telegraphenberg zu verwenden, stellt eine moralische, aber nicht juristisch einklagbare Verpflichtung dar,
– dem Erben ist es erlaubt, Geld an von ihm als begünstigt anzusehende Mitarbeiter auszuzahlen, da die Hinterlassenschaft aus einem Privatvermögen stammt".

Als „Begünstigte" sind diejenigen Personen definiert worden, die zum Zeitpunkt der Testamentseröffnung auf dem Telegraphenberg einschließlich Einsteinturm beschäftigt und im April 1990 noch beim ZIAP waren.[563] Diesen 53 Personen wurden jeweils 5.000 Mark als Anteil am Erbe ausgezahlt; der immer noch ansehnliche Restbetrag sollte der „Förderung der astronomischen Forschung im ZIAP" zur Verfügung stehen. Es sind einige erfolglose Versuche unternommen worden, zur Währungsunion die Restsumme im Verhältnis 1:1 umtauschen zu

---

[559] Stix et al. (1993).
[560] Burghardt, Domke, Krause, Rüdiger, Scholz, Strohbusch.
[561] Ebenfalls kinderlos geblieben waren Vogel, Freundlich, v. Klüber, Grotrian und Treder.
[562] Auch der 1907 verstorbene AOP-Direktor H. C. Vogel hatte Barmittel an die Belegschaft vererbt, woraus die Hermann-Carl-Vogel-Stiftung mit einem Anfangsvermögen von fast 17.000 Mark entstand. Im Jahresbericht 1935 sind Reisebeihilfen zur AG-Tagung in Bern aus dieser Stiftung für 7 Potsdamer Astronomen aufgeführt, im Bericht von 1941 werden Reisezuschüsse zum Besuch der Tagung in Göttingen aufgeführt.
[563] G. Scholz: Protokoll des Wempe-Kuratoriums vom April 1990.

können.[564] Die Auslobung des Johann-Wempe-Preises für herausragende wissenschaftliche Leistungen aus den Zinsen der Restsumme stellte nach unserer Auffassung die vorstellbar nachhaltigste Ehrung des früheren Direktors durch seine Erben dar. Das Kuratorium ist einstimmig der Meinung gewesen, dem Willen des Erblassers weitestgehend entsprochen zu haben, auch in den numerischen Relationen. In seiner Sitzung im Mai 1990 „äußert der Wissenschaftliche Rat keine prinzipiellen Einwände gegen die vom gewählten Wempe-Kuratorium eingeleiteten Aktivitäten."

Am Tag nach der Währungsunion[565] plädierte der neugebildete Personalrat des ZIAP, offenbar verstimmt, „die Verfügungsgewalt über den Wempe-Fonds wieder in die Hände des Direktors zu legen."[566] Der Personalratsvorsitzende argumentierte, dass die „Interessen der Mitarbeiter des alten AOP abgegolten" seien, sodass „eine Einbeziehung der Mittel aus dem Fonds in den Sozialplan erfolgen" sollte.[567] Eine vom ihm verlangte Beratung mit einem (West-)Berliner Rechtsanwaltsbüro zum bisherigen und zukünftigen Umgang mit der Wempe-Erbschaft bestätigte aber die erfolgten und eingeleiteten Vorgänge des Kuratoriums als juristisch unstrittig, für eine Neuwahl des Kuratoriums gäbe es keine juristische Veranlassung.[568]

Bild 75. Das Institutsschild am Theorie-Haus Stubenrauchstraße 26 von 1990/1991 zeigt die unklaren Erwartungen: zukünftig gemeinsam oder doch lieber getrennt.

[564] Über Staatssekretär Domke im Außenamt der letzten DDR-Regierung. Später wurde die Johann-Wempe-Stiftung gegründet, mit dem Institutsdirektor als geborenem Mitglied des Kuratoriums (Satzungsentwurf vom 3. 12. 1991).

[565] Die weniger begüterten Angestellten des AOP hatten somit auf Grund der Beschlüsse des Kuratoriums die ersten 4500 DM auf ihrem Konto am 1. Juli 1990 von Johann Wempe geerbt.

[566] Protokoll der Betriebsratssitzung des ZIAP vom 30. 7. 1990.

[567] Protokoll des WR vom 11. 7. 1990.

[568] Mitteilung des Wempe-Kuratoriums vom 29. 11. 1990.

Im Juni besuchten wir die astronomischen Max-Planck-Institute in Garching bei München. Tschäpe chauffierte seine leicht verwitterte Volvo-Edelkarosse mit den abgefahrenen Reifen – den Kofferraum voller in Potsdam gefüllter Benzinkanister – aus dem Nachlass des Usedomer Malers Otto Niemeyer-Holstein, was uns sehr beweglich machte. Mit Emmi Meyer-Hofmeister wurde über das Stabilitätsproblem turbulenter Akkretionsscheiben gesprochen; eine Diskussion des Lambda-Effektes zur Aufrechterhaltung differentieller Rotation mit Henk Spruit blieb dagegen ebenso ohne Einigung wie die Darstellung meiner ersten Versuche zur Lösung des Lithium-Problems der Sonne durch Konstruktion eines Diffusionstensors für rotierende anisotrope Turbulenz.

Zum 16. Juni hatte uns Direktor Trümper in Aussicht gestellt, beim First-Light-Ereignis seines ROSAT dabei sein zu können. Wegen voraussehbarer Probleme mit unseren DDR-Ausweisen wurden Rudolf und ich von ihm persönlich nach Oberpfaffenhofen chauffiert; wenige Worte genügten, uns einzulassen. Der Kontrollraum war dunkel, voller Monitore und mit Justierungsarbeiten beschäftigter Menschen. Plötzlich bildete sich auf den Bildschirmen aus dem Nichts ein großer Punkthaufen, der Satellit da oben hatte seine erste lesbare Nachricht gesendet, der Himmel war voller Röntgenlichter. Alle jubelten und klatschten in die Hände. Einer der Männer an den digitalen Stellschrauben war Günther Hasinger, der wenige Jahre später Bereichsdirektor in Potsdam wurde und bald danach das AIP zu leiten begann. Am nächsten Tag, einem Sonntag, belohnten wir uns mit einem Ausflug über Ettal, Oberammergau, Garmisch-Partenkirchen zur Zugspitze. Oben angekommen teilten wir uns eine Portion Weißwürste, weil diese immer paarweise kamen. Die Route der Rückfahrt von Garching nach Potsdam hatte Tschäpe längst im Kopf: Nördlingen, Rothenburg, Nürnberg und Bayreuth. Wer ihn gekannt hat, wird wissen, was alles an diesen Orten zwingend zu besichtigen war, einen besseren Führer durch Bayern, das uns nur wenige Monate vorher völlig unzugänglich gewesen war, hätte man sich nicht wünschen können. Seit dieser Reise weiß ich auch, was für einen katastrophalen Riesenkrater ein Asteroid von (nur) 1 km Durchmesser erzeugen kann.

Anfang Juli hatte Jürgen Kurths vom Radioobservatorium Tremsdorf mit einem Vortrag im überfüllten Babelsberger Seminarraum sein Projekt „Methoden zur Analyse astrophysikalischer Daten“ vorgestellt, das unmittelbar danach bestätigt wurde. Er demonstrierte die Konsequenzen der gerade aufkommenden Nichtlinearen Dynamik für Datenanalysen, wie sie überall in der Astrophysik auftreten.[569] Auch deterministische nichtlineare System können nur endlich vorhersagbar sein, wie Börsenkurse etwa, er denke an die schnellen Umpolungen des Erdmagnetfeldes, die Sonnenfleckenperioden, die zeitlich hochaufgelösten solaren

[569] Kurths (1989); Habilitationschrift „Zeitreihenanalyse in Geo-und Astrophysik“, AdW Berlin 1990.

Radioemissionen, das Ausbruchsverhalten der Zwergnova SS Cygni[570] oder an womöglich fraktale Dichteverteilungen in Galaxien oder Galaxienhaufen. Neue mathematische Methoden und neuartige Messkampagnen müssten entwickelt werden, dabei stünden Bifurkationsanalysen, Vorhersagbarkeitsuntersuchungen und fraktales Verhalten im Mittelpunkt. Vorher hatte Kurths schon das sich schnell entwickelnde Doppler-imaging von Sternoberflächen als Standardmethode[571] zukünftiger Astronomie bezeichnet und dafür eine eigenständige Arbeitsgruppe gefordert. Zu viel Neues für ein altes Institut; Kurths wird es später verlassen, um eine der neuen interdisziplinären Max-Planck-Arbeitsgruppen an der Universität Potsdam zu leiten.

Bild 76. Alexander Hempelmann; Jürgen Kurths (rechts). Photos: privat.

Mit Alexander Hempelmann ist es in dieser Zeit meist um die Aufarbeitung des ewigen AOP-Defizits gegangen, nicht schon viel früher die Beobachtung der Kalziumemissionen der Sterne aufgegriffen zu haben. Solche Datensätze wurden mittlerweile in Kalifornien von einem Riesenspiegel produziert. Wir stellten uns ein existierendes, leicht zu erreichendes Teleskop wie einen der 60-cm-Spiegel aus Sonneberg, einen neu zu konstruierenden Spektrographen und ein spezielles Beobachtungskonzept vor. Schon im Oktober 1990 hatte K. Stępień eine Liste von 50 späten Hauptreihensternen mit bekannter photometrischer Periode und, falls bekannt, nur geringer Röntgenintensität zusammengestellt.[572] Es sollten Rotationsgesetze der Sterne bestimmt werden. Insbesondere müssten wegen unserer theoretischen Ergebnisse schnell und langsam rotierende Sterne getrennt behandelt

[570] Hempelmann & Kurths (1990). Die verwendeten Daten aus 100 Jahren waren in Deutschland wegen der Weltkriege nicht lückenlos aufzutreiben gewesen, sie stammten wesentlich von I. Tuominen.

[571] Hubrig & Kurths (1989).

[572] HD 123, HD 1835, HD 3651 ... HD 82558.

werden. In Sonneberg würden jährlich höchstens 100 gleichmäßig verteilte Beobachtungsnächte zur Verfügung stehen, durchschnittlich 2 Nächte pro Woche. Wir hofften, für etwa 40 wohl ausgesuchte Sterne heller als 7. Größe in sieben Jahren genügend Daten sammeln zu können, um die Rotationskurven ableiten zu können. Das Vorhaben hieß STELLA[573] („STELLar Activity"), wir hatten bis zur viel späteren Realisierung auf Teneriffa – mit anderen Aufgabenstellungen und anderen Betreibern[574] – vergeblich versucht, ein neues Teleskop in Bulgarien, Israel oder Australien anzusiedeln.[575] Im Oktober 1991 trafen wir in Tucson auf Jürgen Schmitt aus München, der als erster Redner[576] den Cambridge Workshop "Cool Stars, Stellar Systems and the Sun" eröffnete. Hempelmann und ich litten unter Jetlag, Schmitt anscheinend gar nicht; uns schwante, wie hoch die Latten in den kommenden Jahren liegen würden. Schmitt präsentierte Röntgen-Daten für den berühmten M-Stern Proxima Centauri. ROSAT hatte überdies Röntgenstrahlen von zwölf Einzelsternen vom Spektraltyp A registriert, die es dort nicht geben sollte, aber keine Strahlung von Wega, dem hellsten und bekanntesten A-Stern. In Tucson hatten wir begonnen, Schmitt für unser STELLA-Teleskop zu gewinnen.

Wir beiden Potsdamer hatten zusammen einen Mietwagen genommen, der uns bei jeder Fahrt so viel kalte Luft zwischen die Beine blies, dass es bald schmerzte. Endlich entdeckten wir durch Zufall, wie man das Gebläse um- und abstellen konnte. Die frühe Warnung des Dr. Ruben, „Als DDR-Bürger muss man vorsichtig sein im Ausland" – ein echter „Ruben", wie wir sagten –, erwies sich insofern als richtig, als man als Autofahrer in Arizona tatsächlich wissen sollte, was eine Klimaanlage ist und wie man sie ein- oder ausschaltet.

Bis zum Spätsommer 1990 wurde vom Wissenschaftlichen Rat des ZIAP im Zusammenwirken mit den anderen astronomischen Einrichtungen eine Denkschrift „als Fazit der astronomischen Forschung in diesem Lande bis zum Zeitpunkt der historischen Wende" erstellt.[577] Von den in diesem Bericht aufgezählten Teleskopen werden es nur das Tautenburger 2-m-Spiegelteleskop, der Einsteinturm und ein 60-cm-Spiegel der Sonneberger Sternwarte in den kommenden Report des Wissenschaftsrates zur Begutachtung des ZIAP schaffen; das Sonneberger Instrument allerdings nur zur Umsetzung in die künftige Thüringer Landessternwarte in Tautenburg.[578] Der Denkschrift war ein Vorwort des Vorsitzenden Werner Pfau des eben gegründeten, kurzlebigen Rates Ostdeutscher Sternwarten

---

573 A. Hempelmann, G. Rüdiger & K. Stępień „Chromosphärische Aktivität und differentielle Rotation" Potsdam 1992.

574 Strassmeier (2004).

575 Heute werden von raumgestützten Teleskopen wie Gaia die Kalziumdaten von Millionen Sternen geliefert.

576 J.H.M.M. Schmitt: „ROSAT observations of late type stars".

577 Fröhlich & Marx (1990).

578 Einschließlich des Sonneberger Platten-Archivs von ca. 225.000 photographischen Aufnahmen, davon 60 % Himmelsüberwachung.

(ROS) vorangestellt, der schon deswegen eilig gewählt[579] werden musste, um das alte „Nationalkomitee für Astronomie“ (NKA) abzuschaffen, das bisher die Interessen der DDR, nicht aber ihrer Astronomen und astronomischen Einrichtungen nach außen vertreten hatte. Helmut Zimmermann[580] aus Jena hatte sich bemüht, durch Wahlen ein demokratisch legitimiertes Komitee zu schaffen, das alle Astronomen repräsentieren könnte. Am 21. Juni 1990 meldete er erzürnt, „Schreiben von Herrn Ruben und Herrn Gußmann enthielten Gegenvorschläge, die letztlich darauf hinauslaufen, das jetzige Nationalkomitee in seiner Zusammensetzung unverändert zu lassen, ... es solle sich nur als geschäftsführendes Gremium verstehen.“ Zimmermann:

„Das gesamte jetzige Nationalkomitee ist aus einem autoritären Akt, nämlich der Berufung durch den Generalsekretär der Akademie der Wissenschaften, hervorgegangen. Es hat daher als Ganzes keine demokratische Legitimation. Außerdem besitzt es in seiner jetzigen Zusammensetzung m. E. nicht das Vertrauen der Mehrheit der Astronomen der DDR. Es kann daher auch nicht geschäftsführend für die Mehrheit der Astronomen in der DDR sprechen.“

Er würde selbstverständlich, wenn das alte Nationalkomitee[581] weitermache als sei nichts geschehen, persönlich zurücktreten. Nach plötzlicher Auflösung des NKA durch den Akademiepräsidenten erklärte der Wissenschaftliche Rat des ZIAP am 16. August 1990, es sei ihm „besonders wichtig, eindeutig klarzustellen, dass alle wesentlichen Initiativen zur Auflösung des NKA ... durch Herrn Prof. Zimmermann (Uni Jena) eingeleitet wurden.“ Noch im November 1990 sind die astronomischen Universitätseinrichtungen in Dresden und Jena in den „Rat deutscher Sternwarten“[582] aufgenommen worden. „Über die Zukunft des Zentralinstituts für Astrophysik (Astrophysikalisches Observatorium Potsdam, Sternwarte Babelsberg, Sternwarte Sonneberg und Karl-Schwarzschild-Observatorium Tautenburg) war zum Zeitpunkt der Sitzung noch nichts entschieden. Diesem konnte daher zunächst nur ein Gästestatus ... eingeräumt werden“, schrieb K. J. Fricke als Vorsitzender in seinen Jahresbericht für 1990.[583]

---

[579] Wahlergebnis vom 16. 8. 1990 in Potsdam: Staude, Schmidt, Rädler, Krause, Rüdiger, Fröhlich, Notni (in dieser Reihenfolge), ROS gegründet Ende August 1990, aufgelöst November 1990.

[580] Zimmermann besaß hohes Ansehen, seit er 1967 jährliche Frühjahrsschulen der von der AG abgeschnittenen DDR-Astronomen initiiert hatte, die zuerst in einem Gästehaus der Universität Jena in Georgenthal und später (1980–1990) im Kurhaus Binz stattfanden (Schielicke, 2008, S. 291f.). Im 3. Studienjahr bildete Zimmermann uns damalige Studenten in Numerik an einer Zeiss-Rechenanlage ZRA1 in Maschinensprache (!) aus.

[581] Stand 1988: Gußmann (Sekretär), Köhler, Krause, Liebscher, Marx, Oleak, Pflug, Ruben (Vorsitz), Schmidt, Schöneich, Treder, Zimmermann. Auf einer Berufungsliste der Personalabteilung des ZIAP vom 22. 5. 1990 (!) finden sich für das NKA die Namen Krause, Liebscher, Marx, Pflug, Ruben (Vorsitz), Schmidt, Schöneich, mit einer Ausnahme alles Parteimitglieder. Das NKA ist noch im August 1990 aufgelöst worden. Das „Nationalkomitee für Astronomie in der DDR“ hatte sich 1967 unter Vorsitz von Hermann Lambrecht konstituiert.

[582] „Rat westdeutscher Sternwarten“, Stand Januar 1990.

[583] Mitteilungen der Astronomischen Gesellschaft 74, 9 (1991).

Bild 77. Helmut Zimmermann (1926–2011); Hans-Erich Fröhlich (rechts).
Photos: Nachruf in Webseiten der Astronomischen Gesellschaft; R. Arlt.

8 Einmal Telegraphenberg und zurück

Evakuierung oder Evangelisierung?

Kurz nach dem Vereinigungstag am 3. Oktober 1990 verlangte der Bundesminister für Forschung und Technologie von den Instituten der ehemaligen AdW: „Der Wissenschaftsrat arbeitet so schnell, wie das überhaupt möglich ist. Dennoch wird es ganz wichtig sein, daß die Institute aus eigener Verantwortung auch schon vor der Evaluation ... Rationalisierungsmaßnahmen ergreifen, die zu einer Modernisierung der Forschungsarbeiten führen.“ Ein Hilferuf, denn die westdeutschen Kommissionen waren gar nicht in der Lage, mehr als 60 moderne Einrichtungen[584] aus den etwa 70 alten Akademie-Instituten neu einzurichten, selbst bei gesicherter Finanzierung nicht. Je besser die knappe Zeit genutzt wurde, sich selbst nach fachlichen Gesichtspunkten zu reformieren, umso zustimmender werden die Empfehlungen der Evaluierungskommissionen ausfallen, umso aussichtsreicher die Bemühungen der Mitarbeiter um ihre Arbeitsplätze. H.-E. Fröhlich warnte: „Evaluie-

[584] KAI-Info, Juli 1991 und „Zusammenfassung der Rückmeldungen aus den Instituten zum Stand der Umsetzungen der Wissenschaftsrats-Empfehlungen“, Stand 4. 12. 1991.

rung steht im Fremdwörterbuch zwischen Evakuierung und Evangelisierung." Im August 1990 hatte jedes Institut eine konzeptionelle Selbstdarstellung beim Wissenschaftsrat abzugeben, eine detaillierte Personalliste war im November fällig, im Dezember würde es die Begehung[585] des ZIAP (zusammen mit ZIPE, Hochdrucklabor auf dem Telegraphenberg und Meteorologischem Hauptobservatorium) durch eine Kommission geben, im Februar 1991 die Neuwahl des WR, Anfang Juli werden die Ergebnisse der Evaluierung erwartet samt kompletter Umstellung des Tarifsystems auf BAT[586] und im Herbst muss die Gründungskommission zusammentreten, denn zum 31. Dezember 1991 sind alle Arbeitsverträge[587] endgültig abgelaufen. Dieser Fahrplan konnte höchstens bei freier Strecke, ohne unvorhergesehene Zwischenfälle, eingehalten werden.[588]

Im Herbst 1990 informierte die MPG über ihr Vorhaben, „alsbald befristete Arbeitsgruppen an Universitäten in institutioneller Anbindung an bestehende Max-Planck-Institute einzurichten sowie – unter der Perspektive eines langfristigen Engagements – als Vorstufe für Institutsgründungen Projektgruppen zu errichten oder auch unmittelbar Max-Planck-Institute zu gründen."[589] Immer gehe es dabei um „neu sich entwickelnde Forschungsbereiche, vor allem auf Grenzgebieten, die außerhalb oder zwischen etablierten Disziplinen liegen und für die Hochschulforschung noch nicht reif sind".[590] Alle diese Varianten sind für Potsdam zur Sprache gekommen und wurden – bis auf eine – auch realisiert.

In dieser Zeit beantragte Krause im Alleingang bei der Internationalen Astronomischen Union Zustimmung und finanzielle Unterstützung zur Durchführung eines Symposiums „The Cosmic Dynamo" mit etwa 150 Teilnehmern in Potsdam

---

[585] Im Zusammenhang mit dem Besuch des Wissenschaftsrates wurden als „führende Wissenschaftler des Instituts" die 18 Kandidaten der Ratswahl angesehen: Auraß, Domke, Fröhlich, Götz, Krause, Kurths, Liebscher, Lorenz, Marx, Müller, Notni, Oleak, Rädler, Richter (Sonneberg), Richter (Babelsberg), Rüdiger, Schmidt, Staude, Stecklum.

[586] Vom Wissenschaftlichen Rat des Institutes aufgestellt, musste von zentraler Stelle (KAI) bestätigt werden, rückwirkend zum 1. 7. 1991. Erst zu diesem Zeitpunkt ist es gelungen, die überkommene Tarifstruktur zu ersetzen. Schon am 16. 8. 1990 hatte der WR, als Reaktion auf einen Brief von Jürgen Stahlberg vom 3. 5. 1990 über die Situation im Bereich III (Ruben) vergeblich beschlossen, „in Anlehnung an das Verfahren im Universitätsbereich eine Entkopplung von Professorentitel und Gehaltsanspruch durchzusetzen, da auch auf dieser Ebene das Leistungsprinzip entscheidend sein soll." Protokoll des WR vom 9. 11. 1990: „Der WR sieht nach wie vor Handlungsbedarf in der Frage der Entkopplung des Gehalts vom Professorentitel."

[587] Jeder Beschäftigte hatte außerdem Anspruch auf ein korrektes Arbeitszeugnis, Termin 15. 11. 1991.

[588] Die im Juli 1991 beschlossenen Empfehlungen für die Nachfolge der AdW-Institute sehen die Schaffung von 13.000 Planstellen in außeruniversitären Forschungseinrichtungen einschließlich Arbeitsgruppen, die zur Erneuerung der Hochschulen beitragen sollen, vor. Die Personalzahl der AdW hat vor 1989 bei 24.000 gelegen. Die Zahl von final insgesamt 10.000 Mitarbeitern ist schon in ersten Reformpapieren der alten Akademieleitung von Ende 1989 zu finden. Sechs Institute wurden gänzlich geschlossen.

[589] Bericht des Präsidenten „An die Wissenschaftlichen Mitglieder der Institute der Max-Planck-Gesellschaft", 26. Oktober 1990.

[590] Empfehlung der Präsidentenkommission der Max-Planck-Gesellschaft zu Fragen der … Vereinigung Deutschlands, September 1990.

ab dem 6. September 1992, kurz vor dem 100. Todestag von Werner von Siemens, des Erfinders des Dynamoprinzips. Nach dem internationalen IAU-Workshop zu „Astrophotography", den Marx in Jena 1987 mit 36 auswärtigen Teilnehmern aus 13 Ländern organisiert hatte, war das Potsdamer Vorhaben erst die zweite größere internationale Veranstaltung ostdeutscher Astronomen unter dem Zeichen der IAU.

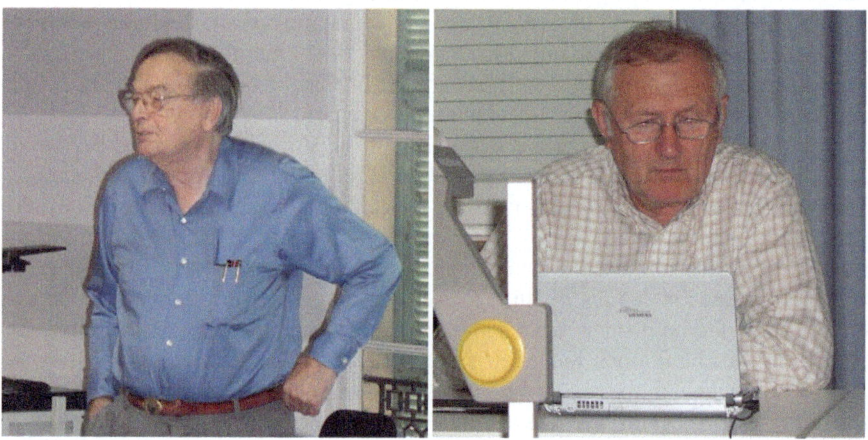

Bild 78. Netzbetreiber: P. H. Roberts und R. Wielebinski (rechts), Potsdam 1992.

Die Bewerbung war erfolgreich[591] und Krause wird seine lebenslangen Versuche, Fachkollegen aus aller Welt in Potsdam zu versammeln, endlich ohne politische Einschränkungen krönen und seine Dynamo-Freundeskreise doch noch zusammenbringen können. Es war die erste Veranstaltung weltweit, die sich allein diesem Problem, also der Selbsterregung großräumiger kosmischer Magnetfelder, widmete. Die Resonanz war enorm, mehr als 100 auswärtige Teilnehmer aus 22 Ländern kamen nach Potsdam. Dieter Schmitt aus Göttingen gefolgt von Leonid Kitchatinov aus Irkutsk eröffneten den Kongress mit Beiträgen zum Sonnendynamo. „So junge Leute eröffnen Ihre Tagung?" flüsterte der brandenburgische Forschungsminister Enderlein seinem Sitznachbarn Krause zu. Dieser hatte gerade sein 65. Lebensjahr vollendet und eben einen Hörsturz erlitten, er wird das Institut bald verlassen. Seine letzte Publikation – unter Angabe seiner Privatadresse und der Institutsbezeichnung seines Ko-Autors Rainer Beck – hat viele der damaligen Veröffentlichungen qualitativ überragt.[592]

[591] Der erste Anlauf scheiterte im September 1990 mit der Begründung, die IAU unterstütze keine Personen (hier Siemens) gewidmeten Veranstaltungen. Zudem hätte ein belgischer Vertreter darauf bestanden, dass das Dynamoprinzip aus Belgien stamme. Im revidierten Vorschlag taucht „Siemens" nicht mehr im Titel auf.

[592] Krause & Beck (1998).

Bild 79. IAU-Symposium 1992; v.l.: Rogachevskii, Léorat, Vishniac, Brandenburg, Rädler, Urbanik, Camenzind, Hempelmann, Tuominen, Stepinski, Meinel, Kitchatinov, Ferrière, Stępień, Kirchner, Rüdiger, Donner, Otmianowska-Mazur, Breitschwerdt, Golla, Stix, Tschäpe, Kundt, Mestel, Roberts, Shukurov, Fröhlich, Ness, Krivodubski, Schultz, Beck, v. Linden, Schüssler, Ferriz-Mas, Chiba, Duschl, Deinzer, Pohl, Orzaru, Lazarian, Rendtel, Schmitt, Sokoloff, Wielebinski, Krause (unvollst.) Photo: H. Strohbusch.

Am 5. Juni 2007 hat das Astrophysikalische Institut Potsdam Fritz Krause anlässlich seines 80. Geburtstages ein würdiges Ehrenkolloquium gewidmet.[593]

Im Sommer 1990 waren im ZIAP alle neuentstandenen Vorhaben zur Sonnen- und Sternaktivität unter das gemeinsame Thema „Solar-Stellar-Connection" gestellt worden, mit Magnetfeldmessungen sonnenähnlicher Sterne, modernen Zeitreihenanalysen, Doppler-Imaging[594] und Sternentstehung. Mit „Aktivität bezeichnet den Zustand von Sternen, deren Atmosphäre entweder nicht statisch ist, nicht frei von Magnetfeldern oder nicht nur von unten geheizt wird", beginnt der Text zum neuen Hauptprojekt „Sonnen- und Sternaktivität", er sollte die Philosophie für ein zeitgemäßes Astrophysikalisches Observatorium, allerdings ohne Magnetosphärenphysik[595] und ohne den astrometrischen Teil des ehemaligen Bereiches Ruben,[596] bilden. Nachdem diese Konzeption den endgültigen Titel „Kosmische Magnetfelder, Sonnen- und Sternaktivität" erhalten hatte, stellte sie zukünftig eines von zwei Hauptprojekten in Potsdam dar, das kurze Zeit später dem Wissenschaftsrat unter der Bezeichnung „Hauptlinie Astrophysikalisches Observatorium" vorgestellt wurde. Direktor und Wissenschaftlicher Rat des ZIAP sind dabei zu dieser Selbstbeschreibung gekommen:[597]

„Das Institut orientiert sich nach ausführlicher Diskussion im vergangenen Jahr an vier Hauptprojekten, die sich zukünftig auch territorial gliedern lassen. Zum Projekt ‚Extragalaktische Astrophysik und astrophysikalisches Auswertezentrum' gehören 28 promovierte Wissenschaftler, 19 übriges wissenschaftliches Personal und 27 technisches Personal. Zum Projekt ‚Kosmische Magnetfelder, Sonnen- und Sternaktivität' gehören 35 promovierte Mitarbeiter, 16 übrige wissenschaftliche Mitarbeiter, 21 technisches Personal."

Es sind insgesamt (146/63) Personalstellen aufgelistet worden.[598] Die anderen beiden Hauptprojekte wurden von den Sternwarten Tautenburg und Sonneberg gebildet. Zum WR heißt es, dass „auf Grund des Wahlergebnisses auch der vom Präsidenten berufene gegenwärtige Direktor des Instituts dazugehört. Hinsichtlich

---

[593] Beiträge von: Beck, Kurths, Stefani. Vor- und Nachwort: Strassmeier, Rüdiger.

[594] Manfred Schultz hatte begonnen, mit Spektren aus Helsinki die dortigen Regularisierungsverfahren nach Piskunov et al. (1990) in Potsdam zu installieren und zu modifizieren. Siehe auch Tuominen et al. (1991).

[595] Gehörte nach Einschätzung der Autoren Staude und Verf. eher zur Physik der Planetensysteme.

[596] Helmut Domke hatte das ZIAP verlassen, um in der de-Maizière-Regierung als Staatssekretär das Außenamt zu leiten. Er hat in dieser Funktion den 2+4-Staatsvertrag mit ausgehandelt. Sein Buch „Transfer of polarized light in planetary atmospheres" (mit J. W. Hovenier & C. van der Mee) ist 2004 bei Springer erschienen.

[597] Die Formulierung stammt aus einem von H.-E. Fröhlich federführend verfassten Entwurf, in der endgültigen Fassung ist insbesondere die Bezeichnung „Hauptprojekt" durch „Projektkomplex" ersetzt.

[598] Die zweite Ziffer gibt die Anzahl der Etatstellen für promovierte Wissenschaftler. Für das gesamte ZIAP wurde (250/160) als Personalschlüssel angegeben, wobei die Zahl 160 für „Wissenschaftler" nicht näher definiert ist.

der Leitungsstruktur ist vorgesehen, dem Direktor und dem Wissenschaftlichen Rat nur die Projektleiter nachzuordnen."

In ähnlichem Zusammenhang ist in einem Zwischenbericht des Instituts für Hochenergiephysik Zeuthen[599] im Januar 1991 festgestellt worden, dass „der Umbruch im Sommer 1990 die gänzliche Auflösung der Abteilungsstruktur" gebracht hätte. „Mit der Entpflichtung der Abteilungsleiter und ihrer Stellvertreter wurde die Position eines stellvertretenden Direktors für Forschung eingeführt, dem die Themenleiter unterstellt sind." In diese Position ist mit Christian Spiering ein Physiker der jüngeren Generation berufen worden, „der niemals den Kreisen der früher sogenannten Kaderreserve[600] oder der Nachwuchskader angehört hatte."

Ende November 1990 ist für den neu zu wählenden Wissenschaftlichen Rat ein überarbeitetes Statut erstellt worden, das den zwischenzeitlichen Veränderungen Rechnung tragen sollte. Es wurde die geheime Wahl von Kuratorien für die vier Hauptprojekte empfohlen, die aus sich heraus die Mitglieder des neuen Rates im Verhältnis 4:4:1:1 für die beiden Hauptprojekte und Tautenburg sowie Sonneberg bestimmen. Wahlberechtigt seien Wissenschaftler, die ihre Zugehörigkeit zu den Hauptprojekten öffentlich erklärt haben. Der Sprecher des Wissenschaftlichen Rates und dessen Stellvertreter würden von den so definierten Ratsmitgliedern[601] ebenfalls geheim gewählt. Das neue Statut hatte gewachsenen Zentrifugalkräften und deren Gegenwirkungen Rechnung getragen, entsprechend hatte sich die Zusammensetzung des Rates verändert. Bei der Rechenschaftslegung[602] am 28. Januar 1991 beklagte der alte (und neue) Sprecher, Rädler, dass bei der Ausarbeitung der Unterlagen für den Wissenschaftsrat „auch Pannen passiert sind". Bei der Beantwortung der Frage nach politisch bedingten Behinderungen sei „durch unkritische Zusammenstellung von Zuarbeiten der Unterschied zwischen Reisekadern, die bestimmte Einladungen nicht wahrnehmen konnten, und Kollegen, die nie in westliche Länder reisen durften, verwischt worden."[603] Schon in seiner Oktobersitzung hatte der WR des ZIAP festgestellt, „daß die Beantwortung der Frage des Wissenschaftsrates nach Beschränkung der Reisetätigkeit in der Vergangenheit ein schiefes Bild der damaligen Verhältnisse gezeichnet hat."

Das Kuratorium Babelsberg[604] meldete am 17. April 1991, dass ab sofort die Geschäftsstruktur am Institutsteil Babelsberg der Projektstruktur folge. „Die

---

[599] „Das IfH im Jahre 1990 – Wandlungen auf dem Weg in die gesamtdeutsche Wissenschaftslandschaft", 24. 1. 1991.

[600] Zur „Kaderreserve" des ZIAP gehörten H.-J. Haubold und H. Lorenz (unvollst., Stand etwa 1988).

[601] Zweiter Wissenschaftlicher Rat des ZIAP: Kurths, Liebscher (später Fritze), Lorenz, Marx (Tautenburg), Möstl, Müller (stellv. Sprecher), Rädler, Richter (Sonneberg), Rüdiger, Staude (Sprecher).

[602] Rechenschaftsbericht, siehe Anm. 516.

[603] In dieser als „Opferliste" gedachten Zusammenstellung finden sich fälschlich auch die Namen Büchner, Gußmann, Krause, Liebscher, Oleak und Schmidt, die in einem erhalten gebliebenen Entwurf des Dokuments als bestätigte und auch aktive Reisekader noch nicht aufgeführt waren.

[604] Liebscher, Lorenz (Vorsitz), Möstl, Müller, Notni, Richter, Schilbach. Wahl zum Kuratoriumsvorsitzenden am 3. 12. 1990: Lorenz 13 Stimmen, Notni 9 Stimmen. Wahlberechtigte (promoviert): 30.

Projektleiter bestimmen das wissenschaftliche Profil der Arbeit, sie sind disziplinarisch den Mitarbeitern am Projekt vorgesetzt. Die Projekte bedürfen der Bestätigung durch das Kuratorium. Die Projektleiter sind dem Kuratoriumsvorsitzenden rechenschaftspflichtig." Klare Anweisungen in alter Sprache.

Zwei Tage später ersetzte Direktor Liebscher in seiner letzten Dienstbesprechung endgültig die überkommene Bereichsstruktur durch die neuen wissenschaftlichen Projekte, ab Mai 1991 leitete Professor K.-H. Rädler das Institut. „Prof. Liebscher ist vom Minister für Wissenschaft, Forschung und Kultur am 18. Mai 1991 aus dem Zentralinstitut entlassen worden. Die Maßnahme wurde ausgelöst durch das Ergebnis der von ihm selbst beantragten Überprüfung seiner personenbezogenen Akten des ehemaligen Ministeriums für Staatssicherheit, nach denen er zwischen 1975 und 1984 als Inoffizieller Mitarbeiter zur Sicherung des Verantwortungsbereiches tätig war. Der Wissenschaftliche Rat teilt die Auffassung, daß der so offenkundig gewordene Sachverhalt mit der Ausübung des Direktorenamtes nicht vereinbar ist."[605] Das hatte dieser im Vorjahr anders gesehen, als er sich vom Akademiepräsidenten noch zum Institutsdirektor ernennen ließ. „Er hatte ein Schreiben (2 oder 3 Seiten) vorbereitet herumgereicht; ich dachte für jeden ein Exemplar, so dass man in Ruhe lesen kann. Nein, es war nur zum Rumreichen und kurzen Überfliegen gedacht. Beim Wechsel herrschte eine gedrückte Stimmung."[606] K.-H. Rädler wurde vom Wissenschaftlichen Rat als neuer Direktor benannt; nun ging es also doch nach der Prozedur des durchgefallenen Statut-Entwurfes vom Januar 1990, weil es einen berufenden AdW-Präsidenten nicht mehr gegeben hat. Schon im Abschlussbericht zu einer vermuteten Gruppierung am ZIAP, vom MfS „Kontakt" genannt,[607] vom 21. November 1975 war über die erfolgreiche Werbung Liebschers als IM „Walter" für die Zusammenarbeit *„zur inoffiziellen Absicherung des ZIAP*" berichtet worden. Damit sei gewährleistet, *„die Kontrolle über die Wirksamkeit der eingeleiteten Maßnahmen zur Zerschlagung der Gruppierung*" durchzuführen. Am 17. Februar 1982 hatte IM „Jochen Gränz" dem Ministerium für Staatssicherheit erklärt, wie bürgerliche Wissenschaftler ticken: „Walter" hätte ihm berichtet, dass Roberts der eigentliche Kanal für die Anerkennung Krauses im Westen sei. Auch Roberts poliere sein Ansehen mit den Kontakten zu Krause. *„Die beiden haben sich gesucht und gefunden. Beide verstehen sich fachlich und persönlich recht gut. Was mich stets merkwürdig berührt, ist, daß K. recht einseitig den Rüdiger fördert, ████ dagegen nicht.*" Die Parteilosen suchen und finden westliche Unterstützung, sollte das wohl vorwurfsvoll heißen, und dann unterstützen sie sich auch noch gegenseitig!

Im selben Monat hatte es ein Gespräch zwischen Krause und seinen engeren Kollegen Meinel, Rädler und Verf. gegeben, in dem er seine Staatssicherheitskontakte offenbarte, bei denen es eben nicht – wie erhofft – nur um Auskünfte zu

---

[605] Protokoll des WR vom 21. Mai 1991.

[606] Gedächtnisprotokoll J. Kurths.

[607] Freigang, Rüdiger, Tschäpe, der vierte Name in den Kopien aus dem BstU geschwärzt.

Auslandsreisen[608] gegangen sei, auf *„die die Sicherheitsorgane [ja] ein Recht hätten*“. Das hatten wir mit Bestürzung zur Kenntnis genommen, aber in einem kurzen Protokoll festgestellt, „daß wir nicht glauben, dadurch in fachlicher Hinsicht geschädigt worden zu sein. Die Situation in der Gruppe war stets wissenschaftsfreundlich.“ Natürlich solle er seine Arbeit und die Vorbereitung der Potsdamer IAU-Tagung fortsetzen. „Andererseits haben wir unsere Bedenken hinsichtlich der Wahrnehmung öffentlicher Ämter zum Ausdruck gebracht.“ Krause hatte daraufhin den Vorstand der Astronomischen Gesellschaft und eine Gründungskommission der Brandenburgischen Landeshochschule verlassen, seine Arbeit in Institutsgremien aber fortgesetzt. Das noch virtuell bestehende Astrophysikalische Observatorium hatte – wieder einmal – seine Führungsfigur verloren. Meinel war für dieses Treffen extra aus Jena angereist, wo er seit einigen Monaten in der Max-Planck-Gruppe „Gravitationstheorie“ arbeitete.

In der von Minister Enderlein berufenen Gründungskommission der Universität Potsdam gab es jetzt keinen Physiker oder Mathematiker mehr, im bekannt gewordenen Strukturschema der Universität ist die Astrophysik plötzlich nicht mehr vorgekommen. Als wir dies bemerkten, wurde – auf Anraten Gregor Morfills aus München – eine Personalstatistik für alle deutschen Universitätssternwarten mit dem Ergebnis angefertigt, dass zu den großen astronomischen Zentren der Bundesrepublik auch immer besonders große Universitätseinrichtungen[609] gehören. Zusammen mit V. Müller ersuchten wir den Gründungsrektor der Universität, Rolf Mitzner,[610] um einen Termin in dieser Sache und überbrachten unsere schöne Tabelle und ein von Rädler unterschriebenes „Memorandum zur Einrichtung von Astrophysik-Lehrstühlen an der Universität Potsdam“. Es erläuterte, dass nach „den Zielstellungen des Wissenschaftsrates das einstige astronomische Weltzentrum Potsdam, das mit den Namen so bedeutender Forscher wie Karl Schwarzschild, Albert Einstein, Paul Guthnick und Walter Grotrian verbunden ist, als viertes Zentrum der Astrophysik neben Bonn, Heidelberg und München zu neuem Leben erweckt werden“ soll. „Die Universität Potsdam sollte sich die Anziehungskraft des Faches Astrophysik, die sich aus der Dynamik der derzeitigen Entwicklung auf diesem Gebiet und aus der einmaligen Potsdamer Tradition ergibt, unbedingt sichern.“ Das Institut besitze aber „eine ungünstige Altersstruktur. Junge Wissenschaftler und Doktoranden müssen bald in die Arbeit einbezogen werden.“ Zuletzt plädierte das Memorandum bescheiden für die Schaffung von nur zwei Lehrstühlen für Astrophysik. Wir erreichten von Mitzner,

[608] Der IM „Dr. Mann“ beispielsweise trainierte um 1985 Mitarbeiter der Hauptverwaltung Aufklärung in Gera (auf Bezirksebene Abt. XV), wie man als falscher Astronom mit echten Tautenburger Photoplatten unterm Arm die westlichen Sicherheitschecks unterlaufen könne.

[609] Insgesamt 175 Drittmittelstellen, davon 114 Wissenschaftlerstellen, z.B. Uni München (24/11), Uni Heidelberg (12/6), Uni Bonn (26/23).

[610] Wahl zum Rektor der neuen Brandenburgischen Landeshochschule am 26. September 1990, Ernennung zum Gründungsrektor der Universität Potsdam am 1. 7. 1991.

einem freundlichen und erfahrenen Physiko-Chemiker, nur die Zusage für die Einrichtung einer einzigen Professorenstelle für Astronomie innerhalb des zukünftigen Instituts für Physik.[611] Ein bescheidener Anfang, aus dem sich später eine florierende universitäre Einrichtung mit mehreren Professoren entwickeln wird, an dem sich die Doktoranden des neuen Astrophysikalischen Institutes Potsdam, wenn sie es so weit gebracht hatten, promovieren konnten.

Ein Brandenburger Weg

Die Vollversammlung des Hauptprojektes „Kosmische Magnetfelder, Sonnen- und Sternaktivität" ging im Februar 1991 mit ihrer neu beschlossenen Satzung einen weiteren Schritt und verlangte, dass „das Kuratorium[612] sich für die Rückgabe der Gebäude des Astrophysikalischen Observatoriums auf dem Telegrafenberg einzusetzen" habe. Dabei hatte es auch Fehlschüsse gegeben. Am 12. Februar 1991 verfassten die Chefs der beiden Kuratorien eine „Vorlage zur Neuformierung", nach der auf dem Telegraphenberg das Astrophysikalische Observatorium als Landesinstitut, gestärkt durch die Ansiedelung von drei bis vier Max-Planck-Arbeitsgruppen – für die es bereits ausformulierte Vorschläge[613] gäbe – wiederbelebt werden solle, während die Babelsberger Extragalaktische Astrophysik als Institut der Blauen Liste mit einer Bund-Länder-Finanzierung in Frage käme. Gut gemeint, aber hier ist das Engagement der MPG gründlich missverstanden worden, die Arbeitsgruppen nur befristet an Universitäten ansiedeln und diese nicht zur zeitweisen Auffüllung ansonsten halbleerer Landesinstitute betreiben wollte. Am 3. April 1991 wurde im Wissenschaftlichen Rat die Haltung der MPG zur Kenntnis genommen, Arbeitsgruppen in außeruniversitären Einrichtungen nicht zu unterhalten und sich auch an Mischfinanzierungen solcher Einrichtungen nicht zu beteiligen.

Der Rat Deutscher Sternwarten – mittlerweile auch zuständig für die Vertretung der ostdeutschen Einrichtungen – unterstützte grundsätzlich historisch begründete Positionen. „Die Traditionsinstitute, auf die die Astronomen in den neuen Bundesländern zu Recht stolz sind, müssen auch in Zukunft erhalten bzw. wiederhergestellt werden. Letzteres gilt insbesondere für das Astrophysikalische Observatorium Potsdam, das an seinen angestammten traditionsreichen Standort auf dem Telegraphenberg zurückkehren sollte."[614] Abgesehen vom Schicksal der

[611] Erster Lehrstuhlinhaber: Wolf-Rainer Hamann aus Kiel.

[612] Hempelmann, Krause (Vorsitz), Krüger, Kurths, Rädler, Rüdiger, Scholz, Staude, Konstituierung am 2. 9. 1990.

[613] Nichtlineare Dynamik (Kurths, vorgeschlagen von G. Morfill, München), Physik der Sonnenflecken (Staude, vorgeschlagen von H. U. Schmidt, München), Dynamoprozesse und Akkretion in Galaxien (Rüdiger, vorgeschlagen von R. Wielebinski, Bonn).

[614] „Memorandum zur Entwicklung der astronomischen Forschung und Lehre in den neuen

Sternwarte Sonneberg hat der bundesdeutsche Wissenschaftsrat das nicht anders gesehen. Sein Vorsitzender übersandte das Gutachten am 10. Juli 1991 dem Direktor des Zentralinstitutes. Das Anschreiben enthielt schon die Zusammenfassung: „Der Wissenschaftsrat empfiehlt die Auflösung des Zentralinstituts für Astrophysik," also die Rücknahme der Akademiereform von 1968/69. Stattdessen „empfiehlt [er] die Gründung dreier mittelgroßer Institute/Observatorien in Potsdam, Babelsberg und Tautenburg ... Auf dem Telegrafenberg soll eine Projektgruppe Plasma-Astrophysik der Max-Planck-Gesellschaft angesiedelt werden und in Babelsberg ein Zentrum für Astrophysik entstehen; in Tautenburg soll eine Landessternwarte gegründet werden."

Zum Personal hieß es: „Die Mitarbeiter identifizieren sich mit dem Institut … Aufgrund der Mängel in der technischen Ausstattung sind die experimentellen Gruppen gegenüber vergleichbaren westlichen Teams aber zum Teil im Rückstand. Die Leistung der theoretischen Gruppen hingegen entspricht dem internationalen Standard und liegt im Bereich kosmischer Magnetfelder und Plasmaphysik sogar an der Weltspitze. Hervorzuheben ist die Leistung der Gruppe zur Dynamotheorie, die in jedem Fall erhalten bleiben muß."

Für Potsdam enthält das Konzept die Schaffung zweier getrennter Institutionen, einer „Projektgruppe für Plasmaastrophysik"[615] auf dem Telegraphenberg mit (45/20) Planstellen und einem „Zentrum für Astrophysik" in der Sternwarte Babelsberg mit (45/19) Stellen für Lehre und Forschung an der neugegründeten Potsdamer Universität und den drei Berliner Universitäten. „Die Projektgruppe sollte auf dem Telegrafenberg unter Nutzung der einschlägigen historischen Gebäude angesiedelt werden." Übergeordnetes Ziel sei die Schaffung eines weiteren astronomischen Zentrums in Deutschland neben den bisher existierenden drei westdeutschen Zentren samt „Rückführung der Astronomie/Astrophysik in die Universitäten."[616] Das Karl-Schwarzschild-Observatorium Tautenburg sollte als Landessternwarte und An-Institut an der Universität Jena mit einem Personalschlüssel von (25/10) fortbestehen.[617] Die Sternwarte Sonneberg würde es nach diesem Votum zukünftig gar nicht mehr geben: „Die wertvolle Plattensammlung und das Archiv sollten erhalten und durch Überführung nach Tautenburg weiterhin der Forschung zugänglich bleiben." Immerhin war in Sonneberg seit 1928 der gesamte Nordhimmel überwacht und ca. ein Viertel aller bekannten veränderlichen Sterne entdeckt worden.[618] Die klimatischen Bedingungen am Standort (nur 100 klare

---

Bundesländern".

[615] Projektgruppen konnten für die Bearbeitung zeitlich überschaubarer Forschungsaufgaben oder als Vorform eines Max-Planck-Instituts eingerichtet werden.

[616] Wissenschaftsrat: Stellungnahmen zu den außeruniversitären Forschungseinrichtungen in der ehemaligen DDR auf dem Gebiet der Geo- und Kosmoswissenschaften (1992).

[617] Ein Teil der Astrometrie-Gruppe sollte nach Tautenburg umsiedeln.

[618] Die Sternwarte wurde als staatliches Institut am 31. 12. 1994 geschlossen. Der Vorschlag des Verf. an die Landesregierung Thüringen, sie mit einem Etat von 5 Millionen DM zu einem „cool-star research center" unter Beibehaltung der Himmelsüberwachung zusammen mit einer Universität (Ilmenau,

Nächte jährlich) sowie die veraltete instrumentelle Ausstattung erschienen dem Wissenschaftsrat in seiner Einschätzung zur Fortsetzung dieses Programms als nicht ausreichend.[619]

Der Wissenschaftliche Rat des ZIAP hatte in seiner bald formulierten Stellungnahme von einer auskömmlichen, wenn auch minimalen Personalausstattung für den Raum Potsdam gesprochen und besonders die Anregung, „den weit über 100.000 Studenten der Region eine wesentlich verbreiterte akademische Ausbildung im Fach Astronomie/Astrophysik" anzubieten, begrüßt.[620] Als Kommentar zur Umbenennung der „Kosmischen Magnetfelder" in „Plasmaastrophysik" hieß es abwiegelnd, unter Plasmadiagnostik Arbeiten zur „modernen Diagnostik von Magnetfeldern und Aktivitätserscheinungen auf sonnenähnlichen und sehr jungen Sternen" verstehen zu wollen. Die Plasmaphysik der irdischen Magnetosphäre wurde nicht weiter erwähnt, was den Intentionen des Verfassers des Gutachtertextes vermutlich nicht entsprach.[621]

Die Empfehlungen des Wissenschaftsrates enthielten auch Bruchstellen. Nach seinem Votum sollte die traditionell beobachtungsnahe Potsdamer Sternphysik zukünftig in Babelsberg angesiedelt werden. In diesem Landesinstitut, das gleich vier Universitäten als gemeinsame Sternwarte dienen sollte, gab es andererseits kaum Lehrerfahrung.[622] Schwerer wog die Skepsis der Landesregierung Brandenburgs zu den anstehenden Verhandlungen über das Statut der Zwei-Länder-Anstalt, auch weil die Potsdamer Universität erst im Entstehen und der Ruf des Berliner Senats als schwieriger Verhandlungspartner allgegenwärtig war. Auch wäre die Sternwarte als Landesinstitut unverhältnismäßig groß geraten. Andererseits wurde bekannt, dass generell alle Max-Planck-Projektgruppen nur mit einer Befristung für 5 Jahre eingerichtet würden und es war, so suggerierten häufig warnende Telefonanrufe aus München, auch gar nicht ausgemacht, ob die MPG am Dauerbetrieb einer so großen Einrichtung in alten Gebäuden auf dem Telegraphenberg überhaupt interessiert war.

Vorsichtshalber hatte Brandenburgs Forschungsminister Enderlein rechtzeitig eine zweite Meinung eingeholt. Er hatte Professor Trümper zum 17. April 1991, lange vor dem Erscheinen des Gutachtens, in sein Ministerium eingeladen, um dessen „Vorstellungen über die Zukunft des Zentralinstituts (ZIAP) in Potsdam-

---

Erlangen oder Würzburg) umzubauen, hat Ministerpräsident Vogel in Erfurt nicht überzeugt, weil er von Hanns Ruder (damals Vorsitzender der AG) durch einen Vorschlag mit einem Etat von nur 0,5 Millionen DM dramatisch unterboten worden ist.

619 Elsässer (1995).

620 Stellungnahme des Wissenschaftlichen Rates des ZIAP vom 2. 9. 1991.

621 Das MPE richtete daraufhin in Berlin-Adlershof eine Außenstelle für Physik des erdnahen Weltraumes unter Leitung von G. Haerendel ein. Mitarbeiter: Büchner, Förster, Nikutowski, Sauer (nicht vollständig).

622 Gelegentliche Dozenten: Fröhlich, Liebscher, Oleak, Schmidt. H.-E. Fröhlich hatte sich der Gruppe „Dynamo- und Akkretionstheorie" (neben D. Elstner, G. Rüdiger, R. Tschäpe, M. Schultz, später A. Hempelmann) angeschlossen.

Babelsberg“ zu erfahren. In einem Brief vom 14. Mai an Enderlein erläuterte Trümper seine Meinung, dass „in das Gebiet der ehemaligen DDR ... ein großes Astrophysik-Institut“ gehört, „das ... auf sein Umland ausstrahlt und die Lehre der dort gelegenen Universitäten befruchtet“. Er halte „das vom Institut vorgelegte Konzept, das in Zukunft zwei Stoßrichtungen vorsieht ... für sehr gut. Es passt sehr gut in die deutsche Forschungslandschaft.“ Trümper hatte hier nur von *einem* einheitlichen Institut mit zwei „Stoßrichtungen“ gesprochen. Diese Formulierung wird Enderleins alternativen Intentionen nach Bekanntwerden der Empfehlungen des Wissenschaftsrates entgegengekommen sein; sein Ministerium legte jedenfalls die weiteren Planungen zur Astrophysik in Potsdam zunächst auf Eis.

Bundesminister Riesenhuber, der davon gehört haben mochte, bestand auf der wortwörtlichen Umsetzung der Ideen des Wissenschaftsrates, wohl hauptsächlich, um die Neugründung von Instituten der Blauen Liste zu verhindern, die wenigstens zur Hälfte ihres Budgets seinem Ministerium für immer auf der Tasche gelegen hätten. Im August landete er mit Helikopter auf dem Telegraphenberg, um nach Besichtigung des Einsteinturms seine Haltung gegenüber allen Beteiligten, darunter den Vertretern des Brandenburger Ministeriums für Wissenschaft, Forschung und Kultur unter Leitung von Regierungsdirektorin Kleinhans, zu bekräftigen. Es könne keine einzige Abweichung von den Vorschlägen für die Neuen Länder hingenommen werden, schon gar nicht bei Astronomen, die ja nicht nur im Alphabet ganz vorn stünden. Nach der Veranstaltung sind die anwesenden Mitglieder des Wissenschaftlichen Rates von Frau Kleinhans zusammengerufen und mit erkennbarer Tendenz befragt worden, ob denn nicht die Gründung eines einheitlichen Instituts der Blauen Liste mit Sitz in Babelsberg die bessere Lösung für alle sei. Zustimmende Äußerungen überwogen, jedenfalls in der Erinnerung, die skeptischen. Das Astrophysikalische Observatorium auf dem Telegraphenberg wäre dann doch noch, trotz mehrfacher Erweckungen durch sein Kuratorium, durch den Rat Deutscher Sternwarten und den bundesdeutschen Wissenschaftsrat, auf der Strecke geblieben.

Direktor und Wissenschaftlicher Rat des ZIAP versandten am 1. November 1991 eine „Erklärung zur gegenwärtigen Situation des Instituts“ als Hilferuf an die Öffentlichkeit. Zwei Monate vor der endgültigen Auflösung der Akademie-Institute sei das Schicksal der Mitarbeiter ungewisser denn je. „Im Potsdamer Raum [sei] keinerlei Entwicklung im Sinne der Empfehlungen des Wissenschaftsrates in Gang gekommen. Seit geraumer Zeit wäre der Vorschlag im Gespräch, ersatzweise ein Institut der Blauen Liste mit 90 Stellen zu gründen.“ Dieser Ansatz sei mittlerweile auf (80/36) reduziert worden.[623] „Wir konnten trotz vieler optimistischer Aussagen maßgeblicher Persönlichkeiten noch keinen Termin für die endgültige Einsetzung einer Gründungskommission erfahren“, zwei Monate vor

[623] Gemeint war die Pressemitteilung des MWFK vom 7. 10. 1991, in der das Institut für Astrophysik (Telegraphenberg) als Blaue Liste Institut mit 80 Planstellen und einem Etat von 10,44 Mio DM aufgeführt wird.

Toresschluss. „Wir stehen auch jetzt mit detaillierten Vorschlägen für den Aufbau einer Nachfolgeeinrichtung bereit." *Eine* Nachfolgeeinrichtung, nicht zwei, die Formulierung signalisierte endgültig das Einverständnis der Belegschaft mit der „großen" Lösung des Wissenschaftsministers.

Danach ging alles sehr schnell. Schon am 6. November erhielt der besorgte Potsdamer Bundestagsabgeordnete Emil Schnell ein Schreiben vom Forschungsministerium, in dem von einem „Einvernehmen mit Brandenburg, Wissenschaftsrat, MPG und BMFT" berichtet wird: „Es wird ein (vom BMFT und Brandenburg zu gleichen Teilen finanziertes) Blaue Liste Institut mit 80 Personalstellen (hiervon 36 Wissenschaftler) gegründet. Die MPG richtet eine Arbeitsgruppe mit 10 Stellen ein." Als Vorsitzender der Gründungskommission „ist Prof. Trümper von der MPG vorgesehen." Das Landesministerium mit der alternativen Linie Enderleins hatte sich in allem durchgesetzt, es blieb bei (80/36) Personalstellen für ein Institut der Blauen Liste,[624] paritätisch finanziert von Land und Bund, kostenneutral für Brandenburg im Vergleich zu den Empfehlungen, eine taktische Meisterleistung des Potsdamer Ministeriums. Die MPG hatte die Gründung der vom staatlichen Wissenschaftsrat und Bundeswissenschaftsminister nachdrücklich verlangten Projektgruppe „Plasmaastrophysik" auf dem Telegraphenberg trotz vielfältiger Aktivitäten gar nicht oder nur gebremst betrieben.[625] Sie hatte dafür auf Vorschlag von Morfill[626] eine Max-Planck-Arbeitsgruppe an der Universität Potsdam eingerichtet und drei dauerhafte Max-Planck-Institute am Universitätscampus Potsdam-Golm neu errichtet.[627]

Mit Schreiben vom 19. November wurde Trümper von Enderlein als Vorsitzender der Kommission[628] zur Gründung des Instituts für Astrophysik als einheitliches Institut der Blauen Liste berufen. „Der Bund und das Land Brandenburg wollen mit der Einberufung einer Gründungskommission die Voraussetzungen zur Institutsgründung schaffen." Trümper eröffnete die Verhandlung in Potsdam am 4. Dezember mit einer allgemeinen Personalversammlung und erläuterte, dass nach allgemeiner Regelung[629] genau 90% der Wissenschaftlerstellen – dazu zählen

---

[624] Heute Leibniz-Gemeinschaft. Die Blaue Liste sollte 1989 eigentlich eingefroren werden, sodass es in dieser Richtung keine Perspektive für ehemalige DDR-Institute gab. Die östlichen Landesminister erreichten schließlich eine Aufstockung der Anzahl der Institute der Blauen Liste auf ca. 80 (Auskunft H. Enderlein).

[625] Am 6. September 1991 hatte eine Präsidentenkommission der MPG mit Genzel, Grewing, Habing, Trümper, Völk (Leitung), Walther (Vizepräsident), Woltjer den Telegraphenberg besucht.

[626] Von Morfill stammt auch die Anregung, die Zahl der etatisierten Planstellen für Astronomen in schematisierte Verwaltungskarten der gesamten Bundesrepublik einzutragen, wobei im Osten einige Bundesländer gänzlich unbesetzt geblieben sind (Anhang 15).

[627] MPI Molekulare Pflanzenphysiologie, MPI Kolloid- und Grenzflächenforschung, MPI Gravitationsphysik.

[628] Elsässer, Haerendel, Kudritzki, Mitzner (Universität Potsdam), Trümper (Vorsitz), Wielebinski, Schmutzer (Universität Jena, als Gast).

[629] Ergebnis des Treffens der Wissenschaftsminister der neuen Länder und Berlins mit dem Bundesminister für Forschung und Technologie am 19. 9. 1991 in Dresden.

alle Bewerber mit Hochschulabschluss – an bisher beschäftigte Mitarbeiter vergeben werden.

Bild 80. Gründungsfeier des neuen Astrophysikalischen Instituts Potsdam, 1. Oktober 1993 in der Kuppel des Großen Refraktors; v.l.: Prof. Dr. K.-H. Rädler (1935–2020), Minister Dr. H. Enderlein. Photo: AIP.

Die Entscheidungen der Gründungskommission sind nach deren Abreise als Hilfestellung für die notwendigen Bewerbungsschreiben summarisch vom Gründungsdirektor bekanntgegeben worden. Von den 36 Wissenschaftlerstellen sind 30 an die einzelnen Projekte gegangen,[630] während die restlichen Stellen für Verwaltung, Werkstätten und Computertechnik benötigt wurden. Die Wissenschaftlerstellen verteilten sich im Verhältnis 19:11 auf „Kosmische Magnetfelder“ bzw. „Extragalaktische Forschung“, vier Stellen waren für auswärtige Bewerber zu reservieren. Die Anhänger der geplanten Max-Planck-Projektgruppe auf dem Telegraphenberg hatten Geist und Gelände des alten AOP gegen (meist unbefristete) Mehrstellen im Vergleich zur anderen Hauptlinie[631] eingetauscht. Der vom deutschen Wissenschaftsrat hervorgehobene Plasmaaspekt taucht nach den Beschlüssen der Gründungskommission nur noch hinsichtlich der Sonne, aber nicht mehr

---

[630] Die bestätigten Gruppierungen: MHD (Rädler), Dynamo- und Akkretionstheorie (Rüdiger), Optische Sonnenphysik (Staude), Koronaphysik (Krüger), solare Radioastronomie (Mann), Sternphysik (N.N.), Extragalaktik I (Lorenz), Extragalaktik II (Notni), Kosmologie (Müller).

[631] Der spätere Institutsdirektor Günther Hasinger hat diese Asymmetrie in seinen Berufungsverhandlungen kritisch angesprochen.

bezogen auf die Magnetosphäre der Erde auf. Es wird in Babelsberg ab 1. Januar 1992 ein großes und einheitliches Astrophysikalisches Institut Potsdam (AIP) geben. Gleichzeitig begann an der neugegründeten Universität Potsdam die Max-Planck-Arbeitsgruppe „Nichtlineare Dynamik“ unter Leitung von Jürgen Kurths ihre Arbeit, befristet auf insgesamt acht Jahre.[632] Ganz leer ausgegangen war nur das Astrophysikalische Observatorium auf dem Telegraphenberg, der beruflichen Heimat großer Forscher wie Vogel, Spörer, Hartmann, Schwarzschild, Freundlich, v. Klüber, Grotrian und Krause. Letzterer wird seine Dynamotagung mit der von Roberts überlieferten Anekdote beenden, in der Elsasser Einstein erläutert, dass Magnetfelder mit zu einfacher Geometrie nach dem Cowling-Theorem nicht dynamo-erregt sein können. Antwort: „If such simple solutions are impossible, then self-excited fluid dynamos cannot exist.“ Hier irrte Einstein, der überzeugt davon war, dass die Natur nur einfachen Lösungen folgt. Nach langen vergeblichen Versuchen, das Cowling-Theorem mathematisch streng abzuleiten, hatte unser ehemaliger Mitarbeiter Reichert geraunt, dass es auch wahre Aussagen gäbe, die man nicht beweisen könne. Er war 1983 bei einem Verkehrsunfall zwischen Rostock und Warnemünde ums Leben gekommen, sein Manuskript über das allbeherrschende Theorem ist verschollen.

Bild 81. Gründungsfeier des neuen Astrophysikalischen Instituts Potsdam, 1. Oktober 1993, Prof. Dr. J. Trümper. Photo: AIP.

[632] Mit den ehemaligen ZIAP-Wissenschaftlern N. Seehafer, U. Schwarz und F. Spahn.

Anhang

1 Minister folgt Schwarzschild und beauftragt Bernhard Schmidt[633]

Der Minister der geistlichen und Unterrichts-Angelegenheiten
UIK. Nr. 1910 Berlin W8 den 22 Mai 1912

Auf die Eingabe vom 3. April d. Js.

Dem Antrage, Ihnen das Objektiv von 50 cm Öffnung des großen Refraktors des Astrophysikalischen Observatoriums in Potsdam zur nochmaligen Korrektur zu überlassen, vermag ich nicht zu entsprechen, da in Aussicht genommen ist, die Korrektur dieses Objektivs, das im übrigen doch nur einen Nebenapparat des Gesamtinstruments darstellt, dem Optiker Schmidt in Mittweida zu übergeben. Ich bin jedoch bereit, die Entscheidung über die, spätere Korrektur des Objektivs von 80 cm Öffnung vorzubehalten, bis die Korrektur des 50cm-Objektivs vorliegt, und, sofern bis zu diesem Zeitpunkt das bei Ihnen in Arbeit befindliche 60cm-Objektiv für die Hamburger Sternwarte fertiggestellt und die Beurteilung zugänglich ist, in eine erneute Prüfung dahin einzutreten, ob Ihre Firma für die Korrektur des 80cm-Objektivs in Betracht zu ziehen sein wird.
(Unterschrift)
An den Herrn Direktor des Königlichen Astrophysikalischen Observatoriums bei
Potsdam
An Herrn Professor Dr. Rudolf Steinheil, Inhaber der optisch-astronomischen Werkstätten C. A. Steinheil Söhne in München

[633] Wiedergabe nach Müürsepp (1982), S. 85.

2 NS-Beamtenabteilung der NSDAP, Fachschaft der Observatorien, Kreisgruppe Potsdam[634]

Seit dem 1. Juni 1920 ist im Astrophysikalischen Observatorium Professor Erwin *Freundlich* als preußischer Staatsbeamter, anfangs als Observator, heute als Hauptobservator tätig. Der Vater von Prof. Freundlich war Jude. Vor dem Kriege und auch jetzt wieder unterschreibt er sich unberechtigterweise als „Finlay-Freundlich", indem er seinem Namen den seines Großvaters mütterlicherseits, eines berühmten englischen Astronomen und Kometen-Entdeckers,[635] voransetzt. Während des Krieges fehlte in seiner Namensangabe das englische Wort „Finlay", das erst nach dem Kriege wieder auftauchte.

Anfang 1932 wurde Prof. Freundlich die Leitung des dem Astrophysikalischen Observatorium angegliederten Einstein-Institutes, des jetzigen Institutes für Sonnenphysik, von dem Minister für Wissenschaft, Kunst und Volksbildung der Novemberparteien übertragen. Gleichzeitig wurde ihm, in bewußter Demütigung des völlig national eingestellten Direktors Professor Ludendorff, sowohl in der Leitung der wissenschaftlichen Arbeiten des Einstein-Institutes als auch in verwaltungstechnischer Hinsicht eine ganz ungewöhnliche weitgehende Selbständigkeit übertragen, die sonst bei den Abteilungsleitern nicht üblich ist.

Statt den national gesinnten Direktor gegen die Anmaßungen und Übergriffe seines Hauptobservators zu schützen, hat die November-Regierung den antinational denkenden Juden-Abkömmling dem Direktor fast völlig gleichgestellt.

Diese Gleichstellung hat allerdings die nationalsozialistische Regierung inzwischen zum größten Teile rückgängig gemacht. Dadurch ist aber das undeutsche Wesen von Prof. Freundlich nicht beseitigt worden. Als Beweis für sein undeutsches Verhalten ist eine Aussage des Hauptobservators Prof. Dr. Münch beigefügt. Außerdem habe ich schriftliche Angaben aus neuester Zeit in Händen, die mir auf dem Dienstwege zugegangen sind. Aus ihnen geht hervor, daß Herr Freundlich über Führer der nationalsozialistischen Bewegung Äußerungen getan hat, die jeden deutschen Volksgenossen tief empören müssen. Aus alledem hat die nationalsozialistische Fachschaft der Observatorien die Überzeugung gewonnen, daß Prof. Freundlich sich infolge seiner gegenvölkischen Einstellung nicht zum Beamten im neuen Reiche und am allerwenigsten zum Beamten in leitender Stellung eignet. Es ist zweifelhaft, ob eine Entlassung gemäß § 3 des Gesetzes zur Wiederherstellung des Berufsbeamtentums bei Prof. Freundlich anwendbar ist. Dagegen hält die Fachschaft eine Entlassung aus dem Dienste oder zum mindesten eine Entfernung

[634] Wiedergabe nach Gruner (2008), Dokument 63, S. 210 f.; Schreiben vom 18. 7. 1933, gezeichnet von Fachschaftsleiter Ernst Obst, gerichtet an die NS-Beamtenabteilung des Gaus Kurmark der NSDAP, Berlin.

[635] Gemeint ist offenbar William Henry Finlay (1849–1924). Eine Verwandtschaft mit Erwin Freundlich lässt sich aber nicht belegen; dessen Mutter hieß Ellen Finlayson.

aus einer leitenden Stellung für notwendig, da er durchaus keine Gewähr dafür bietet, daß er jeder Zeit rückhaltlos für den nationalen Staat eintritt. Die Fachschaft hat im Gegenteil den Eindruck gewonnen, daß er der nationalen Bewegung durchaus gehässig gegenübersteht.

Die Fachschaft der Observatorien richtet daher auf dem Dienstwege an die Gauleitung Kurmark die Bitte, die vorstehenden Ausführungen an die zuständige Stelle weiter zu leiten.

3 Nobelpreisträger für Freundlich[636]

Die Unterzeichneten gestatten sich, den Herrn Minister hiermit nochmals auf die dringende Bitte auf Belassung des Hauptobservators Professor Freundlich in seiner Stellung am Astrophysikalischen Observatorium Potsdam hinzuweisen, welche drei von ihnen (Laue, Paschen, Planck) am 29. März 1933 schon einmal ausgesprochen haben. Sie verweisen auch auf die Gutachten der Astronomen Kienle (Göttingen) und Kohlschütter (Bonn) vom 1. und 3. April 1933 über Freundlichs wissenschaftliche Leistungen. Sie möchten insbesondere Kohlschütters Hinweis auf die ausgezeichnete instrumentelle Ausrüstung der von Herrn Freundlich – im wesentlichen mit privaten Mitteln – geschaffenen Abteilung für Sonnenphysik unterstreichen, sowie seinen Hinweis auf den Wert der wissenschaftlichen Anregung, die von dieser Abteilung auf das ganze Astrophysikalische Observatorium ausstrahlt.

[636] Schreiben von Bosch, Laue, Nernst, Paschen, Planck und Schrödinger vom 28. Juni 1933 an den Minister für Wissenschaft, Kunst und Volksbildung, Bernhard Rust. GStAPK, I HA, Rep. 76, Vc Sekt. 1, Tit. XI, Teil II Nr. 6b, Bd. 10.

Berlin, den 28.Juni 1933.

Sehr geehrter Herr Minister !

Die Unterzeichneten gestatten sich, den Herrn Minister hiermit nochmals auf die dringende Bitte um Belassung des Hauptobservators Professor Freundlich in seiner Stellung am Astrophysikalischen Observatorium Potsdam hinzuweisen, welche drei von ihnen (Laue, Paschen, Planck) am 29.März 1933 schon einmal ausgesprochen haben. Sie verweisen auch auf die Gutachten der Astronomen Kienle (Göttingen) und Kohlschütter (Bonn) vom 1. und 3.April 1933 über Freundlichs wissenschaftliche Leistungen. Sie möchten insbesondere Kohlschütters Hinweis auf die ausgezeichnete instrumentelle Ausrüstung der von Herrn Freundlich – im wesentlichen mit privaten Mitteln – geschaffenen Abteilung für Sonnenphysik unterstreichen, sowie seinen Hinweis auf den Wert der wissenschaftlichen Anregung, die von dieser Abteilung auf das ganze Astrophysikalische Observatorium ausstrahlt.

Mit dem Ausdruck vorzüglicher Hochachtung

C. Bosch

als Mitglied des erweiterten Kuratoriums am Astrophysikalischen Observatorium

Laue Nernst Paschen. Planck Schrödinger

als Mitglieder der Preussischen Akademie der Wissenschaften

An den Minister

für Wissenschaft, Kunst und Volksbildung

Herrn Bernhard R u s t ,

B e r l i n W. 8.

4 „Short Autobiography of Prof. Dr. Harald von Klüber“[637]

Born the 6th of September 1901 at Potsdam (Germany) as only child of the than Oberleutnant at the Jäger zu Pferde Robert von Klüber (1873–1919), protestant, and of his wife Elsa, neé von Mühlberg (1877–1945).

Among the ancestors are to be mentioned the great-great-grandfather, State Chancellor Johann Ludwig Klüber (1762–1837), well known political writer and one of the leading authorities for international political law of his time, and the great-grandfather Friedrich Adolf Klüber (1793–1858), Foreign Secretary of the Grandduchy of Baden (Germany). The grandfather, Major General Friedrich Carl von Klüber (1833–1908), bought 1886 the country residence at Baden-Baden (Germany), Kapuzinerstraße 11, which remained to be the home of the family ever since.

Grown up at Potsdam, Berlin, for a short period in Bruxelles (Belgium) (where his father was at the staff of the German embassy) and again in Berlin. For many years most happy holidays at the castle of Georgenthal near Gotha (Thüringen) at the home of the grandparents von Mühlberg.

During the first years private education because of the frequent change of domicile of the parents (father officer and in diplomatic service), later at school at the Falk-Realgymnasium in Berlin. Maturity (Abiturium) in 1920. From the age of ten on clear and strong interests in Technics, Physics and Astronomy, with many own activities in these fields. The father, in high leading military positions during the war 1914 – 1918 and decorated with the order Pour le Mérite, lost his life 1919 during operations for the protection of the German National Assembly at Weimar.

From Easter Terms 1920 to 1924 at the University and at the Technische Hochschule in Berlin, attending lectures on Physics (M. Planck, H. Rubens, v. Laue, W. Nernst, A. Einstein, P. Pringsheim), Mathematics (L. Bieberbach, E. Schmidt, v. Mieses),[638] Astronomy, Astrophysics (P. Guthnick, F. Cohn, A. Kopff, G. Witt) and Philosophy (cognition, history of philosophy, indian philosophy, Kant, Schopenhauer). Interests and talents predominantly in Basic Research,

[637] Quelle: Landesarchiv Baden-Württemberg, Generallandesarchiv Karlsruhe, Findbuch 69, Nachlass von Klüber, Nr. 37. Typograph, undatiert, verfasst wahrscheinlich nach 1970 (s. den letzten Absatz im Nachruf auf v. Klüber in Quarterly Journal of the Royal Astronomical Society 20, 472, 1979, dessen Autoren D. W. Dewhirst und D. E. Blackwell diese Autobiographie benutzten). Die Überschrift, die kleinen Übersetzungsfehler v. Klübers und die teils fehlerhafte Orthographie wurden beibehalten, nur fehlende oder überflüssige Leerzeichen wurden korrigiert und einzelne fehlende Zeichen an Satzenden stillschweigend ergänzt. Das Original enthält einige wenige handschriftliche Korrekturen, sicherlich von der Hand v. Klübers, die hier berücksichtigt wurden. Die lange Liste der Veröffentlichungen Klübers und die im Text vorhandenen Verweise darauf werden hier weggelassen. Die Transkription erfolgte durch den Verf. und wurde von W. R. Dick gegengelesen; von beiden stammen auch alle Anmerkungen zum Text.

[638] So im Original, gemeint ist Richard v. Mises.

especially in the line of laboratory experiments and in observations. During holidays and in spare time very studious in order to achieve a wide and general knowledge in many other subjects. 1924 degree of Dr. phil. at Berlin University by a paper dealing with astronomical observations carried out at the observatory of the Technische Hochschule (A. Miethe) at Berlin and winning the certificate Valde laudabile.

Since 1923 during the last university term attached to the recently founded Einsteininstitut in Potsdam (Prof. E. F. Freundlich) in the grounds of the Astrophysical Observatory at Potsdam. Working on a research program concerning high ionized emission lines in an electric arc of highest energy for a possible explanation of solar corona emission lines. These investigations for the Einstein-Institut were carried out at the large research laboratories of the Siemens-Concern at Berlin-Siemensstadt.

Since 1924 permanently attached to the Einsteininstitut in Potsdam. 1924 scientific assistant, 1933 Observer, 1946 Chief-Observer and Head of the Solar Department, appointed Professor 1941. For principal reasons and in spite of being a scientific civil servant never member of the Nazi-Party or of any of its active organisations. 1935 purchase of a small house at Potsdam, Finkenweg 6.[639] Hobbies: water- and motorcarsport, photography, archaeology, history of art of ancient cultures, tape recording, biology.

1924 – 1926 extensive work for final adjusting and bringing into operation the solar tower telescope (Einsteinturm) at the potsdam observatories, an instrumental type so far nearly unknown in Europe. During the same period preparation for and afterwards participation in the potsdam solar eclipse expedition to Benkoelen (South Sumatra) for testing the light deflection according to Einstein's General Theory of Relativity during the total solar eclipse of 1926, January 14th (leader Prof. E. F. Freundlich). Returning from Sumatra via the United States and after having obtained a special grant as a scientific visitor v. Klüber stayed at the Bosscha-Sterrenwacht at Lembang (Java), the Tokyo Observatory, the Lick- and the Mt. Wilson Observatories.

1927 – 1930 once more thorough preparations for and than participation in the large second potsdam eclipse expedition to Takengon (North Sumatra) for testing once more Einstein's Light Deflection during the total solar eclipse of May 9th, 1929. Special responsible for a large part of the complicated adjustment work, for all photographic work, for the time service and for operating one of the major instruments. Since observations were very successful v. Klüber was stationed with the instruments in Takengon till January 1930 in order to obtain the necessary comparison observations. During this period extensive travels were carried out through all of Sumatra, through Java (Bosscha Sterrenwacht) and Bali. This expedition and the prolonged stay in Takengon and Indonesia are an especially pleasant

[639] Errichtet 1926/1927.

recollection. 1930 return journey with longer interruptions in Malaya, Burma, Siam, Indochina, North-India and Aegypt. 1930 – 1932 mainly occupied with the time consuming measuring and reduction work of the very good plates obtained during that expedition.

At about 1927 first tentative pioneer work concerning microphotometric investigations of Fraunhofer lines were carried out using the very first prototype of a newly constructed selfrecording photoelectric photometer of high precision. This work was later continued.

During this time also erection, near the Einstein towertelescope, of the 50-cm reflecting Goerz telescope transfered from the Technische Hochschule at Berlin; later on photographic work in stellar statistics was carried out with this instrument as well as with the 20-cm Zeiss astrograph, also in operation near the solar tower.

During this and the following years a number of papers was published on astronomical instruments and on history of astronomy.

Since 1927 permanent scientific advisor of the Askania Factory (precision optics and instruments). 1924 – 1945 fellow of the Astronomische Gesellschaft and since 1933 fellow of the Royal Astronomical Society, London. Since 1934 astronomical collaborator of the Frankfurter Allgemeine Zeitung, where many articles were published.

The small group of scientists originally assembled and working at the Einsteinturm since 1924 (Freundlich, von der Pahlen, Grotrian, v. Klüber, Feinmechaniker Strohbusch) proved for many years to be a most happy team. The writer is especially obliged for many reasons to Professor Freundlich during these years of their mutual collaboration. Remembering this time the writer is convinced that in this period of fast advancing astrophysics he hardly could have found a more attractive and instructive position in Germany than in this lively scientific and extremely interesting and pleasant atmosphere around the Einsteinturm. Contacts could be made there with many of the leading scientists of these days (i.g. Carl Bosch, Eddington, Einstein, v. Laue, Lyot, Milne, Minnaert, Nernst, Planck, Sommerfeld and many others).

In spite of being bound to serve in the army v. Klüber actually never was called to any military service. During the war 1939 – 1945 he first was employed like many other german colleagues in extensive calculations for astronomical navigation. Later on he was nearly exclusively occupied with basic research in practical solar physics and its relation to the formation and structure of the ionosphere and to short wave radio transmission.

Since 1941 the writer has started a lengthy project, meant to be extended over many years, on the systematic investigation of solar magnetic fields with the powerful optical equipment of the potsdam towertelescope. This field of investigation was till than nearly an exclusive privilege of the Mt. Wilson Observatory. Since 1949 this kind of observation was carried on by v. Klüber after having moved to Cambridge and later to Malta (1965 – 1971). When still in Potsdam (1943) interferometric methods with very high resolving power, till than hardly used in solar spectroscopy, were developed and applied successfully by v. Klüber to the investigation of Fraunhofer lines and solar Zeeman effects.

The solar installation at Potsdam suffered very heavy damage during an air raid on 1945, April 14th. Nevertheless, repair work was started immediately and with the effective support of the sowjetic occupation force scientific research could soon be resumed again.

In 1948 v. Klüber found himself attached for a year to the Observatory of the Eidgenössische Technische Hochschule at Zürich, Switzerland. There he had the long desired opportunity to work for most of the year at the High Altitude Station at Arosa. Predominently systematic observations with the Lyot coronagraph were carried out there. Also the new large horizontal solar telescope, build by Grubb-Parsons, Ltd., England, was installed and adjusted at Arosa during that period.

On May 4th, 1948, married[640] at Zollikon (Zürich) to Lotte Kohlschütter, daugther of the late Admiralitätsrat Prof. Dr. Ernst Kohlschütter, once director of the International Institute for Geodesy on the Telegraphenberg near Potsdam.

January 1949 appointed Senior Observer at the Cambridge (UK) University Observatories, with domicile in the Solar Building within the park of the Observatories. The horizontal solar telescope attached to the Newall Telescope Building was restarted and than sets of observations for the investigation of a possible general magnetic field of the Sun were carried out. A newly developed polarimetric-interferometric arrangement with a powerful Lummer plate was used for this work. Than a new modern large solar telescope and spectrograph were designed and build on the grounds of the Observatories. Together with Mr. D. W. Beggs a magnetograph of the Babcock type was developed and further investigations concerning the general magnetic field of the sun were carried out with this new instrument. Also lectures on solar physics, high resolution spectroscopy as well as practical exercises in applied spectroscopy were held in connexion with the solar installation.

1951 degree of M.A. Cantab.[641] and 1960 appointment as Assistant Director Solar Physics Observatory, Cambridge.

1952 participation in the Cambridge Expedition for observing the total solar eclipse of February 25th from Khartoum (Sudan) (leader Prof. Redman). Very good and exhaustive results concerning the photometry and the polarimetry of the solar corona were obtained. On the return journey visits were paid to the Heluan (Egypt) and to the National Observatory at Athens (Greece).

---

[640] Die Ehe ist kinderlos geblieben. Lt. Aussagen aus dem Freundeskreis der Lotte v. Klüber († 2005) hat es keine weiteren Erben gegeben. Die private Fachbibliothek v. Klübers ist testamentarisch an die Universität Heidelberg gegangen, ebenso wie sein Haus Finkenweg 6, Potsdam (im Grundbuch dokumentiert).

[641] Master of Arts Cantabrigiensis, d.h. der Universität Cambridge.

1953 informative journey to Sweden and 1954 participation in another Cambride expedition for observing the total solar eclipse from Syd-Koster (Sweden) of June 30th (leader Prof. Redman). During this eclipse and in collaboration with Dr. A. H. Jarrett, than St. Andrews University, interference fringes of the corona emission line λ 5303 Å were obtained with a rather primitive Fabry-Perot interferometric arrangement.

A year later the attempt was made to repeat these much promising observations with more advanced instruments during an expedition to Hingurakgoda (Ceylon) to observe the total solar eclipse of June 20th, 1955 (leader v. Klüber). Unfortunately bad weather prevented all observations. Attached to the Cambridge expedition in Ceylon was also a team of the Potsdam Astrophysikalisches Observatorium (Dr. W. Mattig, E. Strohbusch; light deflection) and Dr. A. Dollfuß[642] from the Observatoire de Paris. In the same year a private journey was made for visiting archaeological places in the Iraq.

Another and especially successful Cambridge expedition (leader v. Klüber) was undertaken in order to observe the total solar eclipse of 1958, October 12th from the very small Coral-Atoll Atafu (Tokelau group) in the South Pacific using a very carfully prepared interferometric instrumentation. For the first time a number of very good Fabry-Perot interference fringes of the green (λ 5303 Å) and of the red (λ 6374 Å) corona emission line were obtained. At the occasion of this expedition a number of places, mainly of scientific interest, was visited, i.e. Thailand, Cambodia, the solar installations of the Standard Physics Laboratory in Sydney (Australia), Fiji, Hawaii, Mexico, the Lick and the Mt. Wilson and Palomar Observatory (USA), the solar research installations at Sacramento Peak, Boulder, High Altitude Observatory, Climax Station, the University of Ann Arbor and the McMath Hulbert Observatory.

In order to prepare for another Cambridge expedition to observe the total solar eclipse of 1959, October 2ed, a fact finding yourney was undertaken in 1957, covering Spain, Tenerife, Gran Canaria and Fuertaventura (Canary Islands). Like many other expeditions from different countries the Cambridge group (leader v. Klüber) eventually settled at Jandia on Fuertaventura. In spite of a quite extremely favourable climate and weather forecast the day of the eclipse was, unfortunately, completely cloudy.

Since 1952 Mrs. L. von Klüber took activly part in all these expeditions on private account. She was mainly responsible for lodging, health and general maintenance and for food and clean water supply; she also participated in the adjustment and in the observational work.

Since the british climate is most unfavourable for all kinds of astronomical observations the Observatories decided in 1961 with the help of the than SRC to errect a temporary outstation for a limited test-period somewhere in the much

[642] So im Original, gemeint ist Audouin Dollfus.

better climate of the Mediterranean area. v. Klüber was ordered to locate such a suitable site and than to transfer the whole cambridge solar equipment including the magnetograph for a limited period to that place. Accordingly he went out on several fact-finding missions: 1962 to Mallorca, Capri, Cyprus and the Libanon, 1963 to Cyprus and to Turky, 1964 to Crete and Rhodos, 1965 to Nizza Observatory, to Sicilia and Malta. Some most promising sites, one in the mountainous region of Cyprus near Pano Platres, the other on the Profitis Ilias in Rhodos had eventually (and fortunately just before transfer had actually started) to be given up again because of repeated political unrest in these regions. Eventually, in October 1965, a very suitable site, covered with green vegetation und with many trees, was found in the park of Tal Virtu Castle near Rabat in Malta and could be rented, including the castle, for the outstation. In 1965/66 the building for a large horizontal solar telescope and its spectrograph was completed in the grounds of Tal Virtu and than the whole solar equipment from Cambridge was transfered to this site. Eventually, the station was operated from 1966 to 1972, but than, for personal and financial reasons given up again. In 1965 Dr. and Mrs. v. Klüber took up permanent residence at Tal Virtu Castle and v. Klüber was in charge of the station till summer 1971 when he retired at the age of 70. Both remember the time spend in Malta with great pleasure. During this period and in collaboration with Mr. D. W. Beggs the equipment of the station was constantly improved. Favoured by the large amount of fine sunshine very many observations could be obtained by simultaneously measuring on pen recorders Zeeman-effects of small solar magnetic fields as well as photoelectrically intensities of certain Fraunhofer lines.

Since July 1971 Dr. and Mrs. v. Klüber have taken up their permanent residence in the home of their family in Baden-Baden, Germany.

Annual reports on v. Klüber's scientific activities can be found for the earlier years in the Vierteljahresschrift der Astronomischen Gesellschaft and since 1949 in the Reports of the Observatories' Syndicate, Cambridge (U.K.), University.
v. Klüber has devoted his scientific work mainly to 3 subjects:

1. Solar eclipse expeditions (light deflection and solar corona)
2. Photometry of Fraunhofer lines with grating- and interferometric spectrographs of very high resolving power
3. Investigations of solar magnetic flelds

Short biographical notes on v. Klüber can be found in a number of relevant reference books, among others in

A. L. Degener Wer Ist's, Berlin 1935;
Poggendorffs biographisch-literarisches Wörterbuch;
Kürschners Deutscher Gelehrten-Kalender, Berlin 1950 ff;
Who's Who in Germany, Oldebourg, München 1960 ff;
Who's Who in Science in Europe, F. Hodgson Ltd.;
Who's Who in Europe, Feniks, Brüssel;

Who's Who of British Scientists, Longman, London;
Directory of British Scientists, Benn Ltd., London;
Dictionary of International Biography, London;
and more detailed in Malta Who's Who, 1969/70[643]

In a bibliography from 1969 about 270 publications by v. Klüber are quoted (including also some popular papers, but excluding a large number of reports, short contributions and other notes).

Only scientific papers and a few publications of a more general inter[e]st are quoted here below: [es folgt ein 9-seitiges Verzeichnis]

[643] Eine Kopie befindet sich im Anhang zu dem Typoskript.

5 2-m-Universalspiegelteleskop (1949)[644]

Freier Spiegel 2000 mm, Brennweite = 4 m (direkter Focus), Brennweite im Cassegrain-Focus = 27 m, Brennweite im Coude-Focus = 92 m. Als Schmidt-Spiegelsystem mit großem Blickfeld: Freie Öffnung 1340 mm, Brennweite = 4 m, Photographische Platte 35 x 35 cm. 2 Leitrohre 300 / 4000 im Hauptrohr eingebaut. Drehbare Kuppel mit 16 m Innendurchmesser und 5 m breitem verschließbarem Spalt.
Bauherr: Deutsche Akademie der Wissenschaften zu Berlin

[644] Kienle (1949), Tafel I.

6 Minister Zaisser an Grotrian[645]

Betr.: Rechnerin Helga Starke

Der Minister für Staatssicherheit, Herr Zaisser, hat heute bei mir per Telefon angerufen und mir in der Angelegenheit der Rechnerin Helga Starke nachstehende Mitteilung gemacht.
Auf die Anfrage von Herrn Prof. Grotrian bei der Akademie bezüglich seiner Rechnerin Helga Starke, bittet der Minister, die folgende Antwort an Herrn Prof. Grotrian zu vermitteln:
Wegen des Hinweises von Herrn Prof. Grotrian auf die Verfassung- der Deutschen Demokratischen Republik hinsichtlich der Verhaftung der genannten Rechnerin weist der Minister daraufhin, dass die Verfassung die staatlichen Organe nicht verpflichtet, an irgendwelche fragestellenden Personen Auskünfte wegen erfolgter Verhaftungen zu erteilen.
Der Minister lässt jedoch Herrn Prof. Grotrian mitteilen, dass die Rechnerin verhaftet wurde, um eine Untersuchung durchzuführen und dass nach dem Stand der Untersuchung Herr Prof. Grotrian für längere Zeit nicht auf die Mithilfe der Genannten rechnen könne.
Ferner fügt der Minister eine allgemeine Bemerkung hinzu, nämlich diese, dass in der Deutschen Demokratischen Republik noch nie ein Unschuldiger verhaftet oder ein Verhafteter nach Feststellung seiner Unschuld in Haft gehalten worden ist.
Ich habe dem Minister für seine persönliche Bemühung in dieser Angelegenheit meinen Dank ausgesprochen und ihm meinerseits mitgeteilt, dass die erteilte Auskunft mir vollständig genüge.

---

645 Aktenvermerk von Josef Naas, DAW, vom 4. 4. 1952. ABBAW, AKL, Nr. 13. Vgl. Buthmann (2020), S. 292 f.

A k t e n v e r m e r k

Betr.: Rechnerin Helga S t a r k e

Der Minister für Staatssicherheit, Herr Zaisser, hat heute bei mir per Telefon angerufen und mir in der Angelegenheit der Rechnerin Helga Starke nachstehende Mitteilung gemacht.

Auf die Anfrage von Herrn Prof. Grotrian bei der Akademie bezüglich seiner Rechnerin Helga Starke,bittet der Minister, die folgende Antwort an Herrn Prof. Grotrian zu vermitteln:

Wegen des Hinweises von Herrn Prof. Grotrian auf die Verfassung der Deutschen Demokratischen Republik hinsichtlich der Verhaftung der genannten Rechnerin weist der Minister daraufhin, dass die Verfassung die staatlichen Organe nicht verpflichtet, an irgendwelche fragestellenden Personen Auskünfte wegen erfolgter Verhaftungen zu erteilen.
Der Minister lässt jedoch Herrn Prof. Grotrian mitteilen, dass die Rechnerin verhaftet wurde, um eine Untersuchung durchzuführen und dass nach dem Stand der Untersuchung Herr Prof. Grotrian für längere Zeit nicht auf die Mithilfe der Genannten rechnen könne.
Ferner fügt der Minister eine allgemeine Bemerkung hinzu; nämlich diese, dass in der Deutschen Demokratischen Republik noch nie ein Unschuldiger verhaftet oder ein ~~Schuldiger~~ Verhafteter nach Feststellung seiner Unschuld in Haft gehalten worden ist.

Ich habe dem Minister für seine persönliche Bemühung in dieser Angelegenheit meinen Dank ausgesprochen und ihm meinerseits mitgeteilt, dass die erteilte Auskunft mir vollständig genüge.

Berlin, den 4. April 1952
Dr.Na/hpt

7 Überall Ausnahmezustand[646]

HO INDUSTRIEWAREN
KREIS POTSDAM-STADT

POTSDAM, DORTUSSTR. 30–34

RUF: 9911 UND 3021
TELEGRAMME: HANDELSORGA
BANKKONTO:
DEUTSCHE NOTENBANK
POTSDAM 2991

Herrn
Prof. W e n t e

P o t s d a m

IHRE ZEICHEN | IHRE NACHRICHT VOM | UNSERE ZEICHEN | TAG

BETRIFFT:

Sek. Schm/Ro. 18.6.1953.

Sehr geehrter Herr Professor !

Da die Sorge unserer Regierung seither jenen Wissenschaftlern gilt, die sich um den friedlichen Aufbau unserer deutschen demokratischen Republik Verdienste erworben haben, wenden wir uns heute mit der Bitte an Sie, uns Ihre Wünsche in bestimmten Artikeln der Industriewaren-Produktion mitzuteilen. Der Kreisbetrieb HO-Industriewaren, Potsdam-Stadt, würde Ihnen dann bei Eingang dieser Waren mitteilen, in welcher Verkaufsstelle Sie diese Waren erhalten können.

Wir sehen Ihrer Rückantwort gern entgegen und zeichnen

HO-Industriewaren
Kreis Potsdam-Stadt
Abt. Handel

---

[646] HO-Industriewaren Potsdam an J. Wempe, Potsdam, 16. 6. 1953. Archiv des Verf.

8 Nachfolge Grotrian 1954–1956[647]

8.1 W. Friedrich an H. A. Brück, 31. Mai 1954

[...]
Durch den Tod Professor Grotrian's ist das Astrophysikalische Observatorium seines Leiters beraubt. Die Deutsche Akademie der Wissenschaften zu Berlin sieht sich vor der Aufgabe, einen Nachfolger zu finden, der die hohe wissenschaftliche Tradition des Potsdamer Observatoriums weiter führt und eine Gewähr dafür bietet, dass die seit 1946 dort neugeschaffenen und in Zukunft noch zu erweiternden Forschungseinrichtungen voll genutzt werden. In den letzten Jahren sind erhebliche Investionenen zur Modernisierung der instrumentellen Ausrüstung des Astrophysikalischen Observatoriums gemacht worden, und die Radioastronomie hat ihr erstes arbeitsfähiges Gerät erhalten. In der Perspektive ist für das Astrophysikalische Observatorium ein 2m-Spiegel-Teleskop vorgesehen. In anbetracht der ungewöhnlichen wissenschaftlichen Bedeutung des Astrophysikalischen Observatoriums hat die Akademie beim Ausschau nach geeigneten Persönlichkeiten von internationaler Geltung auch Gelehrte aus dem Ausland un Betracht gezogen.

In dem Bestreben, nicht kostbare Zeit durch Verhandlungen zu verlieren, mit Kandidaten, die von sich aus nicht gewillt sind, die Annahme eines Rufes in ernste Erwägung zu ziehen, bittet die Akademie um Verständnis für die vielleicht etwas ungewöhnlich erscheinende Form einer gleichzeitigen Anfrage bei allen in Betracht kommenden Herren.

Die Deutsche Akademie der Wissenschaften zu Berlin bittet Sie [...] um Beantwortung folgender Fragen:

1) Wären Sie selbst grundsätzlich bereit, einem Ruf an die Deutsche Akademie der Wissenschaften als Direktor des Astrophysikalischen Observatoriums Potsdam zu folgen?
2) Welche Astronomen halten Sie für geeignet, eine solche Aufgabe zu übernehmen?

[...]

8.2 H. A. Brück an W. Friedrich, 25. August 1954

[...]
Sehr vielen Dank für Ihren liebenswürdigen Brief vom 29. Juli, den ich am Vorabend einer Reise nach Deutschland erhielt. Auf dieser Reise habe ich unter anderem Herrn Prof. Kienle in Heidelberg gesprochen und auf diese Weise eine Reihe

[647] ABBAW, Abtl. Akademiebestände nach 1945, AKL (1945–1968), Nr. 13.

von Dingen über die augenblicklichen Forschungsmöglichkeiten auf dem Astrophysikalischen Observatorium in Potsdam erfahren. Leider war es mir dies Mal zeitlich nicht möglich, nach Berlin zu kommen, wo wohl überdies viele Herren in den Ferien waren.

eing. 2.7.54

DUNSINK OBSERVATORY,
CO. DUBLIN.

25. August 1954

Herrn Prof. Dr. W. Friedrich,
Präsident der Deutschen Akademie der Wissenschaften
zu Berlin.

Sehr geehrter Herr Präsident,

Sehr vielen Dank für Ihren liebenswürdigen Brief vom 29. Juli, den ich am Vorabend einer Reise nach Deutschland erhielt. Auf dieser Reise habe ich unter anderem Herrn Prof. Kienle in Heidelberg gesprochen und auf diese Weise eine Reihe von Dingen über die augenblicklichen Forschungsmöglichkeiten auf dem Astrophysikalischen Observatorium in Potsdam erfahren. Leider war es mir dies Mal zeitlich nicht möglich, nach Berlin zu kommen, wo wohl überdies viele Herren in den Ferien waren.

Wie ich Ihnen bereits schrieb, würde ich gern die Situation an Ort und Stelle sehen und dabei einige für meine Entscheidung wichtige Fragen durchsprechen. Ich danke Ihnen deshalb sehr für Ihre liebenswürdige Einladung. Wie ich bereits Herrn Prof. Wempe gesagt habe, und soweit ich die Dinge im Augenblick übersehen kann, würde mir die Zeit um den Anfang Oktober am besten passen. Ich habe hier im Laufe des September einige recht wichtige Sitzungen, deren genaue Daten noch nicht festgelegt sind. Ich glaube aber, dass ich Ihnen bis spätestens Mitte September mitteilen kann, wann ich nach Berlin kommen könnte. Ich würde Ihnen wenigstens drei Wochen vor meinem Besuch schreiben und nehme an, dass dies genügend Zeit geben würde, ein Visum zu erhalten. Falls dies nicht rechtzeitig genug ist, haben Sie vielleicht die Freundlichkeit, es mich wissen zu lassen.

Mit dem Ausdrucke meiner vorzüglichsten Hochachtung
verbleibe ich
Ihr sehr ergebener

H. A. Brück

Wie ich Ihnen bereits schrieb, würde ich gern die Situation an Ort und Stelle sehen und dabei einige für meine Entscheidung wichtige Fragen durchsprechen. Ich danke Ihnen deshalb sehr für Ihre liebenswürdige Einladung. Wie ich bereits Herrn Prof. Wempe gesagt habe […], würde mir die Zeit um den Anfang Oktober am besten passen. […] Ich würde Ihnen wenigstens drei Wochen vor meinem Besuch schreiben und nehme an, dass dies genügend Zeit geben würde, ein Visum zu erhalten. […]

8.3 M. Minnaert an W. Friedrich, 22. Juni 1954

[…]

Persönlich würde ich einen Ruf als Direktor des Observatoriums in Potsdam sehr verehrend achten, aber würde den nicht annehmen, weil ich mich zuviel verbunden achte mit meiner heutigen Arbeit und mit meiner Umgebung.

Die Frage, welche Astronomen geeignet wären, ist sehr schwer zu beantworten. Es scheint mir nötig, dass man einen Mann findet mit grossem wissenschaftlichen Verdienste, der auch ein gewisses Verständnis hat für die neuere Entwicklung Ihres Landes. Es hat keinen Sinn, Ihnen Namen von tüchtigen Astronomen zu nennnen, welche aber aus allgemeinen Gründen einen Ruf nach Ost-Deutschland nicht annehmen würden.

[Es folgen drei Vorschläge zu erfahrenen Astronomen und die Nennung dreier noch unerfahrener.]

Ich hoffe aufrichtig, dass es der Akademie gelingen wird eine gute Wahl zu treffen, und dadurch die Entwicklung des Astrophysikalischen Observatoriums zu fördern. Für die Ehre welche Sie mir durch Sendung Ihres Briefes getan haben, bezeuge ich Ihnen meinen verbindlichen Dank.

[…]

"Ich hoffe aufrichtig, dass es der Akademie gelingen wird eine gute Wahl zu treffen, und dadurch die Entwicklung des Astrophysikalischen Observatoriums zu fördern. Für die Ehre welche Sie mir durch Sendung Ihres Briefes getan haben, bezeuge ich Ihnen meinen verbindlichsten Dank.

Mit vorzüglicher Hochachtung,

M. Minnaert

8.4 M. Schwarzschild an W. Friedrich, 12. Juli 1954

PRINCETON UNIVERSITY OBSERVATORY
PRINCETON NEW JERSEY

14 Prospect Avenue

July 12, 1954

Professor W. Friedrich, President
Deutsche Akademie der Wissenschaften zu Berlin
Berlin W 8, Jagerstrasse 22-23, Germany

My dear Professor Friedrich:

Your letter of May 31, 1954 has moved me strongly. It is a far from small matter to find oneself considered a possible candidate for the directorship of an institute as large, with as fine a past, and with as hopeful a future as the Potsdam Observatory. Nor can I forget that the position in question was the last position my father occupied.

Regarding myself, however, I would like to ask you not to consider me a candidate for the directorship at Potsdam. Changing one's country, I found, is not an easy change. I feel now entirely adjusted in this country. I am being given the finest research opportunities here. I know of no personal or professional reasons that would make me want to change.

Regarding your second question, I feel I cannot give any useful advice since I am not well acquainted with who of the outstanding astronomers in question might be ready to move to Potsdam.

In spite of the negative character of my answers to your two questions, please be assured that the future of the Potsdam Observatory is close to my heart as an astronomer, and that I wish you the finest possible success in the solution of this difficult problem.

Very sincerely yours,

Martin Schwarzschild

Martin Schwarzschild

MS:cs

[…]

Your letter of May 31, 1954 has moved me strongly. It is a far from small matter to find oneself considered a possible candidate for the directorship of an institute as large, with as fine a past, and with a hopeful a future as the Potsdam

Observatory. Nor can I forget that the position in question was the last position my father occupied.

Regarding myself, however, I would like to ask you not to consider me a candidate for the directorship at Potsdam. Changing one's country, I found, is not an easy change. I feel now entirely adjusted in this country. I am being given the finest research opportunities here. I know of no personal or professional reasons that would make me want to change.

Regarding your second question, I feel I cannot give any useful advice since I am not well acquainted with who of the outstanding astronomers in question might be ready to move to Potsdam.

In spite of the negative character of my answer to your two questions, please be assured that the future of the Potsdam Observatory is close to my heart as an astronomer, and that I wish you the finest possible success in the solution of this difficult problem.

[...]

8.5 H. v. Klüber an H. Kienle, 30. Januar 1956

[...]

Haben Sie Dank für Ihren freundlichen Brief vom 25.d.M[ona]ts., den ich, wie Sie sehen, mir erst habe ein wenig überlegen müssen.

Sie wissen vielleicht, dass mir unser ehemaliges Potsdamer Institut mehr am Herzen liegt, als irgend jemand anderem; ich habe dort nicht nur den grössten Teil meines wissenschaftlichen Lebens zugebracht, sondern Potsdam ist auch meine Heimatstadt. Es ist daher nur selbstverständlich, dass ich nichts lieber täte, als dorthin zurückzukehren. Aus dem gleichen Grunde emfinde ich auch eine sehr starke Verpflichtung, dem Institut und seiner bedeutenden Tradition zur Verfügung zu stehen, wenn es nötig ist, wie jetzt, und sich niemand besseres findet. Die an sich ausgezeichneten Bedingungen, die in Potsdam geboten werden, spielen daneben eine ebenso untergeordnete Rolle wie persönliche Wünsche und selbst meine eigene Sicherheit. Im übrigen betrachte ich die Stelle in Potsdam aus einem viel höheren Niveau als aus dem unseres speziellen wissenschaftlichen Faches; ich sehe sie als eine wichtige kulturpolitische Stellung in dem unglücklichen Konflikt zwischen Ost und West, der ja irgendwie einmal verständig beseitigt werden muss.

Herrn Brück, der vor kurzem zu einer vielstündigen Aussprache bei mir war, habe ich aus ähnlichen Gründen nachdrücklich angeraten, Potsdam anzunehmen, weil ich ihn unter den gegebenen Umständen als einen besonders geeigneten Mann dafür halte. Ich bedauere sehr, dass er aus offenbar persönlichen Gründen, die ich nicht recht billige, abgelehnt hat.

Meine eigene Stellungnahme aber ist etwa diese:

Sie wissen selber am besten, dass bei Kriegsende und obwohl meine persönlichen und familiären Interessen damals schon ganz im Westen lagen, ich mit dem festen Vorsatz in Potsdam geblieben bin, auch in schlechter Zeit meine Pflicht am Institut zu erfüllen. Ich war darüber hinaus zur loyalsten Zusammenarbeit mit den neuen Machthabern auf lange Sicht und bis zur Grenze des Möglichen fest entschlossen. Ich war aber damals und bin auch jetzt nicht gewillt, gewisse moralische Grundsätze aufzugeben, an die ich mich grundsätzlich gebunden fühle. Darum glaube ich, dass eine Tätigkeit in der DDR mit ihrer besonderen Ideologie, ganz besonders in leitender Stellung, mich sehr schnell wieder in unlösliche Konflikte verstricken würde, die letzten Endes nur zum Schaden an der Sache und des Insitutes ausgehen könnten.

Wie Ihnen bekannt ist, hatte ich in diesem Jahr als Leiter der grossen englischen Expedition in Ceylon die Gelegenheit, mehrere Monate mit der Potsdamer Expeditionsgruppe zusammen zu arbeiten. Ich habe mich besonders gefreut über die gediegene wissenschaftliche Vorbereitung und Arbeit der Gruppe, die noch immer ganz dem alten Standard unseres Potsdamer Institutes entsprach. Und ich habe auch besonders eindrücklich den Eindruck gewonnen, dass es einfach ein Jammer ist, wie heute in Potsdam offenbar eine ganze Gruppe strebsamer junger Leute ohne rechte Leitung im Ungewissen herumwurstelt. Ich kann mir auch nachgerade nicht vorstellen, wen man als Leiter dorthin holen könnte. Meine Hoffnung, schon seit Jahren, war immer noch Minnaert; aber er ist doch wohl nicht mehr zu haben. Hat man an Houtgast gedacht? Ein Ausländer würde eine relativ starke Position in der DDR haben.

Es wäre übrigens sehr zu begrüssen, wenn Sie bei guter Gelegenheit einmal die Akademie der Wissenschaften in Berlin wissen liessen, dass man nur mit grösster Missbilligung bemerken kann, dass sie nicht nur ehemalige Nazis der Intelligentia (die man ja schliesslich für ihre Haltung als voll verantwortlich ansehen muss) in Amt und Würden beschäftigen, sondern dass solche Personen, wie z.B. in unserem Fache, in zunehmendem Maße als Vertreter der DDR ins Ausland gesandt werden. Dieser Vorwurf wiegt schon bei der Bundesrepublik schwer genug, bei der DDR aber erscheint er schlechterdings unentschuldbar.

Sie haben recht, dass wir hier zufrieden sind […]. [Es folgen Details zu den wissenschaftlichen Bedingungen und dem Leben in Cambridge.]

[Berichtet über eine Verwaltungsklage in der Bundesrepublik zur Anerkennung seiner Versorgungsansprüche.] Es scheint mir aber doch nicht so unbescheiden im Hinblick auf die vielen und hohen Entschädigungen und Pensionen, die ehemaligen Nazigrössen auf Grund des gleichen Gesetzes anstandslos gezahlt werden.

[Berichtet, wie es ihm kürzlich gelang, Kienles ausgezeichneten Vortrag im Rias zu hören.]

9 P. H. Roberts an H. Stiller[648]

THE UNIVERSITY OF NEWCASTLE UPON TYNE
[…]

18th April, 1969.

Dear Professor Stiller,

My colleagues and I from this department greatly enjoyed the participation of your colleague, Dr. Krause, in the conference held here from April 14th to April 18th and jointly organised by the School of Mathematics and Physics in this University. We valued his contributions to the proceedings. I would like to explore with you the possibility of further strengthening links between your Institute and our department through our common interests in dynamo theory. I have in mind the thought that Dr. Krause (or one of his associates) might spend a few weeks here next academic year (i.e. between October 1969 and June 1970) and that, reciprocally, I (or possibly one of my group) could spend a comparable time at your Institute. Of course, until I hear your reaction to this proposal, I will not attempt to go into details nor will I try to set the necessary University machinery into motion, but I would imagine that it would be left to Dr. Krause and myself to obtain travel funds from our respective organisations, and that each organisation would provide adequate funds to cover the living expenses of the visitor from the other. We would also each attempt to ease the others visa formalities.

Yours faithfully,

P.H. Roberts
Professor of Applied Mathematics

Professor Stiller,
Director,
Central Institut Physik der Erde,
Potsdam 15, Telegrafenberg,
Germany, D.A.R.

---

[648] Abschrift von 1969 im Archiv des Verf.

10 Das Zwillingsteleskop in Schemacha/Aserbaidshan

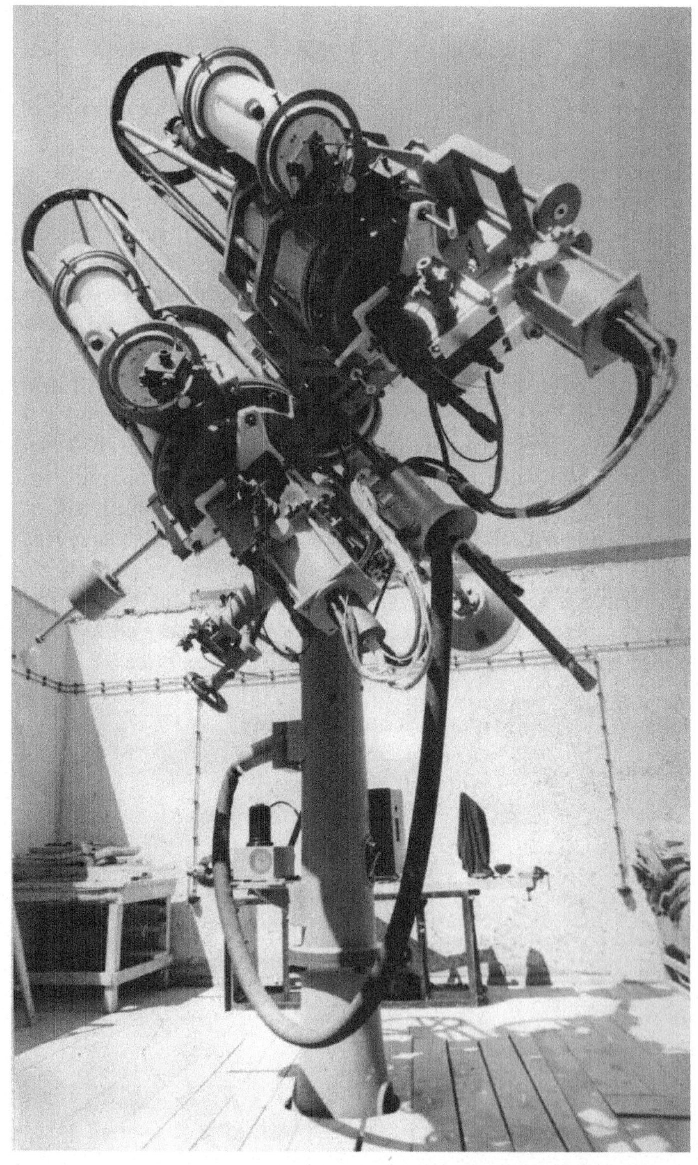

Entwurf und Elektronik: H.-J. Hubrig, Konstruktion J. Czeschka, Überführung 1972/73, verschollen. Archiv des Verf.

11 IM „Martin“: Situation im ZIAP[649]

XIII/Inst. Potsdam, d. 05.07.1975

Die Schwierigkeiten im ZIAP beginnen mit der Leitung des Instituts. Prof. Treder, in Leitungsfragen unerfahren, an keiner Leitungssitzung bisher teilgenommen, versucht sporadisch, die Leitungsgeschäfte in die Hand zu bekommen. Dieser krampfhafte Versuch muß aber scheitern. Für den amtierenden Direktor ergeben sich hieraus natürlich erhebliche Schwierigkeiten. Andererseits unternimmt keiner den Versuch, Prof. T. umzubesetzen, ihm eine Arbeitsgruppe zu geben und arbeiten zu lassen. Zu stark ist die Furcht vor den Verbindungen, die T. am ZK der SED hat.

Der IM führte in der Vergangenheit mehrere Gespräche mit ████ bezüglich der pol.-ideologischen Situation im ZIAP. Fazit der Gespräche ist:

- Prof. T. will sich zukünftig nicht mehr in die Leitungsgeschäfte des ZIAP einmischen
- Die Habilitation für Dr. Rüdiger und Dr. Rädler wird abgesetzt
- Prof. T. ist mit einem Auseinandernehmen der AG Dr. Krause einverstanden.

Der IM ist der Meinung, daß mit einer Leitungskombination ████ / Ruben (Theorie/Praxis) das ZIAP gesundgeschrumpft werden könnte. Ebenso müßte die Standortfrage nochmals diskutiert werden, da sich die Beobachtungseinrichtungen sämtlich nach dem Süden der DDR verlagert haben. Desweiteren schloß der IM nicht aus, daß für Prof. T. durch den Präsidenten der AdW der DDR eine hohe staatliche Auszeichnung beantragt worden ist.

[Unleserl.] – O[berst]l[eu]tn[ant] –

[649] BStU, Kopie im Besitz des Verfassers.

12 Anweisung über die Auswahl, Bestätigung und Vorbereitung von Reise- und Auslandskadern (Auszüge)[650]

- §3.1 Die Direktoren und Leiter der Einrichtungen sind verantwortlich, daß nur solche Personen als Reise- und Auslandskader ausgewählt werden, deren politische Zuverlässigkeit erwiesen ist und die die DDR im Ausland würdig vertreten.
- §3.3 Personen im Alter bis zu 26 Jahren ist die dienstliche Reise grundsätzlich untersagt.
- §4.1 Die Direktoren und Leiter der Einrichtungen sind verpflichtet, zur umfassenden Einschätzung der Kader jeden Kadervorschlag in der Beratungs- und Kontrollgruppe zu behandeln …
- §4.2 Die Kader sind über ihren Einsatz erst dann zu informieren wenn die Zustimmung der zuständigen Dienststelle des Ministeriums für Staatssicherheit im Rahmen ihrer sicherheitspolitischen Verantwortung vorliegt.
- §4.3 Die Beratung und Entscheidung über die Bestätigung eines Kaders erfolgt auf der Grundlage eines zu erarbeitenden [Entscheidungs-]Dokumentes. Es besteht aus einem Personalbogen, einer Verwandtenaufstellung zum Ehepartner, Kindern, Eltern, Geschwistern, Eltern und Geschwistern des Ehepartners und einer Einschätzung des Kaders.
- §4.4 Mit einem schriftlichen Antrag auf Zustimmung als Reise- bzw. Auslandskader ist das Entscheidungsdokument dem zuständigen Mitarbeiter des Ministeriums für Staatssicherheit zu übergeben. Der Direktor bzw. Leiter der Einrichtung wird über die sicherheitspolitische Entscheidung des Ministeriums für Staatssicherheit mit der Rückgabe des Entscheidungsdokuments in Kenntnis gesetzt. Erst dann kann der Antrag zur Bestätigung und Erfassung dem Direktor für Kader und Bildung übergeben werden.
- §4.5 Eine Berufung auf die sicherheitspolitische Entscheidung des Ministeriums für Staatssicherheit zur Begründung der Ablehnung eines Kaders bzw. der Rücknahme der Bestätigung durch den Direktor für Kader und Bildung, seine Beauftragten oder Mitglieder der Beratungsgruppe gegenüber Reise- und Auslandskadern ist nicht gestattet.
- §4.9 Das Mitreisen von Familienangehörigen ist nur bei Einsätzen über 12 Monate von Auslandskadern gestattet.

[650] Anweisung 21/82 vom 18.6. 1982 (Verschlusssache), hier: Entwurf vom 16.3.1982. Quelle: BBAW AKL (1969–1991), Nr. 853.

- §5.2 Die Beratungsgruppe hat die Aufgabe, dem Direktor oder Leiter der Einrichtung bei der Auswahl, Bestätigung und Vorbereitung von Reise- und Auslandskadern umfassende Unterstützung zu gewähren und Empfehlungen für seine eigenverantwortliche Entscheidung [zu geben].

13 Dynamo-Experiment in Riga/Salaspils

Dynamo-Experiment mit Natrium im Institut für Physik. 1.5 m^3 Natrium, propellergetriebene Strömung bis 20 m/s, Motorleistung 200 kW. Photo: Thomas Gundrum (2005)

14 Auftrag zur Militärspionage[651]

[...]

1. Während Ihres Aufenthaltes in Helsinki beachten Sie vorrangig Personen, die zu Ihnen Kontakt suchen und erfassen deren Kontaktinteressen.
Gegenüber Kontaktversuchen zeigen Sie sich prinzipiell aufgeschlossen und interessiert und lassen in persönlichen Gesprächen auch Ihr Interesse an der jeweiligen Person durch geschickte und gezielte Fragen erkennen.
2. Bei nicht ausschließbaren Provokationen hinsichtlich einer Zusammenarbeit mit dem MfS gehen Sie grundsätzlich davon aus, daß Ihre Konspiration seitens des MfS garantiert ist. Weisen Sie auf dieser Basis entsprechende Provokationen energisch zurück und benennen Sie lediglich ihre offiziellen Kontakte zum Sicherheitsbeauftragten des Institutes.
3. Spezifischer Informationsbedarf
Erarbeiten Sie während Ihres Aufenthaltes im Ausland entsprechend Ihren Möglichkeiten Hinweise

- zu festgestellten militärischen Objekten, Militärpersonen, Militärtechnik und militärischen Bewegungen,
- zu Fragen des Grenzregimes,
- zur Übernachtung in Ihnen zugewiesenen Unterkünften,
- zur Stimmungslage der Bevölkerung,
- zu politischen Ereignissen und Bewertungen.

Während des Aufenthaltes im Ausland werden von Ihnen keine Aufzeichnungen angefertigt, die Aufschlüsse über den Ihnen vom MfS erteilten Auftrag geben können.

[...]

[651] Auftrag des MfS vom 12.09.1985 zu einer Dienstreise an die Universität Helsinki. BstU, Kopie im Besitz des Verfassers.

195

195

A u f t r a g

Im Zeitraum vom 24.09.85 bis 04.10.85 werden Sie zu einem Arbeitsaufenthalt an der Universität Helsinki(Dr. Ilkka Tuominen) weilen.
Im Zusammenhang mit dieser Dienstreise erteilt ihnen das MfS folgenden Auftrag:
1. Während Ihres Aufenthaltes in Helsinki beachten Sie vorrangig Personen, die zu Ihnen Kontakt suchen und erfassen deren Kontaktinteressen.
Gegenüber Kontaktversuchen zeigen Sie sich prinzipiell aufgeschlossen und interessiert und lassen in persönlichen Gesprächen auch Ihr Interesse an der jeweiligen Person durch geschickte und gezielte Fragen erkennen.

2. Bei nicht ausschließbaren Provokationen hinsichtlich einer Zusammenarbeit mit dem MfS gehen Sie grundsätzlich davon aus, daß Ihre Konspiration seitens des MfS garantiert ist. Weisen Sie auf dieser Basis entsprechende Provokationen energisch zurück und benennen Sie lediglich Ihre offiziellen Kontakte zum Sicherheitsbeauftragten des Institutes.

3. Spezifischer Informationsbedarf
Erarbeiten Sie während Ihres Aufenthaltes im Ausland entsprechend Ihren Möglichkeiten Hinweise

- zu festgestellten militärischen Objekten, Militärpersonen, Militärtechnik und militärischen Bewegungen,
- zu Fragen des Grenzregimes,
- zur Übernachtung in Ihnen zugewiesenen Unterkünften,
- zur Stimmungslage der Bevölkerung,
- zu politischen Ereignissen und Bewertungen.

Während des Aufenthaltes im Ausland werden von Ihnen keine Aufzeichnungen angefertigt, die Aufschlüsse über den Ihnen vom MfS erteilten Auftrag geben können.
Nach Rückkehr von Ihrer Dienstreise melden Sie sich vereinbarungsgemäß am........... um.......... Uhr am festgelegten Treffort.

Potsdam, den 12.09.85 Schmall

15 Etatstellen für Astronomen in Deutschland 1990

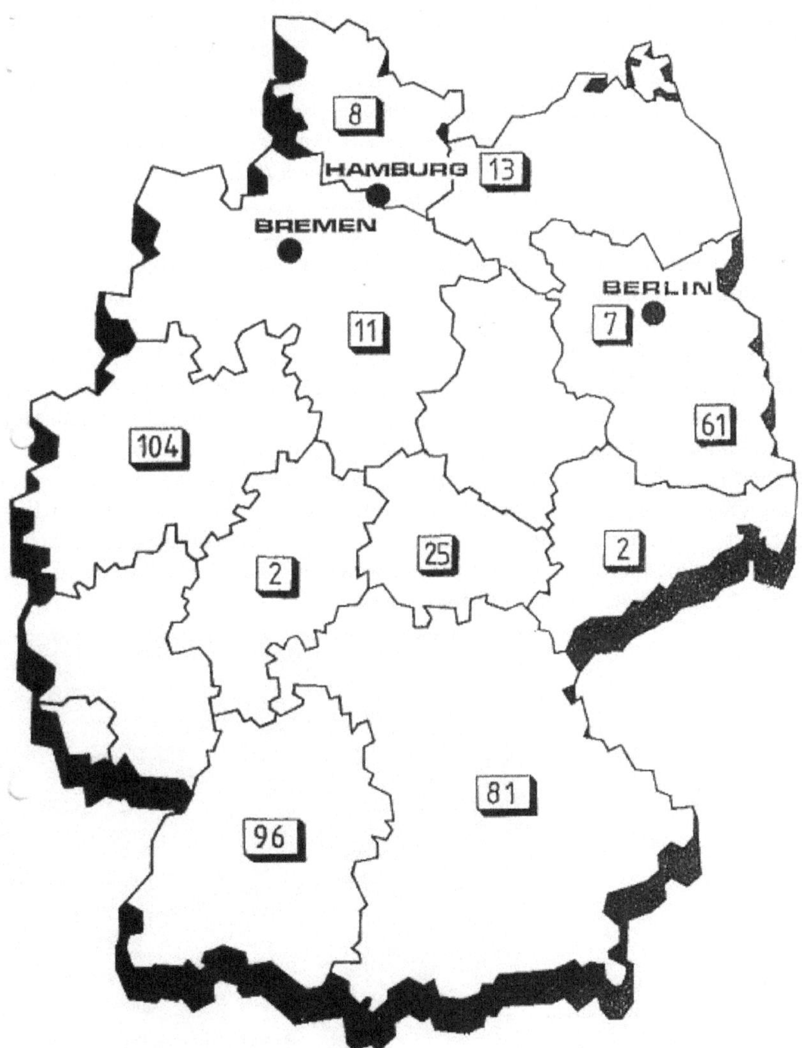

Verteilung der Planstellen für Astronomen in den alten und neuen Bundesländern (vor der Evaluierung). Idee und Ausführung: G. Morfill. Eine in der Zielstellung ähnliche Bestandsaufnahme ist als „Denkschrift zur Entwicklung der außeruniversitären Forschung im Land Brandenburg" Anfang 1991 dem neuernannten Minister für Wissenschaft, Forschung und Kultur, H. Enderlein, von Chr. Seidel und G. Rüdiger übergeben worden.

16 Rudolf Tschäpe (Nachruf)[652]

... Zum Traum von Potsdam ist Rudolf Tschäpe die direkte Begegnung von Kunst und Wissenschaft geworden. In der DDR war das ein abenteuerlicher Plan, der vor allem die Staatssicherheit interessierte. Die Intellektuellen sollten getrennt bleiben und nicht etwa gemeinsame, womöglich subversive Positionen entwickeln. Fassungslos meldet ein Stellvertreter Operativ aus Potsdam an den Genossen Generalmajor Mittig in Berlin, dass „*erstmalig in unserem Bezirk ein Bereich der Akademie der Künste offiziell sich in einem Bereich der Akademie der Wissenschaften präsentiert*". Hervorstechender Wesenszug der Werke des Künstlers sei die Misere des Menschen. ... Und überhaupt, „*Initiator Tschäpe wird wegen staatsfeindlicher Hetze, Wehrdienstverweigerung und zur Zeit noch undefinierbarer Verbindungen zu Kirchenkreisen bearbeitet.*"

Es handelte sich um die im Frühsommer 1974 in der Kuppel des Großen Refraktors auf dem Telegraphenberg stattfindende erste große Werksausstellung des Cremer-Meisterschülers Wieland Förster. In seiner Eröffnungsrede hat Heinz Schönemann die Ahnung der jungen Naturwissenschaftler benannt, dass sich ihr „Forschen nicht nur im sachlichen Zahlenbereich vollziehen kann, sondern der menschlichen Phantasie und sozialen Kontrolle bedarf, wie sie sich in der Kunst manifestiert". Das heute legendäre Zusammentreffen der Kulturen auf dem Telegrafenberg in Potsdam hat exakt die Zeitenwende hin zur Herrschaft des Computers über Wissenschaft und Gesellschaft markiert.

Wieland-Förster-Ausstellung 1974, Kopf der Gelähmten (1965, Bronze), heute im Albertinum, Galerie Neue Meister Dresden. Archiv W. Förster.

[652] Gekürzter Text des Verf. in den Potsdamer Neuesten Nachrichten (PNN) vom 14. April 2008 anlässlich der Benennung eines Platzes in Potsdam-West nach Rudolf Tschäpe.

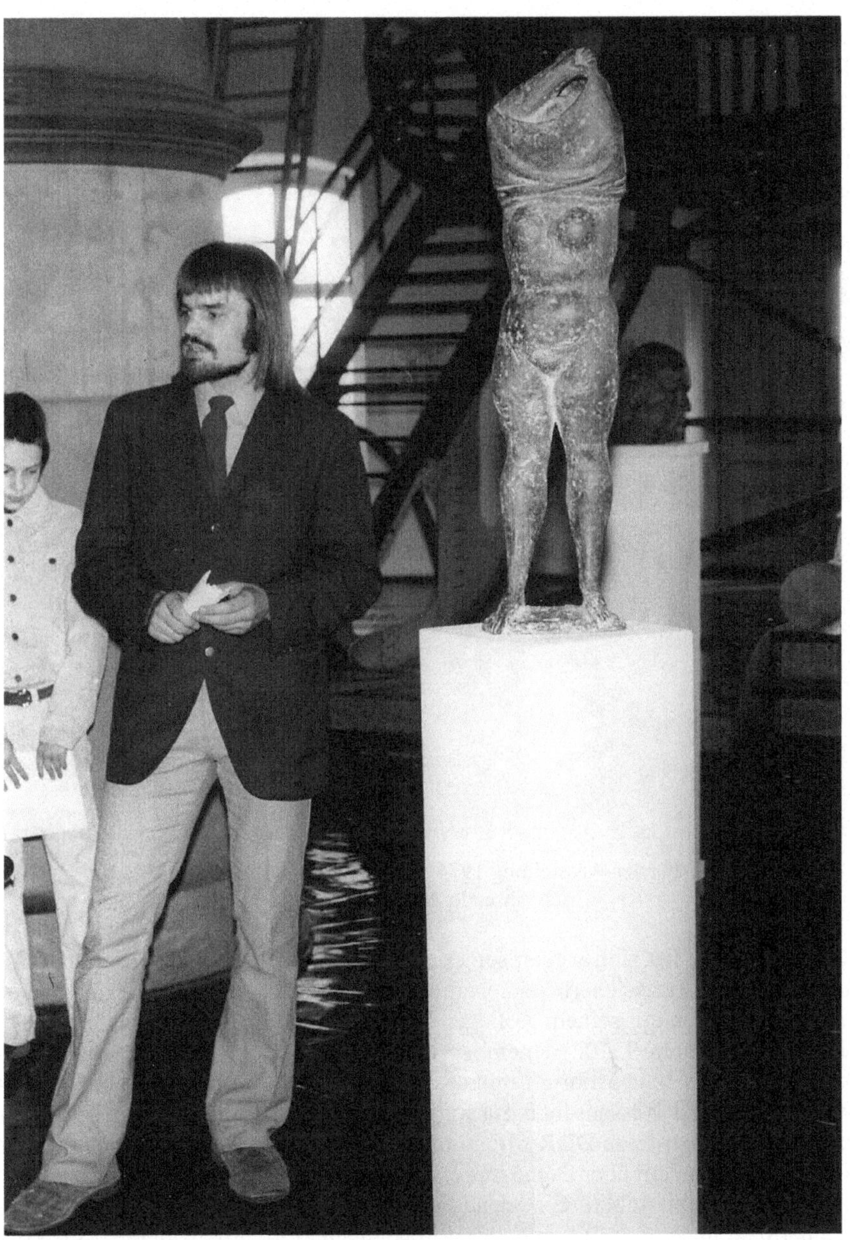

Wieland-Förster-Ausstellung 1974, R. Tschäpe bei der Eröffnungsansprache.
Archiv W. Förster.

Die eben fertiggestellte spektakuläre Große Neeberger Figur sollte auf Wunsch der Organisatoren und des Künstlers auf dem Telegrafenberg verbleiben, sie hätte leicht neben dem Refraktorgebäude und dem Einsteinturm bestanden. Dafür hat es aber kein Verständnis beim damaligen Institutsdirektor Treder gegeben, dem die Moderne ganz fremd geblieben ist. Nie wieder sind sich beide Akademien so nahe gekommen wie bei dieser Ausstellung. …

Wieland-Förster-Ausstellung 1974; v.l.: Konrad Wolf, Wieland Förster, Erich Ahrendt. Archiv W. Förster.

Rudolf Tschäpe hat sich wegen seiner ungewöhnlichen Aktivitäten in der DDR unter ständiger staatssicherheitsdienstlicher Beobachtung befunden. Trotzdem ist es ihm zusammen mit seinem Kollegen Reinhard Meinel gelungen, bei einem geheimen Treffen am 9./10. September 1989 in Grünheide bei Berlin den Gründungsaufruf des Neuen Forum mitzuformulieren und zu unterzeichnen. Wieder waren Kunst und Wissenschaft zusammengetroffen, diesmal mit dem Ergebnis, dass in der verkrusteten DDR öffentlich geredet werden müsste, aber nicht vom Sozialismus, sondern über Demokratie. Das bis dahin Unvorstellbare wurde schon Montag im Institut publik: Eine neue Partei, wir hielten den Atem an. Am 3. November fand in der überfüllten Erlöserkirche in aller Öffentlichkeit die erste Vollversammlung des Potsdamer Neuen Forum statt. …

W. Förster am 14. April 2008 bei der Benennung eines Platzes vor der Erlöserkirche Potsdam nach Rudolf Tschäpe. Archiv W. Förster.

Für sein Engagement zur Einführung der Demokratie in Ostdeutschland hat Rudolf Tschäpe im Jahre 1995 das Verdienstkreuz der Bundesrepublik Deutschland zusammen mit Mitstreitern wie Bärbel Bohley und Marianne Birthler erhalten. Er ist heute vor sechs Jahren nach langer Krankheit kurz vor Fertigstellung seines neuen Wohnhauses in Ferch verstorben.

Epilog

Worte in Anführung, wenn sie nicht Eigennamen bezeichnen, sind wörtliche Übernahmen aus den angegebenen Publikationen. Zitate aus den Beständen des Brandenburgischen Landeshauptarchivs, des Archivs der Berlin-Brandenburgischen Akademie zu Berlin, dem Geheimen Staatsarchiv Preußischer Kulturbesitz und des/der Bundesbeauftragten für die Unterlagen des Staatssicherheitsdienstes der DDR (jetzt im Bundesarchiv) sind kursiv gesetzt, sie liegen – einschließlich der Decknamenentschlüsselungen – dem Verfasser als Akten vor oder sind wie angegeben dem Buch von R. Buthmann „Versagtes Vertrauen, Wissenschaftler der DDR im Visier der Staatssicherheit“ (Vandenhoeck & Ruprecht 2020) entnommen. In Zitaten wurde immer die vorgefundene Rechtschreibung benutzt. Photos, wenn nicht anders angegeben, stammen vom Verfasser oder sind allgemeines Kulturgut. Den Photographen und Sammlern, die mir im Laufe der Zeit ihre Schätze großzügig zur Verfügung gestellt haben, gilt meine allergrößte Hochachtung.

Klaus Arlt, Kurt Arlt, Rainer Arlt, Manfred Bischof, Willi Deinzer, Wolfgang R. Dick, Barbara Eggers, Hans-Erich Fröhlich, Ewald Gerth (†), Ernst-August Gußmann, Bernd Helmbold, Wilfried Hornburg, Irmgard Krause, Peter Kroll, Jürgen Kurths, Reinhard Meinel, Isolde Meinunger, Volker Müller, Jürgen Rendtel, Reinhard E. Schielicke, Gerhard Scholz (†), Manfred Schüssler, Helga Sperlich geb. Starke, Frank Stefani, Kazik Stępień, Michael Stix, Joachim Trümper, Gudrun Tschäpe, Hans Wenzel und Richard Wielebinski danke ich herzlich für wertvolle Informationen aus langen und/oder häufigen Telephongesprächen/ Kontakten. Besonders verbunden bin ich Hans-Erich Fröhlich für die freundliche Überlassung seiner wohlgeordneten Dokumentensammlung aus der Wendezeit 1990/1991. Die Kolleginnen Regina v. Berlepsch, Melissa Thies und Rebecca Klee von der Bibliothek des Leibniz-Institutes für Astrophysik Potsdam, Vera Enke als Leiterin des Akademiearchivs der BBAW sowie Maria Riedel vom Thüringer Archiv für Zeitgeschichte „Matthias Domaschk“ seien für die anhaltende und immer rasche Unterstützung ganz besonders gewürdigt, ebenso wie Herr A. Kuttner vom Geheimen Staatsarchiv Preußischer Kulturbesitz. Allerdings: ohne die andauernde Unterstützung der geschichtserfahrenen Kollegen Dick aus Potsdam und Schielicke aus Jena sowie Herrn Hornburg aus Anklam hätte ich womöglich auf halbem Wege stehenbleiben müssen. Den Hinweis auf die vormalige Existenz der Hermann-Carl-Vogel-Stiftung sowie die in Anmerkung 138 angegebenen Besoldungen verdanke ich Klaus-Dieter Herbst aus Jena.

Abbildungsverzeichnis

Abkürzungsverzeichnis

ABBAW	Archiv der Berlin-Brandenburgischen Akademie der Wissenschaften
ADS	Astrophysics Data System
AdW	Akademie der Wissenschaften
AG	Aktiengesellschaft
AG	Astronomische Gesellschaft
AIP	Astrophysikalisches Institut Potsdam
AOP	Astrophysikalisches Observatorium Potsdam
AVUS	Automobil-Verkehrs- und Übungsstraße (Teilstück der Autobahn A 115 in Berlin)
BAT	Bundes-Angestelltentarifvertrag
BLHA	Brandenburgisches Landeshauptarchiv
BMFT	Bundesministerium für Forschung und Technologie
BRD	Bundesrepublik Deutschland
BStU	Bundesarchiv, Stasi-Unterlagen-Archiv (früher: Behörde des/der Bundesbeauftragten für die Unterlagen des Staatssicherheitsdienstes der ehemaligen DDR)
BV	Bezirksverwaltung (des MfS)
CCD	Charge-coupled Device
CDU	Christlich Demokratische Union Deutschlands
COSPAR	Committee on Space Research
ČSSR	Tschechoslowakische Sozialistische Republik
DARA	Deutsche Agentur für Raumfahrtangelegenheiten
DAW	Deutsche Akademie der Wissenschaften
DDR	Deutsche Demokratische Republik
DEFA	Deutsche Film AG
DFA	Dringende Familienangelegenheiten
DFG	Deutsche Forschungsgemeinschaft
d. J.	des Jahres
EDV	Elektronische Datenverarbeitung
ESA	European Space Agency
ESER	Einheitliches System Elektronischer Rechentechnik
Fa.	Firma
FDJ	Freie Deutsche Jugend
GAFD	Geophysical and Astrophysical Fluid Dynamics
Gen.	Genosse (in der DDR: = Mitglied der SED)
GStAPK	Geheimes Staatsarchiv Preußischer Kulturbesitz
HAO	High Altitude Observatory
HHI	Heinrich-Hertz-Institut
HMI	Hahn-Meitner-Institut
IAU	International Astronomical Union
IfH	Institut für Hochenergiephysik
IM	Inoffizieller Mitarbeiter des MfS
IMB	Inoffizieller Mitarbeiter (des MfS) der Abwehr mit Feindverbindung
IPCC	Intergovernmental Panel on Climate Change

KAI	Koordinierungs und Abwicklungsstelle der Institute und Einrichtungen der ehemaligen Akademie der Wissenschaften der DDR
Kgl.	Königliche(r)
KP	Kontaktperson des MfS
LVO	Landesverteidigungsobjekt
MfS	Ministerium für Staatssicherheit der DDR
MHD	Magnetohydrodynamik
MPE	Max-Planck-Institut für Extraterrestrische Physik
MPG	Max-Planck-Gesellschaft
MWFK	Ministerium für Wissenschaft, Forschung und Kultur
NCAR	National Center for Atmospheric Research
NKA	Nationalkomitee für Astronomie
NS	Nationalsozialistische(r)
NSDAP	Nationalsozialistische Deutsche Arbeiterpartei
OPK	Operative Personenkontrolle des MfS
OAO	Objedinjonnaja Astronomitscheskaja Observatorija (Vereinigtes Observatorium sozialistischer Länder)
OV	Operativer Vorgang des MfS
PDS	Partei des Demokratischen Sozialismus
PNN	Potsdamer Neueste Nachrichten
RM	Reichsmark
ROS	Rat Ostdeutscher Sternwarten
ROSAT	ROentgenSATellit
SA	Sturmabteilung
SBZ	Sowjetische Besatzungszone
SDP	Sozialdemokratische Partei in der DDR
SED	Sozialistische Einheitspartei Deutschlands
SRC	Science Research Council
STELLA	STELLar Activity
SU	Sowjetunion
Thlr.	Thaler
TU	Technische Universität
UdSSR	Union der Sozialistischen Sowjetrepubliken
UV	Ultraviolett
VAX	Virtual Address eXtension (Rechnerarchitektur)
VBE	Vollbeschäftigteneinheit (= Vollzeitäquivalent)
VEB	Volkseigener Betrieb
VIP	Very Important Person
WD	Westdeutschland
WIP	Wissenschaftler-Integrations-Programm
WR	Wissenschaftlicher Rat
ZI	Zentralinstitut
ZIAP	Zentralinstitut für Astrophysik
ZIPE	Zentralinstitut für Physik der Erde
ZISTP	Zentralinstitut für Solar-Terrestrische Physik
ZV	Zivilverteidigung

Literaturverzeichnis

Alfvén, H. 1941. „On the solar corona“. Arkiv för Matematik, Astronomi och Fysik 27, 1. 1941.

Arlt, R. & Vaquero, J.M. 2020. „Historical sunspot records“. *Living reviews in Solar Physics 17, 1.* 2020.

Auth, J. 1982. „Albert A. Michelson an der Berliner Universität“. *Astron. Nachr. 303, 7.* 1982.

Beck, R. 1982. „The magnetic field in M31“. *Astron. Astrophys. 106, 121.* 1982.

Becker, W. 1942. „*Sterne und Sternsysteme*“. Dresden: Th. Steinkopff, 1942.

Behr, A. & Siedentopf, H. 1952. „Zur Statistik von Sonneneruptionen“. *Z. f. Astrophysik 30, 17.* 1952.

Belopolsky, A. 1893. „Über die Sonnenrotation aus Fackelpositionen“. *Astron. Nachr. 132, 213.* 1893.

Berdyugina, S. & Tuominen, I. 1998. „Permanent active longitudes and activity cycles on RS CVn stars“. *Astron. Astrophys. 336, 117.* 1998.

Biermann, L. 1941. „Der gegenwärtige Stand der Theorie konvektiver Sonnenmodelle“. *Vierteljahrsschrift d. Astron. Ges. 76, 194.* 1941.

—. 1951. „Bemerkungen über das Rotationsgesetz in irdischen und stellaren Instabilitätszonen“. *Z. f. Astrophysik 28, 304.* 1951.

Bleyer, U. et al. 1979. „Zur Geschichte der Theorie der Lichtausbreitung“. *Die Sterne 55, 24.* 1979.

Boch, R. 2008. „Der Potsdamer Telegrafenberg – ein traditionsreicher Forschungsstandort zwischen DDR und wiedervereinigtem Deutschland“. Potsdam: GeoForschungsZentrum, 2008.

Bollé, M. 1993. „Die Observatorien auf dem Telegraphenberg“. *Brandenburgische Denkmalpflege 2, 73.* 1993.

Brosche, P. 1960. „Eine Bemerkung zur Massenbestimmung langperiodischer Doppelsternsysteme und Anwendung auf ADS 10417“. *Astron. Nachr. 285, 261.* 1960.

—. 1962. „Zum Masse-Drehimpuls-Diagramm von Doppel- und Einzelsternen“. *Astron. Nachr. 286, 241.* 1962.

—. 2014. „Der Doppel-Astronom. Erinnerungen an Ullrich Güntzel-Lingner anlässlich seines 100. Geburtstags“. In: W.R. Dick, J. Hamel (Hrsg.), „*Beiträge zur Astronomiegeschichte*“, Band 12 (Acta Historica Astronomiae; 50), *213.* Leipzig: AVA, 2014.

Brück, H. A. 2000. “Recollection of life as a student and a young astronomer in Germany in the 1920s.” *J. Astronomical History and Heritage 3, 115.* 2000.

Bruggencate, P. ten & Klüber, H. v. 1947. „Beobachtung magnetischer Felder auf der Sonne“. *FIAT review of German science.* 1947.

Brunnckow, K. & Grotrian, W. 1949. „Über die zeitliche Änderung der magnetischen Feldstärke von Sonnenflecken im Laufe eines Tages“. *Z. f. Astrophysik 26, 31.* 1949.

Bumba, V. & Kleczek, J. (eds.) 1976. „*Basic mechanisms of solar activity*“. Dordrecht: D. Reidel Publishing Company, 1976.

Buthmann, R. 2020. „Versagtes Vertrauen. Wissenschaftler der DDR im Visier der Staatssicherheit“. Göttingen: Vandenhoeck & Ruprecht, 2020.

Carrington, R.C. 1859a. „On the distribution of the solar spots in latitudes since the beginning of the year 1854, with a map". *Monthly Notices of the Roy. Astron. Soc. 19, 1.* 1859.

—. 1859b. „On certain phenomena in the motions of solar spots". *Monthly Notices of the Roy. Astron. Soc. 19, 81.* 1859.

—. 1863. „Observations of the spots of the Sun from November 9, 1853, to March 24, 1861 made at Redhill". London: Williams and Norgeta, 1863.

Ciesla, B. 2003. „Freiheit wollen wir! Der 17. Juni 1953 in Brandenburg". Berlin: Ch. Links Verlag, 2003.

Clerke, A.M. 1887. „Richard Christopher Carrington". *Dictionary of National Biography 9, 181.* 1887.

Cliver, E.W. 2005. „Carrington, Schwabe, and the Gold Medal". *Eos, Transactions, American Geophysical Union 86(43), 413.* 2005.

Cliver, E.W. & Keer, N.C. 2012. „Richard Christoph Carrington: Briefly among the great scientists of his time". *Solar Phys. 280, 1.* 2012.

Cowley, C.R. et al. (eds.) 1986. „*Upper Main Sequence Stars with Anomalous Abundances*". Dordrecht: D. Reidel Publishing Co., 1986.

Deubner, F.-L. et al. 1979. „Solar p-mode oscillations as tracers of radial differential rotation". *Astron. Astrophys. 72, 177.* 1979.

Dick, W.R. 2000. „300 Jahre Astronomie in Berlin und Potsdam – ein Überblick". In: W.R. Dick, K. Fritze (Hrsg.), „300 Jahre Astronomie in Berlin und Potsdam. Eine Sammlung von Aufsätzen aus Anlaß des Gründungsjubiläums der Berliner Sternwarte" (Acta Historica Astronomiae; 8), 11. Thun und Frankfurt am Main: Verlag Harri Deutsch, 2000.

Dölling, B. 2009. „Der Strafvollzug zwischen Wende und Wiedervereinigung". Berlin: Chr. Links Verlag, 2009.

Dorschner, J. 1990. „Astrolinguistisches von der AG-Frühjahrstagung in Berlin". *Die Sterne 66, 194.* 1990.

Dorschner, J. & Gürtler, J. & 1992. „Unvergessene Politastronomie". *Die Sterne 68, 2.* 1992.

Eberhard, G. & Schwarzschild, K. 1913. „The reversal of the calcium lines H and K in stellar spectra". *Astrophysical Journal 38, 292.* 1913.

Eckert, R. 2017. „Revolution in Potsdam". Leipzig: Evangelische Verlagsanstalt, 2017.

Eddy, J.A. 1975. „The case of the missing sunspots". *Bull. of the American Astron. Soc. 7, 365.* 1975.

—. 1976. „The Maunder Minimum". *Science 192, 1189.* 1976.

Eggers, B. 1995. „Die Geschichte des Telegrafenbergs in Potsdam bis 1900". In: „*Der Einsteinturm in Potsdam. Architektur und Astrophysik*", *11.* Berlin: Ars Nicolai, 1995.

Elsässer, H. 1995. „Zur Schließung der Sternwarte Sonneberg". *Sterne und Weltraum 34, 276.* 1995.

Elstner, D. et al. 1990. „Galactic dynamo models without sharp boundaries". *Geophys. and Astrophys. Fluid Dynamics 50, 85.* 1990.

—. 1992. „Galactic dynamos and their radio signatures". *Astron. Astrophys. Suppl. 94, 58.* 1992.

Entzian, G. 2021. „Von der Rostocker Luftwarte zum Observatorium für Ionosphärenforschung Kühlungsborn". Kühlungsborn, 2021.

Finlay-Freundlich, E. 1953. „Der heutige Stand der empirischen Bestätigung der allgemeinen Relativitätstheorie". *Physikalische Blätter 9, 14.* 1953.

—. 1969. „Wie es dazu kam, daß ich den Einsteinturm errichtete". *Physikalische Blätter 25, 538.* 1969.
s.a. Freundlich, E.
Foerster, W. 1911. „*Lebenserinnerungen und Lebenshoffnungen*". Berlin: G. Reimer, 1911.
Förster, W. 1875. „Über einige neue, mit der Berliner Sternwarte verbundene, astronomische Institutionen". *Vierteljahrsschrift d. Astron. Ges. 10, 268.* 1875.
Freundlich, E. 1930. „Bericht über die Potsdamer Sonnenfinsternis-Expedition nach Takengon-Nordsumatra 1929". *Naturwissenschaften 18, 313.* 1930.
Freundlich, E. et al. 1930. „Über den Verlauf der Wellenlängen der Fraunhoferschen Linien längs der Sonnenoberfläche". *Z. f. Astrophysik 1, 43.* 1930.
Freundlich, E., Klüber, H.v. & Brunn, A.v. 1931. „Ergebnisse der Potsdamer Expedition zur Beobachtung der Sonnenfinsternis von 1929, Mai 9, in Takengon (Nordsumatra)". *Z. f. Astrophysik 3, 17.* 1931.
s.a. Finlay-Freundlich, E.
Friedman, H. et al. 1951. „Photon counter measurements of solar X-rays and extreme ultraviolet light". *Physical Review 83, 1025.* 1951.
Fröhlich, H.-E. & Marx, S. 1990. „*Astronomie in der DDR – eine Studie*". Potsdam: ZIAP, 1990.
Gailitis, A., Lielausis, O., Dementjev, S. et al. 2000. „Detection of a flow induced magnetic field eigenmode in the Riga dynamo facility". *Phys. Rev. Lett. 84, 4365.* 2000.
Gerth, E. et al. 1991. „Magnetic field measurements of the supergiant ν Cep". *Astron. Nachr. 312, 107.* 1991.
—. 1999. „Magnetic field and radial velocity of the CP2 star α^2 CVn". *Astron. Astrophys. 351, 133.* 1999.
Gressel, O., Elstner, D., Ziegler, U. & Rüdiger, G. 2008. „Direct simulations of a supernova-driven galactic dynamo". *Astron. Astrophys. 486, L35.* 2008.
Grosser, H. (Hrsg.) 1991. „*Dynamo action and magnetic fields in astrophysics*". Workshop on Dynamo Action and Magnetic Fields in Astrophysics in Reinhausen (Nachrichten der Akademie der Wissenschaften zu Göttingen, Mathematisch-Physikalische Klasse; Jg. 1991, Nr. 2). Göttingen: Vandenhoeck und Ruprecht, 1991.
Grotrian, W. 1939. „Zur Frage der Deutung der Linien im Spektrum der Sonnenkorona". *Naturwissenschaften 27, 214.* 1939.
—. 1952. „30 Jahre Forschungsarbeit im Einsteinturm Potsdam". *Wissenschaftliche Annalen 1, 79.* 1952.
—. 1956. „*Polaritäten und Maximalwerte magnetischer Feldstärken von Sonnenflecken in den Jahren 1952–1953*" (Publikationen des Astrophysikalischen Observatoriums zu Potsdam; Bd. 30, H. 1 = Nr. 99). Berlin: Akademie-Verlag, 1956.
Grotrian, W. & Künzel, H. 1950. „Über den Induktionsfluß durch die Sonnenflecken". *Z. f. Astrophysik 28, 28.* 1950.
Gruner, W. 2008. „Die Verfolgung und Ermordung der europäischen Juden durch das nationalsozialistische Deutschland", Bd. 1, 1933–1937. München: Oldenbourg, 2008.
Güntzel-Lingner, U. 1955. „Bahnbestimmung von drei Doppelsternen mit großer Parallaxe". *Astron. Nachr. 282, 183.* 1955.
Gußmann, E.-A. 1981. „Johann Wempe, 31. 12. 1906 – 29. 5. 1980". *Die Sterne 57, 109.* 1981.
—. 2000. „Der Große Refraktor – das Hauptinstrument des Astrophysikalischen Observatoriums Potsdam". In: E.-A. Gußmann, G. Scholz, W.R. Dick (Hrsg.), „*Der Große*

Refraktor auf dem Potsdamer Telegrafenberg. Vorträge zu seinem 100jährigen Bestehen" (Acta Historica Astronomiae; 11), *45*. Thun und Frankfurt am Main: Verlag Harri Deutsch, 2000.

Gußmann, E.-A. & Dick, W.R. 2000. „Hermann Carl Vogels Bericht über eine Reise nach England, Schottland und Irland im Jahr 1875". In: E.-A. Gußmann, G. Scholz, W.R. Dick (Hrsg.), „*Der Große Refraktor auf dem Potsdamer Telegrafenberg. Vorträge zu seinem 100jährigen Bestehen*" (Acta Historica Astronomiae; 11), *97*. Thun und Frankfurt am Main: Verlag Harri Deutsch, 2000.

Hale, G.E. 1908. „On the probable existence of a magnetic field in sun-spots". *Astrophys. Journal 28, 315*. 1908.

Hartmann, J. 1904. „Investigations of the spectrum and orbit of delta Orionis". *Astrophys. Journal 19, 268*. 1904.

—. 1908. „Untersuchungen über das 80-cm-Objektiv des Potsdamer Refraktors". *Publ. d. Astrophys. Obs. zu Potsdam 15, 2*. 1908.

Hassenstein, W. 1941. „*Das Astrophysikalische Observatorium Potsdam in den Jahren 1875–1939*" (Mitteilungen des Astrophysikalischen Observatoriums Potsdam; 1). Potsdam 1941.

Helmbold, B. 2016. „Forschungstechnologien und Wissenschaftspolitik in der Biografie des Physikers Max Steenbeck (1904-1981)". Dissertation, Friedrich-Schiller-Universität Jena. 2016.

Hempelmann, A. & Kurths, J. 1990. „Dynamics of the outburst series of SS Cygni". *Astron. Astrophys. 232, 356*. 1990.

Hentschel, K. 1992. „*Der Einsteinturm*". Heidelberg: Spektrum Akademischer Verlag, 1992.

—. 1995. „Physik, Astronomie und Architektur – Der Einsteinturm als Resultat des Zusammenwirkens von Einstein, Freundlich und Mendelsohn". In: „*Der Einsteinturm in Potsdam. Architektur und Astrophysik*", *34*. Berlin: Ars Nicolai, 1995.

Hermann, A. 1996. „Einstein. Der Weltweise und sein Jahrhundert". Heidelberg: Piper, 1996.

Herrmann, D.B. 1975. „Zur Vorgeschichte des Astrophysikalischen Observatoriums Potsdam". *Astron. Nachr. 296, 245*. 1975.

Herschel, W. 1801. „Observations tending to investigate the nature of the Sun, in order to find the causes or symptoms of its variable emission of light and heat; with remarks on the use that may possibly be drawn from solar observations". *Phil. Trans. Roy. Soc. 91, 265*. 1801.

Hertzsprung, E. 1917. „Karl Schwarzschild". *Astrophys. Journal 45, 285*. 1917.

—. 1920. Photographische Messungen von Doppelsternen von 1914.0 bis 1919.0. *Publ. d. Astrophys. Obs. zu Potsdam 24, 3*. 1920.

Hoffmann, D. 2015. „In den Fussstapfen von Einstein: Der Physiker Achilles Papapetrou in Ost-Berlin". In: M. Hillemann, M. Pechlivanos (Hrsg.), „*Deutsch-Griechische Beziehungen im ostdeutschen Staatssozialismus (1949– 1989)*", *179*. Berlin: Edition Romiosini, 2015.

Hoffmeister, M. & Seifert, G. 1979. „*Transportprozesse in turbulenten Strömungen*". Berlin: Zentralinstitut für Mathematik und Mechanik, 1979.

Howard, R. & LaBonte, B.J. 1980. „The sun is observed to be a torsional oscillator with a period of 11 years". *Astrophys. Journal 239, L33*. 1980.

Hubrig, S. & Kurths, J. 1989. „‚Sternbilder‘ mit dem Doppler-Imaging-Verfahren“. *Die Sterne 65, 329.* 1989.
Humboldt, A.v. 2004. „*Kosmos, Entwurf einer physischen Weltbeschreibung*“. Frankfurt: Eichborn, 2004.
Jäger, F.W. 1972. „Aspekte der solar-terrestrischen Forschung“. *Die Sterne 48, 87.* 1972.
—. 1979. „Astronomische Grundlagen zur technischen Nutzung der Sonnenenergie“. *Die Sterne 55, 144.* 1979.
Kaisig, M. et al. 1993. „The alpha-effect due to supernova explosions“. *Astron. Astrophys. 274, 757.* 1993.
Keinigs, R.K. 1983. „A new interpretation of the alpha effect“. *Phys. Fluids 26, 2558.* 1983.
Kelch, W.L. et al. 1978. „Stellar model chromospheres VII. Capella, Pollux and Aldebaran“. *Astrophys. Journal 222, 931.* 1978.
Kempf, P. 1895. „Meteorologische Beobachtungen in den Jahren 1888 bis 1893“. *Publ. d. Astrophys. Obs. zu Potsdam 10, 2.* 1895.
—. 1905. „The spectroheliograph of the Potsdam observatory“. *Astrophys. Journal 21, 49.* 1905.
—. 1916. „Bestimmung der Rotation der Sonne aus der Bewegung von Kalziumflocken“. *Publ. d. Astrophys. Obs. zu Potsdam 23, 1.* 1916.
Kienle, H. 1949. „Ein 2 m-Universal-Spiegelteleskop“. In: „Miscellanea Academica Berolinensia, Gesammelte Abhandlungen zur Feier des 250jährigen Bestehens der Deutschen Akademie der Wissenschaften zu Berlin“, Band 1, 25. Berlin: Akademie-Verlag, 1949.
—. 1956. „Walter Grotrian“. Mitteilungen der Astronomischen Gesellschaft 7, 5. 1956.
Kippenhahn, R. 1963. „Differential rotation in stars with convective envelopes“. *Astrophys. Journal 137, 664.* 1963.
—. 1999. „Operativ-Vorgang ‚Horoskop‘“. *Star Observer 12, 68.* 1999.
Kirsten, C. & Treder, H.-J. 1979. „Albert Einstein in Berlin 1913–1933. Teil I. Dartstellung und Dokumente“. Berlin: Akademieverlag, 1979.
Kitchatinov, L.L. & Rüdiger, G. 1999. „Differential rotation models for late-type dwarfs and giants“. *Astron. Astrophys. 344, 911.* 1999.
Klein, J. 1869. „Die Ergebnisse der Beobachtungen der totalen Sonnenfinsternis vom 18. August 1868“. *Gaea, Natur und Leben 5.* 1869.
Klüber, H.v. 1947. „Ionosphäre und Sonnenforschung“. *Funk und Ton 2, 61.* 1947.
—. 1965. „Erwin Finlay Freundlich †“. *Astron. Nachr. 288, 281.* 1965.
Knölker, M. & Stix, M. 1983. „A convenient method to obtain stellar eigenfrequencies“. *Solar Phys. 82, 334.* 1983.
Krause, F. 1990. „Introduction“. *Geophys. Astrophys. Fluid Dyn. 50, 1.* 1990.
Krause, F. & Beck, R. 1998. „Symmetry and direction of seed magnetic fields in galaxies“. *Astron. Astrophys. 335, 789.* 1998.
Krause, M., Beck, R. & Hummel, E. 1989. „The magnetic field structures in two nearby spiral galaxies. II. The bisymmetric spiral mag-netic field in M 81“. *Astron. Astrophys. 217, 17.* 1989.
Krause, F., Meinel, R., Elstner, D. & Rüdiger, G. 1990. „Key problems of flat objects dynamo theory and ways of their solution“. In: R. Beck, P.P. Kronberg, R. Wielebinski (eds.). „*Galactic and Intergalactic Magnetic Fields*“, *97.* Dordrecht: Kluwer Academic Publishers, 1990.

Krause, F. & Rädler, K.-H. 1980. „*Mean-field magnetohydrodynamics and dynamo theory*“. Oxford: Pergamon Press, 1980.

Krug, W. 1937. „Photometrische Bearbeitung der galaktischen Sternhaufen M71 und Harv. 20“. *Z. f. Astrophysik 13, 205.* 1937.

Kuiper, G.P. 1946. „German astronomy during the war“. *Popular Astronomy 54, 263.* 1946.

Kukutz, I. 2009. „*Die Gründung des Neuen Forums*“. Berlin: Robert-Havemann-Gesellschaft, 2009.

Kummer, H.-J. 1996. „Hans Kienle. Ein Lebensbild zu seinem 100. Geburtstag“. *Sterne und Weltraum 35(4), 266.* 1996.

Kurths, J. 1989. „Mathematische Methoden der Datenanalyse – ein unvermeidliches Hilfsmittel?“. *Die Sterne 65, 243.* 1989.

Lauter, E.A. 1975a. „Entwicklungstendenzen der solar-terrestrischen Physik“. *Sitzungsberichte AdW, Abt. Mathematik, Naturw. Technik 35.* 1975.

—. 1975b. „Bedeutung der Erforschung des erdnahen Raumes für den Menschen“. In: H. Wittbrodt et al. (Hrsg.), „*Raumfahrt für die Erde*“ (Weltraum und Erde; 1), *209.* Berlin: Transpress, Verlag für Verkehrswesen, 1975.

—. 1977. „D-Region Winter Anomaly and Sunspot Cycle“. *Phys. Solariterr. 6, 67.* 1977.

—. 1978. „Mid-latitude post-storm events and interplanetray magnetic fields“. *Phys. Solariterr. 7, 73.* 1978.

—. 1984. „Einige Bemerkungen zu gegenwärtigen Trends in den solar-terrestrischen Beziehungen“. *Aus d. Arb. Plenum. u. Kl. AdW DDR 9.* 1984.

Lohse, O. 1889. „Beschreibung des Heliographen“. *Publ. d. Astrophys. Obs. zu Potsdam, 19, 473.* 1889.

—. 1895. „Gustav Spörer“. Vierteljahrsschrift d. Astron. Ges. 30, 208. 1895.

—. 1907. „Todes-Anzeige. Hermann Carl Vogel“. *Astron. Nachr. 175, 373.* 1907. 330

Ludendorff, H. 1932. „Über die Ablenkung des Lichtes im Schwerefeld der Sonne“. *Astron. Nachr. 244, 321.* 1932.

Lyot, M.B. 1939. „A study of the solar corona and prominences without eclipses“. *Monthly Notices of the Roy. Astron. Soc. 99, 580.* 1939.

Mattig, W. 1999. „Walter Grotrians fundamentale Beiträge zur Physik der Sonnenkorona“. *Sterne und Weltraum 38(6-7), 557.* 1999.

Maunder, E.W. 1890. „Prof. Spoerer's researches on Sun-spots“. *Monthly Notices of the Roy. Astron. Soc. 50, 251.* 1890.

—. 1894. „A Prolonged Sunspot Minimum“. Knowledge: An illustrated magazin of science 17, 173. 1894.

Meinel, R. 1994. „Karrieremuster“. *Spektrum der Wissenschaft, Heft 5, 127.* 1994.

—. 2022. „Meine Zeit als Schüler der Spezialschule VEB Carl Zeiss Jena von 1973 bis 1977“. In: T. Fleischhauer & C. Müller (Hrsg.), „*Die Jenaer ‚Spezi‘: von der Spezialschule (1963) bis zum Carl-Zeiss-Gymnasium (2021)*“, *85.* Jena: DominoPlan, 2022.

Meinel, R. & Brandenburg, A. 1990. „Behaviour of highly supercritical alpha-effect dynamos“. *Astron. Astrophys. 238, 369.* 1990.

Mestel, L. 1984. „Theory of magnetic stars“. *Astron. Nachr. 305, 301.* 1984.

Miethe, A. 1920. „Krater Linné“. *Astron. Nachr. 211, 31.* 1920.

—. 2012. „*Lebenserinnerungen*“. Hrsg. von Helmut Seibt (Acta Historica Astronomiae; 46). Frankfurt am Main: Verlag Harri Deutsch, 2012.

Miethe, A. et al. 1916. „Die totale Sonnenfinsternis vom 21. August 1914 beobachtet in Sandnessjöen auf Alsten (Norwegen)“. Braunschweig: Fr. Vieweg & Sohn, 1916.

Miethe, A. & Seegert, B. 1911. „Über qualitative Verschiedenheiten des von einzelnen Teilen der Mondoberfläche reflektierten Lichtes III“. *Astron. Nachr. 188, 371.* 1911.

Müller, G. 1907. „Hermann Carl Vogel (Nachruf)“. *Vierteljahrsschrift d. Astron. Ges. 42, 323.* 1907.

Müller, V. & Rüdiger, G. 1990. „Der Reaktor in Wannsee“. *Brandenburgische Neueste Nachrichten* vom 20. 6. 1990.

Müürsepp, P. 1982. „Die Jugendjahre von Bernhard Schmidt und sein Briefwechsel mit dem Potsdamer Observatorium“. Tallinn: Valgus, 1982.

Oetken, L. 1966. „Magnetische Sterne“. Mitteilungen der Astronomischen Gesellschaft 21, 27. 1966.

Oetken, L., Bartl, E. & Orwert, R. 1970. „Spektroskopische Untersuchungen des magnetischen Sterns α^2CVn“. *Astron. Nachr. 292, 1.* 1970.

Pahlen, E.v.d. 1937. *„Lehrbuch der Stellarstatistik“.* Unter Mitwirkung von F. Gondolatsch. Leipzig: Barth, 1937.

Pais, A. 1986. „‚Raffiniert ist der Herrgott …‘, Albert Einstein, eine wissenschaftliche Biographie“. Braunschweig: Vieweg, 1986.

Pedde, B. 2023. „Orientalismus auf dem Telegrafenberg in Potsdam“. Dem Himmel nahe. Mitteilungen, Informationen, Programm. Wilhelm-Förster-Sternwarte *18, 12.* 2023

Pfau, W. & Schielicke, R.E. 2013. „Wir sind wohl doch ein bißchen zu sehr in Illusionen gewesen – Die politische Geschichte der Astronomischen Gesellschaft im geteilten Deutschland“. In: D. Lemke (Hrsg.). *„Die Astronomische Gesellschaft 1863–2013. Bilder und Geschichten aus 150 Jahren“, 105.* Hamburg: Verlag Astronomische Gesellschaft, 2013.

Piskunov, N.E., Tuominen, I. & Vilhu, O. 1990. Surface imaging of late-type stars. *Astron. Astrophys. 230, 363.* 1990.

Rädler, K.-H. & Bräuer, H.-J. 1987. „On the oscillatory behaviour of kinematic mean-field dynamos“. *Astron. Nachr. 308, 101.* 1987.

Reinhold, T. et al. 2013. „Rotation and differential rotation of active Kepler stars“. *Astron. Astrophys. 560, 4.* 2013.

Rüdiger, G. 1980. „Rapidly rotating α^2-dynamo models“. *Astron. Nachr. 301, 181.* 1980.

—. 1983. „Neue Herausforderungen an die Dynamotheorie“. *Die Sterne 59, 211.* 1983.

—. 1984. „Sunspot-Story“. *Die Sterne 60, 267.* 1984.

—. 1989a. *„Differential Rotation and Stellar Convection: Sun and Solar-type Stars“* (The fluid mechanics of astrophysics and geophysics; 5). Berlin: Akademie-Verlag; New York, London: Gordon and Breach Science Publishers, 1989.

—. 1989b. „Der Sturm auf Potsdams Bastille“. *Märkische Volksstimme* vom 14. 12. 1989.

Rüdiger, G. & Kitchatinov, L.L. 1990. „The turbulent stresses in the theory of the solar torsional oscillations“. *Astron. Astrophys. 236, 503.* 1990.

—. 1997. „The slender solar tachocline: a magnetic model“. *Astron. Nachr. 318, 273.* 1997.

Rüdiger, G. & Scholz, G. 1988. „A search for age-dependency of AP star parameters“. *Astron. Nachr. 309, 181.* 1988.

Ruzmaikin, A.A., Shukurov, A.M. & Sokoloff, D.D. 1988. “*Magnetic Fields of Galaxies*“. Dordrecht: Kluwer, 1988.

Saal, E. 1901. „Das Kuppelgebäude für den Grossen Refraktor des Astrophysikalischen Observatoriums auf dem Telegraphenberge bei Potsdam“. Berlin: W. Ernst & Sohn, 1901.

Scheiner, J. 1890. „Das Königliche Astrophysikalische Observatorium bei Potsdam". In: „Die königlichen Observatorien für Astrophysik, Meteorologie und Geodäsie bei Potsdam. Aus amtlichem Anlass herausgegeben von den betheiligten Directoren", 1. Berlin: Mayer & Müller, 1890.
—. 1897. „*Atlas zu ‚Die Photographie der Gestirne*'". Leipzig: W. Engelmann, 1897.
Schellbach, K. 1890. „Erinnerungen an den Kronprinzen Friedrich Wilhelm von Preußen". Breslau: Eduard Trewendt, 1890.
Schielicke, R.E. 2008. „*Von Sonnenuhren, Sternwarten und Exoplaneten. Astronomie in Jena*". Jena, Quedlinburg: Bussert & Stadeler, 2008.
—. „‚Wer zählt die Völker – nennt die Namen ...'. Die Astronomische Gesellschaft und ihre Mitglieder 1863 bis 2013". Hamburg: Astronomische Gesellschaft, 2013.
Schnell, G. 2005. „Das Lindenhotel, Berichte aus dem Potsdamer Geheimdienstgefängnis". Berlin: Ch. Links Verlag, 2005.
Scholz, G. 1971. „High effective magnetic field strengths of the magnetic star 53 Camelopardalis". *Astron. Nachr. 292, 281.* 1971.
Scholz, G. & Gerth, E. 1980. „Radial velocity and magnetic field measurements of the A-type supergiant ν Cep (HD 207260)". *Astron. Nachr. 301, 211.* 1980.
Schorr, R. 1936. „Bernhard Schmidt†". *Astron. Nachr.* 258, 45. 1936.
Schröder, W., Shefov, N. & Treder, H.-J. 2004. „Estimation of past solar and upper atmosphere conditions from historical and modern auroral observations". *Ann. Geophysicae 22, 227.* 2004.
Schröter, E. H. 1953. „Ein Versuch zur Bestimmung des Verlaufes der magnetischen Feldstärke über die Fläche eines Sonnenfleckes". *Z. f. Astrophysik 33, 20.* 1953.
—. 1955. „Zur Deutung der Rotverschiebung im Sonnenspektrum". *Die Naturwissenschaften 42, 623.* 1955.
—. 1957. „Zur Deutung der Rotverschiebung und der Mitte-Rand-Variation der Fraunhoferlinien bei Berücksichtigung der Temperaturschwankungen der Sonnenatmosphäre". *Z. f. Astrophysik 41, 141.* 1957.
Schwabe, S.H. 1844. „Sonnen-Beobachtungen im Jahre 1843". *Astron. Nachr. 21, 233.* 1844.
Schwarzschild, K. 1906. „Ueber das Gleichgewicht der Sonnenatmosphäre". *Nachr. Kgl. Ges. d. Wiss. zu Gött. 1, 41.* 1906.
—. 1914. „Über die Verschiebung der Bande bei 3883 Å im Sonnenspektrum". *Sitz. Ber. Kgl. Preuss. Akad. d. Wiss. Berlin 1201.* 1914.
Seegert, B. 1927. „Adolf Miethe". *Astron. Nachr. 230, 205.* 1927.
Seehafer, N. 1990. „Electric Current helicity in the solar atmosphere". *Solar Phys. 125, 219.* 1990.
Seiler, M.P. 2007. „Kommandosache ‚Sonnengott'. Geschichte der deutschen Sonnenforschung im Dritten Reich und unter alliierter Besatzung" (Acta Historica Astronomiae; 31). Frankfurt am Main: Verlag Harri Deutsch, 2007.
Shankland, R.S. 1982. „Michelson in Potsdam". *Astron. Nachr. 303, 3.* 1982.
Simon, J. 2013. „*Sei dennoch unverzagt*". Berlin: Ullstein, 2013.
Sommerbrodt, J. 1856. „Gymnasium zu Anclam. Zu der am 6. März stattfindenden öffentlichen Prüfung aller Klassen und zur Gedächtnissfeier ... ladet im Namen des Lehrer-Collegiums ergebenst ein Professor Dr. Sommerbrodt, Director" [Schulprogramm 1855/56]. Anklam: W. Dietze, 1856

Solanki, S.K. & Fligge, M. 1998. „Solar irradiance since 1874 revisited". *Geophys. Res. Lett. 25, 341.* 1998.

Soward, A.M. 2023. „Paul Harry Roberts. 13 September 1929 – 17 November 2022". *Biographical Memoirs of Fellows of the Royal Society, DOI 10.1098/rsbm.2023.0019,* 2023.

Spiegel, A. 2002. *„Die Stasi kam im Morgengrauen. Jugendlicher Widerstand in Werder (Havel) 1950 bis 1953"*. Werder: Heimat- und Fremdenverkehrsverein Werder und Stadt Werder, 2002.

Spieker, P. 1879. „Baubericht über die technischen Anlagen für das Königliche Astrophysikalische Observatorium auf dem Telegraphenberg bei Potsdam". Berlin: Ernst & Korn, 1879.

—. 1894. „Die Königlichen Observatorien für Astrophysik, Meteorologie und Geodäsie auf dem Telegraphenberge bei Potsdam". *Zeitschr. f. Bauwesen 46, 1.* 1894.

Spörer, G. 1855. „Ueber den mathematischen Unterricht auf Gymnasien". In: „Gymnasium zu Anclam. Zu der am 22. März stattfindenden öffentlichen Prüfung aller Klassen und zur Gedächtnißfeier ... ladet im Namen des Lehrer-Collegiums ergebenst ein Professor Dr. Sommerbrodt, Director" [Schulprogramm 1854/55], 1. Anklam: W. Dietze, 1855.

—. 1861. „Beobachtungen von Sonnenflecken und daraus abgeleitete Elemente der Rotation der Sonne". *Astron. Nachr. 55, 289.* 1861.

—. 1862. „Beobachtungen von Sonnenflecken und daraus abgeleitete Elemente der Rotation der Sonne". *Abhandlungen zum Programm des Gymnasiums Anclam I.* 1862.

—. 1863. „Die Stürme auf der Sonne". Abhandlungen zum Programm des Gymnasiums Anclam II. 1863.

—. 1869. *„Die Reise nach Indien"*. Leipzig: Vortrag in der Singakademie, 1869.

—. 1870. „Die ebene Geometrie und Trigonometrie. Zweites Heft für die oberen Gymnasialklassen bearbeitet". Anklam: Fr. Krüger, 1870.

—. 1871. „Über die Vergleichung von Sonnenflecken und Protuberanzen". *Astron. Nachr. 78, 81.* 1871.

—. 1873. „Beobachtungen von Sonnenflecken und Protuberanzen". *Astron. Nachr. 82, 138.* 1873.

—. 1874. „Beobachtungen der Sonnenflecken zu Anclam". Leipzig, 1874.

—. 1887. „Über die Periodicität der Sonnenflecken seit dem Jahre 1618 … und Nachweis einer erheblichen Störung dieser Periodicität während eines langen Zeitraumes". *Vierteljahrsschrift d. Astron. Ges. 22, 323.* 1887.

—. 1894. „Beobachtung von Sonnenflecken in den Jahren 1885 bis 1893". *Publ. d. Astrophys. Obs. zu Potsdam 10, 1. Stück.* 1894.

St. John, C.E. 1910. „The General Circulation of the Mean and High-Level Calcium Vapor in the Solar Atmosphere". *Astrophys. Journal 32, 36.* 1910.

Stark, I. 1997. „Der Runde Tisch der Akademie und die Reform der Akademie der Wissenschaften der DDR nach der Herbstrevolution 1989. Ein gescheiterter Versuch der Selbsterneuerung". *Geschichte und Gesellschaft 23, 423.* 1997.

Steenbeck, M. 1961. „Skizze zu einer magnetohydrodynamischen Theorie der Sonnenfleckenvorgänge". *Mitt. a. d. Institut für Magnetohydrodynamik der AdW zu Berlin, Jena, 153.* 1961.

Steenbeck, M. & Krause, F. 1965a. „Differentielle Rotation und meridionale Strömungen". *Mitteilungen der Astronomischen Gesellschaft 19, 94.* 1965.

—. 1965b. „Elektromagnetische Rückkopplung durch Turbulenz unter der Einwirkung von Corioliskräften“. *Mitteilungen der Astronomischen Gesellschaft 19, 95.* 1965.

Steenbeck, M., Krause, F. & Rädler, K.-H. 1966. „Berechnung der mittleren Lorentz-Feldstärke für ein elektrisch leitendes Medium in turbulenter, durch Coriolis-Kräfte beeinflußter Bewegung“. *Z. f. Naturforschung 21, 1285.* 1966.

Steenbeck, M., Kirko, I.M., Gailitis, A. et al. 1968. „Experimental discovery of the electromotive force along the external magnetic field induced by a flow of liquid metal (alpha-effect) “. *Soviet physics doklady 13, 443.* 1968.

Stępień, K. 1984. „Photometry and spectroscopy of magnetic stars“. *Astron. Nachr. 305, 311.* 1984.

Stiller, H. 1975. „Die innere Struktur der Erde, des Mondes und der Planeten“. In: H. Wittbrodt et al. (Hrsg.), *„Raumfahrt für die Erde“* (Weltraum und Erde; 1), *263.* Berlin: Transpress, Verlag für Verkehrswesen, 1975.

Stix, M. 1975. „The galactic dynamo“. *Astron. Astrophys 42, 85.* 1975.

—. 1984. „Solar magnetism: observations and theory“. *Astron. Nachr. 305, 215.* 1984.

Stix, M., Rüdiger, G., Knölker, M. & Grabowski, U. 1993. „Damping of solar p-mode oscillations“. *Astron. Astrophys. 272, 340.* 1993.

Strassmeier, K. et al. 2004. „The STELLA robotic observatory“. *Astron. Nachr. 325, 527.* 2004.

Treder, H.-J. 1983. „Große Physiker und ihre Probleme. Studien zur Geschichte der Physik“. Berlin: Akademie Verlag, 1983.

Tuominen, I., Moss, D. & Rüdiger, G. (eds.) 1991. *„The Sun and Cool Stars: activity, magnetism, dynamos“*. Berlin Heidelberg: Springer-Verlag, 1991.

Vogel, H.C. 1872/73. „Beobachtungen angestellt auf der Sternwarte des Kammerherrn v. Bülow zu Bothkamp“, Hefte 1/2. Leipzig: W. Engelmann, 1872/73.

—. 1883. „Jahresbericht Potsdam“. Vierteljahrsschrift d. Astron. Ges. 18, 129. 1883.

—. 1888. „Über die Bestimmung der Bewegungen von Sternen im Visionsradius durch spektrographische Beobachtung“. *Sitzungsberichte der Akademie der Wissenschaften zu Berlin 7.* Berlin: Akademieverlag, 1888.

—. 1890a. „Spectrographische Beobachtungen an Algol“. *Astron. Nachr. 123, 289.* 1890.

—. 1890b. „Spektrographische Entdeckung einer Bahnbewegung des Sterns α Virginis“. *Naturwiss. Rundschau 25, 313.* 1890.

—. 1892. „Untersuchung über die Eigenbewegung der Sterne im Visionsradius auf spektrographischem Wege“. *Publ. d. Astrophys. Obs. zu Potsdam 7.* 1892.

—. 1894. „Vorwort“. Publ. d. Astrophys. Obs. zu Potsdam 10, 1. 1894.

—. 1895. „Todes-Anzeige. Friedrich Wilhelm Gustav Spörer“. *Astron. Nachr. 138, 247.* 1895.

—. 1900. „Description of the spectrographs for the Great Refractor at Potsdam“. *Astrophys. Journal 11, 393.* 1900.

—. 1901. „Jahresbericht Potsdam“. Vierteljahrsschrift d. Astron. Ges. 36, 133. 1901.

—. 1904. „Jahresbericht Potsdam“. Vierteljahrsschrift d. Astron. Ges. 39, 122. 1904.

—. 1907. „Die zwei Doppelrefraktoren des Observatoriums“. *Publ. d. Astrophys. Obs. zu Potsdam 45, 1.* 1907.

Waldmeier, M. 1941. *„Ergebnisse und Probleme der Sonnenforschung“*. Leipzig: Becker & Erler, 1941.

Ward, F. 1965. „The general circulation of the solar atmosphere and the maintenance of the equatorial acceleration“. *Astrophys. Journal 141, 534.* 1965.

Weiß, P.U. & Braun, J. 2017. „Im Riss zweier Epochen, Potsdam in den 1980er und frühen 1990er Jahren“. Berlin: beb.bra, 2017.

Wempe, J. 1955. „Walter Grotrian (Nachruf)“. *Astron. Nachr. 228, 190.* 1955.

—. 1975. „Zum 100. Jahrestag der Gründung des Astrophysikalischen Observatoriums Potsdam“. *Die Sterne 51, Heft 4, 193.* 1975.

—. 1976. Hans Kienle (22.10.1895–15.2.1975). *Astron. Nachr. 297, 99.* 1976.

Wilsing, J. 1888. „Ableitung der Rotationsbewegung der Sonne aus Positionsbestimmungen von Fackeln“. *Astron. Nachr. 119, 311.* 1888.

—. 1914. „Julius Scheiner (Nachruf)“. Vierteljahrsschrift d. Astron. Ges. 49, 22. 1914.

Witt, V. 2013. „Vom Einsteinturm an den Bosporus“. *Sterne und Weltraum 11, 86.* 2013.

Wittmann, A. 1978. „The sunspot cycle before the Maunder minimum“. *Astron. Astrophys. 66, 93.* 1978.

Wolf, R. 1861. „*Die Sonne und ihre Flecken*“. Zürich: Orell, Füssli & Comp., 1861.

—. 1877. „*Geschichte der Astronomie*“. München: R. Oldenbourg, 1877.

Personen- und Firmenverzeichnis

Lebensdaten vieler Personen, besonders der Astronomen, sowie biographische Quellen zu diesen finden sich in folgendem Buch: Brüggenthies, W. & Dick, W. R. 2017. „*Biographischer Index der Astronomie / Biographical Index of Astronomy*" (Acta Historica Astronomiae; 60) [2., korr. u. stark erw. Aufl.], Leipzig: AVA – Akademische Verlagsanstalt.

Über den Autor

Prof. Dr. Günther Rüdiger, 1944 in Dresden geboren, hat am (heutigen) Gymnasium Dresden-Plauen Abitur gemacht, und hat – auch weil die Fakultät für Kernphysik gerade geschlossen wurde – an der Friedrich-Schiller-Universität Jena Astronomie und Physik studiert. Nach der Diplomarbeit an Steenbecks Institut für Magnetohydrodynamik Übersiedelung als Aspirant ans Astrophysikalische Observatorium Potsdam, damals Institut für Sternphysik im Verbund mit der Sternwarte Sonneberg. Nach der Promotion Oberassistent im Bereich „Kosmische Magnetfelder“ und ab 1991 Leiter für „Dynamo- und Akkretionstheorie“ am (heutigen) Leibniz-Institut für Astrophysik Potsdam. Hauptarbeitsgebiete: Theorie der differentiellen Rotation in und unter Konvektionszonen der Sterne, Magnetinstabilitäten in der modernen Sternphysik und in Laborexperimenten.

Anschr. d Verf:.
Leibniz-Institut für Astrophysik Potsdam, An der Sternwarte 16,
14482 Potsdam; E-Mail: gruediger@aip.de

ACTA HISTORICA ASTRONOMIAE

ISSN: 1422-8521

Lieferbare Bände:

Jürgen Hamel
Die astronomischen Forschungen in Kassel unter Wilhelm IV.
Mit einer wissenschaftlichen Teiledition der Übersetzung des Hauptwerkes von Copernicus 1586
- Band 2, 2002, 175 Seiten, Broschur, 14,80 Euro, ISBN 978-3-944913-00-1
  vormalige ISBN Verlag Harri Deutsch 978-3-8171-1690-4

Klaus-Dieter Herbst
Astronomie um 1700
Kommentierte Edition des Briefes von Gottfried Kirch an Olaus Römer vom 25. Oktober 1703
- Band 4, 2002, 143 Seiten, Broschur, 12,80 Euro, ISBN 978-3-944913-01-8
  vormalige ISBN Verlag Harri Deutsch 978-3-8171-1589-1

Wolfgang R. Dick, Jürgen Hamel (Hg.)
Beiträge zur Astronomiegeschichte. Band 2
- Band 5, 2002, 226 Seiten, Broschur, 16,80 Euro, ISBN 978-3-944913-02-5
  vormalige ISBN Verlag Harri Deutsch 978-3-8171-1674-4

Peter Kroll, Constanze la Dous, Hans-Jürgen Bräuer (Hg.)
Treasure-Hunting in Astronomical Plate Archives
Proceedings of the International Workshop held at Sonneberg Observatory, March 4 to 6, 1999
- Band 6, 1999, 266 Seiten, Broschur, 19,80 Euro, ISBN 978-3-944913-03-2
  vormalige ISBN Verlag Harri Deutsch 978-3-8171-1599-0

Wolfgang R. Dick, Klaus Fritze (Hg.)
300 Jahre Astronomie in Berlin und Potsdam
Eine Sammlung von Aufsätzen aus Anlaß des Gründungsjubiläums der Berliner Sternwarte
- Band 8, 2000, 252 Seiten, Broschur, 16,80 Euro, ISBN 978-3-944913-04-9
  vormalige ISBN Verlag Harri Deutsch 978-3-8171-1622-5

Klaus Hentschel, Axel D. Wittmann (Hg.)
The Role of Visual Representations in Astronomy: History and Research Practice
Contributions to a Colloquium held at Göttingen in 1999
- Band 9, 2000, 148 Seiten, Broschur, 12,80 Euro, ISBN 978-3-944913-05-6
  vormalige ISBN Verlag Harri Deutsch 978-3-8171-1630-0

Peter Brosche
Der Astronom der Herzogin
Leben und Werk von Franz Xaver von Zach 1754-1832
- Band 12, zweite, erweiterte Auflage, 2009, 375 Seiten, Broschur, 36,00 Euro, ISBN 978-3-944913-06-3
  vormalige ISBN Verlag Harri Deutsch 978-3-8171-1832-8

Wolfgang R. Dick, Jürgen Hamel (Hg.)
Beiträge zur Astronomiegeschichte. Band 4
- Band 13, 2001, 259 Seiten, Broschur, 18,80 Euro, ISBN 978-3-944913-07-0
  vormalige ISBN Verlag Harri Deutsch 978-3-8171-1663-8

Wolfgang R. Dick, Jürgen Hamel (Hg.)
Astronomie von Olbers bis Schwarzschild
Nationale Entwicklungen und internationale Beziehungen im 19. Jahrhundert
- Band 14, 2002, 243 Seiten, Broschur, 16,80 Euro, ISBN 978-3-944913-08-7
  vormalige ISBN Verlag Harri Deutsch 978-3-8171-1667-6

Wolfgang R. Dick, Jürgen Hamel (Hg.)
Beiträge zur Astronomiegeschichte. Band 5
- Band 15, 2002, 261 Seiten, Broschur, 16,80 Euro, ISBN 978-3-944913-09-4
  vormalige ISBN Verlag Harri Deutsch 978-3-8171-1686-7

Wolfgang R. Dick, Jürgen Hamel (Hg.)
Beiträge zur Astronomiegeschichte. Band 6
- Band 18, 2003, 238 Seiten, Broschur, 18,80 Euro, ISBN 978-3-944913-10-0
  vormalige ISBN Verlag Harri Deutsch 978-3-8171-1717-8

Susanne Utzt
Astronomie und Anschaulichkeit
Die Bilder der populären Astronomie des 19. Jahrhunderts
- Band 20, 2004, 112 Seiten, Broschur, 12,80 Euro, ISBN 978-3-944913-11-7
  vormalige ISBN Verlag Harri Deutsch 978-3-8171-1730-7

Dietmar Fürst, Eckehard Rothenberg (Hg.)
Wege der Erkenntnis
Festschrift für Dieter B. Herrmann zum 65. Geburtstag
- Band 21, 2004, 242 Seiten, Broschur, 19,80 Euro, ISBN 978-3-944913-12-4
  vormalige ISBN Verlag Harri Deutsch 978-3-8171-1744-4

Hans Gaab, Pierre Leich, Günter Löffladt (Hg.)
Johann Christoph Sturm (1635–1703)
- Band 22, 2004, 348 Seiten, Broschur, 29,80 Euro, ISBN 978-3-944913-13-1
  vormalige ISBN Verlag Harri Deutsch 978-3-8171-1746-8

Wolfgang R. Dick, Jürgen Hamel (Hg.)
Beiträge zur Astronomiegeschichte. Band 7
▸ Band 23, 2005, 305 Seiten, Broschur, 24,80 Euro, ISBN 978-3-944913-14-8
vormalige ISBN Verlag Harri Deutsch 978-3-8171-1747-5

Lajos G. Balasz, Peter Brosche, Hilmar W. Duerbeck, Endre Zsoldos (Hg.)
The European Scientist
Symposium on the era and work of Franz Xaver von Zach (1754–1832)
▸ Band 24, 2005, 241 Seiten, Broschur, 19,80 Euro, ISBN 978-3-944913-15-5
vormalige ISBN Verlag Harri Deutsch 978-3-8171-1748-2

Axel D. Wittmann, Gudrun Wolfschmidt, Hilmar W. Duerbeck (Hg.)
Development of Solar Research / Entwicklung der Sonnenforschung
▸ Band 25, 2005, 309 Seiten, Broschur, 24,80 Euro, ISBN 978-3-944913-16-2
vormalige ISBN Verlag Harri Deutsch 978-3-8171-1755-0

Wilhelm Brüggenthies, Wolfgang R. Dick
Biographischer Index der Astronomie / Biographical Index of Astronomy
▸ Band 26, 2005, 481 Seiten, Broschur, 39,80 Euro, ISBN 978-3-944913-17-9
vormalige ISBN Verlag Harri Deutsch 978-3-8171-1769-7
nicht mehr lieferbar, ersetzt durch den stark erweiterten Band 60

Hilmar W. Duerbeck, Wolfgang R. Dick (Hg.)
Einsteins Kosmos
Untersuchungen zur Geschichte der Kosmologie, Relativitätstheorie und zu Einsteins Wirken und Nachwirken
▸ Band 27, 2005, 313 Seiten, Broschur, 26,80 Euro, ISBN 978-3-944913-18-6
vormalige ISBN Verlag Harri Deutsch 978-3-8171-1770-3

Wolfgang R. Dick, Jürgen Hamel (Hg.)
Beiträge zur Astronomiegeschichte. Band 8
▸ Band 28, 2006, 253 Seiten, Broschur, 24,80 Euro, ISBN 978-3-944913-19-3
vormalige ISBN Verlag Harri Deutsch 978-3-8171-1771-0

Arno Langkavel
Auf Spurensuche in Europa
Denkmäler, Gedenktafeln und Gräber bekannter und unbekannter Astronomen
▸ Band 29, 2006, 375 Seiten, Broschur, 32,80 Euro, ISBN 978-3-944913-20-9
vormalige ISBN Verlag Harri Deutsch 978-3-8171-1791-8

Friedhelm Schwemin
Der Berliner Astronom
Leben und Werk von Johann Elert Bode (1747–1826)
▸ Band 30, 2006, 200 Seiten, Broschur, 19,80 Euro, ISBN 978-3-944913-21-6
vormalige ISBN Verlag Harri Deutsch 978-3-8171-1796-3

Michael P. Seiler
Kommandosache „Sonnengott"
Geschichte der deutschen Sonnenforschung im Dritten Reich und unter alliierter Besatzung
- Band 31, 2012, 246 Seiten, Broschur, 22,80 Euro, ISBN 978-3-944913-22-3
  vormalige ISBN Verlag Harri Deutsch 978-3-8171-1797-0

Klaus Staubermann
Astronomers at work
A study of the replicability of 19th century astronomical practice
- Band 32, 2007, 132 Seiten, Broschur, 14,80 Euro, ISBN 978-3-944913-23-0
  vormalige ISBN Verlag Harri Deutsch 978-3-8171-1810-6

Jürgen Hamel, Inge Keil (Hg.)
Der Meister und die Fernrohre
Das Wechselspiel zwischen Astronomie und Optik in der Geschichte
Festschrift zum 85. Geburtstag von Rolf Riekher
- Band 33, 2007, 480 Seiten, Broschur, 39,80 Euro, ISBN 978-3-944913-24-7
  vormalige ISBN Verlag Harri Deutsch 978-3-8171-1804-5

Jürgen Hamel
Inventar der historischen Sonnenuhren in Mecklenburg-Vorpommern
- Band 34, 2007, 205 Seiten, Broschur, 19,80 Euro, ISBN 978-3-944913-25-4
  vormalige ISBN Verlag Harri Deutsch 978-3-8171-1806-9

Siegfried Exler
Literatur und Wissenschaft
Josef Johann von Littrow und Rudolf Kippenhahn im Vergleich
- Band 35, 2007, 108 Seiten, Broschur, 12,80 Euro, ISBN 978-3-944913-26-1
  vormalige ISBN Verlag Harri Deutsch 978-3-8171-1821-2

Wolfgang R. Dick, Hilmar W. Duerbeck, Jürgen Hamel (Hg.)
Beiträge zur Astronomiegeschichte. Band 9
- Band 36, 2008, 317 Seiten, Broschur, 29,80 Euro, ISBN 978-3-944913-27-8
  vormalige ISBN Verlag Harri Deutsch 978-3-8171-1831-1

Wolfgang R. Dick, Hilmar W. Duerbeck, Jürgen Hamel (Hg.)
Beiträge zur Astronomiegeschichte. Band 10
- Band 37, 2010, 382 Seiten, Broschur, 32,80 Euro, ISBN 978-3-944913-28-5
  vormalige ISBN Verlag Harri Deutsch 978-3-8171-1863-2

Jürgen Hamel, Isolde Müller, Thomas Posch (Hg.)
Die Geschichte der Universitätssternwarte Wien
Dargestellt anhand ihrer historischen Instrumente und eines Typoskripts von Johann Steinmayr
- Band 38, 2010, 324 Seiten, Broschur, 29,80 Euro, ISBN 978-3-944913-29-2
vormalige ISBN Verlag Harri Deutsch 978-3-8171-1865-6

Friedrich Wilhelm Schembor
Der Astronom Friedrich Viktor Schembor und die Wiener Urania-Sternwarte
Die Geschichte der Wiener Urania-Sternwarte von ihrer Gründung bis zu ihrer Wiedereröffnung (1897–1957). Friedrich Viktor Schembor – ein Leben für die Astronomie
- Band 39, 2010, 373 Seiten, Broschur, 32,80 Euro, ISBN 978-3-944913-30-8
vormalige ISBN Verlag Harri Deutsch 978-3-8171-1866-3

Karsten Gaulke, Jürgen Hamel (Hg.)
Kepler, Galilei, das Fernrohr und die Folgen
- Band 40, 2010, 242 Seiten, Broschur, 22,80 Euro, ISBN 978-3-944913-31-5
vormalige ISBN Verlag Harri Deutsch 978-3-8171-1867-0

Jürgen Hamel (Hg.)
Gottfried Kirch (1639–1710) und die Berliner Astronomie im 18. Jahrhundert
Beiträge des Kolloquiums am 6. März 2010 in Berlin-Treptow
- Band 41, 2010, 279 Seiten, Broschur, 24,80 Euro, ISBN 978-3-944913-32-2
vormalige ISBN Verlag Harri Deutsch 978-3-8171-1873-1

Hans Gaab
Der Altdorfer Mathematik- und Physikdozent Abdias Trew (1597–1669)
Astronom, Astrologe, Kalendermacher und Theologe
- Band 42, 2011, 658 Seiten, Broschur, 48,80 Euro, ISBN 978-3-944913-33-9
vormalige ISBN Verlag Harri Deutsch 978-3-8171-1882-3

Wolfgang R. Dick, Hilmar W. Duerbeck, Jürgen Hamel (Hg.)
Beiträge zur Astronomiegeschichte. Band 11
- Band 43, 2011, 433 Seiten, Broschur, 36,80 Euro, ISBN 978-3-944913-34-6
vormalige ISBN Verlag Harri Deutsch 978-3-8171-1883-0

Günther Oestmann
Heinrich Johann Kessels (1781–1849)
Ein bedeutender Verfertiger von Chronometern und Präzisionspendeluhren. Biographische Skizze und Werkverzeichnis
- Band 44, 2011, 271 Seiten, Broschur, 24,80 Euro, ISBN 978-3-944913-35-3
vormalige ISBN Verlag Harri Deutsch 978-3-8171-1884-7

Jürgen Hamel, Michael Korey (Hg.)
Weiter sehen / Seeing further
Beiträge zur Frühgeschichte des Fernrohrs und zur Wissenschaftsgeschichte Augsburgs in memoriam Inge Keil / Essays on the early history of the telescope and the history of science in Augsburg in memory of Inge Keil
- Band 45, 2012, 342 Seiten, Broschur, 29,80 Euro, ISBN 978-3-944913-36-0
  vormalige ISBN Verlag Harri Deutsch 978-3-8171-1887-8

Helmut Seibt (Hg.)
Adolf Miethe (1862–1927). Lebenserinnerungen
- Band 46, 2012, 350 Seiten, Broschur, 32,80 Euro, ISBN 978-3-944913-37-7
  vormalige ISBN Verlag Harri Deutsch 978-3-8171-1891-5

Dieter Launert
Astronomischer Grund
Fundamentum Astronomicum 1588 des Nicolaus Reimers Ursus
- Band 47, 2012, 296 Seiten, Broschur, 29,80 Euro, ISBN 978-3-944913-38-4
  vormalige ISBN Verlag Harri Deutsch 978-3-8171-1896-0

Erhard Anthes, Armin Hüttermann (Hg.)
Tobias Mayers Beiträge zur Wissenschaft des 18. Jahrhunderts im Lichte neuerer Untersuchungen
- Band 48, 2013, 331 Seiten, Broschur, 29,00 Euro, ISBN 978-3-944913-39-1

Manfred Schukowski, Uta Jahnke, Wolfgang Fehlberg (Hg.)
Mittelalterliche astronomische Großuhren
Internationales Symposium in Rostock 25. bis 28. Oktober 2012
- Band 49, 2014, 415 Seiten, Broschur, 39,00 Euro, ISBN 978-3-944913-40-7

Wolfgang R. Dick, Jürgen Hamel (Hg.)
Beiträge zur Astronomiegeschichte. Band 12
- Band 50, 2014, 254 Seiten, Broschur, 22,00 Euro, ISBN 978-3-944913-44-5

Jürgen Hamel
Studien zur „Sphaera" des Johannes de Sacrobosco
- Band 51, 2014, 200 Seiten, Broschur, 16,00 Euro, ISBN 978-3-944913-41-4

Wolfgang R. Dick, Dietmar Fürst (Hg.)
Lebensläufe und Himmelsbahnen
Festschrift zum 60. Geburtstag von Jürgen Hamel
- Band 52, 2014, 293 Seiten, Broschur, 24,80 Euro, ISBN 978-3-944913-42-1

Friedhelm Schwemin (Hg.)
Der Briefwechsel zwischen Carl Friedrich Gauß und Johann Elert Bode
- Band 53, 2014, 143 Seiten, Broschur, 14,00 Euro, ISBN 978-3-944913-43-8

Peter Brosche
Zach-Spätlese
‣ Band 54, 2014, 134 Seiten, Broschur, 14,00 Euro, ISBN 978-3-944913-45-2

Benjamin Mirwald
Volkssternwarten
Verbreitung und Institutionalisierung populärer Astronomie in Deutschland 1888–1935
‣ Band 55, 2015, 484 Seiten, Broschur, 39,00 Euro, ISBN 978-3-944913-47-6

Andreas Lerch
Scientia astrologiae
Der Diskurs über die Wissenschaftlichkeit der Astrologie und die lateinischen Lehrbücher 1470–1610
‣ Band 56, 2015, 321 Seiten, Broschur, 29,00 Euro, ISBN 978-3-944913-48-3

Hans Gaab, Pierre Leich (Hg.)
Simon Marius und seine Forschung
‣ Band 57, 2016, 481 Seiten, Broschur, 34,00 Euro, ISBN 978-3-944913-49-0

Wolfgang R. Dick, Jürgen Hamel (Hg.)
Beiträge zur Astronomiegeschichte. Band 13
‣ Band 58, 2016, 341 Seiten, Broschur, 29,00 Euro, ISBN 978-3-944913-46-9

Wolfgang R. Dick, Oliver Schwarz (Hg.)
Franz Xaver von Zach und die Astronomie seiner Zeit
‣ Band 59, 2016, 275 Seiten, Broschur, 23,00 Euro, ISBN 978-3-944913-50-6

Wilhelm Brüggenthies, Wolfgang R. Dick
Biographischer Index der Astronomie
Biographical Index of Astronomy
‣ Band 60, 2017, 1128 Seiten, Broschur, 49,00 Euro, ISBN 978-3-944913-54-4

Friedhelm Schwemin (Hg.)
Der Briefwechsel zwischen Friedrich Wilhelm Bessel und Johann Elert Bode
‣ Band 61, 2017, 193 Seiten, Broschur, 18,00 Euro, ISBN 978-3-944913-52-0

Rolf Riekher (Bearb.), Wolfgang R. Dick und Jürgen Hamel (Hg.)
Der Briefwechsel Joseph von Fraunhofers
Briefe und Dokumente aus der Ära Fraunhofer, Reichenbach und Utzschneider, Band 1
‣ Band 62, 2017, 452 Seiten, Broschur, 26,50 Euro, ISBN 978-3-944913-55-1

Jürgen Hamel, Irmgard Müsch (Bearb.)
Die Sonnenuhren des Landesmuseums Württemberg Stuttgart
Bestandskatalog
‣ Band 63, 2018, 264 Seiten, Broschur, 24,50 Euro, ISBN 978-3-944913-53-7

Wolfgang R. Dick, Christiaan Sterken (Hg.)
In memoriam Hilmar Duerbeck
▸ Band 64, 2018, 521 Seiten, Broschur, 39,00 Euro, ISBN 978-3-944913-56-8

Jürgen Hamel
Die Geschichte der Astronomie in Rostock
▸ Band 65, 2019, 235 Seiten, Broschur, 22,80 Euro, ISBN 978-3-944913-57-5

Wolfgang R. Dick, Jürgen Hamel (Hg.)
Beiträge zur Astronomiegeschichte. Band 14
▸ Band 66, 2019, 375 Seiten, Broschur, 29,80 Euro, ISBN 978-3-944913-58-2

Günther Oestmann, Jürgen Hamel (Hg.)
625 Jahre astronomische Uhr in St. Nikolai zu Stralsund – Himmelskunde und Weltbild im Mittelalter
▸ Band 67, 2021, 188 Seiten, Broschur, 16,00 Euro, ISBN 978-3-944913-59-9

Rolf Riekher (Bearb.), Wolfgang R. Dick, Jürgen Hamel (Hg.)
Der Briefwechsel Georg von Reichenbachs
▸ Band 68, 2021, 524 Seiten, Broschur, 26,50 Euro, ISBN 978-3-944913-60-5

Wolfgang R. Dick, Jürgen Hamel (Hg.)
Beiträge zur Astronomiegeschichte. Band 15
▸ Band 69, 2022, 523 Seiten, Broschur, 34,80 Euro, ISBN 978-3-944913-61-2

Hans Gaab
Johann Gabriel Doppelmayr (1677–1750)
Sein Leben, seine Schriften, seine Karten, seine Globen
▸ Band 70, 2 Halbbände, 2023, 1185 Seiten, 49,00 Euro, ISBN 978-3-944913-62-9

Weitere Informationen unter www.univerlag-leipzig.de und
http://www.astronomische-gesellschaft.org/de/arbeitskreise/astronomiegeschichte